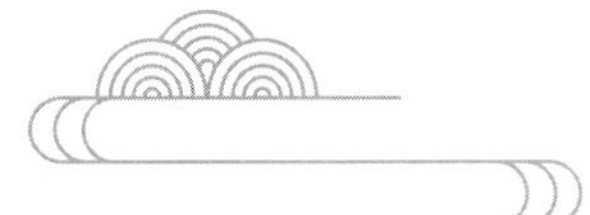

Python计算机视觉与应用案例

杨光光◎编著

清華大學出版社
北京

内 容 简 介

本书以 Python 为平台，以“概述＋案例”的方式系统地对计算机视觉进行实战分析。本书先介绍计算机视觉编程基础知识，接着介绍在各个领域利用 Python 解决计算机视觉问题，最后通过两个经典案例综合分析计算机视觉应用。为了帮助读者更好地掌握相关知识，各章节都通过概述与案例相结合的方式，让读者在掌握概念的同时举一反三，掌握程序设计的方法，利用程序设计解决实际问题。

本书适合想深入研究 Python 计算机视觉的开发者阅读参考，也可作为高等院校相关专业的教材。

图书在版编目（CIP）数据

Python 计算机视觉与应用案例 / 杨光光编著. -- 北京：清华大学出版社，2024. 11.
（计算机科学与技术丛书）. -- ISBN 978-7-302-67698-0

Ⅰ. TP312.8；TP302.7

中国国家版本馆 CIP 数据核字第 20244DD869 号

策划编辑：刘　星
责任编辑：李　锦
封面设计：李召霞
责任校对：申晓焕
责任印制：丛怀宇

出版发行：清华大学出版社
网　　址：https://www.tup.com.cn，https://www.wqxuetang.com
地　　址：北京清华大学学研大厦 A 座　　**邮　　编**：100084
社 总 机：010-83470000　　**邮　　购**：010-62786544
投稿与读者服务：010-62776969，c-service@tup.tsinghua.edu.cn
质量反馈：010-62772015，zhiliang@tup.tsinghua.edu.cn
课件下载：https://www.tup.com.cn，010-83470236
印 装 者：三河市铭诚印务有限公司
经　　销：全国新华书店
开　　本：185mm×260mm　　**印　　张**：21　　**字　　数**：551 千字
版　　次：2024 年 12 月第 1 版　　**印　　次**：2024 年 12 月第 1 次印刷
印　　数：1～1500
定　　价：79.00 元

产品编号：108311-01

前言

PREFACE

计算机视觉(Computer Vision,CV)又称机器视觉(Machine Vision,MV),是一门研究如何使机器“看”的科学,更进一步地说,它是使用摄影机和计算机代替人眼对目标进行识别、跟踪和测量,并进一步使用计算机将目标处理成为更适合人眼观察或传送给仪器检测的图像识别与处理技术。

深度学习源自经典的神经网络架构,属于机器学习领域,它通过不同形式的神经网络,结合视觉大数据的大规模存量与不断产生的增量进行训练,自动提取细粒度的特征,形成抽象化的视觉描述,目前在视觉分析方面取得了很大的进步,是当前人工智能爆炸性发展的内核驱动。就技术而言,目前的计算机视觉可分为以下几个大方向:

- 图像分类;
- 目标检测;
- 图像分割;
- 图像重构;
- 图像生成;
- 人脸;
- 其他。

随着大数据及人工智能技术的不断发展,计算机视觉以其可视性、规模性、普适性逐步成为 AI 实际应用的关键领域之一,在理论研究和工程应用方面均迅猛发展。

Python 是一种计算机程序设计语言,是一种面向对象的动态类型语言,它在设计上坚持了清晰和整齐划一的风格,这使得 Python 成为一种易读、易维护,并且受大量用户欢迎的、用途广泛的编程语言。随着 Python 版本的不断更新和新功能的添加,越来越多地被用于独立的、大型项目的开发。自从 20 世纪 90 年代初 Python 语言诞生至今,它已被广泛应用于系统管理任务的处理和 Web 编程。

自从电子计算机诞生以来,通过计算机仿真来模拟人类的视觉便成为非常热门且颇具挑战性的研究课题。随着数码相机、智能手机等硬件设备的普及,图像以其易于采集、信息相关性大、抗干扰能力强等特点得到越来越广泛的应用。信息化和数字化时代已经来临,随着国家对人工智能领域的投入力度加大,计算机视觉处理的需求量也会越来越大,应用也将越来越广泛。

【本书特色】

因为 Python 具有易用、简单、普适等特性,所以本书的计算机视觉实现是使用 Python 语言完成的。本书编写特点主要表现在如下几方面。

(1) 案例涵盖面广、实用,可扩展性、可读性强。

本书以“概述+案例”的形式编写,充分强调案例的实用性及程序的可扩展性,所选案例大多数来自日常生活，应用性强。另外，书中每个案例的程序都经过调试与测试，同时程序代码中添加了大量的解释说明，可读性强。

(2) 点面完美结合，兼顾性强。

本书点面兼顾，涵盖了数字图像处理中几乎所有的基本模块，并涉及视频处理、配准拼接、数字水印等高级图像处理方面的内容，全面讲解了基于 Python 进行计算机视觉应用的原理及方法，内容做到完美衔接与统筹兼顾，可使读者实现由点到面的发散性延伸。

【本书内容】

全书共 20 章，各章主要内容如下。

第 1 章介绍了计算机视觉编程基础知识，主要包括计算机视觉概述、Python 编程软件、几个常用库、Python 图像处理类库等内容。

第 2 章介绍了图像去雾技术，主要包括空域图像增强、时域图像增强、色阶调整去雾技术等内容。

第 3 章介绍了形态学的去噪，主要包括图像去噪的方法、数学形态学的原理、形态学运算等内容。

第 4 章介绍了霍夫变换检测，主要包括霍夫变换检测直线、霍夫变换检测圆、霍夫变换检测其他形状等内容。

第 5 章介绍了车牌分割定位识别，主要包括车牌图像处理、定位原理、字符处理、字符识别、OpenCV＋SVM 车牌识别等内容。

第 6 章介绍了分水岭实现医学诊断，主要包括分水岭算法、分水岭医学诊断案例分析等内容。

第 7 章介绍了手写体数字识别，主要包括神经网络算法、卷积神经网络概述、SVC 识别手写体数字等内容。

第 8 章介绍了图片中的中英文识别，主要包括 OCR 介绍、OCR 算法原理、OCR 识别经典应用、获取验证码等内容。

第 9 章介绍了小波技术的图像视觉处理，主要包括小波技术概述、小波实现去噪、图像融合处理、小波压缩图像等内容。

第 10 章介绍了图像压缩与分割处理，主要包括 SVD 图像压缩处理、PCA 图像压缩处理、*K*-Means 聚类图像压缩处理、*K*-Means 聚类实现图像分割、阈值法实现图像分割等内容。

第 11 章介绍了图像特征匹配，主要包括相关概念、图像匹配等内容。

第 12 章介绍了角点特征检测，主要包括 Harris 算子的基本原理、Harris 算法流程、Harris 角点的性质、角点检测函数、FAST 特征检测、SIFT 角点检测等内容。

第 13 章介绍了运动目标自动检测，主要包括帧间差分法、背景差分法、光流法等内容。

第 14 章介绍了水印技术，主要包括水印技术的概念、数字水印技术的原理、典型的数字水印算法、水印技术案例分析、小波变换水印技术等内容。

第 15 章介绍了大脑影像分析，主要包括阈值分割、区域生长、区域生长分割大脑影像案例分析等内容。

第 16 章介绍了自动驾驶应用，主要包括理论基础、环境感知、行为决策、路径规则、运动控制、A_star 算法规划自动驾驶运动及自动驾驶案例分析等内容。

第 17 章介绍了目标检测，主要包括 RCNN 系列、YOLO 检测等内容。

第 18 章介绍了人机交互，主要包括 Tkinter GUI 编程组件、布局管理器、事件处理、

Tkinter 常用组件、菜单等内容。

第 19 章介绍了深度学习的应用，主要包括理论部分、AlexNet 网络及案例分析、CNN 拆分数据集案例分析、MTCNN 人脸检测算法实现等内容。

第 20 章介绍了视觉分析综合应用案例，主要包括合金弹头游戏、停车场识别计费系统等内容。

【配套资源】

本书提供程序代码、教学课件等配套资源，可以在清华大学出版社官方网站本书页面下载，或者扫描封底的"书圈"二维码在公众号下载。

本书由佛山大学杨光光编著。

由于时间仓促，加之作者水平有限，疏漏之处在所难免。在此，诚恳地期望得到各领域的专家和广大读者的批评指正。

编 者

2024 年 9 月

目录
CONTENTS

第 1 章　计算机视觉编程基础知识 …… 1

1.1　计算机视觉概述 …… 1

1.1.1　什么是计算机视觉 …… 1

1.1.2　发展现状 …… 2

1.1.3　计算机视觉用途 …… 3

1.1.4　相关学科 …… 3

1.1.5　计算机视觉的经典问题 …… 3

1.2　Python 编程软件 …… 4

1.2.1　Python 应用领域 …… 4

1.2.2　发展历程 …… 4

1.2.3　Python 的安装 …… 4

1.2.4　使用 pip 安装第三方库 …… 7

1.3　几个常用库 …… 9

1.3.1　NumPy 库 …… 9

1.3.2　SciPy 库 …… 9

1.3.3　pandas 库 …… 10

1.3.4　scikit-learn 库 …… 11

1.4　Python 图像处理类库 …… 11

1.4.1　转换图像格式 …… 12

1.4.2　创建缩略图 …… 13

1.4.3　复制并粘贴图像区域 …… 13

1.4.4　调整尺寸和旋转 …… 14

1.5　Matplotlib 库 …… 15

1.6　Pyecharts 库 …… 18

1.6.1　Pyecharts 特性 …… 18

1.6.2　Pyecharts 安装 …… 18

1.6.3　Pyecharts 绘图 …… 18

1.7　NumPy 图像处理 …… 25

1.7.1　灰度变换 …… 26

1.7.2　图像缩放 …… 27

1.7.3　直方图均衡化 …… 27

1.7.4　图像平均 …… 28

1.7.5　图像主成分分析 …… 30

1.8　SciPy 图像处理 …… 31

1.8.1　图像模糊 …… 31

1.8.2 图像导数 …… 32
1.8.3 形态学 …… 34
1.8.4 io和misc模块 …… 36
1.9 图像降噪 …… 36
第2章 图像去雾技术 …… 41
2.1 空域图像增强 …… 41
2.1.1 空域低通滤波 …… 41
2.1.2 空域高通滤波器 …… 45
2.2 时域图像增强 …… 54
2.3 色阶调整去雾技术 …… 57
2.3.1 概述 …… 57
2.3.2 暗通道去雾原理 …… 58
2.3.3 暗通道去雾实例 …… 58
2.4 直方图均衡化去雾技术 …… 60
2.4.1 色阶调整原理 …… 60
2.4.2 自动色阶图像处理算法 …… 61
2.4.3 实现降噪去雾 …… 61
第3章 形态学的去噪 …… 64
3.1 图像去噪的方法 …… 64
3.2 数学形态学的原理 …… 65
3.2.1 腐蚀与膨胀 …… 65
3.2.2 开闭运算 …… 66
3.2.3 形态学梯度 …… 68
3.2.4 礼帽/黑帽操作 …… 68
3.3 形态学运算 …… 70
3.3.1 边缘检测定义 …… 70
3.3.2 检测拐角 …… 71
3.4 权重自适应的多结构形态学去噪 …… 72
第4章 霍夫变换检测 …… 75
4.1 霍夫变换检测直线 …… 75
4.1.1 霍夫变换检测直线的思想 …… 75
4.1.2 实际应用 …… 76
4.2 霍夫变换检测圆 …… 79
4.3 霍夫变换检测其他形状 …… 80
第5章 车牌分割定位识别 …… 83
5.1 基本概述 …… 83
5.2 车牌图像处理 …… 84
5.2.1 图像灰度化 …… 84
5.2.2 二值化 …… 84
5.2.3 边缘检测 …… 84
5.2.4 形态学运算 …… 85
5.2.5 滤波处理 …… 86
5.3 定位处理 …… 86
5.4 字符处理 …… 86

5.4.1 阈值分割 …… 86
5.4.2 阈值化分割 …… 87
5.4.3 归一化处理 …… 87
5.4.4 字符分割经典应用 …… 87
5.5 字符识别 …… 89
5.5.1 模板匹配的字符识别 …… 89
5.5.2 字符识别车牌经典应用 …… 90
5.6 OpenCV＋SVM 车牌识别 …… 94
第 6 章 分水岭实现医学诊断 …… 99
6.1 分水岭算法 …… 99
6.1.1 模拟浸水过程 …… 99
6.1.2 模拟降水过程 …… 99
6.1.3 过度分割问题 …… 100
6.1.4 标记分水岭算法 …… 100
6.2 分水岭医学诊断案例分析 …… 101
第 7 章 手写体数字识别 …… 108
7.1 神经网络算法 …… 108
7.1.1 多层前馈神经网络 …… 108
7.1.2 利用 BP 算法设计神经网络 …… 108
7.1.3 实现手写数字的识别 …… 109
7.2 卷积神经网络概述 …… 111
7.2.1 卷积神经网络的结构 …… 111
7.2.2 卷积神经网络的训练 …… 113
7.2.3 卷积神经网络识别手写体数字 …… 114
7.3 SVM 识别手写体数字 …… 118
7.3.1 支持向量机的原理 …… 118
7.3.2 函数间隔 …… 118
7.3.3 几何间隔 …… 119
7.3.4 间隔最大化 …… 120
7.3.5 SVC 识别手写体数字实例 …… 120
第 8 章 图片中的中英文识别 …… 122
8.1 OCR 介绍 …… 122
8.2 OCR 算法原理 …… 122
8.2.1 图像预处理 …… 122
8.2.2 图像分割 …… 123
8.2.3 特征提取和降维 …… 124
8.2.4 分类器 …… 125
8.2.5 算法步骤 …… 125
8.3 OCR 识别经典应用 …… 126
8.4 获取验证码 …… 126
第 9 章 小波技术的图像视觉处理 …… 129
9.1 小波技术概述 …… 129
9.2 小波实现去噪 …… 129
9.2.1 小波去噪的原理 …… 129

9.2.2 小波去噪的方法 …… 130
9.2.3 小波去噪案例分析 …… 131
9.3 图像融合处理 …… 133
9.3.1 概述 …… 133
9.3.2 小波融合案例分析 …… 134
9.4 小波压缩图像 …… 137
第10章 图像压缩与分割处理 …… 141
10.1 SVD图像压缩处理 …… 141
10.1.1 特征分解 …… 141
10.1.2 奇异值分解 …… 142
10.1.3 奇异值分解应用 …… 143
10.2 PCA图像压缩处理 …… 147
10.2.1 概述 …… 147
10.2.2 主成分降维原理 …… 147
10.2.3 分矩阵重建样本 …… 147
10.2.4 主成分分析图像压缩 …… 148
10.2.5 主成分压缩图像案例分析 …… 148
10.3 *K*-Means聚类图像压缩处理 …… 150
10.3.1 *K*-Means算法的原理 …… 151
10.3.2 *K*-Means算法的要点 …… 151
10.3.3 *K*-Means算法的缺点 …… 152
10.3.4 *K*-Means聚类图像压缩案例分析 …… 152
10.4 *K*-Means聚类实现图像分割 …… 154
10.4.1 *K*-Means聚类分割灰度图像 …… 154
10.4.2 *K*-Means聚类对比分割彩色图像 …… 156
10.5 阈值法实现图像分割 …… 158
10.5.1 全阈值分割 …… 158
10.5.2 迭代阈值分割 …… 158
10.5.3 OTSU算法阈值分割 …… 160
10.5.4 自适应阈值分割 …… 161
第11章 图像特征匹配 …… 164
11.1 相关概念 …… 164
11.2 图像匹配 …… 165
11.2.1 基于灰度的匹配 …… 165
11.2.2 基于模板的匹配 …… 165
11.2.3 基于变换域的匹配 …… 170
11.2.4 基于特征的匹配案例分析 …… 170
第12章 角点特征检测 …… 173
12.1 Harris算子的基本原理 …… 173
12.2 Harris算法流程 …… 175
12.3 Harris角点的性质 …… 175
12.4 Harris检测角点案例分析 …… 176
12.5 角点检测函数 …… 178
12.6 Shi-Tomasi角点检测 …… 181
12.7 FAST特征检测 …… 183

12.8 SIFT 角点检测 …… 184
12.8.1 SIFT 算法实现步骤 …… 185
12.8.2 SIFT 角点检测应用 …… 186
第 13 章 运动目标自动检测 …… 188
13.1 帧间差分法 …… 188
13.1.1 原理 …… 188
13.1.2 三帧差分法 …… 189
13.1.3 帧间差分法案例分析 …… 189
13.2 背景差分法 …… 191
13.3 光流法 …… 193
第 14 章 水印技术 …… 195
14.1 水印技术的概念 …… 195
14.2 数字水印技术的原理 …… 195
14.3 典型的数字水印算法 …… 197
14.3.1 空间域算法 …… 197
14.3.2 变换域算法 …… 197
14.4 数字水印攻击和评价 …… 198
14.5 水印技术案例分析 …… 199
14.6 小波变换水印技术 …… 200
14.6.1 基本原理 …… 200
14.6.2 水印的嵌入与提取步骤 …… 201
14.6.3 算法性能评估 …… 201
14.6.4 小波变换水印技术实现 …… 202
第 15 章 大脑影像分析 …… 206
15.1 阈值分割 …… 206
15.2 区域生长 …… 207
15.3 基于阈值预分割的区域生长 …… 207
15.4 区域生长分割大脑影像案例分析 …… 208
第 16 章 自动驾驶应用 …… 210
16.1 理论基础 …… 210
16.2 环境感知 …… 210
16.3 行为决策 …… 211
16.4 路径规则 …… 211
16.5 运动控制 …… 211
16.6 A_star 算法规划自动驾驶运动 …… 211
16.6.1 自动驾驶运动规则问题 …… 211
16.6.2 A_star 算法用于自动驾驶运动规划 …… 212
16.7 自动驾驶案例分析 …… 216
第 17 章 目标检测 …… 227
17.1 RCNN 系列 …… 227
17.1.1 RCNN 算法概述 …… 227
17.1.2 RCNN 的数据集实现 …… 228
17.2 YOLO 检测 …… 237
17.2.1 概述 …… 237
17.2.2 统一检测 …… 238
17.2.3 基于 OpenCV 实现自动检测案例分析 …… 240

第 18 章 人机交互 …… 243
18.1 Tkinter GUI 编程组件 …… 243
18.2 布局管理器 …… 246
18.2.1 Pack 布局管理器 …… 246
18.2.2 Grid 布局管理器 …… 249
18.2.3 Place 布局管理器 …… 251
18.3 事件处理 …… 252
18.3.1 简单的事件处理 …… 252
18.3.2 事件绑定 …… 253
18.4 Tkinter 常用组件 …… 256
18.4.1 ttk 组件 …… 256
18.4.2 Variable 类 …… 257
18.4.3 compound 选项 …… 258
18.4.4 Entry 和 Text 组件 …… 258
18.4.5 Radiobutton 和 Checkbutton 组件 …… 260
18.4.6 Listbox 和 Combobox 组件 …… 262
18.4.7 Spinbox 组件 …… 263
18.4.8 Scale 组件 …… 264
18.4.9 Labelframe 组件 …… 265
18.4.10 OptionMenu 组件 …… 267
18.5 菜单 …… 268
18.5.1 窗口菜单 …… 268
18.5.2 右键菜单 …… 269
18.6 Canvas 绘图 …… 270
第 19 章 深度学习的应用 …… 274
19.1 理论部分 …… 274
19.1.1 分类识别 …… 274
19.1.2 目标检测的任务 …… 275
19.2 AlexNet 网络及案例分析 …… 275
19.3 CNN 拆分数据集案例分析 …… 279
19.4 MTCNN 人脸检测算法实现 …… 282
19.4.1 P-Net 的结构 …… 283
19.4.2 R-Net 的结构 …… 283
19.4.3 O-Net 的结构 …… 283
19.4.4 图像金字塔 …… 284
19.4.5 MTCNN 实现人脸检测 …… 284
第 20 章 视觉分析综合应用案例 …… 286
20.1 合金弹头游戏 …… 286
20.1.1 游戏界面组件 …… 286
20.1.2 增加“角色” …… 297
20.1.3 合理绘制地图 …… 306
20.1.4 增加音效 …… 307
20.1.5 增加游戏场景 …… 310
20.2 停车场识别计费系统 …… 313
20.2.1 系统设计 …… 314
20.2.2 实现系统 …… 314
参考文献 …… 322

第1章 计算机视觉编程基础知识

CHAPTER 1

计算机视觉(Computer Vision,CV)主要研究如何用图像采集设备和计算机软件代替人眼对物体进行分类识别、目标跟踪和视觉分析等应用。深度学习则源自经典的神经网络构架,属于机器学习领域,它通过不同形式的神经网络,结合视觉大数据的大规模存量与不断产生的增量进行训练,自动提取细粒度的特征并组合粗粒度的特征,形成抽象化的视觉描述,目前在视觉分析方面取得了很大的进步,是当前人工智能爆发性发展的内核驱动。

1.1 计算机视觉概述

随机大数据及人工智能技术的不断发展,计算机视觉以其可视性、规模性、普适性逐步成为AI落地应用的关键领域之一,在理论研究和工程应用上均得到了迅猛发展。那么计算机视觉是怎样定义的?它的发展现状怎样?有哪些用途?本节将对这几个方面进行介绍。

1.1.1 什么是计算机视觉

计算机视觉是一门研究如何使机器“看”的科学,明白地说,就是指用摄影机和计算机代替人眼对目标进行识别、跟踪和测量的机器视觉,并进一步做图形处理,用计算机处理成为更适合人眼观察或传送给仪器检测的图像。

作为一个科学学科,计算机视觉研究相关的理论和技术,试图建立能够从图像或者多维数据中获取“信息”的人工智能系统。这里所指的信息是指可以用来帮助做“决定”的信息。因为感知可以看作从感官信号中提取信息,所以计算机视觉也可以看作研究如何使人工系统从图像或多维数据中“感知”的科学。

计算机视觉同样可以被看作生物视觉的一个补充。一方面,在生物视觉领域中,人类和各种动物的视觉都得到了研究,从而建立了这些视觉系统。另一方面,在计算机视觉中,靠软件和硬件实现的人工智能系统得到了研究与描述。生物视觉与计算机视觉进行的学科间交流为彼此都带来了巨大价值。

计算机视觉包含如下一些分支:画面重建、事件监测、目标跟踪、目标识别、机器学习、索引建立、图像恢复等。

视觉是各个应用领域,如制造业、检验、文档分析、医疗诊断和军事等领域中各种智能/自主系统中不可分割的一部分。计算机视觉的挑战是要为计算机和机器人开发具有与人类水平相当的视觉能力。作为一门学科,计算机视觉开始于20世纪60年代初,但在计算机视觉的基本研究中的许多重要进展是在20世纪80年代取得的。现在计算机视觉已成为一门不同于人工智能、图像处理、模式识别等相关领域的成熟学科。计算机视觉与人类视觉密切相关,对人类视觉有一个正确的认识将对计算机视觉的研究非常有益。

1.1.2 发展现状

计算机视觉领域的突出特点是其多样性与不完善性。图 1-1 列出了计算机视觉与其他领域的关联。

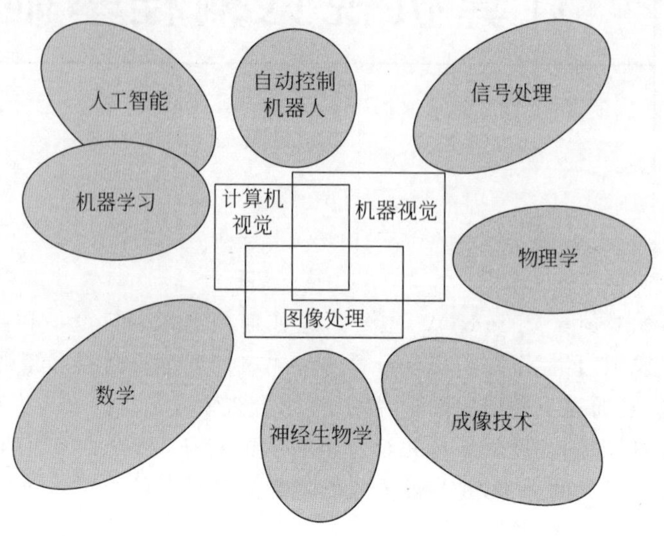

图 1-1 计算机视觉与其他领域的关联

20 世纪 70 年代后期，人们已开始掌握部分解决具体计算机视觉任务的方法，可惜这些方法通常都仅适用于一群狭隘的目标（面孔、指纹、文字等），因而无法被广泛地应用于不同场合。

对这些方法的应用通常作为某些解决复杂问题的大规模系统的一个组成部分（例如，医学图像的处理，工业制造中的质量控制与测量）。在计算机视觉的大多数实际应用中，计算机被预设为解决特定的任务，然而基于机器学习的方法日渐普及，一旦机器学习的研究进一步发展，未来“泛用型”的计算机视觉应用或许可以成真。

人工智能所研究的一个主要问题是：如何让系统具备“计划”和“决策能力”，从而使之完成特定的技术动作（例如，移动一个机器人通过某种特定环境）。这一问题便与计算机视觉问题息息相关。在这里，计算机视觉系统作为一个感知器，为决策提供信息。另外一些研究方向包括模式识别和机器学习（这也属于人工智能领域，但与计算机视觉有着重要联系），也由此，计算机视觉时常被看作人工智能与计算机科学的一个分支。

物理是与计算机视觉有着重要联系的一个领域。

计算机视觉关注的目标在于充分理解电磁波——主要是可见光与红外线部分，遇到物体表面被反射所形成的图像，而这一过程便是基于光学物理和固态物理，一些尖端的图像感知系统甚至会应用到量子力学理论来解析影像所表示的真实世界。同时，物理学中的很多测量难题也可以通过计算机视觉得到解决。由此，计算机视觉同样可以被看作是物理学的拓展。

另一个具有重要意义的领域是神经生物学，尤其是其中的生物视觉系统的部分。

在 20 世纪中，人类对各种动物的眼睛、神经元以及与视觉刺激相关的脑部组织都进行了广泛研究，这些研究得出了一些有关“天然的”视觉系统如何运作的描述，这也形成了计算机视觉中的一个子领域——人们试图建立人工系统，使之在不同的复杂程度上模拟生物的视觉运作。同时在计算机视觉领域中，一些基于机器学习的方法也参考了部分生物机制。

计算机视觉的另一个相关领域是信号处理。很多有关单元变量信号的处理方法，尤其对是时变信号的处理，都可以很自然地被扩展为计算机视觉中对二元变量信号或者多元变量信号的处理方法。这类方法的一个主要特征，便是其非线性以及图像信息的多维性，在信号处理学中形成了一个特殊的研究方向。

除了上面提到的领域，很多研究课题同样可被当作纯粹的数学问题。例如，计算机视觉中的很多问题，其理论基础便是统计学、最优化理论以及几何学。

1.1.3 计算机视觉用途

人类正在进入信息时代，计算机将越来越广泛地进入几乎所有领域。一方面是更多未经计算机专业训练的人也需要应用计算机；另一方面是计算机的功能越来越强，使用方法越来越复杂。人可通过视觉、听觉和语言与外界交换信息，并且可用不同的方式表示相同的含义，而目前的计算机却要求严格按照各种程序语言来编写程序，只有这样计算机才能运行。

智能计算机不但使计算机更便于为人们所使用，同时如果用这样的计算机来控制各种自动化装置特别是智能机器人，就可以使这些自动化系统和智能机器人具有适应环境和自主做出决策的能力。

计算机视觉就是用各种成像系统代替视觉器官作为输入敏感手段，计算机视觉的最终研究目标就是使计算机能像人那样通过视觉观察和理解世界，具有自主适应环境的能力，但要经过长期的努力才能达到的目标。因此，在实现最终目标以前，人们努力的中期目标是建立一种视觉系统，这个系统能依据视觉敏感和反馈的某种程度的智能完成一定的任务。计算机视觉可以而且应该根据计算机系统的特点来进行视觉信息的处理。但是，人类视觉系统是迄今为止人们所知道的功能最强大和完善的视觉系统。

1.1.4 相关学科

为了清晰起见，我们对一些与计算机视觉有关的学科研究目标和方法加以归纳。

1. 图像处理

图像处理可通过处理使输出图像有较高的信噪比，或通过增强处理突出图像的细节，以便于操作员的检验。在计算机视觉研究中经常利用图像处理技术进行预处理和特征抽取。

2. 模式识别(图像识别)

模式识别技术根据从图像抽取的统计特性或结构信息，把图像分成预定的类别。例如，文字识别或指纹识别。在计算机视觉中模式识别技术经常用于对图像中的某些部分，例如，分割区域的识别和分类。

3. 图像理解(景物分析)

在人工智能视觉研究的初期经常使用景物分析这个术语，以强调二维图像与三维景物之间的区别。图像理解除了需要复杂的图像处理以外，还需要具有关于景物成像的物理规律的知识以及与景物内容有关的知识。

在建立计算机视觉系统时需要用到上述学科中的有关技术，但计算机视觉研究的内容要比这些学科更为广泛。计算机视觉的研究与人类视觉的研究密切相关。为实现建立与人的视觉系统相类似的通用计算机视觉系统的目标需要建立人类视觉的计算机理论。

1.1.5 计算机视觉的经典问题

几乎在每个计算机视觉技术的具体应用都要解决一系列相同的问题。

1. 识别

计算机视觉、图像处理和机器视觉所共有的经典问题便是判定一组图像数据中是否包含某个特定的物体、图像特征或运动状态。这一问题通常可以通过机器自动解决，但是到目前为止，还没有某种单一的方法能够广泛地对各种情况进行判定：在任意环境中识别任意物体。现有技术能够只能够很好地解决特定目标的识别，比如简单几何图形识别、人脸识别、印刷或手写文件识别或者车辆识别。而且这些识别需要在特定的环境中，具有指定的光照、背景和目标姿态要求。

2. 运动

基于序列图像的对物体运动的监测包含多种类型，如自体运动、图像跟踪。

3. 场景重建

给定一个场景的两幅或多幅图像或者一段录像，场景重建寻求为该场景建立一个计算机模型/三维模型。最简单的情况便是生成一组三维空间中的点。更复杂的情况下会建立起完整的三维表面模型。

4. 图像恢复

图像恢复的目标在于移除图像中的噪声，例如仪器噪声、模糊等。

1.2 Python 编程软件

Python 是一种解释型、面向对象、动态数据类型的高级程序设计语言，具有易学习、易拓展、跨平台等优点，被广泛应用于 Web 开发、网络爬虫、数据分析、人工智能等领域，是当前主流的编程语言之一。

本书的计算机视觉是在 Python 平台上进行的。因此，在介绍计算机视觉前，先来了解 Python 的编程基础。

1.2.1 Python 应用领域

Python 的标识如图 1-2 所示，它是一种解释型脚本语言，可以应用于以下领域：

- Web 和 Internet 开发；
- 科学计算和统计；
- 教育；
- 桌面界面开发；
- 软件开发；
- 后端开发。

图 1-2 Python 标识图

1.2.2 发展历程

自从 20 世纪 90 年代初 Python 语言诞生至今，已逐渐被广泛应用于系统管理任务的处理和 Web 编程。由于 Python 语言的简洁性、易读性以及可扩展性，在国外用 Python 做科学计算的研究机构日益增多，一些知名大学已经采用 Python 来教授程序设计课程。众多开源的科学计算软件包都提供了 Python 的调用接口，例如，著名的计算机视觉库 OpenCV、三维可视化库 VTK、医学图像处理库 ITK。而 Python 专用的科学计算扩展库就更多了，例如，十分经典的科学计算扩展库 NumPy、SciPy 和 Matplotlib，它们分别为 Python 提供了快速数组处理、数值运算以及绘图功能。因此 Python 语言及其众多的扩展库所构成的开发环境十分适合工程技术、科研人员处理实验数据、制作图表，甚至开发科学计算应用程序。

1.2.3 Python 的安装

Windows 系统并非都默认安装了 Python，用户可能需要下载并安装它，再下载并安装一个文本编辑器。

1. 安装 Python

下载并安装 Python 3.6.5(注意选择正确的操作系统)。下载后，安装界面如图 1-3 所示。

在图 1-3 中选择 Modify，进入下一步。如图 1-4 所示，可以看出 Python 包自带 pip 命令。

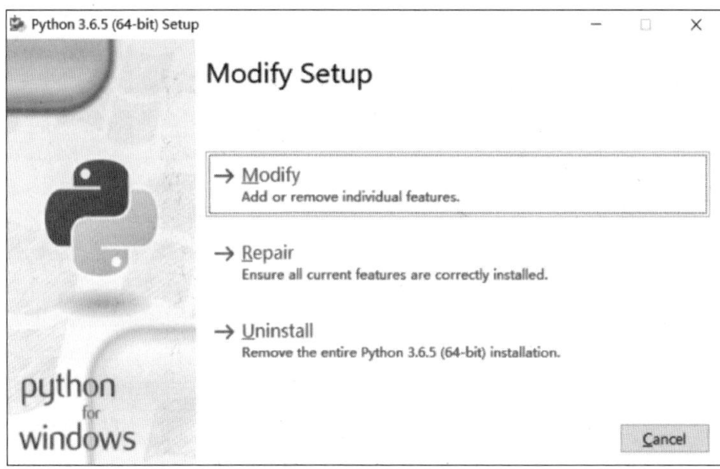

图 1-3　Modify Setup 界面

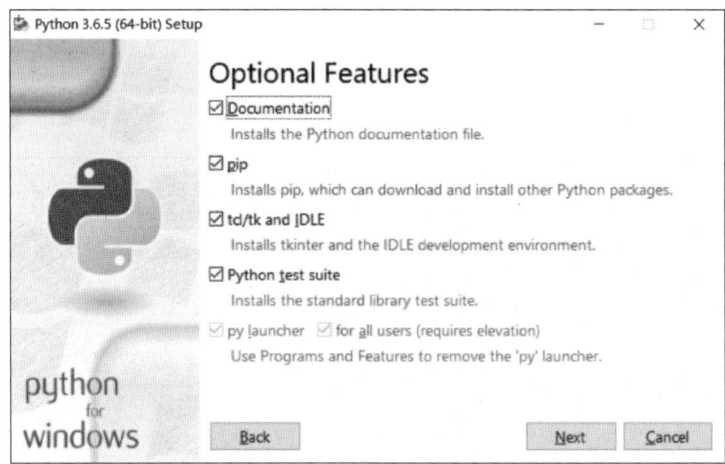

图 1-4　Optional Features 界面

单击 Next 按钮，选择安装项，并可选择安装的路径，如图 1-5 所示。

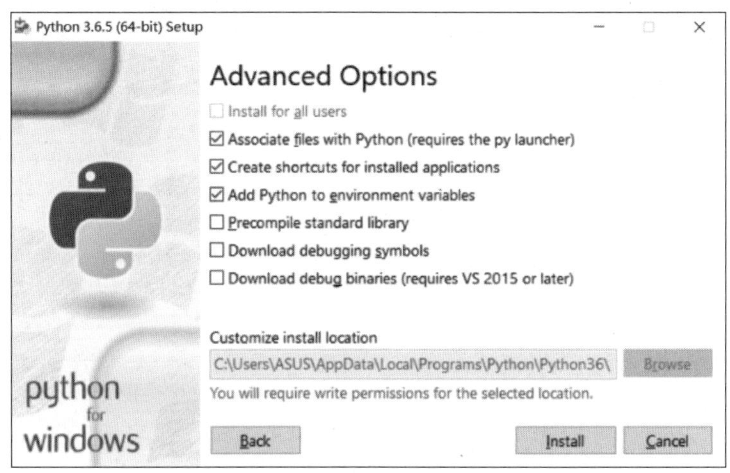

图 1-5　安装项及路径选择

选择所需要安装项以及所存放的路径后，单击 Install 按钮，即可进行安装，安装完成效果如图 1-6 所示。

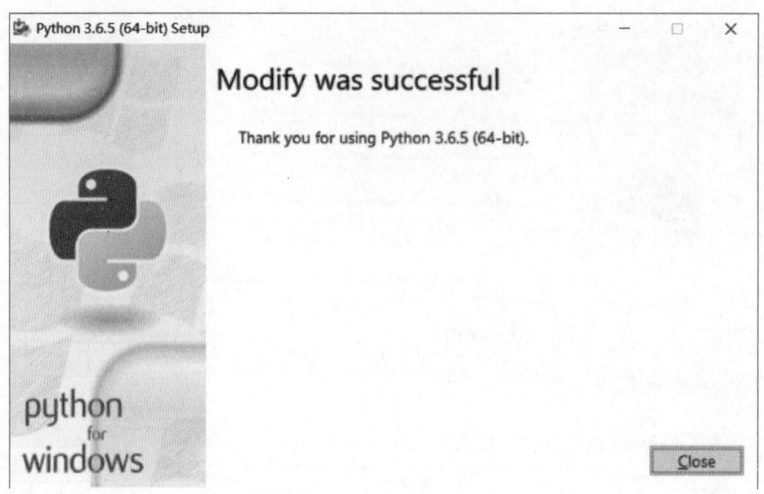

图 1-6 安装完成界面

完成 Python 安装后，再到 PowerShell 中输入 python，若看到进入终端的命令提示，则代表 Python 安装成功。安装成功后的界面如图 1-7 所示。

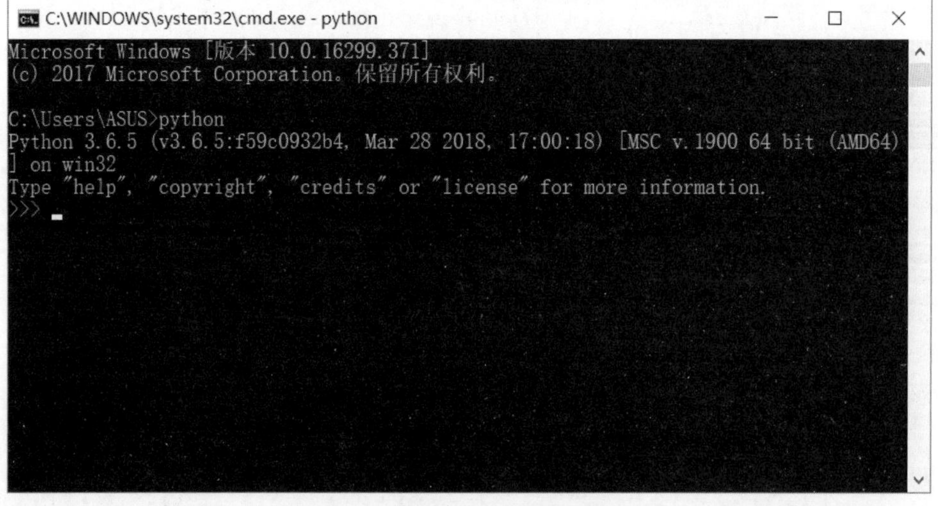

图 1-7 终端显示成功后的信息

2. 安装文本编辑器

要下载 Windows Geany 安装程序，可访问 http://geany.org/，单击 Download 下的 Releases，找到安装程序 geany-1.25_setup.exe 或类似的文件。下载安装程序后，运行它并接受所有的默认设置。

启动 Geany，选择“文件”→“另存为”命令，将当前的空文件保存为 hello_world.py，再在编辑窗口中输入代码：

```
print("hello world!")
```

效果如图 1-8 所示。

现在选择菜单“生成”→“设置生成”命令，将看到文字 Compile 和 Execute，它们旁边都有一个命令。默认情况下，这两个命令都是 python(全部小写)，但 Geany 不知道这个命令位于系统的什么地方，需要添加启动终端会话时使用的路径。在编译命令和执行中，添加命令 python 所在的驱动器和文件夹。编译命令应类似于图 1-9。

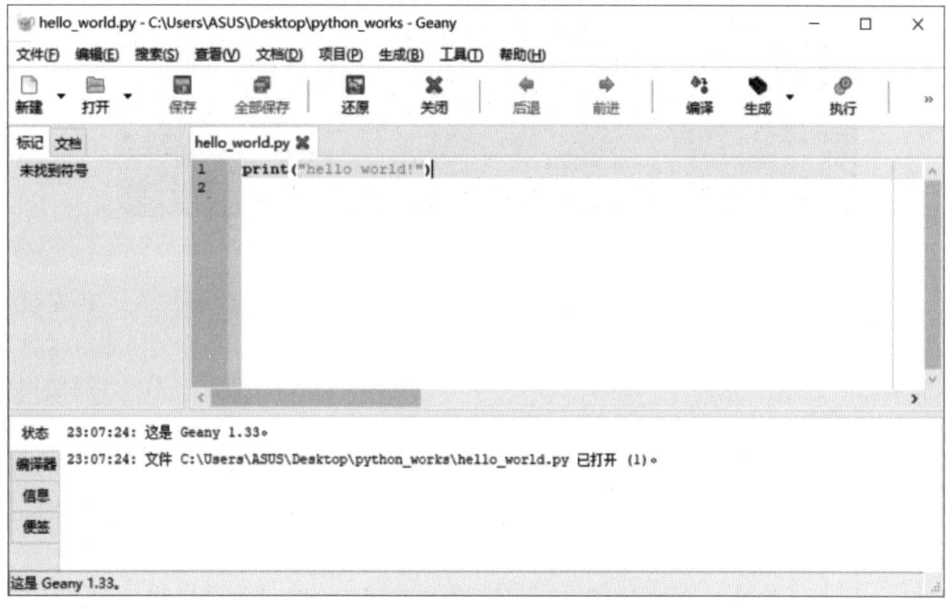

图 1-8 Windows 系统下的 Geany 编辑器

设置生成命令

#	标签	命令	工作目录	重置
Python命令				
1.	Compile	python -m py_compile "%f		
2.				
3.	Lint	pep8 --max-line-length=8(		
	错误正则表达式:	(.+):([0-9]+):([0-9]+)		
文件类型无关命令				
1.	生成(M)	make		
2.	生成自定义目标...(T)	make		
3.	生成目标文件(O)	make %e.o		
4.				
	错误正则表达式:			
执行命令				
1.	Execute	python "%f"		
2.				

附注：第 2 项会打开一个对话框，并将输入的文本追加到命令中。

命令和目录字段中的 %d、%e、%f、%p 和 %l 将被替代，详见手册。

取消(C) 确定(O)

图 1-9 编译命令效果

提示：务必确定空格和大小都与图 1-9 中显示的完全相同。正确地设置这些命令后，单击“确定”按钮，即可成功运行程序。

在 Geany 中运行程序的方式有 3 种。为运行程序 hello_world. py，可选择菜单“生成”→“执行”，或单击 执行 按钮或按 F5 键。运行 hello_world. py 时，将弹出一个终端窗口，效果如图 1-10 所示。

1.2.4 使用 pip 安装第三方库

pip 是 Python 安装各种第三方库(package)的工具。

C:\WINDOWS\SYSTEM32\cmd.exe
hello world!
(program exited with code: 0)
请按任意键继续. . .

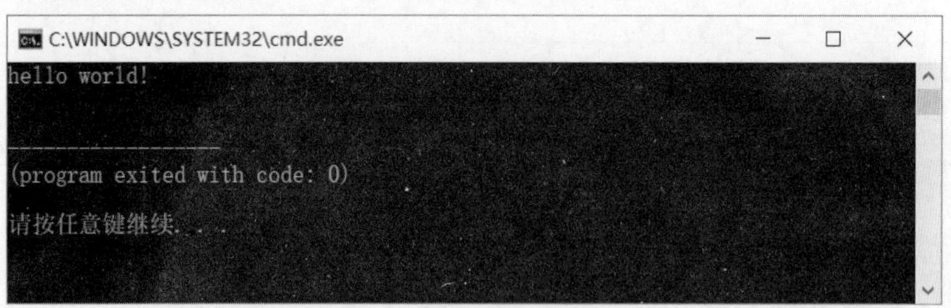

图 1-10 运行效果

对于第三方库不太理解的读者，可以将库理解为供用户调用的代码组合。在安装某个库后，可以直接调用其中的功能，使得我们不用一个代码一个代码地实现某个功能。这就像需要为计算机杀毒时会选择下载一个杀毒软件，而不是自己写一个杀毒软件一样，直接使用杀毒软件中的杀毒功能来杀毒就可以了。这个比方中的杀毒软件就像是第三方库，杀毒功能就是第三方库中可以实现的功能。

下面的例子将介绍如何用 pip 安装第三方库 bs4，它可以使用其中的 BeautifulSoup 解析网页。

打开 cmd. exe（在 Windows 中为 cmd，在 Mac 中为 terminal），可以执行对系统的管理。打开 cmd 的方法为：

单击"开始"按钮，在"搜索程序和文件"文本框中输入 cmd 后按回车键，系统会打开命令提示符窗口，如图 1-11 所示。在 Mac 中，可以直接在"应用程序"中打开 terminal 程序。

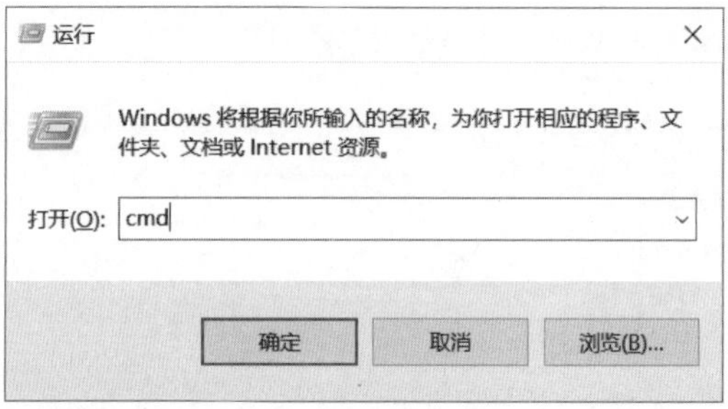

运行
Windows 将根据你所输入的名称，为你打开相应的程序、文件夹、文档或 Internet 资源。
打开(O): cmd
确定
取消
浏览(B)...

图 1-11 cmd 界面

安装 bs4 的 Python 库。在 cmd 中键入 pip install bs4 后按回车键，如果出现 successfully installed，就表示安装成功，如图 1-12 所示。

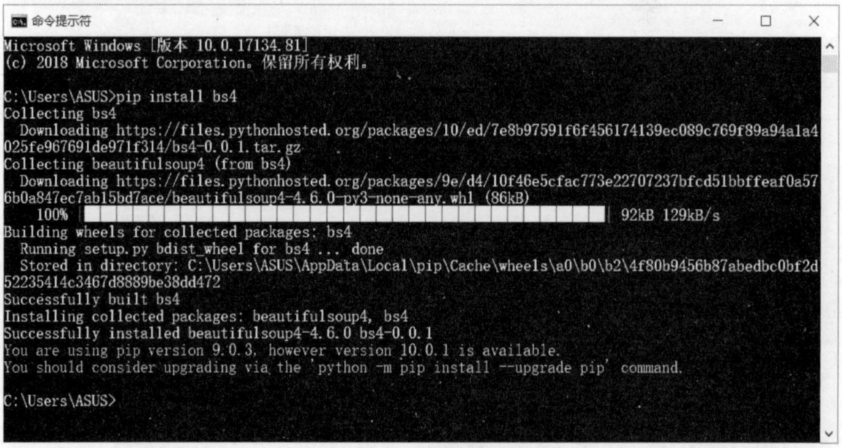

命令提示符
Microsoft Windows [版本 10.0.17134.81]
(c) 2018 Microsoft Corporation。保留所有权利。
C:\Users\ASUS>pip install bs4
Collecting bs4
Downloading https://files.pythonhosted.org/packages/10/ed/7e8b97591f6f456174139ec089c769f89a94a1a4025fe967691de971f314/bs4-0.0.1.tar.gz
Collecting beautifulsoup4 (from bs4)
Downloading https://files.pythonhosted.org/packages/9e/d4/10f46e5cfac773e22707237bfcd51bbffeaf0a576b0a847ec7ab15bd7ace/beautifulsoup4-4.6.0-py3-none-any.whl (86kB)
100% 92kB 129kB/s
Building wheels for collected packages: bs4
Running setup.py bdist_wheel for bs4 ... done
Stored in directory: C:\Users\ASUS\AppData\Local\pip\Cache\wheels\a0\b0\b2\4f80b9456b87abedbc0bf2d52235414c3467d8889be38dd472
Successfully built bs4
Installing collected packages: beautifulsoup4, bs4
Successfully installed beautifulsoup4-4.6.0 bs4-0.0.1
You are using pip version 9.0.3, however version 10.0.1 is available.
You should consider upgrading via the 'python -m pip install --upgrade pip' command.
C:\Users\ASUS>

图 1-12 成功安装 bs4

除了 bs4 这个库，之后还会用到 requests 库、lxml 库等其他第三方库，帮助我们更好地使用 Python 实现机器学习。

1.3　几个常用库

Python 的功能之所以强大，主要是因为第三方库，这些第三方库都可以通过"pip install+安装文件全名"来进行安装。

1.3.1　NumPy 库

NumPy 是一个 Python 中非常基础的用于进行科学计算的库，它的功能包括高维数组（array）计算、线性代数计算、傅里叶变换以及生产伪随机数等。NumPy 对于 scikit-learn 来说是至关重要的，因为 scikit-learn 使用 numpy 数组形式的数据来进行处理，所以需要把数据都转换成 numpy 数组的形式，而多维数组（n-dimensional array）也是 NumPy 的核心功能之一。为了让读者直观了解 numpy 数组，下面直接通过在 Geany 中新建一个文件，然后输入几行代码来进行展示：

```
import numpy;

print('使用列表生成一维数组')
data = [1,2,3,4,5,6]
x = numpy.array(data)
print( x)                       #打印数组
print(x.dtype)                  #打印数组元素的类型

print('使用列表生成二维数组')
data = [[1,2],[3,4],[5,6]]
x = numpy.array(data)
print(x)                        #打印数组
print(x.ndim)                   #打印数组的维度
print(x.shape)                  #打印数组各个维度的长度.shape 是一个元组
```

将这些代码保存成一个.py 文件，然后在编辑器窗口按 F5 键执行，得到如图 1-13 所示的结果。

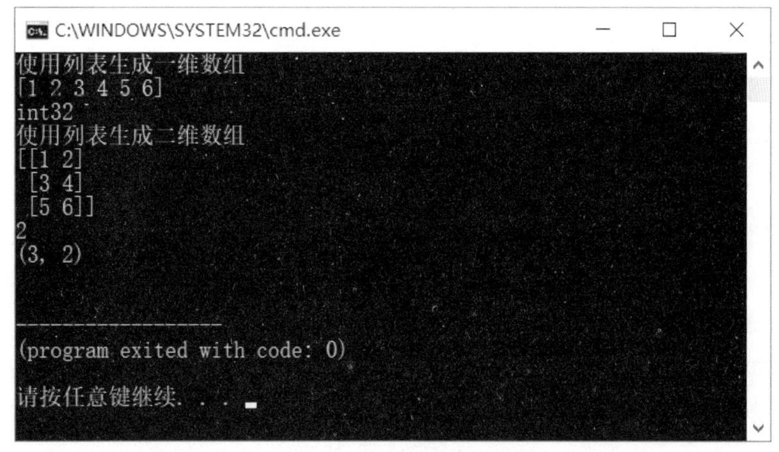

图 1-13　numpy 的数组

1.3.2　SciPy 库

SciPy 是一个 Python 中用于进行科学计算的工具集，它有很多功能，如计算统计学分布、信号处理、计算线性代数方程等。scikit-learn 需要使用 SciPy 来对算法进行执行，其中用得最多的就是 SciPy 中的 sparse 函数了。sparse 函数用来生成稀疏矩阵，而稀疏矩阵用来存储那些大部分数值为 0 的数组，这种类型的数组在 scikit-learn 的实际应用中也很常见。

下面用实例来演示 sparse 函数的用法。

```
import numpy as np
from scipy.sparse import csr_matrix

indptr = np.array([0, 2, 3, 6])
indices = np.array([0, 2, 2, 0, 1, 2])
data = np.array([1, 2, 3, 4, 5, 6])
a = csr_matrix((data, indices, indptr), shape = (3, 3)).toarray()
print( '稀疏矩阵 a 为: \n',a)

b = csr_matrix(a)
print('稀疏矩阵 b 为: \n',b)
```

或是：

```
import numpy as np
from scipy import sparse

indptr = np.array([0, 2, 3, 6])
indices = np.array([0, 2, 2, 0, 1, 2])
data = np.array([1, 2, 3, 4, 5, 6])
a = sparse.csr_matrix((data, indices, indptr), shape = (3, 3)).toarray()
print( '稀疏矩阵 a 为: \n',a)

b = sparse.csr_matrix(a)
print('稀疏矩阵 b 为: \n',b)
```

上面这两段代码输出的结果是一样的，输出如下：

```
稀疏矩阵 a 为:
 [[1 0 2]
 [0 0 3]
 [4 5 6]]
稀疏矩阵 b 为:
   (0, 0)1
  (0, 2)2
  (1, 2)3
  (2, 0)4
  (2, 1)5
  (2, 2)6
```

从上面的代码和运行结果中，可以大致理解 sparse 函数的工作原理，在后面的内容中，我们还会接触到 SciPy 更多的功能。

1.3.3 pandas 库

pandas 是一个 Python 中用于进行数据分析的库，它可以生成类似 Excel 表格式的数据表，而且可以对数据表进行修改操作。pandas 还有个强大的功能，它可以从很多不同种类的数据库中提取数据，如 SQL 数据库、Excel 表格甚至 CSV 文件。pandas 还支持在不同的列表中使用不同类型的数据，如整型数据、浮点数或是字符串。下面用一个例子来说明 pandas 的功能。

```
import pandas as pd
from pandas import Series,DataFrame

print ('用一维数组生成 Series')
x = Series([1,2,3,4])
```

```
print(x)

print (x.values) # [1 2 3 4]
# 默认标签为 0 到 3 的序号
print(x.index) # RangeIndex(start = 0, stop = 4, step = 1)

print('指定 Series 的 index')      # 可将 index 理解为行索引
x = Series([1, 2, 3, 4], index = ['a', 'b', 'd', 'c'])
print(x)
print(x.index)                     # Index([u'a', u'b', u'd', u'c'], dtype = 'object')
print (x['a'])                     # 通过行索引来取得元素值: 1
x['d'] = 6                         # 通过行索引来赋值
print (x[['c', 'a', 'd']])         # 类似于 numpy 的花式索引
```

运行程序，输出如下：

```
用一维数组生成 Series
0    1
1    2
2    3
3    4
dtype: int64
[1 2 3 4]
RangeIndex(start = 0, stop = 4, step = 1)
指定 Series 的 index
a    1
b    2
d    3
c    4
dtype: int64
Index(['a', 'b', 'd', 'c'], dtype = 'object')
1
c    4
a    1
d    6
dtype: int64
```

1.3.4 scikit-learn 库

scikit-learn 是如此重要，以至于我们需要单独对它进行一些介绍。scikit-learn 是一个建立在 SciPy 基础上的用于机器学习的 Python 模块。在不同的应用领域中，已经发展出为数众多的基于 SciPy 的工具包，它们被统一称为 Scikits。在所有的分支版本中，scikit-learn 是最有名的。它是开源的，任何人都可以免费地使用它或进行二次发行。

scikit-learn 包含众多顶级机器学习算法，它主要有六大类的基本功能，分别是分类、回归、聚类、数据降维、模型选择和数据预处理。scikit-learn 拥有非常活跃的用户社区，基本上其所有的功能都有非常详尽的文档供用户查阅。

1.4 Python 图像处理类库

PIL(Python Imaging Library，图像处理库)提供了通用的图像处理功能，以及大量有用的基本图像操作。PIL 库已经集成在 Anaconda 库中，推荐使用 Anaconda，它简单、方便、快捷。

PIL 的主要功能定义在 Image 类中，而 Image 类定义在同名的 Image 模块中。使用 PIL 的功能，一般都是从新建一个 Image 类的实例开始。新建 Image 类的实例有多种方法。可以用 Image 模块的 open()函数打开已有的图片档案，也可以处理其他的实例，或者从零开始构建一个实例。

下面实例尝试读入一幅图像。

```
from PIL import Image
from pylab import *
plt.rcParams['font.sans-serif'] = ['SimHei']    #显示中文标签
figure()
pil_im = Image.open('house.jpg')
gray()
subplot(121)
title(u'原图')
axis('off')
imshow(pil_im)
pil_im = Image.open('house.jpg').convert('L')
subplot(122)
title(u'灰度图')
axis('off')
imshow(pil_im)
show()
```

运行程序，效果如图 1-14 所示。

图 1-14 图像的读入

1.4.1 转换图像格式

对于彩色图像，不管其图像格式是 PNG、BMP，还是 JPG，在 PIL 中，使用 Image 模块的 open()函数打开后，返回的图像对象的模式都是 RGB。而对于灰度图像，不管其图像格式是 PNG、BMP，还是 JPG，打开后，其模式都为 L。

对于 PNG、BMP 和 JPG 彩色图像格式之间的互相转换都可以通过 Image 模块的 open()和 save()函数来完成。具体来说，就是在打开这些图像时，PIL 会将它们解码为三通道的 RGB 图像。用户可以基于这个 RGB 图像，对其进行处理。处理完毕，使用函数 save()，可以将处理结果保存成 PNG、BMP 和 JPG 中的任何格式。这样也就完成了几种格式之间的转换。同理，其他格式的彩色图像也可以通过这种方式完成转换。当然，对于不同格式的灰度图像，也可通过类似途径完成，只是 PIL 解码后是模式为 L 的图像。

此处详细介绍一下 Image 模块的 convert()函数，它用于不同模式图像之间的转换。图像的模式转换类型有：

- 模式 L 为灰色图像；
- 模式 P 为 8 位彩色图像；
- 模式 RGBA 为 32 位彩色图像；
- 模式 CMYK 为 32 位彩色图像；
- 模式 YCbCr 为 24 位彩色图像；
- 模式 I 为 32 位整型灰色图像；
- 模式 F 为 32 位浮点灰色图像。

模式 F 与模式 L 的转换公式是一样的，都是 RGB 转换为灰色值的公式。

使用不同的参数,将当前的图像转换为新的模式,并产生新的图像作为返回值。

【例 1-1】 实例实现将 lena.png 图像转换为 lean.jpg。

```
from PIL import Image
def IsValidImage(img_path):
    """
    判断文件是否为有效(完整)的图片
    :param img_path:图片路径
    :return:True: 有效 False: 无效
    """
    bValid = True
    try:
        Image.open(img_path).verify()
    except:
        bValid = False
    return bValid

def transimg(img_path):
    """
    转换图片格式
    :param img_path:图片路径
    :return: True: 成功 False: 失败
    """
    if IsValidImage(img_path):
        try:
            str = img_path.rsplit(".", 1)
            output_img_path = str[0] + ".jpg"
            print(output_img_path)
            im = Image.open(img_path)
            im.save(output_img_path)
            return True
        except:
            return False
    else:
        return False

if __name__ == '__main__':
    img_path = 'lena.png'
    print(transimg(img_path))
```

1.4.2 创建缩略图

利用 PIL 可以很容易地创建缩略图,设置缩略图的大小,并用元组保存起来,调用 thumbnail()方法即可生成缩略图。创建缩略图的代码如下。

例如,创建最长边为 128 像素的缩略图,可以使用:

```
pil_im.thumbnail((128,128))
```

1.4.3 复制并粘贴图像区域

调用 crop()方法即可从一幅图像中进行区域复制,复制出区域后,可以对区域进行旋转等变换。方法为:

```
ox = (100,100,400,400)
region = pil_im.crop(box)
```

目标区域由四元组来指定,坐标依次为(左,上,右,下),PIL 中指定坐标系的左上角坐标为(0,0),可以旋转后利用 paste()放回去,具体实现如下:

```
region = region.transpose(Image.ROTATE_180)
pil_im.paste(region,box)
```

1.4.4 调整尺寸和旋转

在 PIL 中调整尺寸可利用 resize()方法，参数是一个元组，用来指定新图像的大小：

```
out = pil_im.resize((128,128))
```

而旋转图像可利用 rotate()方法，逆时针方式表示角度：

```
out = pil_im.rotate(45)
```

【例 1-2】 下面通过一个例子来综合演示上面的方法。

```
from PIL import Image
from pylab import *
plt.rcParams['font.sans-serif'] = ['SimHei']        # 显示中文标签
figure()
# 显示原图
pil_im = Image.open('house.jpg')
print(pil_im.mode, pil_im.size, pil_im.format)
subplot(231)
title(u'原图')
axis('off')
imshow(pil_im)
# 显示灰度图
pil_im = Image.open('house.jpg').convert('L')
gray()
subplot(232)
title(u'灰度图')
axis('off')
imshow(pil_im)
# 复制并粘贴区域
pil_im = Image.open('house.jpg')
box = (100, 100, 400, 400)
region = pil_im.crop(box)
region = region.transpose(Image.ROTATE_180)
pil_im.paste(region, box)
subplot(233)
title(u'复制粘贴区域')
axis('off')
imshow(pil_im)

# 缩略图
pil_im = Image.open('house.jpg')
size = 128, 128
pil_im.thumbnail(size)
print(pil_im.size)
subplot(234)
title(u'缩略图')
axis('off')
imshow(pil_im)
pil_im.save('house.jpg')                            # 保存缩略图

# 调整图像尺寸
pil_im = Image.open('house.jpg')
pil_im = pil_im.resize(size)
print(pil_im.size)
subplot(235)
title(u'调整尺寸后的图像')
axis('off')
imshow(pil_im)

# 旋转图像 45°
pil_im = Image.open('house.jpg')
pil_im = pil_im.rotate(45)
```

```
subplot(236)
title(u'旋转 45°后的图像')
axis('off')
imshow(pil_im)
show()
```

运行程序,效果如图 1-15 所示。

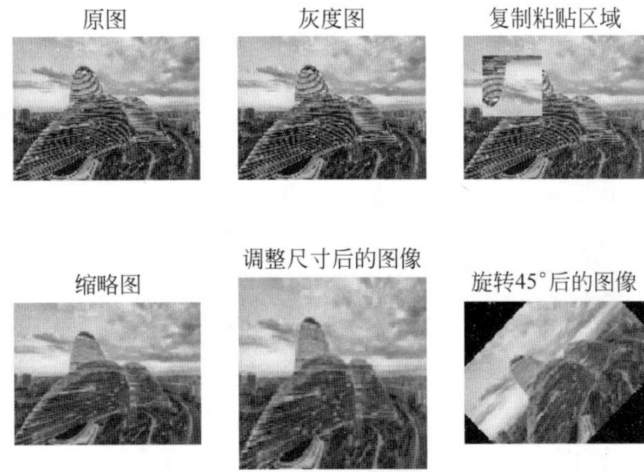

图 1-15 图像的各种操作

1.5 Matplotlib 库

当在处理数学及绘图或在图像上描点、画直线和曲线时,Matplotlib 是一个很好的绘图库,它比 PIL 库提供了更有力的特性。Matplotlib 以各种硬拷贝格式和跨平台的交互式环境生成出版质量级别的图形,它能够输出的图形包括折线图、散点图、直方图等。在数据可视化方面,Matplotlib 拥有数量众多的忠实用户,其强大的绘图能力能够帮我们对数据形成非常清晰直观的认知。

1. 画图、描点和线

在 Python 中,利用 Matplotlib 画图、描点和线非常方便,例如:

```
from PIL import Image
from pylab import *
import matplotlib.pyplot as plt
plt.rcParams['font.sans-serif'] = ['SimHei'] # 显示中文标签
# 读取图像到数组中
im = array(Image.open('house2.jpg'))
figure()
# 绘制有坐标轴
subplot(121)
imshow(im)
x = [100, 100, 200, 200]
y = [200, 400, 200, 400]
# 使用红色星状标记绘制点
plot(x, y, 'r*')
# 绘制连接两个点的线(默认为蓝色)
plot(x[:2], y[:2])
title(u'绘制 house2.jpg')
# 不显示坐标轴
subplot(122)
imshow(im)
x = [100, 100, 200, 200]
y = [200, 400, 200, 400]
```

```
plot(x, y, 'r*')
plot(x[:2], y[:2])
axis('off')
title(u'绘制 house2.jpg')
"""show()命令首先打开图形用户界面(GUI),然后新建一个窗口,该图形用户界面会循环阻断脚本,然后暂停,直到最后一个图像窗口关闭。每个脚本,只能调用一次 show()命令,通常相似脚本的结尾调用"""
show()
```

运行程序,效果如图 1-16 所示。

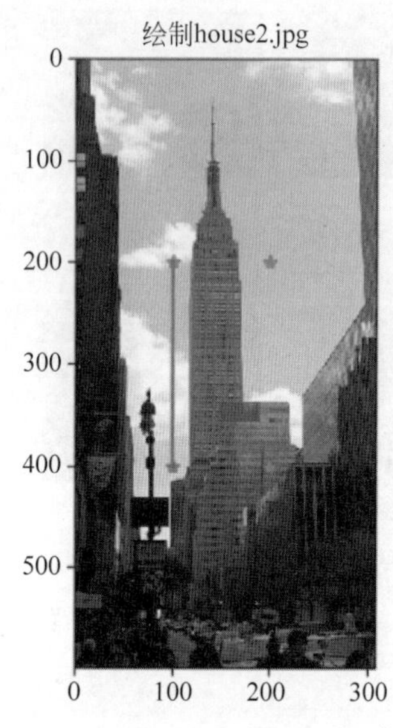

图 1-16 为图像描点和线

绘图时还有很多可选的颜色和样式,如表 1-1～表 1-3 所示,应用例程如下:

```
plot(x,y)            #默认为蓝色实线
plot(x,y,'go-')      #带有圆圈标记的绿线
plot(x,y,'ks:')      #带有正方形标记的黑色虚线
```

表 1-1 用 PyLab 库绘图的基本颜色格式命令

符　号	颜　色	符　号	颜　色
'b'	蓝色	'k'	黑色
'g'	绿色	'w'	白色
'r'	红色	'm'	品红
'c'	青色	'y'	黄色

表 1-2 用 PyLab 库绘图的基本线型格式命令

符　号	线　型	符　号	线　型
'-'	实线	'.'	点线
'--'	虚线	'-.'	点虚线

表 1-3 用 PyLab 库绘图的基本绘制标记格式命令

符　号	线　型	符　号	线　型
'.'	点	'o'	圆圈
's'	正方形	'*'	星号
'+'	加号	'×'	叉号
'^'、'v'、'<'、'>'	三角形(上下左右)	'1'、'2'、'3'、'4'	三叉号(上下左右)

2. 轮廓图与直方图

在 Python 中，利用 Matplotlib 绘制图像的轮廓图和直方图也非常方便。利用 hist()函数可实现直方图的绘图；利用 contour()函数可实现轮廓图的轮廓。

【例 1-3】 利用 Matplotlib 绘制轮廓图和直方图。

```
from PIL import Image
from pylab import *
plt.rcParams['font.sans-serif'] = ['SimHei'] #显示中文标签
import matplotlib.pyplot as plt
#打开图像,并转成灰度图像
im = array(Image.open('house2.jpg').convert('L'))
#新建一个图像
figure()
subplot(121)
#不使用颜色信息
gray()
#在原点的左上角显示轮廓图像
contour(im, origin='image')
axis('equal')
axis('off')
title(u'图像轮廓图')

subplot(122)
"""利用 hist 来绘制直方图,第一个参数为一个一维数组。因为 hist 只接受一维数组作为输入,所以要
用 flatten()方法将任意数组按照行优先准则转化成一个一维数组。第二个参数指定 bin 的个数"""
hist(im.flatten(), 128)
title(u'图像直方图')
#刻度
plt.xlim([0,250])
plt.ylim([0,12000])
show()
```

运行程序，效果如图 1-17 所示。

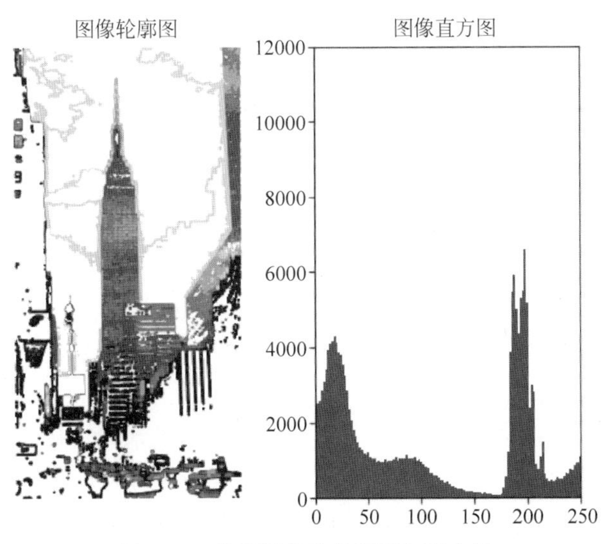

图 1-17　绘图图像的轮廓图与直方图

3. 交互式标注

有时候用户需要和应用进行交互，比如在图像中用点做标识，或者在一些训练数据中进行注释，PyLab 提供了一个很简洁好用的函数 gitput()来实现交互式标注。

【例 1-4】 在图形中实现交互式标注。

```
from PIL import Image
from pylab import *
im = array(Image.open('house2.jpg'))
imshow(im)
print('请单击 3 个点')
x = ginput(3)
print('你已单击:', x)
show() # 在显示的图像中单击 3 个点
```

以上代码中先读取 empire.jpg 图像，显示读取的图像，然后用 ginput()交互注释，这里的交互注释数据点设置为 3 个，用户在注释后，会将注释点的坐标打印出来。运行程序，输出如下：

```
请单击 3 个点
你已单击：[(153.5, 249.73160173160164),
(215.0854978354978, 335.6271645021644),
(104.87987012987008, 353.4545454545454)]
```

1.6 Pyecharts 库

ECharts 是一款由百度开源的数据可视化图表库，凭借着良好的交互性和精巧的图表设计，得到了众多开发者的认可。而 Python 是一门富有表达力的语言，很适合用于数据处理。当数据分析遇上数据可视化时，Pyecharts 诞生了。

1.6.1 Pyecharts 特性

Pyecharts 具有以下几个特性。

(1) 简洁的 API 设计，使用非常流畅，支持链式调用。

(2) 囊括了 30 多种常见图表，应有尽有。

(3) 支持主流 Notebook 环境、Jupyter Notebook 和 JupyterLab。

(4) 可轻松集成至 Flask、Django 等主流 Web 框架。

(5) 高度灵活的配置项，可轻松搭配出精美的图表。

(6) 详细的文档和示例，帮助开发者更快地上手项目。

(7) 400 多个地图文件以及原生的百度地图，为地理数据可视化提供强有力的支持。

1.6.2 Pyecharts 安装

在 Python 中，安装 Pyecharts 可利用第三方软件 pip 进行，输入以下代码进行安装。

```
pip install pyecharts
```

1.6.3 Pyecharts 绘图

1. 绘图脚本结构

要绘制一个理想中的图表，需要以下 4 部分的参数进行整合：图表函数、数据、全局配置(标题、图纸大小、横纵坐标、工具栏等)及系列配置(图表线条、填充颜色、标签等)。

如果要绘制一个简单的图表，仅用图表函数与数据两部分即可，例如绘制简单的柱形图的代码如下：

```
# 导入相应库
from pyecharts.charts import Bar
from pyecharts.faker import Faker
from pyecharts import options as opts

bar = Bar()
bar.add_xaxis(Faker.choose())
```

```
bar.add_yaxis('销售团队 A',Faker.values())
bar.add_yaxis('销售团队 B',Faker.values())
bar.set_series_opts(markline_opts = opts.MarkLineOpts(
    data = [opts.MarkLineItem(type_ = 'max',name = '最大值')]
))
bar.render()        #生成 HTML 文件,文件名为 render
```

运行程序,效果如图 1-18 所示。

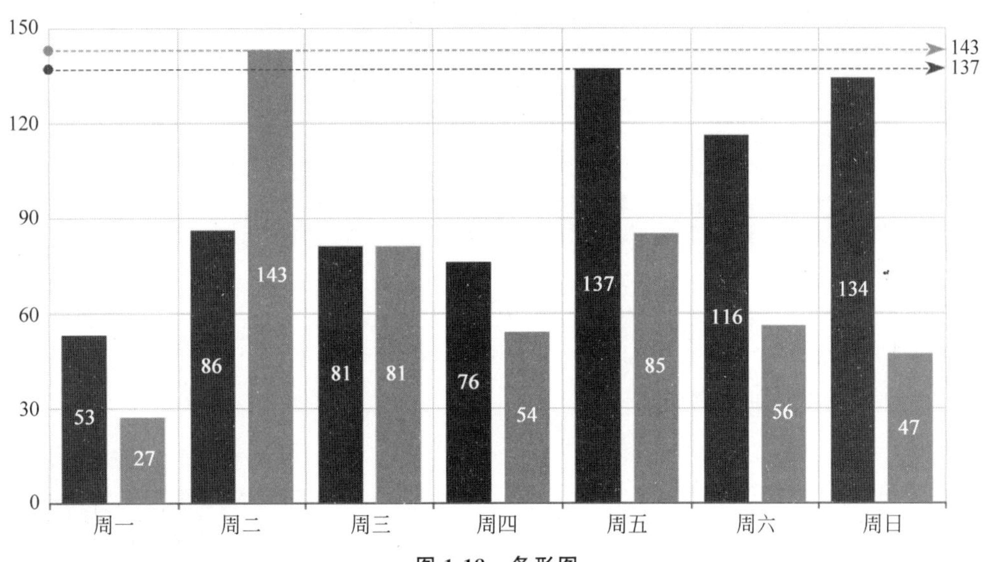

图 1-18 条形图

如果想进行 XY 翻转,可以通过以下代码实现。

```
from pyecharts.charts import Bar
from pyecharts.faker import Faker
from pyecharts import options as opts

bar = Bar()
bar.add_xaxis(Faker.choose())
bar.add_yaxis('销售团队 A',Faker.values())
bar.add_yaxis('销售团队 B',Faker.values())
bar.reversal_axis()
bar.set_series_opts(label_opts = opts.LabelOpts(position = "right"))
bar.set_global_opts(title_opts = opts.TitleOpts(title = "XY 翻转"))
bar.render()
```

运行程序,XY 翻转效果如图 1-19 所示。

假如,想绘制一滴水滴,代码如下:

```
from pyecharts.charts import Liquid
c = Liquid().add(series_name = '水球图',data = [0.65])
c.render()
```

运行程序,效果如图 1-20 所示。

只要在 Pyecharts 官网找到可配置的图形,在图形的函数后加上 add(数据),即可绘制出相应的图形。至此可能会有一个疑问,如何知道各个参数后面是接字典、列表还是字符串?为什么有的图形函数后接的是 add,有的是 add_xaxis 和 add_yaxis?如何更换图表颜色,设置图表大小,添加图表标题?接下来继续进行介绍。

2. 参数的类型

虽然 Pyecharts 官网的参数所代表的含义及类型都有明确写明,但是经常会有不知如何

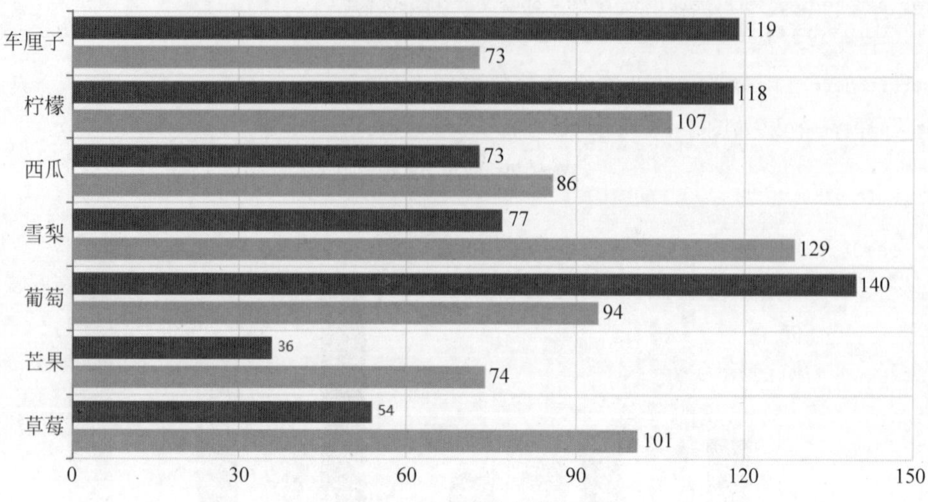

图 1-19 XY 翻转效果

确认参数类型,不知如何放置参数的情况。在官网中,每个参数后面都会标注出所对应的数据类型。

图 1-20 水滴

(1) str:字符串。

```
(width: str)→(width = "900px")
```

(2) int:整数。

```
(item_gap: int)→(item_gap = 10)
```

(3) Numeric:数据。

```
(animation_threshold: Numeric)→(animation_threshold = 2000)
```

(4) bool:布尔值。

```
(animation: bool)→(animation = True)
```

(5) Sequence:列表。

- (xaxis_data: Sequence)→(xaxis_data = [1, 2, 3])
- (title_target: Optional[str])→(title_target = "self")
- (tool_box: Optional[Sequence])→(tool_box = ["rect"])

(6) Union:当 Union 出现的时候,可根据实际情况选择其中的一种类型即可。

- (min_: Union[int, float])→(min_ = 0)#类型选为 int
- (min_: Union[int, float])→(min_ = 0.2)#类型选为 float
- (itemstyle_opts: Union[opts.ItemStyleOpts, dict, None])→(itemstyle_opts = opts.ItemStyleOpts())#也可以将 opts.ItemStyleOpts()中参数对应的数据用字典的形式表示出来,如({itemstyle_opts = {"color" : "red"})

写成字典的形式要注意两点:参数要加引号;参数后接冒号":"而非等号。

3. 参数与结构相结合

下面对 Pyecharts 的主要结构(图表函数、add 数据、全局配置参数、系列配置参数)进行介绍。

(1) 图表函数。

在这块结构中,首先要确定的就是图表函数,图表函数很简单,需要画什么图形,就在官网链接上找到相应的图表函数,如,调用 pyecharts.charts 函数,方法为 from pyecharts.charts import，即可使用相应的图表函数。

以下分别调用柱状图、折线图、饼图、地图。

```
from pyecharts.charts import Bar, Line, Pie, Map
```

提示：需要注意官网上函数的所属关系。例如，如图 1-21 所示的日历图函数。

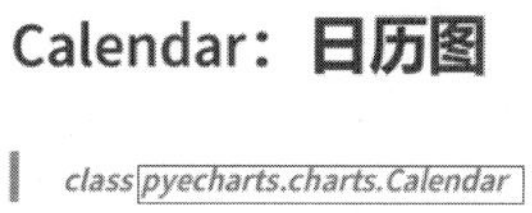

Calendar：日历图

class pyecharts.charts.Calendar

图 1-21 日历图函数

看到日历图这个函数 Calendar 是包含在 pyecharts.charts 中的，所以调用时应为 from pyecharts.charts import Calendar。

（2）add 数据。

确认好要画的图形函数后，接着在图形中添加相应的数据，而这个数据就是借用 add 函数来添加的。

- 柱状图

func pyecharts.charts.Bar.add_yaxis

图 1-22 柱状图函数

普遍来说，柱状图需要有 x 轴和 y 轴两种数据。从图 1-22 官网截图可以看出函数 Bar 后所附的为 add_yaxis 函数，既然有 y 轴的，也就意味着有对应的 x 轴 add_xaxis。

官网上并未标出 add_xaxis 这部分，但是当看到一个函数后出现 add_yaxis，也就意味着一定要写 add_xaxis 这部分。

```
Bar()                                                   #先写柱状图的基础函数
.add_xaxis(xaxis_data = ["A","B","C"])                  #add 横轴的数据
.add_yaxis(series_name = "趋势",yaxis_data = [1,2,3])   #add 纵轴的数据
```

- 水球图

有一种图，不是直角坐标系图，不需要同时存在 x 轴、y 轴两种数据，只要有单独数据即可，如图 1-23 所示的水球图函数。

在水球图 Liquid 函数后面接的是 add，则使用时调用 Liquid().add()即可。

Liquid：水球图

class pyecharts.charts.Liquid

图 1-23 水球图函数

（3）全局配置参数。

可以用 Liquid.add 函数来绘制一个简单的图形，但是默认配置项很多时并不能满足需求，这时就需要配置参数的帮助，先来介绍一下全局配置参数。这个全局配置参数是指官网里面的配置项—全局配置项的参数。

按照官网的指示，全局配置函数的调用如下：

```
from pyecharts.charts import Liquid
from pyecharts import options as opts
Liquid().add(series_name = '水球图',data = [0.6]).set_global_opts(此处应有相应参数)
#设置全局配置项时，在图形函数后调用.set_global_options()即可
```

set_global_opts()可配置的主要参数如下：

```
#以下是来自函数的官方定义
def set_global_opts(
    self,
    title_opts: types.Title = opts.TitleOpts(),
    legend_opts: types.Legend = opts.LegendOpts(),
    tooltip_opts: types.Tooltip = None,
    toolbox_opts: types.Toolbox = None,
    brush_opts: types.Brush = None,
    xaxis_opts: types.Axis = None,
    yaxis_opts: types.Axis = None,
    visualmap_opts: types.VisualMap = None,
    datazoom_opts: types.DataZoom = None,
```

```
    graphic_opts: types.Graphic = None,
    axispointer_opts: types.AxisPointer = None,
):
```

如果将函数定义与官网参数联合使用,会得到翻倍的效果。比如需要对工具栏进行相应的设置,首先找到工具栏设置参数: ToolboxOpts。设置工具栏的同时对标题部分(TitleOpts)进行命名:

```
from pyecharts.charts import Bar
from pyecharts import options as opts
Bar()
.add_xaxis(xaxis_data = ["A","B","C"])                                    #x轴数据
.add_yaxis(series_name = "趋势",yaxis_data = [1,2,3])                      #y轴数据
.set_global_opts(toolbox_opts = opts.ToolboxOpts(orient = 'vertical')),    #工具栏设置
         title_opts = opts.TitleOpts(title = "是标题啊")
```

值得注意的是,在官网的全局配置项中,有一个 InitOpts(初始化配置项),这个初始化配置项不存在于函数 set_global_opts 中,那应如何配置这个初始化配置项呢?这个初始化配置项是在图表函数中进行设置的,如图 1-24 所示的柱状图配置项。

```
class Bar(
    # 初始化配置项, 参考 `global_options.InitOpts`
    init_opts: opts.InitOpts = opts.InitOpts()
)
```

图 1-24 柱状图配置项

设置柱状图的长和宽的代码如下:

```
from pyecharts.charts import Bar
from pyecharts import options as opts
Bar(init_opts = opts.InitOpts(width = '720px', height = '320px'))
                                                       #在图表函数中设置初始化配置项
.add_xaxis(xaxis_data = ["A","B","C"])                 #x轴数据
.add_yaxis(series_name = "趋势",yaxis_data = [1,2,3])   #y轴数据
.render_notebook()                                     #展示图表
```

(4) 系列配置参数。

系列配置参数主要包含一些图表内部比较细致的配置,如线条颜色、文字样式等。系列配置项函数为 set_series_opts,对应的参数构成如下:

```
def set_series_opts(
    self,
    label_opts: types.Label = None,
    linestyle_opts: types.LineStyle = None,
    splitline_opts: types.SplitLine = None,
    areastyle_opts: types.AreaStyle = None,
    axisline_opts: types.AxisLine = None,
    markpoint_opts: types.MarkPoint = None,
    markline_opts: types.MarkLine = None,
    markarea_opts: types.MarkArea = None,
    effect_opts: types.Effect = opts.EffectOpts(),
    tooltip_opts: types.Tooltip = None,
    itemstyle_opts: types.ItemStyle = None,
    **kwargs,
):
```

使用方法同全局设置一样,先找到要设置的参数对应的函数,再按照参数类型进行配置即可。

4. 应用实例

词云图,也叫文字云,是对网络文本中出现频率较高的"关键词"予以视觉上的突出,出现

越多，显示的字体越大，越突出，这个关键词就越重要。让浏览者通过词云图一眼就可以快速感知最突出的文字，迅速抓住重点，了解主旨。

以下采用词云图，通过热点分析，了解目前各行各业的情况。本实例的词云图是 Gallery 使用 pyecharts 1.1.0 进行绘制的。

```
import pyecharts.options as opts
from pyecharts.charts import WordCloud
data = [
    ("生活资源", "999"),
    ("供热管理", "888"),
    ("供气质量", "777"),
    ("生活用水管理", "688"),
    ("一次供水问题", "588"),
    ("交通运输", "516"),
    ("城市交通", "515"),
    ("环境保护", "483"),
    ("房地产管理", "462"),
    ("城乡建设", "449"),
    ("社会保障与福利", "429"),
    ("社会保障", "407"),
    ("文体与教育管理", "406"),
    ("公共安全", "406"),
    ("公交运输管理", "386"),
    ("出租车运营管理", "385"),
    ("供热管理", "375"),
    ("市容环卫", "355"),
    ("自然资源管理", "355"),
    ("粉尘污染", "335"),
    ("噪声污染", "324"),
    ("土地资源管理", "304"),
    ("物业服务与管理", "304"),
    ("医疗卫生", "284"),
    ("粉煤灰污染", "284"),
    ("占道", "284"),
    ("供热发展", "254"),
    ("农村土地规划管理", "254"),
    ("生活噪声", "253"),
    ("供热单位影响", "253"),
    ("城市供电", "223"),
    ("房屋质量与安全", "223"),
    ("大气污染", "223"),
    ("房屋安全", "223"),
    ("文化活动", "223"),
    ("拆迁管理", "223"),
    ("公共设施", "223"),
    ("供气质量", "223"),
    ("供电管理", "223"),
    ("燃气管理", "152"),
    ("教育管理", "152"),
    ("医疗纠纷", "152"),
    ("执法监督", "152"),
    ("设备安全", "152"),
    ("政务建设", "152"),
    ("县区、开发区", "152"),
    ("宏观经济", "152"),
    ("教育管理", "112"),
    ("社会保障", "112"),
    ("生活用水管理", "112"),
    ("物业服务与管理", "112"),
    ("分类列表", "112"),
    ("农业生产", "112"),
```

```
("二次供水问题", "112"),
("城市公共设施", "92"),
("拆迁政策咨询", "92"),
("物业服务", "92"),
("物业管理", "92"),
("社会保障保险管理", "92"),
("低保管理", "92"),
("文娱市场管理", "72"),
("城市交通秩序管理", "72"),
("执法争议", "72"),
("商业烟尘污染", "72"),
("占道堆放", "71"),
("地上设施", "71"),
("水质", "71"),
("无水", "71"),
("供热单位影响", "71"),
("人行道管理", "71"),
("主网原因", "71"),
("集中供热", "71"),
("客运管理", "71"),
("国有公交(大巴)管理", "71"),
("工业粉尘污染", "71"),
("治安案件", "71"),
("压力容器安全", "71"),
("身份证管理", "71"),
("群众健身", "41"),
("工业排放污染", "41"),
("破坏森林资源", "41"),
("市场收费", "41"),
("生产资金", "41"),
("生产噪声", "41"),
("农村低保", "41"),
("劳动争议", "41"),
("劳动合同争议", "41"),
("劳动报酬与福利", "41"),
("医疗事故", "21"),
("停供", "21"),
("基础教育", "21"),
("职业教育", "21"),
("物业资质管理", "21"),
("拆迁补偿", "21"),
("设施维护", "21"),
("市场外溢", "11"),
("占道经营", "11"),
("树木管理", "11"),
("农村基础设施", "11"),
("无水", "11"),
("供气质量", "11"),
("停气", "11"),
("市政府工作部门(含部门管理机构、直属单位)", "11"),
("燃气管理", "11"),
("市容环卫", "11"),
("新闻传媒", "11"),
("人才招聘", "11"),
("市场环境", "11"),
("行政事业收费", "11"),
("食品安全与卫生", "11"),
("城市交通", "11"),
("房地产开发", "11"),
("房屋配套问题", "11"),
("物业服务", "11"),
("物业管理", "11"),
```

```
        ("占道", "11"),
        ("园林绿化", "11"),
        ("户籍管理及身份证", "11"),
        ("公交运输管理", "11"),
        ("公路(水路)交通", "11"),
        ("房屋与图纸不符", "11"),
        ("有线电视", "11"),
        ("社会治安", "11"),
        ("林业资源", "11"),
        ("其他行政事业收费", "11"),
        ("经营性收费", "11"),
        ("食品安全与卫生", "11"),
        ("体育活动", "11"),
        ("有线电视安装及调试维护", "11"),
        ("低保管理", "11"),
        ("社会福利及事务", "11"),
]

(
    WordCloud()
    .add(series_name = "热点分析", data_pair = data, word_size_range = [6, 66])
    .set_global_opts(
        title_opts = opts.TitleOpts(
            title = "热点分析", title_textstyle_opts = opts.TextStyleOpts(font_size = 23)
        ),
        tooltip_opts = opts.TooltipOpts(is_show = True),
    )
    .render("basic_wordcloud.html")
)
```

运行程序,效果如图 1-25 所示。

图 1-25　词云图效果

1.7 NumPy 图像处理

在 1.3 节的介绍中,只简单利用 NumPy 创建数组,在 1.5 节的图像的示例中,我们将图像用 array()函数转为 numpy 数组对象,但都没有提到它表示的含义。数组就像列表一样,只不过它规定了数组中的所有元素必须是相同的类型,除非指定类型以外,否则数据类型自动按照数据类型确定。

举例如下:

```
from PIL import Image
from pylab import *

im = array(Image.open('house2.jpg'))
print (im.shape, im.dtype)
im = array(Image.open('house2.jpg').convert('L'),'f')
print (im.shape, im.dtype)
```

运行程序,输出如下:

```
(599, 308, 3) uint8
(599, 308) float32
```

结果中的第一个元组表示图像数组大小(行、列、颜色通道);第二个字符串表示数组元素的数据类型,因为图像通常被编码为8位无符号整型。结果中的第一个结果为uint8,其是默认类型;第二个结果为float32,是因为对图像进行灰度化,并添加了'f'参数,所以变为浮点型。

在Python中使用下标访问数组元素的格式为:

```
value = im[i,j,k]
```

使用数组切片方式访问,返回的是以指定间隔下标访问该数组的元素值:

```
im[i,:] = im[j,:]          #将第j行的数值赋值给第i行
im[:,j] = 100              #将第j列所有数值设为100
im[:100,:50].sum()         #计算前100行、前50列所有数值的和
im[50:100,50:100]          #50~100行,50~100列,不包含第100行和第100列
im[i].mean()               #第i行所有数值的平均值
im[:,-1]                   #最后一列
im[-2,:]/im[-2]            #倒数第二行
```

1.7.1 灰度变换

将图像读入numpy数组对象后,可以对它们执行任意数学操作,一个简单的例子就是图像的灰度变换,考虑任意函数 f,它将0~255映射到自身,也就是输出区间和输入区间相同。

【例1-5】 对载入的图像实现灰度变换。

```
from PIL import Image
from numpy import *
from pylab import *

im = array(Image.open('house2.jpg').convert('L'))
print('对图像进行反向处理:\n',int(im2.min()),int(im2.max())) #查看最小/最大元素
im3 = (100.0/255) * im + 100 #将图像像素值变换到100...200区间
print('将图像像素值变换到100...200区间:\n',int(im3.min()),int(im3.max()))
im4 = 255.0 * (im/255.0) ** 2 #对像素值求平方后得到的图像
print('对像素值求平方后得到的图像:\n',int(im4.min()),int(im4.max()))
figure()
gray()
subplot(131)
imshow(im2)
axis('off')
title(r'$ f(x) = 255 - x $')
subplot(132)
imshow(im3)
axis('off')
title(r'$ f(x) = \frac{100}{255}x + 100 $')
subplot(133)
imshow(im4)
axis('off')
title(r'$ f(x) = 255(\frac{x}{255})^2 $')
show()
```

运行程序,输出如下,效果如图1-26所示。

```
0 255
对图像进行反向处理:
 0 255
将图像像素值变换到 100...200 区间:
 100 200
对像素值求平方后得到的图像:
 0 255
```

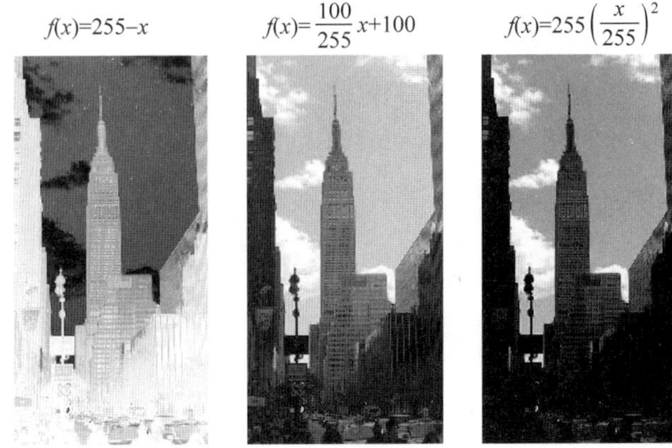

图 1-26　图像灰度变换效果

此外,array 变换的相反操作可以利用 PIL 的 fromarray()函数来完成,格式为:

```
pil_im = Image.fromarray(im)
```

如果之前的操作将 uint8 数据类型转化为其他类型,则在创建 PIL 图像前,需要将数据类型转换回来,方法如下:

```
pil_im = imag.fromarray(uint8(im))
```

1.7.2　图像缩放

numpy 数组将成为我们对图像及数据进行处理的最主要工具,但是调整矩阵大小并没有一种简单的方法。我们可以用 PIL 图像对象转换写一个简单的图像尺寸调整函数,函数代码为:

```
def imresize(im,sz):
    """ 使用 PIL 调整图像数组的大小"""
    pil_im = Image.fromarray(uint8(im))
    return array(pil_im.resize(sz))
```

1.7.3　直方图均衡化

直方图均衡化指将一幅图像的灰度直方图变平,使得变换后的图像中每个灰度值的分布概率都相同,该方法是对灰度值归一化的很好的方法,并且可以增强图像的对比度。

编写直方图均衡化的函数代码为:

```
def histeq(im,nbr_bins = 256):
  """ 对一幅灰度图像进行直方图均衡化"""
  #计算图像的直方图
  imhist,bins = histogram(im.flatten(),nbr_bins,normed = True)
  cdf = imhist.cumsum()        #累积分布函数
  cdf = 255 * cdf / cdf[-1]  #归一化
  #此处使用到累积分布函数 cdf 的最后一个元素(下标为 -1),其目的是将其归一化到 0~1 范围,
  #使用累积分布函数的线性插值,计算新的像素值
  im2 = interp(im.flatten(),bins[:-1],cdf)
  return im2.reshape(im.shape), cdf
```

其中，函数中的 im 为灰度图像，nbr_bins 为直方图中使用的 bin 的数目。函数的返回值为均衡化后的图像和作像素值映射的累积分布函数。

【例 1-6】 对图像实现直方图均衡化。

```
from PIL import Image
from pylab import *
from PCV.tools import imtools
#添加中文字体支持
from matplotlib.font_manager import FontProperties
plt.rcParams['font.sans-serif'] = ['SimHei'] #显示中文标签

im = array(Image.open('house2.jpg').convert('L'))
#打开图像,并转成灰度图像
im2, cdf = imtools.histeq(im)
figure()
subplot(2, 2, 1)
axis('off')
gray()
title(u'原始图像')
imshow(im)
subplot(2, 2, 2)
axis('off')
title(u'直方图均衡化后的图像')
imshow(im2)
subplot(2, 2, 3)
axis('off')
title(u'原始直方图')
hist(im.flatten(), 128, normed = True)
subplot(2, 2, 4)
axis('off')
title(u'均衡化后的直方图')
hist(im2.flatten(), 128, normed = True)
show()
```

运行程序，效果如图 1-27 所示。

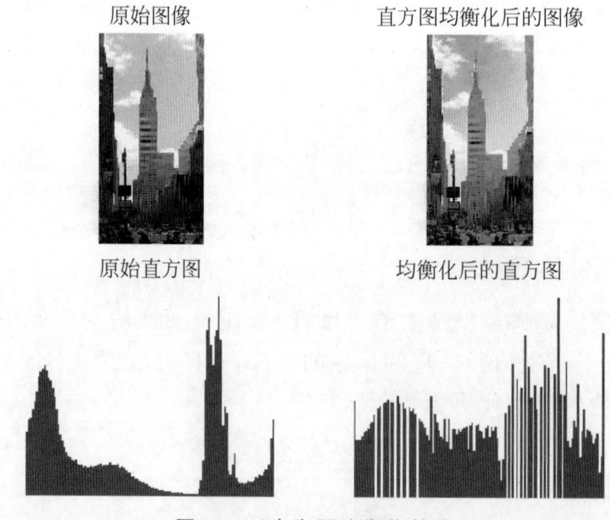

图 1-27 直方图均衡化效果

1.7.4 图像平均

对图像取平均是一种图像降噪的简单方法，经常用于产生艺术效果。假设所有的图像具有相同的尺寸，可以对图像相同位置的像素相加取平均。

【例 1-7】 对图像取平均的实例。

```
from PIL import Image
from PIL import ImageStat
import numpy as np
def darkchannel(input_img,h,w):
    dark_img = Image.new("L",(h,w),0)
    for x in range(0,h-1):
        for y in range(0,w-1):
            dark_img.putpixel((x,y),min(input_img.getpixel((x,y))))
    return dark_img

def airlight(input_img,h,w):
    nMinDistance = 65536
    w = int(round(w/2))
    h = int(round(h/2))
    if h * w > 200:
        lu_box = (0, 0, w, h)
        ru_box = (w, 0, 2 * w, h)
        lb_box = (0, h, w, 2 * h)
        rb_box = (w, h, 2 * h,2 * w)
        lu = input_img.crop(lu_box);
        ru = input_img.crop(ru_box);
        lb = input_img.crop(lb_box);
        rb = input_img.crop(rb_box);
        lu_m = ImageStat.Stat(lu)
        ru_m = ImageStat.Stat(ru)
        lb_m = ImageStat.Stat(lb)
        rb_m = ImageStat.Stat(rb)
        lu_mean = lu_m.mean
        ru_mean = ru_m.mean
        lb_mean = lb_m.mean
        rb_mean = rb_m.mean
        lu_stddev = lu_m.stddev
        ru_stddev = ru_m.stddev
        lb_stddev = lb_m.stddev
        rb_stddev = rb_m.stddev
        score0 = lu_mean[0] + lu_mean[1] + lu_mean[2] - lu_stddev[0] - lu_stddev[1] -
lu_stddev[2]
        score1 = ru_mean[0] + ru_mean[1] + lu_mean[2] - ru_stddev[0] - ru_stddev[1] -
ru_stddev[2]
        score2 = lb_mean[0] + lb_mean[1] + lb_mean[2] - lb_stddev[0] - lb_stddev[1] -
lb_stddev[2]
        score3 = rb_mean[0] + rb_mean[1] + rb_mean[2] - rb_stddev[0] - rb_stddev[1] -
rb_stddev[2]
        x = max(score0,score1,score2,score3)
        if x == score0:
            air = airlight(lu,h,w)
        if x == score1:
            air = airlight(ru,h,w)
        if x == score2:
            air = airlight(lb,h,w)
        if x == score3:
            air = airlight(rb,h,w)
    else:
        for i in range(0,h-1):
            for j in range(0,w-1):
                temp = input_img.getpixel((i,j))
                distance = ((255 - temp[0]) ** 2 + (255 - temp[1]) ** 2 + (255 - temp[2])
 ** 2) ** 0.5
                if nMinDistance > distance:
                    nMinDistance = distance;
                    air = temp
```

```
    return air
def transmssion(air,dark_img,h,w,OMIGA):
    trans_map = np.zeros((h,w))
    A = max(air)
    for i in range(0,h-1):
        for j in range(0,w-1):
            temp = 1 - OMIGA * dark_img.getpixel((i,j))/A
            trans_map[i,j] = max(0.1,temp)
    for i in range(1,h-1):
        for j in range(1,w-1):
                tempup = (trans_map[i-1][j-1] + 2 * trans_map[i][j-1] + trans_map[i+1][j-1])
                tempmid = 2 * (trans_map[i-1][j] + 2 * trans_map[i][j] + trans_map[i+1][j])
                tempdown = (trans_map[i-1][j+1] + 2 * trans_map[i][j+1] + trans_map[i+1][j+1])
                trans_map[i,j] = (tempup + tempmid + tempdown)/16
    return trans_map

def defog(img,t_map,air,h,w):
    dehaze_img = Image.new("RGB",(h,w),0)
    for i in range(0,h-1):
        for j in range(0,w-1):
            R,G,B = img.getpixel((i,j))
            R = int((R - air[0])/t_map[i,j] + air[0])
            G = int((G - air[1])/t_map[i,j] + air[1])
            B = int((B - air[2])/t_map[i,j] + air[2])
            dehaze_img.putpixel((i,j),(R,G,B))
    return dehaze_img

if __name__ == '__main__':
    img = Image.open("castle1.jpg")
    [h,w] = img.size
    OMIGA  = 0.8
    dark_image = darkchannel(img,h,w)
    air = airlight(img,h,w)
    T_map = transmssion(air,dark_image,h,w,OMIGA)
    fogfree_img = defog(img,T_map,air,h,w)
    fogfree_img.show()
```

运行程序,效果如图 1-28 所示。

图 1-28　图像的均值效果

1.7.5　图像主成分分析

主成分分析(Principal Component Analysis,PCA)是一个非常有用的降维方法。它可以在使用尽可能少维数的前提下,尽量多地保持训练数据的信息,在此意义上是一个最佳方法。即使是一幅 100×100 像素的小灰度图像,也有 10 000 维,可以看成 10 000 维空间中的一个点。一兆像素的图像具有百万维。由于图像具有很高的维数,在许多计算机视觉应用中,我们经常使用降维操作。PCA 产生的投影矩阵可以被视为将原始坐标变换到现有的坐标系，坐标系中的各个坐标按照重要性递减排列。

为了对图像数据进行 PCA 变换，图像需要转换成一维向量表示。可以使用 NumPy 类库中的 flatten()方法进行变换。

将变平的图像堆积起来，我们可以得到一个矩阵，矩阵的一行表示一幅图像。在计算主方向之前，所有的行图像按照平均图像进行了中心化。我们通常使用 SVD(Singular Value Decomposition，奇异值分解)方法来计算主成分；但当矩阵的维数很大时，SVD 的计算非常慢，所以此时通常不使用 SVD 分解。

下面代码为 PCA 操作函数。

```
from PIL import Image
from numpy import *
def pca(X):
  """主成分分析
    输入：矩阵 X,其中该矩阵中存储训练数据,每一行为一条训练数据
    返回：投影矩阵(按照维度的重要性排序)、方差和均值"""
  #获取维数
  num_data,dim = X.shape
  #数据中心化
  mean_X = X.mean(axis = 0)
  X = X - mean_X
if dim > num_data:
  # PCA - 使用紧致技巧
  M = dot(X,X.T)              #协方差矩阵
  e,EV = linalg.eigh(M)       #特征值和特征向量
  tmp = dot(X.T,EV).T         #这就是紧致技巧
  V = tmp[::-1]               #逆转最后的特征向量
  S = sqrt(e)[::-1]           #由于特征值是按照递增顺序排列的,所以需要将其逆转
  for i in range(V.shape[1]):
    V[:,i] /= S
else:
  #PCA - 使用 SVD 方法
  U,S,V = linalg.svd(X)
  V = V[:num_data]            #仅仅返回前 nun_data 维的数据才合理
# 返回投影矩阵、方差和均值
return V,S,mean_X
```

该函数首先通过减去每一维的均值将数据中心化，然后计算协方差矩阵对应最大特征值的特征向量，此处使用了 range()函数，该函数的输入参数为一个整数 n，函数返回整数 $0\sim(n-1)$的一个列表。也可以使用 arange()函数来返回一个数组。

如果数据个数小于向量的维数，不用 SVD 分解，而是计算维数更小的协方差矩阵的特征向量。通过仅计算对应前 k(k 是降维后的维数)最大特征值的特征向量，可以使上面的 PCA 操作更快。

1.8　SciPy 图像处理

由 1.3 节的介绍可知，SciPy 处理数组相关操作非常便捷，它还可以实现数值积分、优化、统计、信号处理，以及图像处理功能。本节主要讨论利用 SciPy 实现图像处理。

1.8.1　图像模糊

图像的高斯模糊是非常经典的图像卷积例子。本质上，图像模糊就是将(灰度)图像和一个高斯核进行卷积操作。在 SciPy 中可利用 filters 实现滤波操作模块，它可以利用快速一维分离的方式来计算卷积。

【例 1-8】 利用 filters 实现图像模糊处理。

```
from PIL import Image
from numpy import *
from pylab import *
from scipy.ndimage import filters
from matplotlib.font_manager import FontProperties
plt.rcParams['font.sans-serif'] = ['SimHei']          # 显示中文标签

im = array(Image.open('house2.jpg').convert('L'))
figure()
gray()
axis('off')
subplot(141)
axis('off')
title(u'原图')
imshow(im)
for bi,blur in enumerate([2,4,8]):
    im2 = zeros(im.shape)
    im2 = filters.gaussian_filter(im,blur)
    im2 = np.uint8(im2)
    imNum = str(blur)
    subplot(1,4,2 + bi)
    axis('off')
    title(u'标准差为' + imNum)
    imshow(im2)

# 如果是彩色图像,则分别对 3 个通道进行模糊
# for bi, blur in enumerate([2,4,8]):
#   im2 = zeros(im.shape)
#   for i in range(3):
#     im2[:, :, i] = filters.gaussian_filter(im[:, :, i], blur)
#   im2 = np.uint8(im2)
#   subplot(1, 4, 2 + bi)
#   axis('off')
#   imshow(im2)
show()
```

运行程序,效果如图 1-29 所示。

图 1-29 图像的模糊处理效果

图 1-29 的第一幅图为待模糊图像,第二幅用高斯标准差为 2 进行模糊,第三幅用高斯标准差为 4 进行模糊,最后一幅用高斯标准差为 8 进行模糊。

1.8.2 图像导数

在整个图像处理的学习过程中可以看到,在很多应用中图像强度的变化情况是非常重要的信息。强度的变化可以用灰度图像 I(对于彩色图像,通常对每个颜色通道分别计算导数)的 x 和 y 的方向导数 I_x 和 I_y 进行描述。

图像的梯度向量为$\nabla \boldsymbol{I}=[I_x, I_y]^{\mathrm{T}}$。梯度有两个重要的属性。一是梯度的大小：

$$|\nabla \boldsymbol{I}|=\sqrt{I_x^2+I_y^2}$$

它描述了图像强度变化的强弱；二是梯度的角度：

$$a=\arctan(I_y, I_x)$$

它描述了图像中在每个点（像素）上强度变化最大的方向。NumPy 中的 arctan2()函数返回弧度表示的有符号角度，角度的变化区间为$(-\pi,\pi)$。

可以用离散近似的方式来计算图像的导数。图像导数大多数可以通过卷积简单地实现：

$$I_x=I \times D_x$$

$$I_y=I \times D_y$$

对于D_x和D_y，通常选择 Prewitt 滤波器：

$$D_x=\begin{vmatrix}-1 & 0 & 1\\ -1 & 0 & 1\\ -1 & 0 & 1\end{vmatrix} \quad 和 \quad D_y=\begin{vmatrix}-1 & -1 & -1\\ 0 & 0 & 0\\ 1 & 1 & 1\end{vmatrix}$$

或者 Sobel 滤波器：

$$D_x=\begin{vmatrix}-1 & 0 & 1\\ -2 & 0 & 2\\ -1 & 0 & 1\end{vmatrix} \quad 和 \quad D_y=\begin{vmatrix}-1 & -2 & -1\\ 0 & 0 & 0\\ 1 & 2 & 1\end{vmatrix}$$

【例 1-9】 对图像实现导数操作。

```
from PIL import Image
from pylab import *
from scipy.ndimage import filters
import numpy
plt.rcParams['font.sans-serif'] = ['SimHei']        #显示中文标签
im = array(Image.open('house2.jpg').convert('L'))
gray()
subplot(141)
axis('off')
title(u'(a)原图')
imshow(im)
# sobel 算子
imx = zeros(im.shape)
filters.sobel(im,1,imx)
subplot(142)
axis('off')
title(u'(b)x 方向差分')
imshow(imx)
imy = zeros(im.shape)
filters.sobel(im,0,imy)
subplot(143)
axis('off')
title(u'(c)y 方向差分')
imshow(imy)
mag = 255 - numpy.sqrt(imx ** 2 + imy ** 2)
subplot(144)
title(u'(d)梯度幅值')
axis('off')
imshow(mag)
show()
```

运行程序，效果如图 1-30 所示。

此外，还可以对图像进行高斯差分操作。

【例 1-10】 图像高斯差分操作。

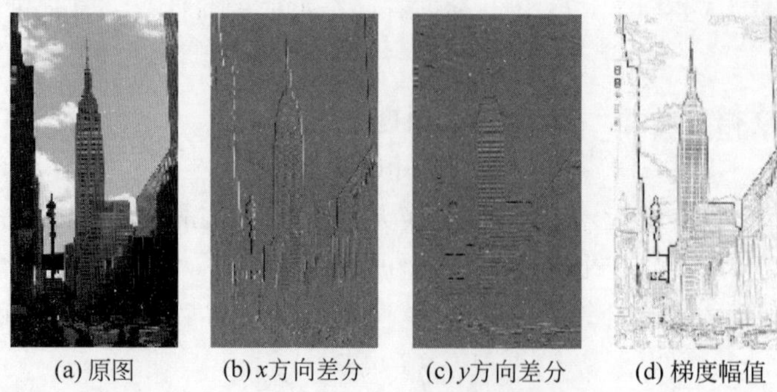

(a) 原图　(b) x方向差分　(c) y方向差分　(d) 梯度幅值

图 1-30　图像的导数效果

```
from PIL import Image
from pylab import *
from scipy.ndimage import filters
import numpy

def imx(im, sigma):
    imgx = zeros(im.shape)
    filters.gaussian_filter(im, sigma, (0, 1), imgx)
    return imgx
def imy(im, sigma):
    imgy = zeros(im.shape)
    filters.gaussian_filter(im, sigma, (1, 0), imgy)
    return imgy
def mag(im, sigma):
    # 还有 gaussian_gradient_magnitude()
    imgmag = 255 - numpy.sqrt(imgx ** 2 + imgy ** 2)
    return imgmag

im = array(Image.open('castle3.jpg').convert('L'))
figure()
gray()
sigma = [2, 5, 10]
for i in sigma:
    subplot(3, 4, 4 * (sigma.index(i)) + 1)
    axis('off')
    imshow(im)
    imgx = imx(im, i)
    subplot(3, 4, 4 * (sigma.index(i)) + 2)
    axis('off')
    imshow(imgx)
    imgy = imy(im, i)
    subplot(3, 4, 4 * (sigma.index(i)) + 3)
    axis('off')
    imshow(imgy)
    imgmag = mag(im, i)
    subplot(3, 4, 4 * (sigma.index(i)) + 4)
    axis('off')
    imshow(imgmag)
show()
```

运行程序，效果如图 1-31 所示。

1.8.3　形态学

形态学(或数学形态学)是度量和分析基本形状的图像处理方法的基本框架与集合。常用于二值图像，不过它也可以用于灰度图像。二值图像像素只有两种取值，通常是 0 和 1。二值

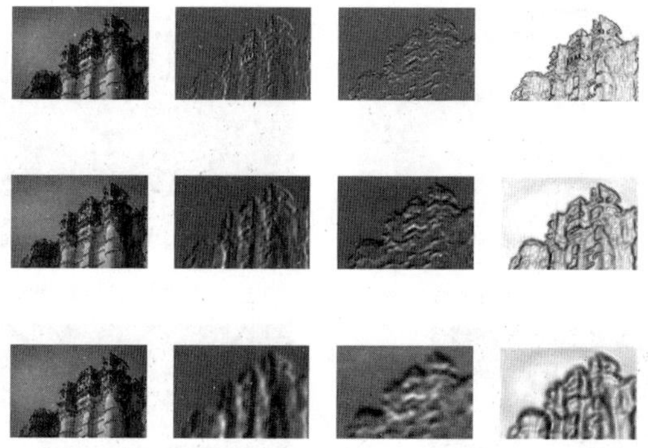

图 1-31 图像的高斯差分效果

图像通常是由一幅图像进行二值化处理后产生的，它可以对物体进行计数，或计算它们的大小。

【例 1-11】 图像的形态学。

```
from PIL import Image
from numpy import *
#measurements 模块实现二值图像的计数和度量功能,morphology 模块实现形态学操作
from scipy.ndimage import measurements, morphology
from pylab import *

plt.rcParams['font.sans-serif'] = ['SimHei']      #显示中文标签
# 加载图像和阈值,以确保它是二进制的
figure()
gray()
im = array(Image.open('castle3.jpg').convert('L'))
subplot(221)
imshow(im)
axis('off')
title(u'原图')
im = (im < 128)
labels, nbr_objects = measurements.label(im)      #图像的灰度值表示对象的标签
print ("Number of objects:", nbr_objects)
subplot(222)
imshow(labels)
axis('off')
title(u'标记后的图')
#形态学——使物体分离更好
im_open = morphology.binary_opening(im, ones((9, 5)), iterations = 4) #开操作,第二个参数为
                                                          #结构元素,iterations 决定执行该操作的次数
subplot(223)
imshow(im_open)
axis('off')
title(u'开运算后的图像')
labels_open, nbr_objects_open = measurements.label(im_open)
print ("Number of objects:", nbr_objects_open)
subplot(224)
imshow(labels_open)
axis('off')
title(u'开运算后进行标记后的图像')
show()
```

运行程序，输出如下，效果如图 1-32 所示。

```
Number of objects: 573
Number of objects: 9
```

图 1-32　形态学

1.8.4　io 和 misc 模块

SciPy 有一些用于输入和输出数据的模块，其中两个常用的分别是 io 和 misc 模块。

1. 读写. mat 文件

io 模块用于读写. mat 文件，其格式为：

```
data = scipy.io.loadmat('test.mat')
```

如果要保存到. mat 文件中，同样也很容易，仅仅只需要创建一个字典，字典中即可保存你想保存的所有变量，然后用 savemat()方法即可：

```
#创建字典
data = {}
#将变量 x 保存在字典中
data['x'] = x
scipy.io.savemat('test.mat',data)
```

2. 以图像形式保存数组

在 scipy. misc 模块中，包含了 imsave()函数，要保存数组为一幅图像，可通过下面的方式完成：

```
from scipy.misc import imsave
imsave('test.jpg',im)
```

1.9　图像降噪

图像降噪是一个在尽可能保持图像细节和结构信息时去除噪声的过程。在 Python 中可采用 Rudin-Osher-Fatemide-noising(ROF)模型。该模型使处理后的图像更平滑，同时保持图像边缘和结构信息。一幅灰度图像 $\boldsymbol{I}$ 的全变差(Total Variation，TV)定义为梯度范数之和，离散情况可表示为：

$$J(\boldsymbol{I}) = \sum_{x} |\nabla \boldsymbol{I}|$$

ROF 模型的目标函数为寻找降噪后的图像 $\boldsymbol{U}$，使下式最小：$\min_{U} \|\boldsymbol{I}-\boldsymbol{U}\|^2 + 2\lambda J(\boldsymbol{U})$，范数 $\|\boldsymbol{I}-\boldsymbol{U}\|$ 是去噪后图像 $\boldsymbol{U}$ 和原始图像 $\boldsymbol{I}$ 差异的度量。

【例 1-12】　模拟实现降噪处理。

```
from pylab import *
from numpy import *
```

```
from numpy import random
from scipy.ndimage import filters
from scipy.misc import imsave
from PCV.tools import rof

plt.rcParams['font.sans-serif'] = ['SimHei'] #显示中文标签
# 创建合成图像与噪声
im = zeros((500,500))
im[100:400,100:400] = 128
im[200:300,200:300] = 255
im = im + 30 * random.standard_normal((500,500))
#roll()函数：循环滚动数组中的元素，计算领域元素的差异.linalg.norm()函数可以衡量两个数组
#间的差异
U,T = rof.denoise(im,im)
G = filters.gaussian_filter(im,10)
figure()
gray()
subplot(1,3,1)
imshow(im)
#axis('equal')
axis('off')
title(u'原噪声图像')

subplot(1,3,2)
imshow(G)
#axis('equal')
axis('off')
title(u'高斯模糊后的图像')

subplot(1,3,3)
imshow(U)
#axis('equal')
axis('off')
title(u'ROF降噪后的图像')
show()
```

运行程序，效果如图1-33所示。

图1-33 图像降噪效果

图1-33的第一幅图是原噪声图像，中间一幅图是用标准差为10进行高斯模糊后的结果，最右边一幅图是用ROF降噪后的图像。上面原噪声图像是模拟出来的图像，现在我们在真实的图像上进行测试。

【例1-13】 真实图像实现降噪处理。

```
from PIL import Image
from pylab import *
from numpy import *
from numpy import random
from scipy.ndimage import filters
from scipy.misc import imsave
from PCV.tools import rof
plt.rcParams['font.sans-serif'] = ['SimHei'] #显示中文标签
```

```
im = array(Image.open('gril.jpg').convert('L'))
U,T = rof.denoise(im,im)
G = filters.gaussian_filter(im,10)
figure()
gray()
subplot(1,3,1)
imshow(im)
#axis('equal')
axis('off')
title(u'原噪声图像')
subplot(1,3,2)
imshow(G)
#axis('equal')
axis('off')
title(u'高斯模糊后的图像')
subplot(1,3,3)
imshow(U)
#axis('equal')
axis('off')
title(u'ROF 降噪后的图像')
show()
```

运行程序,效果如图 1-34 所示。

图 1-34 真实图像降噪处理

下面通过一个例子演示对图像添加噪声,并进行降噪处理,在举例前先了解常用的两种噪声。

(1) 椒盐噪声。

椒盐噪声(Salt & Pepper Noise)是数字图像的一种常见噪声。所谓椒盐,椒就是黑,盐就是白,椒盐噪声就是在图像上随机出现黑色白色的像素。椒盐噪声是一种因为信号脉冲强度引起的噪声,产生该噪声的算法也比较简单。

(2) 高斯噪声。

加性高斯白噪声(Additive White Gaussian Noise,AWGN)在通信领域中指的是一种功率谱函数是常数(即白噪声),且幅度服从高斯分布的噪声信号。这类噪声通常来自感光元件,且无法避免。

【例 1-14】 对添加噪声的噪声实现降噪处理。

```
import numpy as np
from PIL import Image
import matplotlib.pyplot as plt
import math
import random
import cv2
import scipy.misc
import scipy.signal
import scipy.ndimage
plt.rcParams['font.sans-serif'] = ['SimHei'] #显示中文标签
```

```
"""中值滤波函数"""
def medium_filter(im, x, y, step):
    sum_s = []
    for k in range(-int(step/2),int(step/2)+1):
        for m in range(-int(step/2),int(step/2)+1):
            sum_s.append(im[x+k][y+m])
    sum_s.sort()
    return sum_s[(int(step*step/2)+1)]
"""均值滤波函数"""
def mean_filter(im, x, y, step):
    sum_s = 0
    for k in range(-int(step/2),int(step/2)+1):
        for m in range(-int(step/2),int(step/2)+1):
            sum_s += im[x+k][y+m] / (step*step)
    return sum_s

def convert_2d(r):
    n = 3
    # 3*3 滤波器,每个系数都是 1/9
    window = np.ones((n, n)) / n**2
    #使用滤波器卷积图像
    # mode = same 表示输出尺寸等于输入尺寸
    # boundary 表示采用对称边界条件处理图像边缘
    s = scipy.signal.convolve2d(r, window, mode='same', boundary='symm')
    return s.astype(np.uint8)
"""添加噪声"""
def add_salt_noise(img):
    rows, cols, dims = img.shape
    R = np.mat(img[:, :, 0])
    G = np.mat(img[:, :, 1])
    B = np.mat(img[:, :, 2])
    Grey_sp = R * 0.299 + G * 0.587 + B * 0.114
    Grey_gs = R * 0.299 + G * 0.587 + B * 0.114
    snr = 0.9
    mu = 0
    sigma = 0.12
    noise_num = int((1 - snr) * rows * cols)

    for i in range(noise_num):
        rand_x = random.randint(0, rows - 1)
        rand_y = random.randint(0, cols - 1)
        if random.randint(0, 1) == 0:
            Grey_sp[rand_x, rand_y] = 0
        else:
            Grey_sp[rand_x, rand_y] = 255
    Grey_gs = Grey_gs + np.random.normal(0, 48, Grey_gs.shape)
    Grey_gs = Grey_gs - np.full(Grey_gs.shape, np.min(Grey_gs))
    Grey_gs = Grey_gs * 255 / np.max(Grey_gs)
    Grey_gs = Grey_gs.astype(np.uint8)
    # 中值滤波
    Grey_sp_mf = scipy.ndimage.median_filter(Grey_sp, (8, 8))
    Grey_gs_mf = scipy.ndimage.median_filter(Grey_gs, (8, 8))
    # 均值滤波
    n = 3
    window = np.ones((n, n)) / n ** 2
    Grey_sp_me = convert_2d(Grey_sp)
    Grey_gs_me = convert_2d(Grey_gs)
    plt.subplot(231)
    plt.title('椒盐噪声')
    plt.imshow(Grey_sp, cmap='gray')
    plt.subplot(232)
    plt.title('高斯噪声')
    plt.imshow(Grey_gs, cmap='gray')
```

```
    plt.subplot(233)
    plt.title('椒盐噪声的中值滤波')
    plt.imshow(Grey_sp_mf, cmap = 'gray')
    plt.subplot(234)
    plt.title('高斯噪声的中值滤波')
    plt.imshow(Grey_gs_mf, cmap = 'gray')
    plt.subplot(235)
    plt.title('椒盐噪声的均值滤波')
    plt.imshow(Grey_sp_me, cmap = 'gray')
    plt.subplot(236)
    plt.title('高斯噪声的均值滤波')
    plt.imshow(Grey_gs_me, cmap = 'gray')
    plt.show()

def main():
    img = np.array(Image.open('LenaRGB.bmp')) #导入图片
    add_salt_noise(img)

if __name__ == '__main__':
    main()
```

运行程序,效果如图 1-35 所示。

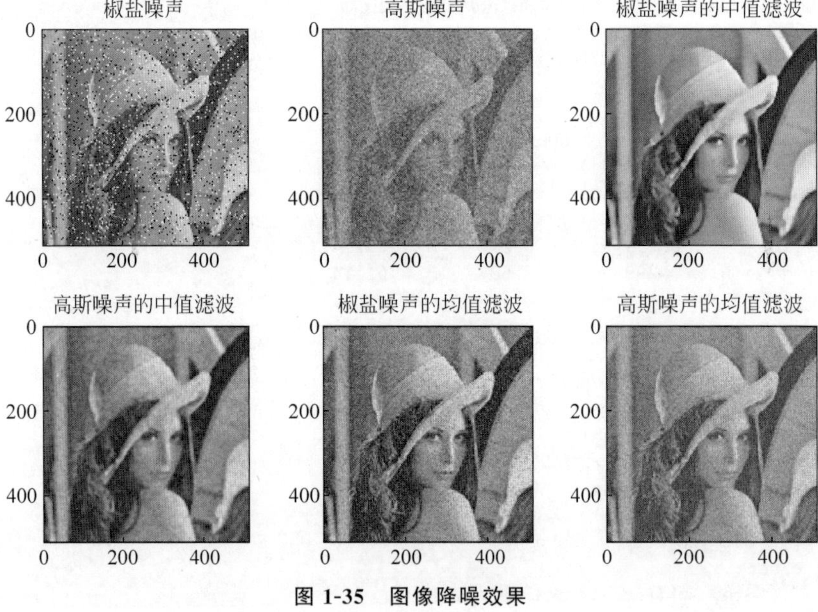

图 1-35 图像降噪效果

第 2 章 图像去雾技术

CHAPTER 2

雾霾天气往往会给人们的生产和生活带来极大不便，也大大增加了交通事故的发生概率。一般而言，在恶劣天气（如雾天、雨天等）条件下，户外景物图像的对比度和颜色会改变或退化，图像中蕴含的许多特征也会被覆盖或模糊。这会导致某些视觉系统（如电子卡口、门禁监控等）无法正常工作。因此，从在雾霾天气下采集的退化图像中复原和增强景物的细节信息具有重要的现实意义。数字图像处理技术已被广泛应用于科学和工程领域，如地形分类系统、户外监控系统、自动导航系统等。为了保证视觉系统全天候正常工作，就必须使视觉系统适应各种天气状况。

2.1 空域图像增强

图像增强技术的主要目标是，通过对图像的处理，使图像比处理前更适合一个特定的应用，比如去除噪声等，来改善一幅图像的视觉效果。

图像增强的方法分为两大类：空间域图像增强和频域图像增强。这里所要介绍的均值滤波、中值滤波、拉普拉斯变换等就是空间域图像增强的重要内容。

2.1.1 空域低通滤波

使用空域模板进行的图像处理，被称为空域滤波。空域滤波的机理就是在待处理的图像中逐点地移动模板，滤波器在该点的响应通过事先定义的滤波器系数与滤波模板扫描过区域的相应像素值的关系来计算。中值滤波是空域低通滤波的典型代表。

1. 中值滤波器

中值滤波器属于非线性滤波器，中值滤波是对整幅图像求解中位数的过程。具体实现时用一个模板扫描图像中的每像素，然后用模板范围内所有像素的中位数像素代替原来模板中心的像素。例如，图 2-1 中图像中 150 灰度的像素在中值滤波后灰度将会赋值为 124。

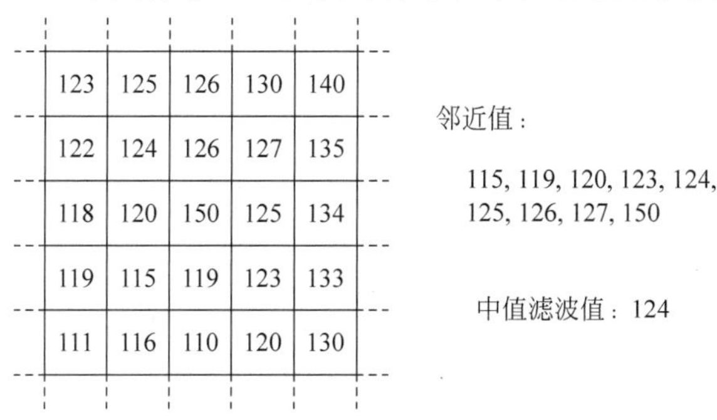

图 2-1 中值滤波模板

【例 2-1】 中值滤波器实例演示。

```
import cv2 as cv
import matplotlib.pyplot as plt
import math
import numpy as np
plt.rcParams['font.sans-serif'] = ['SimHei'] #显示中文标签

def get_median(data):
    data.sort()
    half = len(data) // 2
    return data[half]

#计算灰度图像的中值滤波
def my_median_blur_gray(image, size):
    data = []
    sizepart = int(size/2)
    for i in range(image.shape[0]):
        for j in range(image.shape[1]):
            for ii in range(size):
                for jj in range(size):
                    #首先判断索引是否超出范围,也可以事先对图像进行零填充
                    if (i + ii - sizepart)< 0 or (i + ii - sizepart)> = image.shape[0]:
                        pass
                    elif (j + jj - sizepart)< 0 or (j + jj - sizepart)> = image.shape[1]:
                        pass
                    else:
                        data.append(image[i + ii - sizepart][j + jj - sizepart])
            #取每个区域内的中位数
            image[i][j] = int(get_median(data))
            data = []
    return image

#计算彩色图像的中值滤波
def my_median_blur_RGB(image, size):
    (b ,r, g) = cv.split(image)
    blur_b = my_median_blur_gray(b, size)
    blur_r = my_median_blur_gray(r, size)
    blur_g = my_median_blur_gray(g, size)
    result = cv.merge((blur_b, blur_r, blur_g))
    return result

if __name__ == '__main__':
    image_test1 = cv.imread('worm.jpg')
    #调用自定义函数
    my_image_blur_median = my_median_blur_RGB(image_test1, 5)
    #调用库函数
    computer_image_blur_median = cv.medianBlur(image_test1, 5)
    fig = plt.figure()
    fig.add_subplot(131)
    plt.title('原图')
    plt.imshow(image_test1)
    fig.add_subplot(132)
    plt.title('自定义函数滤波')
    plt.imshow(my_image_blur_median)
    fig.add_subplot(133)
    plt.title('库函数滤波')
    plt.imshow(computer_image_blur_median)
    plt.show()
```

运行程序,效果如图 2-2 所示。

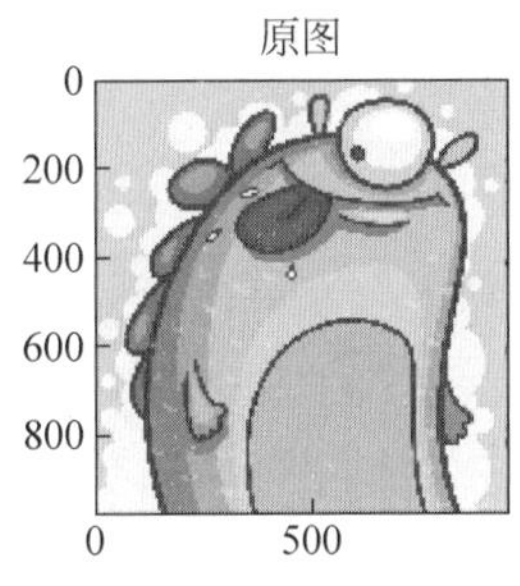

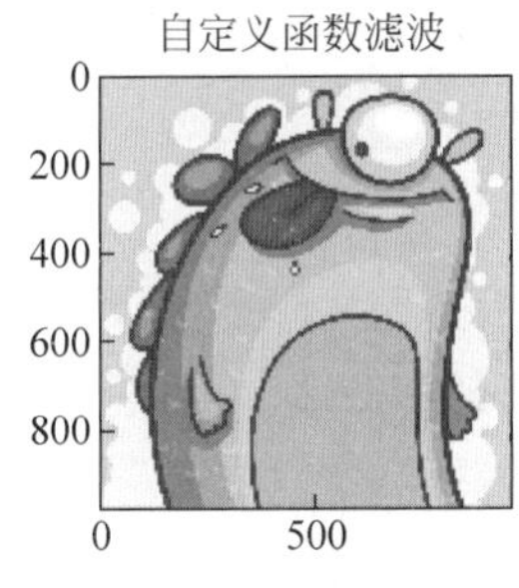

图 2-2　中值滤波器

2. 高斯滤波器

高斯滤波是一种线性平滑滤波，和均值滤波计算方法相似，但是其模板中心像素的权重要大于邻接像素的权重。具体的数值比例关系按照下面的二元高斯函数进行计算。

$$f(x,y)=\frac{1}{2\pi\sigma^2}\mathrm{e}^{-\frac{x^2+y^2}{2\sigma^2}}$$

比如要产生如图 2-3 所示的一个 3×3 模板，可以将模板中像素坐标代入高斯函数中得到关于 σ 的模板矩阵。

(−1, 1)	(0, 1)	(1, 1)
(−1, 0)	(0, 0)	(1, 0)
(−1, 1)	(0, −1)	(1, −1)

$$\frac{1}{2\pi\sigma^2}\begin{bmatrix}\exp\left(-\frac{2}{2\sigma^2}\right) & \exp\left(-\frac{1}{2\sigma^2}\right) & \exp\left(-\frac{2}{2\sigma^2}\right)\\ \exp\left(-\frac{2}{2\sigma^2}\right) & 1 & \exp\left(-\frac{2}{2\sigma^2}\right)\\ \exp\left(-\frac{2}{2\sigma^2}\right) & \exp\left(-\frac{1}{2\sigma^2}\right) & \exp\left(-\frac{2}{2\sigma^2}\right)\end{bmatrix}$$

图 2-3　3×3 模板

如果设 σ 值为 0.85，计算矩阵各元素数值，再将左上角的数值归一化的矩阵为

$$\begin{bmatrix}1 & 2.1842 & 1\\ 2.1842 & 4.7707 & 2.1842\\ 1 & 2.1842 & 1\end{bmatrix}$$

将此矩阵取整，即可得到图像处理的一个模板：

$$\frac{1}{16}\begin{bmatrix}1 & 2 & 1\\ 2 & 4 & 2\\ 1 & 2 & 1\end{bmatrix}$$

当然，设 σ 为不同的数值可以得到不同的模板。高斯滤波可以有效地去除高斯噪声，由于很多图像具有高斯噪声，所以高斯滤波在图像图例上应用得很广。

【例 2-2】 对图像进行 5×5 高斯滤波器滤波处理。

```
import cv2 as cv
import matplotlib.pyplot as plt
import math
import numpy as np

plt.rcParams['font.sans-serif'] = ['SimHei']          #显示中文标签
#高斯滤波函数
def my_function_gaussion(x, y, sigma):
    return math.exp(-(x ** 2 + y ** 2) / (2 * sigma ** 2)) / (2 * math.pi * sigma ** 2)
#产生高斯滤波矩阵
def my_get_gaussion_blur_retric(size, sigma):
```

```
    n = size // 2
    blur_retric = np.zeros([size, size])
    #根据尺寸和 sigma 值计算高斯矩阵
    for i in range(size):
        for j in range(size):
            blur_retric[i][j] = my_function_gaussion(i - n, j - n, sigma)
    #将高斯矩阵归一化
    blur_retric = blur_retric / blur_retric[0][0]
    #将高斯矩阵转换为整数
    blur_retric = blur_retric.astype(np.uint32)
    #返回高斯矩阵
    return blur_retric
#计算灰度图像的高斯滤波
def my_gaussion_blur_gray(image, size, sigma):
    blur_retric = my_get_gaussion_blur_retric(size, sigma)
    n = blur_retric.sum()
    sizepart = size // 2
    data = 0
    #计算每个像素点在经过高斯模板变换后的值
    for i in range(image.shape[0]):
        for j in range(image.shape[1]):
            for ii in range(size):
                for jj in range(size):
                    #条件语句为判断模板对应的值是否超出边界
                    if (i + ii - sizepart)< 0 or (i + ii - sizepart)> = image.shape[0]:
                        pass
                    elif (j + jj - sizepart)< 0 or (j + jj - sizepart)> = image.shape[1]:
                        pass
                    else:
                        data += image[i + ii - sizepart][j + jj - sizepart] * blur_retric[ii][jj]
            image[i][j] = data / n
            data = 0
    #返回变换后的图像矩阵
    return image

#计算彩色图像的高斯滤波
def my_gaussion_blur_RGB(image, size, sigma):
    (b ,r, g) = cv.split(image)
    blur_b = my_gaussion_blur_gray(b, size, sigma)
    blur_r = my_gaussion_blur_gray(r, size, sigma)
    blur_g = my_gaussion_blur_gray(g, size, sigma)
    result = cv.merge((blur_b, blur_r, blur_g))
    return result

if __name__ == '__main__':
    image_test1 = cv.imread('lena.png')
    #进行高斯滤波器比较
    my_image_blur_gaussion = my_gaussion_blur_RGB(image_test1, 5, 0.75)
    computer_image_blur_gaussion = cv.GaussianBlur(image_test1, (5, 5), 0.75)
    fig = plt.figure()
    fig.add_subplot(131)
    plt.title('原始图像')
    plt.imshow(image_test1)
    fig.add_subplot(132)
    plt.title('自定义高斯滤波器')
    plt.imshow(my_image_blur_gaussion)
    fig.add_subplot(133)
    plt.title('库高斯滤波器')
    plt.imshow(computer_image_blur_gaussion)
    plt.show()
```

运行程序，效果如图 2-4 所示。

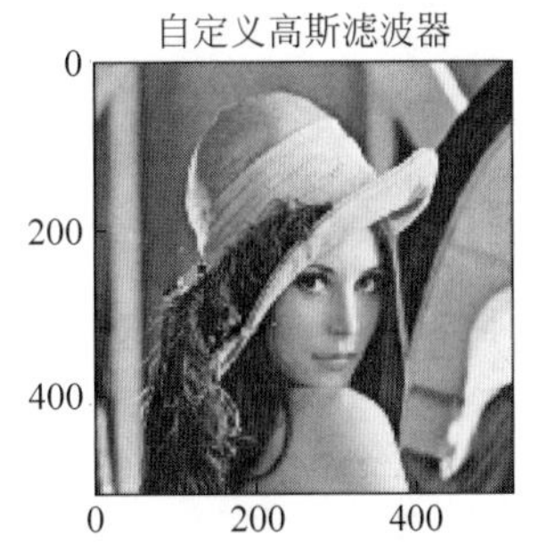

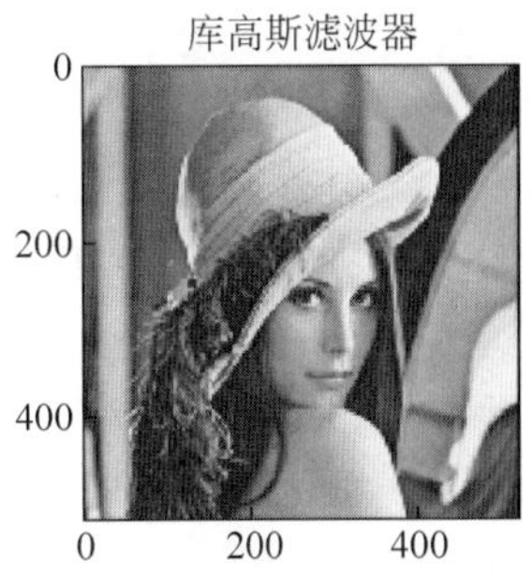

图 2-4　5×5 高斯滤波器滤波效果

2.1.2　空域高通滤波器

锐化处理的主要目的是突出灰度的过渡部分，所以提取图像的边缘信息对图像的锐化来说非常重要。我们可以借助空间微分的定义来实现这一目的。定义图像的一阶微分的差分形式为：

$$\frac{\partial f}{\partial x}=f(x+1)-f(x)$$

从定义中可看出，图像一阶微分的结果在图像灰度变化缓慢的区域数值较小，而在图像灰度变化剧烈的区域数值较大，所以这一运算在一定程度上可反映图像灰度的变化情况。

对图像的一阶微分结果再次微分可得到图像的二阶微分形式：

$$\frac{\partial^2 f}{\partial x^2}=f(x+1)-f(x-1)-2f(x)$$

二阶微分可以反映图像像素变化率的变化，所以对灰度均匀变化的区域没有影响，而对灰度骤然变化的区域反应效果明显。

由于数字图像的边缘常常存在类似的斜坡过渡，所以一阶微分时产生较粗的边缘，而二阶微分则会产生以零分开的双边缘，所以在增强细节方面二阶微分要比一阶微分效果好得多。

1. 拉普拉斯算子

实现最简单的二阶微分的方法就是拉普拉斯算子，依照一维二阶微分，二维图像的拉普拉斯算子定义为：

$$\nabla^2 f=\frac{\partial^2 f}{\partial x^2}+\frac{\partial^2 f}{\partial y^2}$$

将前面的微分形式代入可以得到离散化的算子：

$$\nabla^2 f(x,y)=f(x+1,y)+f(x-1,y)+f(x,y+1)+f(x,y-1)-4f(x,y)$$

对应的拉普拉斯模板为：

0	1	0
1	−4	1
0	1	0

对角线方向也可以加入拉普拉斯算子，加入后算子模板变为：

1	1	1
1	−8	1
1	1	1

进行图像锐化时需要将拉普拉斯模板计算得到的图像加到原图像中，所以最终锐化公

式为：

$$g(x,y)=f(x,y)+c[\nabla^2 f(x,y)]$$

如果滤波器模板中心系数为负数，则 c 值取负数；反之亦然。这是因为当模板中心系数为负数时，如果计算结果为正数，则说明中间像素的灰度小于旁边像素的灰度，要想使中间像素更为突出，则需要减小中间的像素值，即指原始图像中符号为正数的计算结果；如果计算结果为负数时，道理相同。

由上述原理可自定义拉普拉斯滤波器的计算函数，该函数的输出为拉普拉斯算子对原图像的滤波，也就是提取的边缘信息。

【例 2-3】 对图像实现拉普拉斯算子处理。

```
import cv2 as cv
import matplotlib.pyplot as plt
import math
import numpy as np
plt.rcParams['font.sans-serif'] = ['SimHei']          #显示中文标签

original_image_test1 = cv.imread('lena.png',0)
#用原始图像减去拉普拉斯模板直接计算得到的边缘信息
def my_laplace_result_add(image, model):
    result = image - model
    for i in range(result.shape[0]):
        for j in range(result.shape[1]):
            if result[i][j] > 255:
                result[i][j] = 255
            if result[i][j] < 0:
                result[i][j] = 0
    return result

def my_laplace_sharpen(image, my_type = 'small'):
    result = np.zeros(image.shape,dtype = np.int64)
    #确定拉普拉斯模板的形式
    if my_type == 'small':
        my_model = np.array([[0, 1, 0], [1, -4, 1], [0, 1, 0]])
    else:
        my_model = np.array([[1, 1, 1], [1, -8, 1], [1, 1, 1]])
    #计算每个像素点在经过高斯模板变换后的值
    for i in range(image.shape[0]):
        for j in range(image.shape[1]):
            for ii in range(3):
                for jj in range(3):
                    #条件语句为判断模板对应的值是否超出边界
                    if (i + ii - 1)< 0 or (i + ii - 1)> = image.shape[0]:
                        pass
                    elif (j + jj - 1)< 0 or (j + jj - 1)> = image.shape[1]:
                        pass
                    else:
                        result[i][j] += image[i + ii - 1][j + jj - 1] * my_model[ii][jj]
    return result

#将计算结果限制为正值
def my_show_edge(model):
    #这里一定要用 copy 函数,不然会改变原来数组的值
    mid_model = model.copy()
    for i in range(mid_model.shape[0]):
        for j in range(mid_model.shape[1]):
            if mid_model[i][j] < 0:
                mid_model[i][j] = 0
            if mid_model[i][j] > 255:
                mid_model[i][j] = 255
```

```
    return mid_model

# 调用自定义函数
result = my_laplace_sharpen(original_image_test1, my_type = 'big')
# 绘制结果
fig = plt.figure()
fig.add_subplot(131)
plt.title('原始图像')
plt.imshow(original_image_test1)
fig.add_subplot(132)
plt.title('边缘检测')
plt.imshow(my_show_edge(result))
fig.add_subplot(133)
plt.title('锐化处理')
plt.imshow(my_laplace_result_add(original_image_test1,result))
plt.show()
```

运行程序,效果如图 2-5 所示。

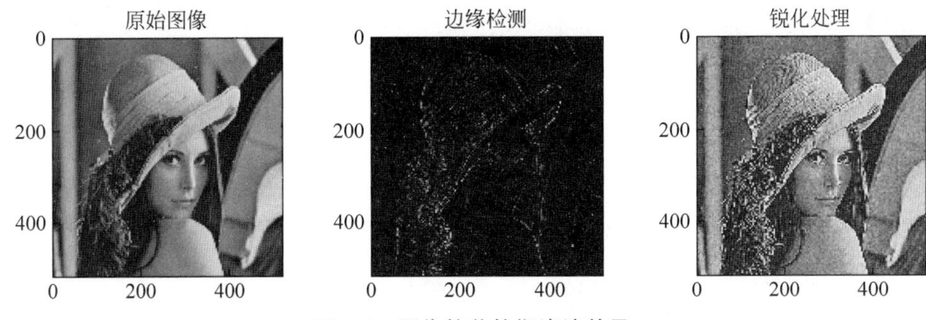

图 2-5　图像拉普拉斯滤波效果

此外,在 OpenCV 中,也可以调用 cv2 中的库函数进行拉普拉斯滤波,得到的效果也非常理想。

【例 2-4】 利用 cv2 实现图像拉普拉斯滤波。

```
import cv2 as cv
from matplotlib import pyplot as plt

# 用原始图像减去拉普拉斯模板直接计算得到的边缘信息
def my_laplace_result_add(image, model):
    result = image - model
    for i in range(result.shape[0]):
        for j in range(result.shape[1]):
            if result[i][j] > 255:
                result[i][j] = 255
            if result[i][j] < 0:
                result[i][j] = 0
    return result

original_image_test1 = cv.imread('lena.png',0)
# 函数中的参数 ddepth 为输出图像的深度,也就是每个像素点是多少位的
# CV_16S 表示 16 位有符号数
computer_result = cv.Laplacian(original_image_test1,ksize = 3,ddepth = cv.CV_16S)
plt.imshow(my_laplace_result_add(original_image_test1, computer_result))
plt.show()
```

运行程序,效果如图 2-6 所示。

由图 2-5 及图 2-6 可以看出,库函数的运行结果与自定义函数基本一致。还可以利用另外一种对拉普拉斯模板计算结果的处理方法,就是将计算结果取绝对值,再用原图像减去取绝对值的结果。

图 2-6 cv2 实现拉普拉斯滤波

【例 2-5】 利用绝对值方法实现拉普拉斯滤波。

```
import cv2 as cv
import matplotlib.pyplot as plt
import numpy as np
plt.rcParams['font.sans-serif'] = ['SimHei'] #显示中文标签
original_image_test1 = cv.imread('lena.png',0)
def my_laplace_result_add_abs(image, model):
    for i in range(model.shape[0]):
        for j in range(model.shape[1]):
            if model[i][j] < 0:
                model[i][j] = 0
            if model[i][j] > 255:
                model[i][j] = 255
    result = image - model
    for i in range(result.shape[0]):
        for j in range(result.shape[1]):
            if result[i][j] > 255:
                result[i][j] = 255
            if result[i][j] < 0:
                result[i][j] = 0
    return result
#调用自定义函数 my_laplace_sharpen,该函数在 laplace.py 文件中定义
result = my_laplace_sharpen(original_image_test1, my_type='big')
#绘制结果
fig = plt.figure()
fig.add_subplot(121)
plt.title('原始图像')
plt.imshow(original_image_test1)
fig.add_subplot(122)
plt.title('锐化滤波')
plt.imshow(my_laplace_result_add_abs(original_image_test1,result))
plt.show()
```

运行程序,效果如图 2-7 所示。

2. 非锐化掩蔽

除了通过二阶微分的形式提取到图像边缘信息,也可以通过原图像减去一个图像的非锐化版本来提取边缘信息,这就是非锐化掩蔽的原理,其处理过程为:

(1) 将原图像进行模糊处理。

(2) 用原图像减去模糊图像得到非锐化版本。

(3) 将非锐化版本按照一定比例系数加到原图像中,得到锐化图像。

(4) 进行模糊处理时可以使用高斯滤波器等低通滤波器。

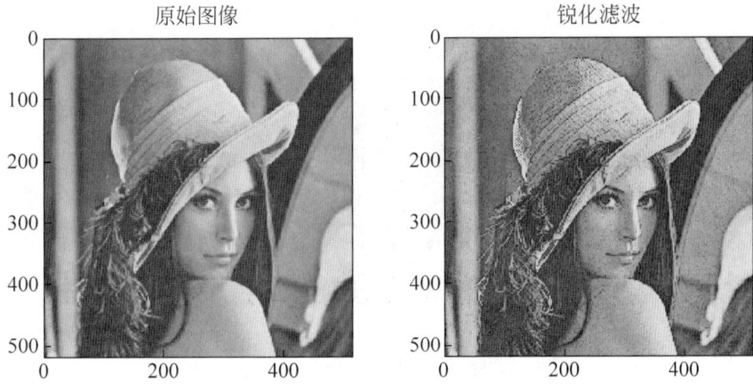

图 2-7　绝对值实现拉普拉斯变换

【例 2-6】　用自定义函数进行图像边界提取和图像增强。

```
import cv2 as cv
import matplotlib.pyplot as plt
import numpy as np
plt.rcParams['font.sans-serif'] = ['SimHei'] #显示中文标签
# 图像锐化函数
def my_not_sharpen(image, k, blur_size=(5, 5), blured_sigma=3):
    blured_image = cv.GaussianBlur(image, blur_size, blured_sigma)
    #注意不能直接用减法,对于图像格式结果为负时会自动加上 256
    model = np.zeros(image.shape, dtype=np.int64)
    for i in range(image.shape[0]):
        for j in range(image.shape[1]):
            model[i][j] = int(image[i][j]) - int(blured_image[i][j])
    #若两个矩阵中有一个不是图像格式,则结果就不会转换为图像格式
    sharpen_image = image + k * model
    sharpen_image = cv.convertScaleAbs(sharpen_image)
    return sharpen_image

#提取图像边界信息函数
def my_get_model(image, blur_size=(5, 5), blured_sigma=3):
    blured_image = cv.GaussianBlur(image, blur_size, blured_sigma)
    model = np.zeros(image.shape, dtype=np.int64)
    for i in range(image.shape[0]):
        for j in range(image.shape[1]):
            model[i][j] = int(image[i][j]) - int(blured_image[i][j])
    model = cv.convertScaleAbs(model)
    return model

if __name__ == '__main__':
    '''读取原始图片'''
    original_image_ lena = cv.imread('lena.png', 0)
    #获得图像边界信息
    edge_image_ lena = my_get_model(original_image_ lena)
    #获得锐化图像
    sharpen_image_ lena = my_not_sharpen(original_image_ lena, 3)
    #显示结果
    plt.subplot(131)
    plt.title('原始图像')
    plt.imshow(original_image_test4)
    plt.subplot(132)
    plt.title('边缘检测')
    plt.imshow(edge_image_test4)
    plt.subplot(133)
    plt.title('非锐化')
    plt.imshow(sharpen_image_lena)
    plt.show()
```

运行程序，效果如图 2-8 所示。

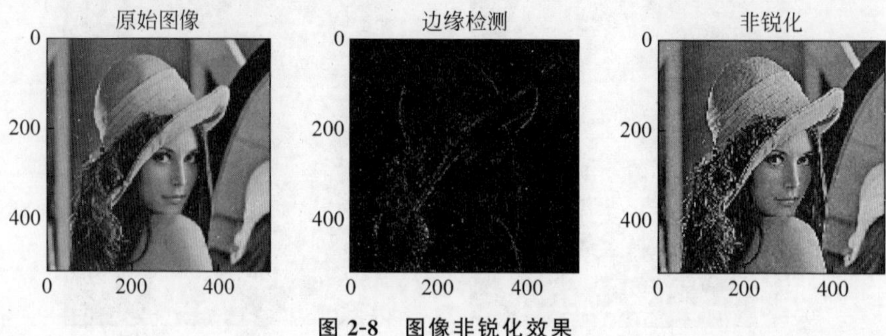

图 2-8 图像非锐化效果

3. 梯度

图像处理的一阶微分是用梯度幅值来实现的，二元函数的梯度定义为：

$$\nabla f = \text{grad}(f) = \begin{bmatrix} g_x \\ g_y \end{bmatrix} \begin{bmatrix} \dfrac{\partial f}{\partial x} \\ \dfrac{\partial f}{\partial y} \end{bmatrix}$$

由于梯度是多维的，梯度本身并不能作为图像边缘的提取值，所以常用梯度的绝对值和或平方和作为幅度值来反映边缘情况。

$$M(x,y) = \text{mag}(\nabla f) = \sqrt{g_x^2 + g_y^2} \approx |g_x| + |g_y|$$

可以像前面拉普拉斯算子一样定义一个 3×3 模板的离散梯度形式：

$$g_x = \frac{\partial f}{\partial x} = (z_7 + 2z_8 + z_9) - (z_1 + 2z_2 + z_3)$$

$$g_y = \frac{\partial f}{\partial y} = (z_3 + 2z_6 + z_9) - (z_1 + 2z_4 + z_7)$$

其对应的图像模板如图 2-9 所示。

g_x

−1	−2	−1
0	0	0
1	2	1

g_y

−1	0	1
−2	0	2
1	0	1

图 2-9 3×3 模板

通过模板计算得到梯度值后，再将 x、y 方向的梯度绝对值相加或平方和相加，就得到了图像边缘的幅度值，再将提取到的幅度值图像加到原图像上，就得到了锐化后的图像。

【例 2-7】 利用梯度方法的自定义方法实现图像增强。

```
import cv2 as cv
import matplotlib.pyplot as plt
import numpy as np
plt.rcParams['font.sans-serif'] = ['SimHei'] #显示中文标签

#输入图像,输出提取的边缘信息
def my_sobel_sharpen(image):
    result_x = np.zeros(image.shape,dtype = np.int64)
    result_y = np.zeros(image.shape, dtype = np.int64)
    result = np.zeros(image.shape, dtype = np.int64)
```

```
    #确定拉普拉斯模板的形式
    my_model_x = np.array([[-1, -2, -1], [0, 0, 0], [1, 2, 1]])
    my_model_y = np.array([[-1, 0, 1], [-2, 0, 2], [-1, 0, 1]])
    #计算每个像素点在经过高斯模板变换后的值
    for i in range(image.shape[0]):
        for j in range(image.shape[1]):
            for ii in range(3):
                for jj in range(3):
                    #条件语句为判断模板对应的值是否超出边界
                    if (i + ii - 1)< 0 or (i + ii - 1)> = image.shape[0]:
                        pass
                    elif (j + jj - 1)< 0 or (j + jj - 1)> = image.shape[1]:
                        pass
                    else:
                        result_x[i][j] += image[i + ii - 1][j + jj - 1] * my_model_x[ii][jj]
                        result_y[i][j] += image[i + ii - 1][j + jj - 1] * my_model_y[ii][jj]
            result[i][j] = abs(result_x[i][j]) + abs(result_y[i][j])
            if result[i][j] > 255:
                result[i][j] = 255
    return result

#将边缘信息按一定比例加到原始图像上
def my_result_add(image, model, k):
    result = image + k * model
    for i in range(result.shape[0]):
        for j in range(result.shape[1]):
            if result[i][j] > 255:
                result[i][j] = 255
            if result[i][j] < 0:
                result[i][j] = 0
    return result

if __name__ == '__main__':
    '''读取原始图片'''
    original_image_lena = cv.imread('lena.png', 0)
    #获得图像边界信息
    edge_image_lena = my_sobel_sharpen(original_image_lena)
    #获得锐化图像
    sharpen_image_lena = my_result_add(original_image_lena, edge_image_lena, -0.5)
    #显示结果
    plt.subplot(131)
    plt.title('原始图像')
    plt.imshow(original_image_lena)
    plt.subplot(132)
    plt.title('边缘检测')
    plt.imshow(edge_image_lena)
    plt.subplot(133)
    plt.title('梯度处理')
    plt.imshow(sharpen_image_lena)
    plt.show()
```

运行程序，效果如图 2-10 所示。

4. Canny 边缘检测

Canny 算法是一个综合类的算法，它包含多个阶段，每个阶段基本上都可以用前面提到的方法实现。具体流程为：

(1) 降低噪声。

边缘检测很容易受噪声的影响，所以在检测之前先做降噪处理是很有必要的。一般可以用 5×5 的高斯滤波器进行降噪处理。

(2) 寻找图像的强度梯度。

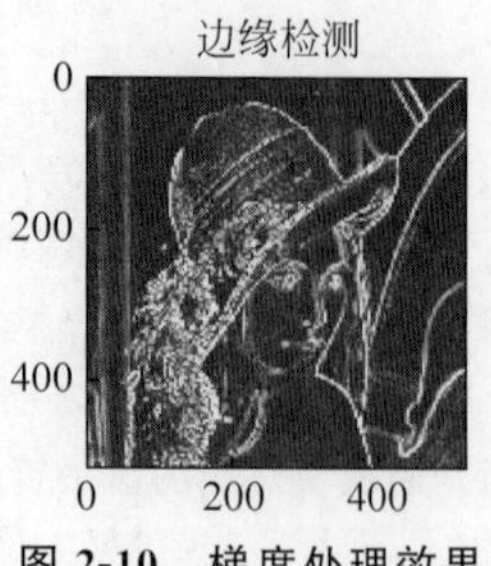

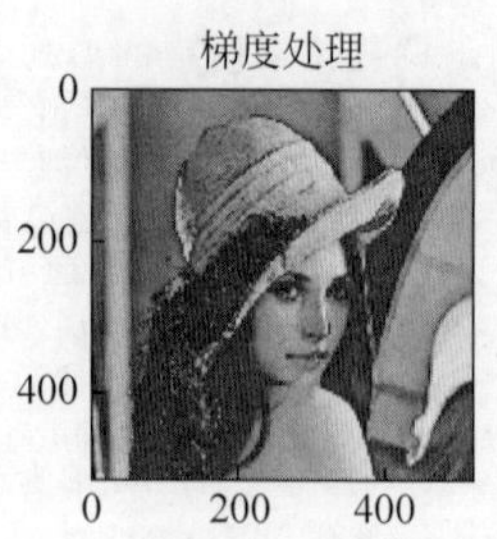

图 2-10 梯度处理效果

对平滑后的图像进行水平方向和垂直方向的 Sobel 核滤波，得到水平方向(G_x)和垂直方向(G_y)的一阶导数。可以发现每个像素的边缘梯度方向如下：

$$\text{edge\_gradient}(G)=\sqrt{G_x^2+G_y^2}$$

$$\text{angle}(\theta)=\arctan\left(\frac{G_y}{G_x}\right)$$

梯度方向总是垂直于边缘，它是四角之一，代表垂直、水平和两个对角线方向。

(3) 非极大抑制。

得到梯度大小和方向后，对图像进行全面扫描，去除非边界点。在每个像素处，判断这个点的梯度是否为周围具有相同梯度方向的点中最大的，最后得到的会是一个"细边"的边界。

(4) 滞后阈值。

现在要确定哪些边界才是真正的边界，为此，需要两个阈值：minVal 和 maxVal。任何强度梯度大于 maxVal 的边都肯定是边；小于 minVal 的边肯定是非边，所以丢弃。位于这两个阈值之间的，根据它们的连接性对边缘或非边缘进行分类。可调用 cv 中 canny 库函数实现，调用格式为

```
cv2.Canny(image, threshold1, threshold2, [, edges[, apertureSize[,L2gradient ]]])
```

其中，image 为输入原图(必须为单通道图)；threshold1、threshold2 为阈值，用于检测图像中明显的边缘；apertureSize 为 Sobel 算子的大小；L2gradient 为布尔值，取值如下。

- true——使用更精确的 L2 范数进行计算(即两个方向的导数的平方和再开方)。
- false——使用 L1 范数(直接将两个方向导数的绝对值相加)。

【例 2-8】 利用 OpenCV 中的 Canny()函数对图像进行处理。

```
import cv2
import numpy as np
plt.rcParams['font.sans-serif'] = ['SimHei']                    #显示中文标签
original_img = cv2.imread("lena.png", 0)
#canny(): 边缘检测
img1 = cv2.GaussianBlur(original_img,(3,3),0)
canny = cv2.Canny(img1, 50, 150)

#形态学: 边缘检测
_,Thr_img = cv2.threshold(original_img,210,255,cv2.THRESH_BINARY) #设定红色通道阈值 210
                                                                  #(阈值影响梯度运算效果)
kernel = cv2.getStructuringElement(cv2.MORPH_RECT,(5,5))          #定义矩形结构元素
gradient = cv2.morphologyEx(Thr_img, cv2.MORPH_GRADIENT, kernel)  #梯度
cv2.imshow("原始图像", original_img)
cv2.imshow("梯度", gradient)
cv2.imshow('Canny 函数', canny)
cv2.waitKey(0)
cv2.destroyAllWindows()
```

运行程序，效果如图 2-11 所示。

(a) 原始图像

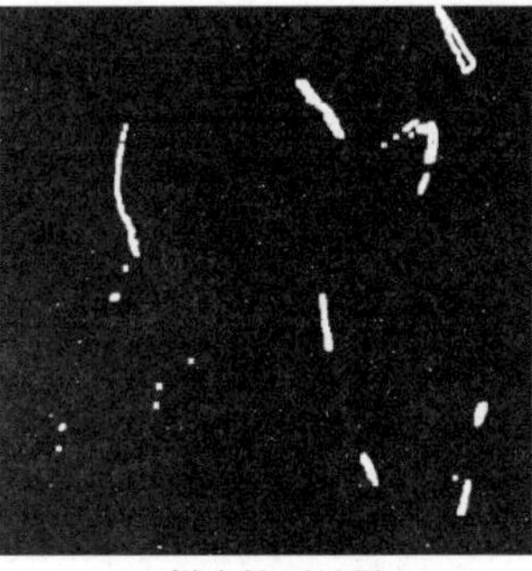
(b) 梯度检测效果

(c) Canny函数检测效果

图 2-11　Canny 函数检测效果

还可以调整阈值大小，阈值不同，得到的效果也不一样。

【例 2-9】 通过调整阈值的大小改变图像。

```
import cv2
import numpy as np

def CannyThreshold(lowThreshold):
    detected_edges = cv2.GaussianBlur(gray,(3,3),0)
    detected_edges = cv2.Canny(detected_edges,
                               lowThreshold,
                               lowThreshold * ratio,
                               apertureSize = kernel_size)
    dst = cv2.bitwise_and(img,img,mask = detected_edges) # 只需在原始图像的边缘添加一些颜色
    cv2.imshow('canny demo',dst)

lowThreshold = 0
max_lowThreshold = 100
ratio = 3
kernel_size = 3
img = cv2.imread('lena.png')
gray = cv2.cvtColor(img,cv2.COLOR_BGR2GRAY)
cv2.namedWindow('canny demo')
cv2.createTrackbar('Min threshold','canny demo',lowThreshold, max_lowThreshold, CannyThreshold)

CannyThreshold(0) # 初始化
if cv2.waitKey(0) == 27:
    cv2.destroyAllWindows()
```

运行程序，当阈值为 0 时，效果如图 2-12 所示。

在图 2-12 的上方有个调整阈值大小的滑动条，当拖动滑动条改变阈值时，图像得到的效果也跟着改变，如图 2-13 所示。

图 2-12　调整阈值效果

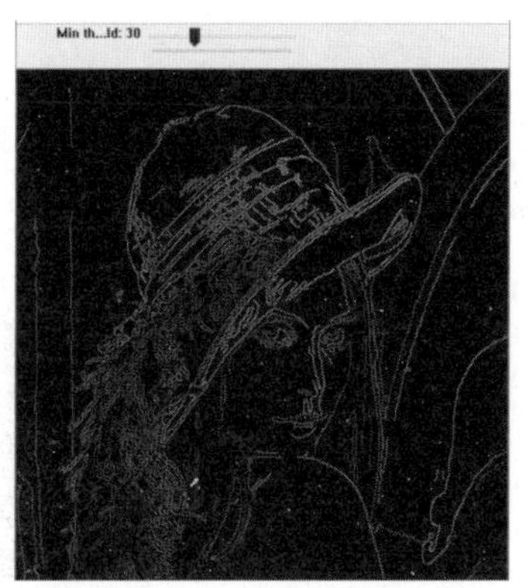

图 2-13　阈值为 30 时的效果

2.2 时域图像增强

时域图像增强的代表是傅里叶变换和霍夫变换。傅里叶变换是将时间域上的信号转变为频域上的信号,进而进行图像去噪、图像增强等处理。

傅里叶变换

经傅里叶变换(Fourier Transform,FT)后,对同一事物的观看角度随之改变,可以从频域中发现一些在时域不易察觉的特征。某些在时域内不好处理的地方,在频域内可以容易地处理。

傅里叶定理:任何连续周期信号都可以表示成(或者无限逼近)一系列正弦信号的叠加。

1. 一维傅里叶变换

一维傅里叶变换的公式为:

$$F(\omega)=F[f(t)]=\int_{-\infty}^{\infty} f(t)\mathrm{e}^{-\mathrm{j}\omega t}\,\mathrm{d}t$$

其中,ω 表示频率,t 表示时间,它将频率域的函数表示为时间域函数 $f(t)$的积分。

灰度图像是由二维的离散的点构成的。二维离散傅里叶变换(Two-Dimensional Discrete Fourier Transform)常用于图像处理中,它对图像进行傅里叶变换后得到其频谱图。频谱图中频率表征图像中灰度变化的剧烈程度。图像中边缘和噪声往往是高频信号,而图像背景往往是低频信号。在频率域内可以很方便地对图像的高频或低频信息进行操作,完成图像去噪、图像增强、图像边缘提取等操作。

2. 二维傅里叶变换

对二维图像进行傅里叶变换公式为

$$F(u,v)=\sum_{x=0}^{M-1}\sum_{y=0}^{N-1} f(x,y)\mathrm{e}^{-\mathrm{j}\pi(ux/M+vy/N)}$$

其中,图像长为 M,高为 N。$F(u,v)$表示频域图像,$f(x,y)$表示时域图像。u 的范围为$[0, M-1]$,v 的范围为$[0, N-1]$。

实现二维图像进行傅里叶逆变换的公式为

$$f(x,y)=\sum_{u=0}^{M-1}\sum_{v=0}^{N-1} F(u,v)\mathrm{e}^{\mathrm{j}\pi(ux/M+vy/N)}$$

其中,图像长为 M,高为 N,$f(x,y)$表示时域图像,$F(u,v)$表示频域图像。x 的范围为$[0, M-1]$,y 的范围为$[0, N-1]$。

【例 2-10】 对图像进行二维傅里叶变换。

```
import numpy as np
import matplotlib.pyplot as plt
plt.rcParams['font.sans-serif'] = ['SimHei'] #显示中文标签

img = plt.imread('castle3.jpg')
#根据公式转成灰度图
img = 0.2126 * img[:,:,0] + 0.7152 * img[:,:,1] + 0.0722 * img[:,:,2]
#显示原图
plt.subplot(231)
plt.imshow(img,'gray')
plt.title('原始图像')
#进行傅里叶变换,并显示结果
fft2 = np.fft.fft2(img)
plt.subplot(232)
plt.imshow(np.abs(fft2),'gray')
plt.title('二维傅里叶变换')
```

```
#将图像变换的原点移动到频域矩形的中心,并显示效果
shift2center = np.fft.fftshift(fft2)
plt.subplot(233)
plt.imshow(np.abs(shift2center),'gray')
plt.title('频域矩形的中心')
#对傅里叶变换的结果进行对数变换,并显示效果
log_fft2 = np.log(1 + np.abs(fft2))
plt.subplot(235)
plt.imshow(log_fft2,'gray')
plt.title('傅里叶变换对数变换')
#对中心化后的结果进行对数变换,并显示结果
log_shift2center = np.log(1 + np.abs(shift2center))
plt.subplot(236)
plt.imshow(log_shift2center,'gray')
plt.title('中心化的对数变化')
plt.show()
```

运行程序,效果如图 2-14 所示。

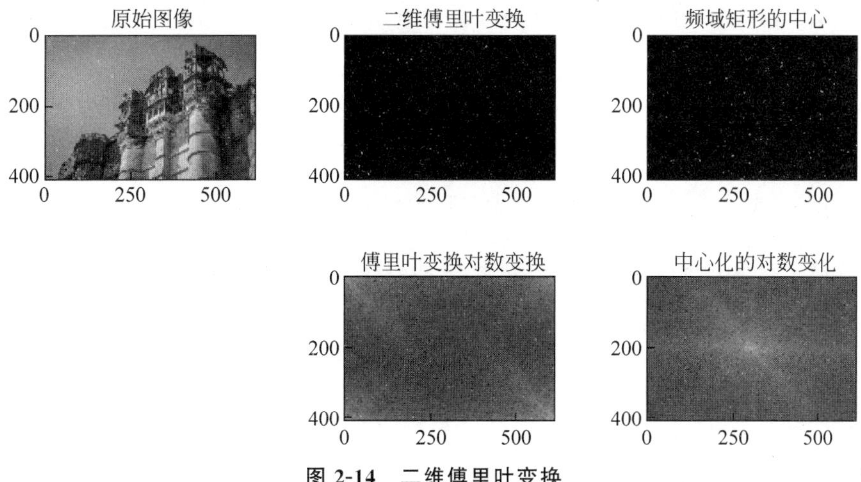

图 2-14　二维傅里叶变换

还可以利用 OpenCV 实现傅里叶变换

【例 2-11】 OpenCV 实现傅里叶变换。

```
import numpy as np
import matplotlib.pyplot as plt
import cv2

plt.rcParams['font.sans-serif'] = ['SimHei']            #显示中文标签
img = cv2.imread('baboon.png',0)
dft = cv2.dft(np.float32(img),flags = cv2.DFT_COMPLEX_OUTPUT)
dft_shift = np.fft.fftshift(dft)
magnitude_spectrum = 20 * np.log(cv2.magnitude(dft_shift[:,:,0],dft_shift[:,:,1]))
plt.subplot(121),plt.imshow(img, cmap = 'gray')
plt.title('原始图像')
plt.xticks([])
plt.yticks([])
plt.subplot(122)
plt.imshow(magnitude_spectrum, cmap = 'gray')
plt.title('级频谱')
plt.xticks([]), plt.yticks([])
plt.show()
```

运行程序,效果如图 2-15 所示。

3. 快速傅里叶变换

快速傅里叶变换(Fast Fourier Transform,FFT)是离散傅里叶变换的快速算法,可以将

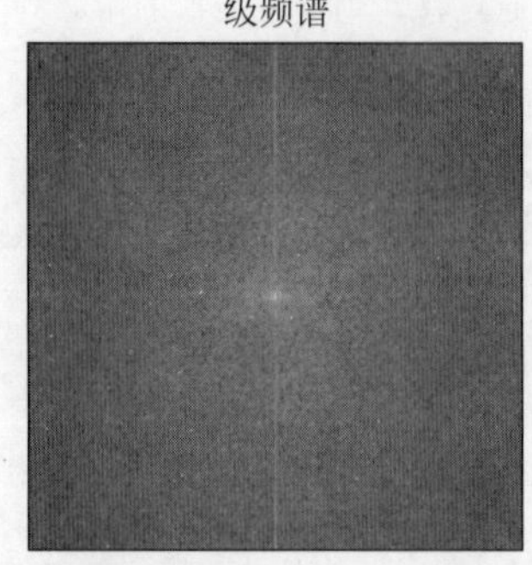

图 2-15 OpenCV 实现傅里叶变换

一个信号变换到频域。有些信号在时域上是很难看出什么特征的，但是如果变换到频域之后，就很容易看出特征了。这就是很多信号分析采用 FFT 变换的原因。另外，FFT 可以将一个信号的频谱提取出来，这在频谱分析方面也是经常用的。

假设采样频率为 F_s，信号频率为 f_s，采样点数为 N。那么 FFT 之后的结果就是一个为 N 点的复数。每一个点就对应着一个频率点，这个点的模值，就是该频率值下的幅度特性。

假设 FFT 之后，某点 n 用复数 $a+b\text{j}$ 表示，那么这个复数的模就是 $A_n=\sqrt{a^2+b^2}$（某点处的幅度值 $A_n=A\times\left(\frac{N}{2}\right)$）。下面以一个实际的信号来做说明。

【例 2-12】 假设有一个交流信号，频率为 600Hz、相位为 0 度、幅度为 5V，用数学表达式就是如下：

$$y=5*\backslash\sin(2*\text{pi}*600*x)$$

$$y=5*\sin(2*\text{pi}*600*x)$$

采样频率为 $F_s=1200\text{Hz}$，因为设置的信号频率分量为 600Hz，根据采样定理知采样频率要大于信号频率 2 倍，所以这里设置采样频率为 1200Hz(即一秒内有 1200 个采样点)。

```
import matplotlib.pyplot as plt
import numpy as np
from matplotlib.pylab import mpl

mpl.rcParams['font.sans-serif'] = ['SimHei']        #显示中文
mpl.rcParams['axes.unicode_minus'] = False          #显示负号

Fs = 1200;                                          #采样频率
Ts = 1/Fs;                                          #采样区间
x = np.arange(0,1,Ts)                               #时间向量,1200 个
y = 5 * np.sin(2 * np.pi * 600 * x)
N = 1200
frq = np.arange(N)                                  #频率数 1200
half_x = frq[range(int(N/2))]                       #取一半区间
fft_y = np.fft.fft(y)
abs_y = np.abs(fft_y)                               #取复数的绝对值,即复数的模(双边频谱)
angle_y = 180 * np.angle(fft_y)/np.pi               #取复数的弧度,并换算成角度
gui_y = abs_y/N                                     #归一化处理(双边频谱)
gui_half_y = gui_y[range(int(N/2))]                 #由于对称性,只取一半区间(单边频谱)
#画出原始波形的前 50 个点
plt.subplot(231)
plt.plot(frq[0:50],y[0:50])
plt.title('原始波形')
#画出双边未求绝对值的振幅谱
plt.subplot(232)
plt.plot(frq,fft_y,'black')
```

```
plt.title('双边振幅谱(未求振幅绝对值)')
#画出双边求绝对值的振幅谱
plt.subplot(233)
plt.plot(frq,abs_y,'r')
plt.title('双边振幅谱(未归一化)')
#画出双边相位谱
plt.subplot(234)
plt.plot(frq[0:50],angle_y[0:50],'violet')
plt.title('双边相位谱(未归一化)')
#画出双边振幅谱(归一化)
plt.subplot(235)
plt.plot(frq,gui_y,'g')
plt.title('双边振幅谱(归一化)')

#画出单边振幅谱(归一化)
plt.subplot(236)
plt.plot(half_x,gui_half_y,'blue')
plt.title('单边振幅谱(归一化)')
plt.show()
```

运行程序,效果如图 2-16 所示。

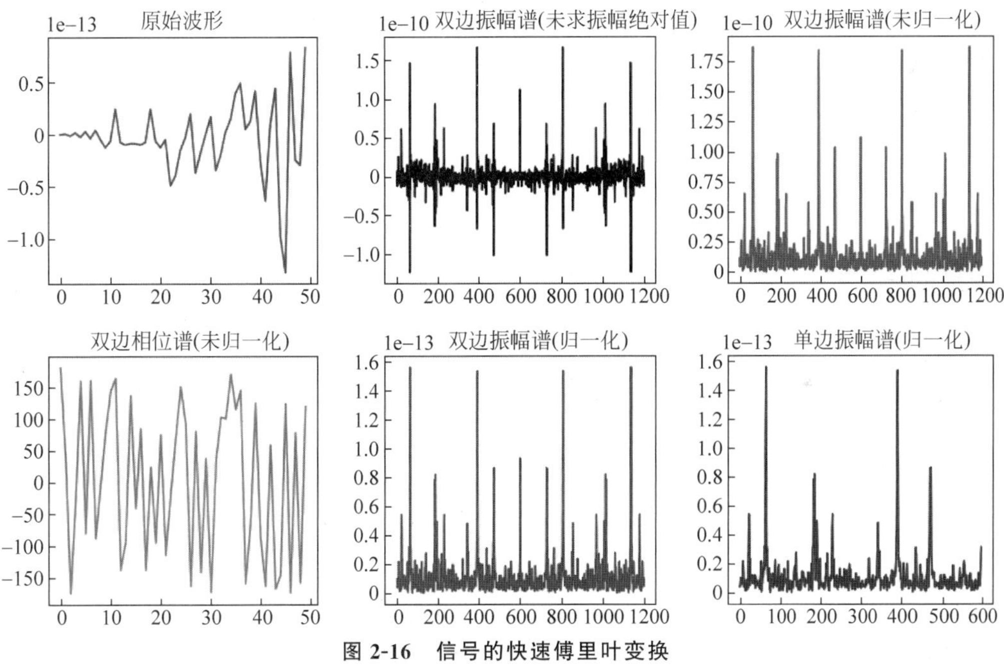

图 2-16　信号的快速傅里叶变换

2.3　色阶调整去雾技术

2.3.1　概述

暗通道先验(Dark Channel Prior)去雾算法是 CV 界去雾领域很有名的算法,它统计了大量的无雾图像,发现了一条规律:每一幅图像的 RGB 3 个颜色通道中,总有一个通道的灰度值很低,几乎趋于 0。基于这个几乎可以视作是定理的先验知识,因此可以利用暗通道进行图像去雾处理,暗通道数学表达为:

$$J^{\text{dark}}(x)=\min_{y\in\Omega(x)}\left[\min_{y\in\Omega(x)}J^{c}(y)\right]$$

式中,J^{c} 表示图像的各通道,$\Omega(x)$表示以像素 x 为中心的窗口。

其原理是:先取图像中每一个像素的三通道中的灰度值的最小值,得到一幅灰度图像,再在这幅灰度图像中，以每一个像素为中心取一定大小的矩形窗口，取矩形窗口中灰度值最小值代替中心像素灰度值，从而得到输入图像的暗通道图像。

滤波窗口大小为：WindowSize=2 * Radius+1。

暗通道先验理论为：$J^{\text{dark}} \to 0$。

2.3.2 暗通道去雾原理

去雾的模型为：

$$I(x)=J(x)t(x)+A[1-t(x)]$$

其中，$I(x)$为原图，待去雾图像。$J(x)$为要恢复的无雾图像。A 为大气光成分，$t(x)$为透光率。对于成像模型，将其归一化，即两边同时除以每个通道的大气光值：

$$\frac{I^c(x)}{A^c}=t(x)\frac{I^c(x)}{A^c}+1-t(x)$$

假设大气光 A 为已知量，$t(x)$透光率为常数，将其定义为 $t(x)$对上式两边两次最小化运算：

$$\min_{y\in\Omega(x)}\left[\min_c \frac{I^c(y)}{A^c}\right]=t(x)\min_{y\in\Omega(x)}\left[\min_c \frac{I^c(y)}{A^c}\right]+1-t(x)$$

根据暗通道先验理论 $J^{\text{dark}} \to 0$，有：

$$J^{\text{dark}}=\min_{y\in\Omega(x)}\left[\min_c J^c(y)\right]=0$$

推导出：

$$\min_{y\in\Omega(x)}\left[\min_c \frac{I^c(y)}{A^c}\right]=0$$

代回原式，得到：

$$\tilde{t}(x)=1-\min_{y\in\Omega(x)}\left[\min_c \frac{I^c(y)}{A^c}\right]$$

为了防止去雾太过彻底，恢复出的景物不自然，应引入参数 $\omega=0.95$，重新定义传输函数为：

$$\tilde{t}(x)=1-\omega\min_{y\in\Omega(x)}\left[\min_c \frac{I^c(y)}{A^c}\right]$$

上述推论假设大气 A 为已知量。实际中，可借助于暗通道图从雾图中获取该值。具体步骤大致为：从暗通道图中按照亮度大小提取最亮的 0.1%像素。然后在原始图像 I 中寻找对应位置最高两点的值，作为 A 值。至此，可以进行无雾图像恢复了。

考虑到当透射图 t 值很小时，会导致 J 值偏大，使整张图像白场过度，故设置一个阈值 t_0，当 $t<t_0$ 时，令 $t=t_0$，最终公式为：

$$J(x)=\frac{I(x)-A}{\max[t(x),t_0]}+A$$

2.3.3 暗通道去雾实例

下面通过一个例子来演示暗通道去雾技术。

【例 2-13】 利用暗通道技术对带雾图像实现去雾处理。

```
import cv2
import numpy as np

def zmMinFilterGray(src, r = 7):
    '''最小值滤波,r是滤波器半径'''
```

```
    return cv2.erode(src, np.ones((2 * r + 1, 2 * r + 1)))
def guidedfilter(I, p, r, eps):
    height, width = I.shape
    m_I = cv2.boxFilter(I, -1, (r, r))
    m_p = cv2.boxFilter(p, -1, (r, r))
    m_Ip = cv2.boxFilter(I * p, -1, (r, r))
    cov_Ip = m_Ip - m_I * m_p
    m_II = cv2.boxFilter(I * I, -1, (r, r))
    var_I = m_II - m_I * m_I
    a = cov_Ip / (var_I + eps)
    b = m_p - a * m_I
    m_a = cv2.boxFilter(a, -1, (r, r))
    m_b = cv2.boxFilter(b, -1, (r, r))
    return m_a * I + m_b
def Defog(m, r, eps, w, maxV1):                              #输入 RGB 图像,值范围[0,1]
    '''计算大气遮罩图像 V1 和光照值 A, V1 = 1 - t/A'''
    V1 = np.min(m, 2)                                        #得到暗通道图像
    Dark_Channel = zmMinFilterGray(V1, 7)
    cv2.imshow('wu_Dark',Dark_Channel)                       #查看暗通道
    cv2.waitKey(0)
    cv2.destroyAllWindows()
    V1 = guidedfilter(V1, Dark_Channel, r, eps)              #使用引导滤波优化
    bins = 2000
    ht = np.histogram(V1, bins)                              #计算大气光照 A
    d = np.cumsum(ht[0]) / float(V1.size)
    for lmax in range(bins - 1, 0, -1):
        if d[lmax] <= 0.999:
            break
    A = np.mean(m, 2)[V1 >= ht[1][lmax]].max()
    V1 = np.minimum(V1 * w, maxV1)                           #对值范围进行限制
    return V1, A
def deHaze(m, r=81, eps=0.001, w=0.95, maxV1=0.80, bGamma=False):
    Y = np.zeros(m.shape)
    Mask_img, A = Defog(m, r, eps, w, maxV1)                 #得到遮罩图像和大气光照
    for k in range(3):
        Y[:,:,k] = (m[:,:,k] - Mask_img)/(1-Mask_img/A)  #颜色校正
    Y = np.clip(Y, 0, 1)
    if bGamma:
        Y = Y ** (np.log(0.5) / np.log(Y.mean()))            #gamma 校正,默认不进行该操作
    return Y
if __name__ == '__main__':
    m = deHaze(cv2.imread('wu.jpg') / 255.0) * 255
    cv2.imwrite('wu_2.png', m)
```

运行程序,效果如图 2-17 所示。

(a) 原始图像

(b) 暗通道图

(c) 去雾后图像

图 2-17 图像去雾处理效果

通过上例可总结如下:

- 以上代码进行了优化，可以使用快速导向滤波减少时间复杂度，从而减少运行时间。
- 暗通道最小值滤波半径为 r。

这个半径对于去雾效果是有影响的。一定情况下，半径越大去雾的效果越不明显，建议的范围是5～25，一般选择5、7、9等就会取得不错的效果。

- ω 的影响也是很大的。

这个值是我们设置的保留雾的程度(C++代码中w是去除雾的程度，一般设置为0.95就可以了)。该值基本不用修改。

- 导向滤波中均值滤波半径。

这个半径建议取值不小于求暗通道时最小值滤波半径的4倍。因为前面最小值后暗通道是一块一块的，为了使得透射率图更加精细，这个 r 不能过小(如果这个 r 和最小值滤波的一样，那么在进行滤波时包含的块信息就很少，容易出现一块一块的斑点)。

2.4 直方图均衡化去雾技术

直方图均衡化实现图像去雾处理也称为色阶调整(Levels Adjustment)处理，下面从原理及算法两方面进行介绍。

2.4.1 色阶调整原理

色阶即是用直方图描述出的整张图片的明暗信息，主要分布结构为：

从左到右是从暗到亮的像素分布。黑色三角代表最暗地方(纯黑——黑点值为0)；白色三角代表最亮地方(纯白——白点为255)；灰色三角代表中间调(灰度点为1.00)。

对于一个RGB图像，可以对R、G、B通道进行独立的色调调整，即对3个通道分别使用3个色阶定义值。还可以再对3个通道进行整体色阶调整。因此，对一个图像，就可以用4次色阶调整。最终的结果是4次调整后合并产生的结果。

在OpenCV中可以利用cv2.equalizeHist(img)函数实现色阶调整。

【例2-14】 利用cv2.equalizeHist(img)函数对图像实现色阶调整。

```
import cv2
import numpy as np

img = cv2.imread('wu_2.png',0)
equ = cv2.equalizeHist(img)                     #只能传入灰度图
res = np.hstack((img,equ))                      #图像列拼接(用于显示)
cv2.imshow('res',res)
cv2.waitKey(0)
cv2.destroyAllWindows()
```

运行程序，效果如图2-18所示。

图2-18 色阶调整效果

2.4.2 自动色阶图像处理算法

相对于 cv2.equalizeHist(img)函数实现色阶的调整,cv2.createCLAHE()函数用于对比度有限自适应直方图均衡。

直方图均衡后背景对比度有所改善。但导致亮度过高,丢失了大部分信息,这是因为它的直方图并不局限于特定区域。为了解决这个问题,使用自适应直方图均衡。在此,图像被分成称为“图块”的小块(在 OpenCV 中,tileSize 默认为 8×8)。然后像往常一样对这些块中的每一个进行直方图均衡。所以在一个小区域内,直方图会限制在一个小区域(除非有噪声)。如果有噪声,它会被放大。为避免这种情况,可应用对比度限制。如果任何直方图区间高于指定的对比度限制(在 OpenCV 中默认为 40),则在应用直方图均衡之前,将这些像素剪切并均匀分布到其他区间。均衡后,为了去除图块边框中的瑕疵,应用双线性插值。

【例 2-15】 利用 cv2.createCLAHE()函数实现有限自适应直方图均衡。

```
import numpy as np
import cv2

img = cv2.imread('building.png',0)
clahe = cv2.createCLAHE(clipLimit = 2.0, tileGridSize = (8,8))
cl1 = clahe.apply(img)
cv2.imshow('img',img)
cv2.imshow('cl1',cl1)
cv2.waitKey(0)
cv2.destroyAllWindows()
```

运行程序,效果如图 2-19 所示。

(a) 原始图像

(b) 直方图均衡化

图 2-19 自动色阶处理效果

2.4.3 实现降噪去雾

去雾算法是一种常见且有用的技术,用于消除图像中雾霾或其他大气干扰引起的可见性降低的问题。本小节将介绍一种简单而有效的去雾算法,它结合了直方图均衡和高斯滤波。该算法主要过程如下。

(1) 使用高斯滤波对图像进行降噪,去除图像中的高频噪声。

(2) 计算每个通道的像素值直方图,并根据直方图结果确定最小和最大亮度级别。

(3) 对图像进行线性映射,将像素值映射到新的范围,以增强对比度和可见性。

(4) 输出去雾后的图像。

【例 2-16】 利用直方图均衡和高斯滤波进行去雾处理。

```
import numpy as np
import cv2

def compute_min_level(hist, pnum):
    #计算最小亮度级别,使得比例超过给定阈值
    index = np.add.accumulate(hist)
    return np.argwhere(index > pnum * 8.3 * 0.01)[0][0]

def compute_max_level(hist, pnum):
    #计算最大亮度级别,使得比例超过给定阈值
    hist_0 = hist[::-1]
    cum_sum = np.add.accumulate(hist_0)
    index = np.argwhere(cum_sum > (pnum * 2.2 * 0.01))[0][0]
    return 255 - index

def linear_map(min_level, max_level):
    #线性映射函数,将像素值映射到新的范围
    if min_level >= max_level:
        return []
    else:
        index = np.array(list(range(256)))
        screen_num = np.where(index < min_level, 0, index)
        screen_num = np.where(screen_num > max_level, 255, screen_num)
        for i in range(len(screen_num)):
            if 0 < screen_num[i] < 255:
                screen_num[i] = (i - min_level) / (max_level - min_level) * 255
        return screen_num

def create_new_img(img):
    h, w, d = img.shape
    new_img = np.zeros([h, w, d])
    for i in range(d):
        #计算每个通道的像素值直方图
        img_hist = np.bincount(img[:, :, i].reshape(1, -1)[0])
        min_level = compute_min_level(img_hist, h * w)
        max_level = compute_max_level(img_hist, h * w)
        screen_num = linear_map(min_level, max_level)
        if screen_num.size == 0:
            continue
        for j in range(h):
            new_img[j, :, i] = screen_num[img[j, :, i]]
    return new_img

def noise_and_fog(img):
    #使用高斯滤波对图像进行降噪
    image_gaussian = cv2.GaussianBlur(img, (3, 3), 0)
    new_img = create_new_img(image_gaussian)
    return new_img

if __name__ == '__main__':
    img = cv2.imread('train.png')
    new_img = noise_and_fog(img)
    #显示原始图像和去雾后的图像
    cv2.imshow('original_img', img)
    cv2.imshow('defogged_img', new_img / 255)
    cv2.waitKey(0)
```

运行程序,效果如图 2-20 所示。

通过应用直方图均衡和高斯滤波,成功地实现了一种简单而有效的去雾算法。该算法能够有效地消除图像中的雾霾和大气干扰,提高图像的可见性和对比度。在实际应用中,可以进一步优化算法细节和参数来适应不同场景的去雾需求。

(a) 原始图像

(b) 去雾后的图像

图 2-20　原始图像和去雾后的图像

第 3 章 形态学的去噪

CHAPTER 3

数字图像的噪声主要产生于获取、传输图像的过程中。在获取图像的过程中，摄像机组件的运行情况受各种客观因素的影响，包括图像拍摄的环境条件和摄像机的传感元器件质量在内都有可能对图像产生噪声影响。在传输图像的过程中，传输介质所遇到的干扰也会引起图像噪声，如通过无线网络传输的图像就可能因为光或其他大气因素被加入噪声信号。图像去噪是指减少数字图像中噪声的过程，被广泛应用于图像处理领域的预处理过程。去噪效果的好坏会直接影响后续的图像处理效果，如图像分割、图像模式识别等。

数学形态学以图像的形态特征为研究对象，通过设计一套独特的数字图像处理方法和理论来描述图像的基本特征和结构，通过引入集合的概念来描述图像中元素与元素、部分与部分的关系运算。因此，数学形态学的运算由基础的集合运算(并、交、补等)来定义，并且所有的图像矩阵都能被方便地转换为集合。随着集合理论研究的不断深入和实际应用的扩展，图像形态学处理也在图像分析、模式识别等领域起到重要的作用。

3.1 图像去噪的方法

数字图像在获取、传输的过程中都可能受到噪声的污染，常见的噪声主要有高斯噪声和椒盐噪声。其中，高斯噪声主要是由摄像机传感器元器件内部产生的；椒盐噪声主要是由图像切割所产生的黑白相间的亮暗点噪声，“椒”表示黑色噪声，“盐”表示白色噪声。

数字图像去噪也可以分为空域图像去噪和频域图像去噪。空域图像去噪常用的有均值滤波算法和中值滤波算法(参见第 1 章)，主要是对图像像素做邻域的运算来达到去噪效果。频域图像去噪首先是对数字图像进行反变换，将其从频域转换到空域来达到去噪效果。其中，对图像进行空域和频域相互转换的方法有很多，常用的有傅里叶变换、小波变换等。

数字形态学图像处理通过采用具有一定形态的结构元素去度量和提取图像中的对应形状，借助于集合理论来达到对图像进行分析和识别的目标，该算法具有以下特征。

1. 图像信息的保持

在图像形态学处理中，可以通过已有目标的几何特征信息来选择基于形态学的形态滤波器，这样在进行处理时既可以有效地进行滤波，又可以保持图像中的原有信息。

2. 图像边缘的提取

基于形态学的理论进行处理，可以在一定程度上避免噪声的干扰，相对于微分算子的技术而言具有较高的稳定性。形态学技术提取的边缘也比较光滑，更能体现细节信息。

3. 图像骨架的提取

基于数学形态学进行骨架提取，可以充分利用集合运算的优点，避免出现大量的断点，骨架也较为连续。

4. 图像处理的效率

基于数学形态学进行图像处理，可以方便地应用并行处理技术进行集合运算，具有效率高、易于用硬件实现的特点。

在 Python 中，可以使用其自带的 getStructuringElement 函数，也可以直接使用 NumPy 的 ndarray 来定义一个结构元素。

以下代码可以实现如图 3-1 所示的十字形结构。

图 3-1　十字形结构

```
import numpy as np
NpKernel = np.uint8(np.zeros((5,5)))
for i in range(5):
    NpKernel[2, i] = 1
    NpKernel[i, 2] = 1
print("NpKernel ",NpKernel )
```

运行程序，输出如下：

```
NpKernel [[0 0 1 0 0]
 [0 0 1 0 0]
 [1 1 1 1 1]
 [0 0 1 0 0]
 [0 0 1 0 0]]
```

当然还可以定义椭圆/矩形等。

椭圆：

```
cv2.getStructuringElement(cv2.MORPH_ELLIPSE,(5,5))
```

矩形：

```
cv2.getStructuringElement(cv2.MORPH_RECT,(5,5))
```

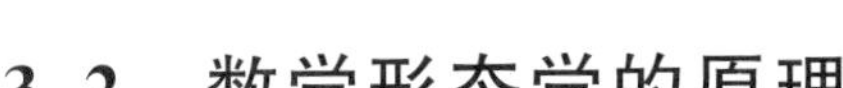

3.2 数学形态学的原理

形态变换按应用场景可以分为二值变换和灰度变换两种形式。其中，二值变换一般用于处理集合，灰度变换一般用于处理函数。基本的形态变换包括腐蚀、膨胀、开运算和闭运算。

3.2.1 腐蚀与膨胀

假设 $f(x)$和 $g(x)$为被定义在二维离散空间 F 和两个离散函数上，其中，$f(x)$为输入图像，$g(x)$为结构元素，则 $f(x)$关于 $g(x)$的腐蚀和膨胀数学表达式分别为：

$$(f \ominus g)(x) = \min_{y \in G}[f(x+y) - g(y)] \tag{3-1}$$

$$(f \oplus g)(x) = \min_{y \in G}[f(x-y) + g(y)] \tag{3-2}$$

【例 3-1】 实现图像的膨胀与腐蚀操作。

```
import cv2
import numpy as np
original_img = cv2.imread('flower.png')
res = cv2.resize(original_img,None,fx = 0.6, fy = 0.6,
                 interpolation = cv2.INTER_CUBIC)  #图形太大了缩小一点
B, G, R = cv2.split(res)                           #获取红色通道
img = R
_,RedThresh = cv2.threshold(img,160,255,cv2.THRESH_BINARY)
#OpenCV 定义的结构矩形元素
kernel = cv2.getStructuringElement(cv2.MORPH_RECT,(3, 3))
eroded = cv2.erode(RedThresh,kernel)               #腐蚀图像
dilated = cv2.dilate(RedThresh,kernel)             #膨胀图像
```

```
cv2.imshow("original_img", res)                        #原图像
cv2.imshow("R_channel_img", img)                       #红色通道图
cv2.imshow("RedThresh", RedThresh)                     #红色阈值图像
cv2.imshow("Eroded Image",eroded)                      #显示腐蚀后的图像
cv2.imshow("Dilated Image",dilated)                    #显示膨胀后的图像

#NumPy 定义的结构元素
NpKernel = np.uint8(np.ones((3,3)))
Nperoded = cv2.erode(RedThresh,NpKernel)               #腐蚀图像
cv2.imshow("Eroded by NumPy kernel",Nperoded)          #显示腐蚀后的图像
cv2.waitKey(0)
cv2.destroyAllWindows()
```

运行程序,效果如图 3-2 所示。

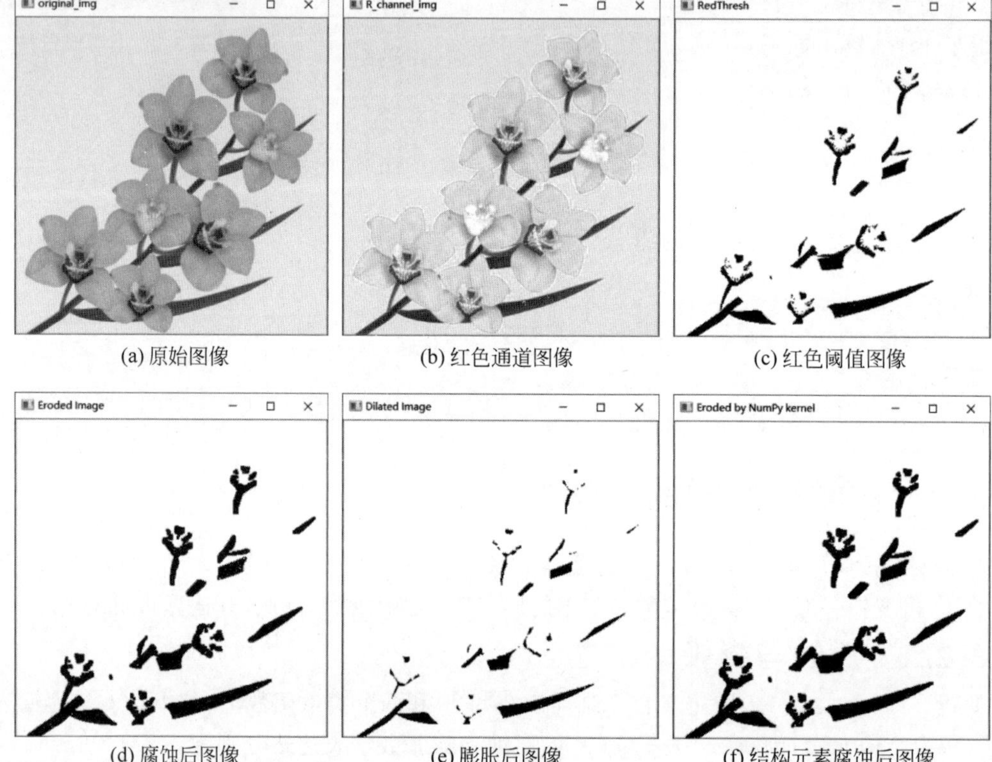

(a) 原始图像　(b) 红色通道图像　(c) 红色阈值图像

(d) 腐蚀后图像　(e) 膨胀后图像　(f) 结构元素腐蚀后图像

图 3-2　图像的腐蚀与膨胀操作

3.2.2　开闭运算

$f(x)$关于 $g(x)$的开运算和闭运算分别定义为:

$$(f \circ g)(x)=[(f \ominus g) \oplus g](x) \tag{3-3}$$

$$(f \bullet g)(x)=[(f \oplus g) \ominus g](x) \tag{3-4}$$

脉冲噪声是一种常见的图像噪声,根据噪声的位置灰度值与其邻域的灰度值的比较结果可以分为正、负脉冲。其中,正脉冲噪声的位置灰度值要大于其邻域的灰度值,负脉冲则相反。从式(3-3)和式(3-4)可以看出,开运算先腐蚀后膨胀,可用于过滤图像中的正脉冲噪声;闭运算先膨胀后腐蚀,可用于过滤图像中的负脉冲噪声。因此,为了同时消除图像中的正负脉冲噪声,可采用形态开-闭的级联形式,构成形态开闭级联滤波器。形态开-闭(OC)和形态闭-开(CO)级联滤波器分别定义为:

$$OC(f(x)) = (f \circ g \bullet g)(x) \tag{3-5}$$

$$CO(f(x)) = (f \bullet g \circ g)(x) \tag{3-6}$$

根据集合运算与形态运算的特点，形态开-闭和形态闭-开级联滤波具有平移不变性、递增性、对偶性和幂等性。

【例 3-2】 实现图像的开闭运算。

```
import cv2
import numpy as np
original_img = cv2.imread('flower.png',0)
gray_res = cv2.resize(original_img,None,fx = 0.8,fy = 0.8,
                      interpolation = cv2.INTER_CUBIC)        #图形太大了缩小一点
# B, G, img = cv2.split(res)
# _,RedThresh = cv2.threshold(img,160,255,cv2.THRESH_BINARY) #设定红色通道阈值 160(阈值
                                                              #影响开闭运算效果)
kernel = cv2.getStructuringElement(cv2.MORPH_RECT,(3,3))      #定义矩形结构元素
#闭运算 1
closed1 = cv2.morphologyEx(gray_res, cv2.MORPH_CLOSE, kernel,iterations = 1)
#闭运算 2
closed2 = cv2.morphologyEx(gray_res, cv2.MORPH_CLOSE, kernel,iterations = 3)
#开运算 1
opened1 = cv2.morphologyEx(gray_res, cv2.MORPH_OPEN, kernel,iterations = 1)
#开运算 2
opened2 = cv2.morphologyEx(gray_res, cv2.MORPH_OPEN, kernel,iterations = 3)
#梯度
gradient = cv2.morphologyEx(gray_res, cv2.MORPH_GRADIENT, kernel)
#显示如下腐蚀后的图像
cv2.imshow("gray_res", gray_res)
cv2.imshow("Close1",closed1)
cv2.imshow("Close2",closed2)
cv2.imshow("Open1", opened1)
cv2.imshow("Open2", opened2)
cv2.imshow("gradient", gradient)
cv2.waitKey(0)
cv2.destroyAllWindows()
```

运行程序，效果如图 3-3 所示。

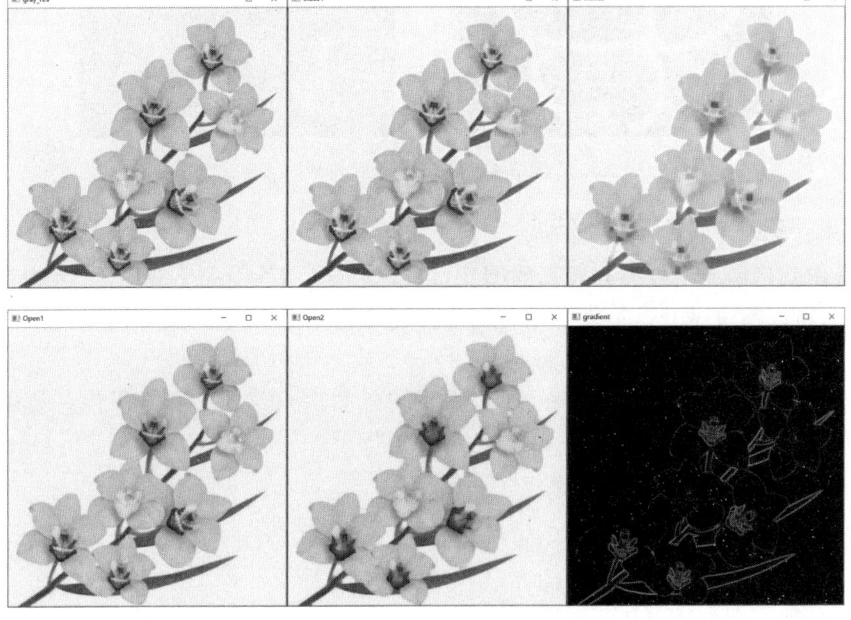

图 3-3　图像的开闭运算效果

3.2.3 形态学梯度

形态学梯度(Gradient)能描述图像亮度变化的剧烈程度,可以使用形态学梯度突出物体边缘。常见的几种梯度如下。

- 基本梯度:膨胀后的图像减腐蚀后的图像。
- 内部梯度:原图减腐蚀后的图像。
- 外部梯度:膨胀后的图像减原图。
- 方向梯度:使用 x 方向与 y 方向的直线作为结构元素之后得到的图像梯度。

常说的形态学梯度一般指基本梯度。

【例 3-3】 形态学梯度实现。

```
import cv2
import numpy as np
from matplotlib import pyplot as plt
plt.rcParams['font.sans - serif'] = ['SimHei']                    #显示中文

img = cv2.imread('tiger.jpg',1)
#cv2.getStructuringElement()生成结构元素
kernel = cv2.getStructuringElement(cv2.MORPH_RECT, (2, 2))  #矩形结构
#执行梯度操作
gradient = cv2.morphologyEx(img, cv2.MORPH_GRADIENT, kernel)
#显示图像
plt.figure(figsize = (10,10))
plt.subplot(121),plt.imshow(img),plt.title('原图'),plt.xticks([]), plt.yticks([])
plt.subplot(122),plt.imshow(gradient),plt.title('梯度'),plt.xticks([]), plt.yticks([])
plt.show()
```

运行程序,效果如图 3-4 所示。

图 3-4 形态学梯度效果

3.2.4 礼帽/黑帽操作

礼帽操作就是用原图减去开运算的图像,以得到前景图外面的毛刺噪声,因为开运算可以消除小物体,所以通过做开运算就可以将消除掉的小物体提取出来,使用时修改形态学运算函数参数为 cv2.MORPH_TOPHAT 即可。

黑帽就是用原图减去闭运算的图像,以得到前景图像内部的小孔等噪声。使用时修改形态学运算函数参数为 cv2.MORPH_BLACKHAT 即可。

【例 3-4】 图像的礼帽与黑帽操作。

```
import cv2

original_img0 = cv2.imread('flower.png')
original_img = cv2.imread('flower.png',0)                        #灰度图像
#定义矩形结构元素
```

```
kernel = cv2.getStructuringElement(cv2.MORPH_RECT,(3,3))
#礼帽运算
TOPHAT_img = cv2.morphologyEx(original_img, cv2.MORPH_TOPHAT, kernel)
#黑帽运算
BLACKHAT_img = cv2.morphologyEx(original_img, cv2.MORPH_BLACKHAT, kernel)
#显示图像
cv2.imshow("original_img0", original_img0)
cv2.imshow("original_img", original_img)
cv2.imshow("TOPHAT_img", TOPHAT_img)
cv2.imshow("BLACKHAT_img", BLACKHAT_img)
cv2.waitKey(0)
cv2.destroyAllWindows()
```

运行程序,效果如图 3-5 所示。

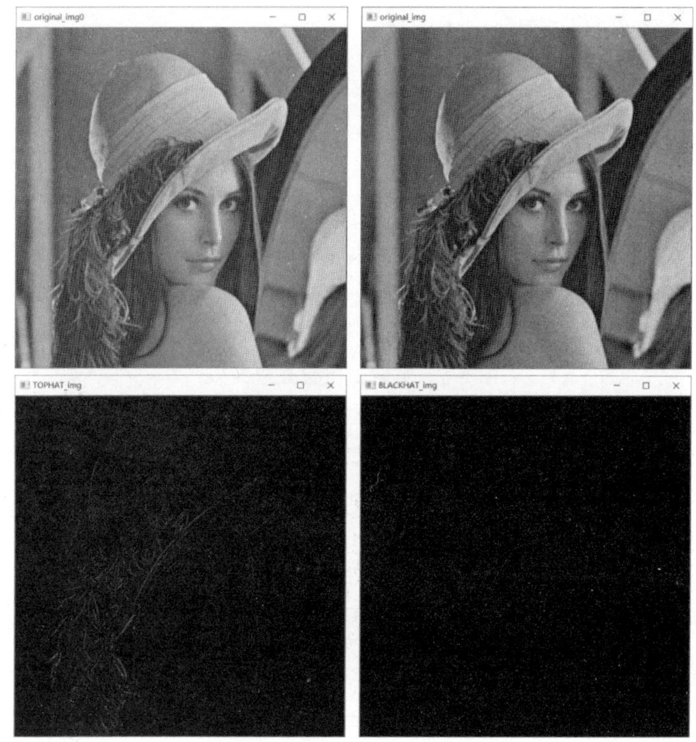

图 3-5　图像礼帽与黑帽运算

显然该算法可以图像识别的预处理,用于图像二值化后去除孤立点,如图 3-6 所示。

```
import cv2
original_img = cv2.imread('lena.png',0)
gray_img = cv2.resize(original_img,None,fx = 0.8, fy = 0.8,
                      interpolation = cv2.INTER_CUBIC)      #图形太大了,缩小一点
#定义矩形结构元素(核大小为 3 效果好)
kernel = cv2.getStructuringElement(cv2.MORPH_RECT,(3,3))
#礼帽运算
TOPHAT_img = cv2.morphologyEx(gray_img, cv2.MORPH_TOPHAT, kernel)
#黑帽运算
BLACKHAT_img = cv2.morphologyEx(gray_img, cv2.MORPH_BLACKHAT, kernel)
#二值化
bitwiseXor_gray = cv2.bitwise_xor(gray_img,TOPHAT_img)
#显示如下腐蚀后的图像
cv2.imshow("gray_img", gray_img)
cv2.imshow("TOPHAT_img", TOPHAT_img)
cv2.imshow("BLACKHAT_img", BLACKHAT_img)
cv2.imshow("bitwiseXor_gray",bitwiseXor_gray)
```

图 3-6 图像二值化处理效果

```
cv2.waitKey(0)
cv2.destroyAllWindows()
```

3.3 形态学运算

形态学算子检测图像中的边缘和拐角(实际应用 Canny 或 Harris 等算法)。

3.3.1 边缘检测定义

边缘类型简单分为 4 种类型,分别为阶跃型、屋脊型、斜坡型、脉冲型,其中阶跃型和斜坡型是类似的,只是变化的快慢不同。

形态学检测边缘的原理很简单:在膨胀时,图像中的物体会向周围"扩张";腐蚀时,图像中的物体会"收缩"。由于这两幅图像其变化的区域只发生在边缘,所以这时将两幅图像相减,得到的就是图像中物体的边缘。

【例 3-5】 利用形态学对图像进行边缘检测。

```
import cv2
import numpy

image = cv2.imread("jianzhu.png",cv2.IMREAD_GRAYSCALE)
kernel = cv2.getStructuringElement(cv2.MORPH_RECT,(3, 3))
dilate_img = cv2.dilate(image, kernel)
erode_img = cv2.erode(image, kernel)
"""
将两幅图像相减获得边; cv2.absdiff 参数:(膨胀后的图像,腐蚀后的图像)
上面得到的结果是灰度图,将其二值化以便观察结果
反色,对二值图每像素取反
"""
absdiff_img = cv2.absdiff(dilate_img,erode_img);
```

```
retval, threshold_img = cv2.threshold(absdiff_img, 40, 255, cv2.THRESH_BINARY);
result = cv2.bitwise_not(threshold_img);
cv2.imshow("jianzhu",image)
cv2.imshow("dilate_img",dilate_img)
cv2.imshow("erode_img",erode_img)
cv2.imshow("absdiff_img",absdiff_img)
cv2.imshow("threshold_img",threshold_img)
cv2.imshow("result",result)

cv2.waitKey(0)
cv2.destroyAllWindows()
```

运行程序,效果如图 3-7 所示。

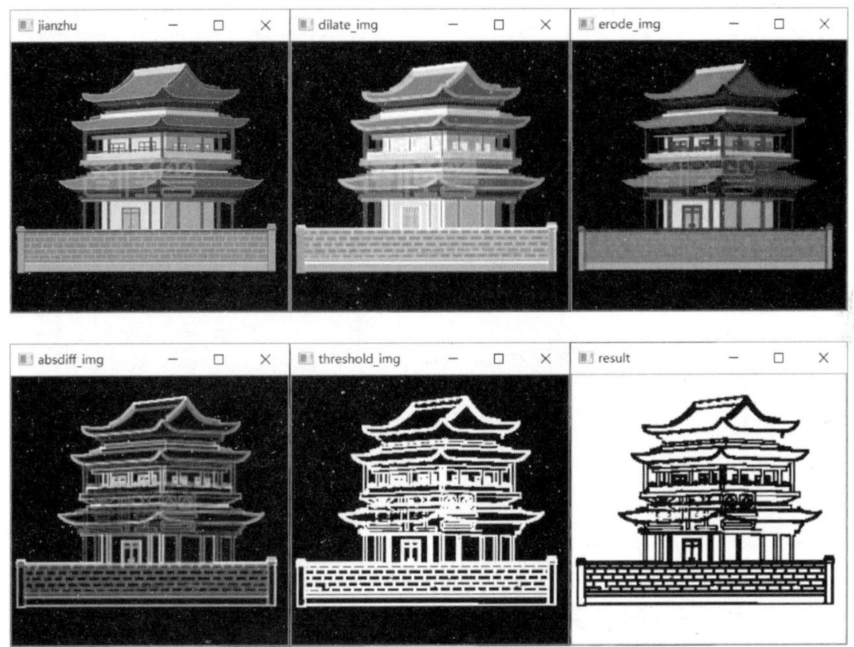

图 3-7　形态学实现边缘检测

3.3.2　检测拐角

拐角的检测过程有些复杂。其原理为:先用十字形的结构元素膨胀像素,这种情况下只会在边缘处"扩张",角点不发生变化。

接着用菱形的结构元素腐蚀原图像,导致只有在拐角处才会"收缩",而直线边缘都未发生变化。

第二步是用 X 形膨胀原图像,角点膨胀得比边要多。这样第二次用方块腐蚀时,角点恢复原状,而边要腐蚀得更多。所以当两幅图像相减时,只保留了拐角处。

【例 3-6】 形态学实现图像的拐角检测。

```
import cv2

image = cv2.imread("jianzhu.png",0)
original_image = image.copy()
#构造 5×5 的结构元素,分别为十字形、菱形、方形和 X 形
cross = cv2.getStructuringElement(cv2.MORPH_CROSS,(5, 5))
diamond = cv2.getStructuringElement(cv2.MORPH_RECT,(5, 5))
diamond[0, 0] = 0
diamond[0, 1] = 0
diamond[1, 0] = 0
```

```
diamond[4, 4] = 0
diamond[4, 3] = 0
diamond[3, 4] = 0
diamond[4, 0] = 0
diamond[4, 1] = 0
diamond[3, 0] = 0
diamond[0, 3] = 0
diamond[0, 4] = 0
diamond[1, 4] = 0
square = cv2.getStructuringElement(cv2.MORPH_RECT,(5, 5))          #构造方形结构元素
x = cv2.getStructuringElement(cv2.MORPH_CROSS,(5, 5))

dilate_cross_img = cv2.dilate(image,cross)                          #使用 cross 膨胀图像
erode_diamond_img = cv2.erode(dilate_cross_img, diamond)            #使用菱形腐蚀图像

dilate_x_img = cv2.dilate(image, x)                                 #使用 X 形膨胀原图像
erode_square_img = cv2.erode(dilate_x_img,square)                   #使用方形腐蚀图像
#将两幅闭运算的图像相减获得角
result = cv2.absdiff(erode_square_img, erode_diamond_img)
#使用阈值获得二值图
retval, result = cv2.threshold(result, 40, 255, cv2.THRESH_BINARY)
#在原图上用半径为 5 的圆圈将点标出.
for j in range(result.size):
    y = int(j / result.shape[0])
    x = int(j % result.shape[0])
    if result[x, y] == 255:                                          #result[]只能传入整型
        cv2.circle(image,(y,x),5,(255,0,0))

cv2.imshow("original_image", original_image)
cv2.imshow("Result", image)
cv2.waitKey(0)
cv2.destroyAllWindows()
```

运行程序,效果如图 3-8 所示。

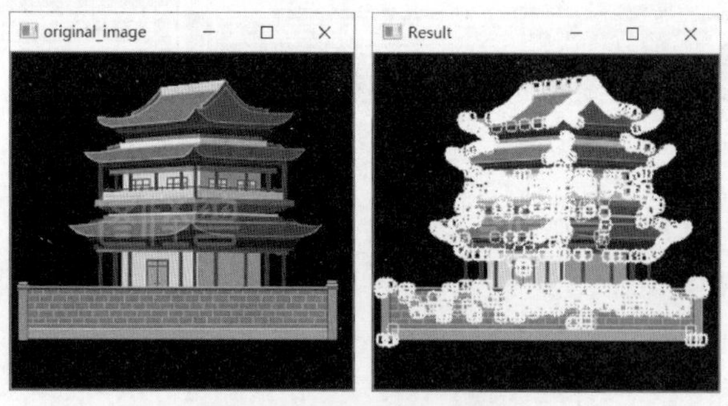

图 3-8　图像拐角检测效果

3.4　权重自适应的多结构形态学去噪

在数学形态学图像去噪的过程中,通过适当地选取结构元素的形状和维数可以提升滤波去噪的效果。在多结构元素的级联过程中,需要考虑到结构元素的形状和维数。假设结构元素集为 A_{nm},n 代表形状序列,m 代表维数序列,则:

$$A_{nm}=\{A_{11},A_{12},\cdots,A_{1m},A_{21},\cdots,A_{nm}\}$$

式中,

$$A_{11}\subset A_{12}\subset\cdots\subset A_{1m}$$

$$A_{21}\subset A_{22}\subset\cdots\subset A_{2m}$$

$$\vdots$$

$$A_{n1} \subset A_{n2} \subset \cdots \subset A_{nm}$$

假设对图像进行形态学腐蚀运算，则根据前面介绍的腐蚀运算公式，其过程相当于对图像中可以匹配的元素的位置进行探测并标记处理。如果利用相同维数、不同形状的结构元素对图像进行形态学腐蚀运算，则它们可以匹配的次数往往是不同的。一般而言，如果通过选择的结构元素可以探测到图像的边缘等信息，则可匹配的次数多；反之则少。因此，结合形态学腐蚀过程中结构元素的探测匹配原理，可以根据结构元素在图像中的可匹配次数进行自适应权值的计算。

假设 n 种形状的结构元素权值分别为 $\alpha_1,\alpha_2,\cdots,\alpha_n$，在对图像进行腐蚀的运算过程中 n 种形状的结构元素可匹配图像的次数分别为 $\beta_1,\beta_2,\cdots,\beta_n$，则自适应计算权值的公式为：

$$\alpha_1 = \frac{\beta_1}{\beta_1+\beta_2+\cdots+\beta_n}$$

$$\alpha_2 = \frac{\beta_2}{\beta_1+\beta_2+\cdots+\beta_n}$$

$$\vdots$$

$$\alpha_n = \frac{\beta_n}{\beta_1+\beta_2+\cdots+\beta_n}$$

【例 3-7】 实现自适应的形态学去噪效果。

```
# 自适应中值滤波
# count 为最大窗口数,original 为原图
def adaptiveMedianDeNoise(count, original):
    # 初始窗口大小
    startWindow = 3
    # 卷积范围
    c = int(count/2)
    rows, cols = original.shape
    newI = np.zeros(original.shape)
    for i in range(c, rows - c):
        for j in range(c, cols - c):
            k = int(startWindow / 2)
            median = np.median(original[i - k:i + k + 1, j - k:j + k + 1])
            mi = np.min(original[i - k:i + k + 1, j - k:j + k + 1])
            ma = np.max(original[i - k:i + k + 1, j - k:j + k + 1])
            if mi < median < ma:
                if mi < original[i, j] < ma:
                    newI[i, j] = original[i, j]
                else:
                    newI[i, j] = median
            else:
                while True:
                    startWindow = startWindow + 2
                    k = int(startWindow / 2)
                    median = np.median(original[i - k:i + k + 1, j - k:j + k + 1])
                    mi = np.min(original[i - k:i + k + 1, j - k:j + k + 1])
                    ma = np.max(original[i - k:i + k + 1, j - k:j + k + 1])

                    if mi < median < ma or startWindow > count:
                        break
                if mi < median < ma or startWindow > count:
                    if mi < original[i, j] < ma:
                        newI[i, j] = original[i, j]
                    else:
                        newI[i, j] = median
```

```
    return newI
def medianDeNoise(original):
    rows, cols = original.shape
    ImageDenoise = np.zeros(original.shape)
    for i in range(3, rows - 3):
        for j in range(3, cols - 3):
            ImageDenoise[i, j] = np.median(original[i - 3:i + 4, j - 3:j + 4])
    return ImageDenoise

def main():
    original = plt.imread("lena.png", 0)
    rows, cols = original.shape
    original_noise = pepperNoise(100000, original)
    adapMedianDeNoise = adaptiveMedianDeNoise(7, original_noise)
    mediDeNoise = medianDeNoise(original_noise)
    plt.figure()
    show(original, "原始图像", 2, 2, 1)
    show(original_noise, "带噪声图像", 2, 2, 2)
    show(adapMedianDeNoise, "自适应中值去噪", 2, 2, 3)
    show(mediDeNoise, "均值去噪", 2, 2, 4)
    plt.show()
```

运行程序,效果如图 3-9 所示。

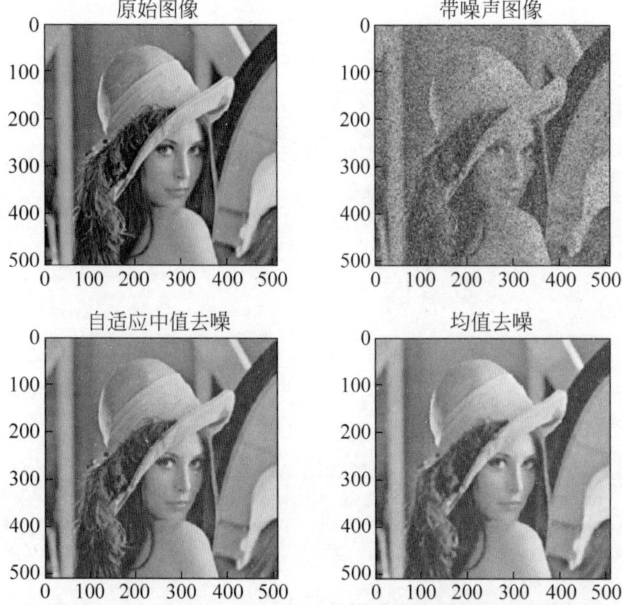

图 3-9　权重自适应去噪效果

第 4 章 霍夫变换检测

CHAPTER 4

霍夫变换(Hough Transform)是图像处理中的一种特征提取技术,它通过一种投票算法检测具有特定形状的物体。该过程在一个参数空间中通过计算累计结果的局部最大值得到一个符合该特定形状的集合作为霍夫变换结果。

霍夫变换于 1962 年由 Paul Hough 首次提出,后于 1972 年由 Richard Duda 和 Peter Hart 推广使用,经典霍夫变换用来检测图像中的直线,后来霍夫变换扩展到任意形状物体的识别,多为圆和椭圆。

霍夫变换运用两个坐标空间之间的变换将在一个空间中具有相同形状的曲线或直线映射到另一个坐标空间的一个点上形成峰值,从而把检测任意形状的问题转换为统计峰值问题。

4.1 霍夫变换检测直线

对于平面中的一条直线,在笛卡儿坐标系中,常见的有点斜式和两点式两种表示方法。然而在霍夫变换中,考虑的是另外一种表示方式:使用(r,theta)来表示一条直线。其中 r 为该直线到原点的距离,θ(theta)为该直线的垂线与 x 轴的夹角,如图 4-1 所示。

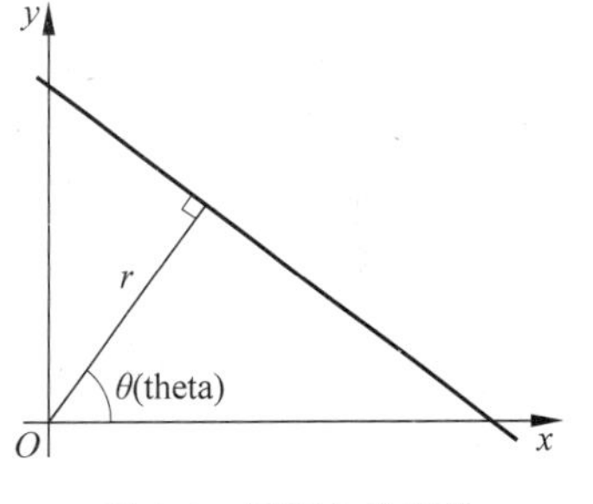

图 4-1 平面上的直线

4.1.1 霍夫变换检测直线的思想

使用霍夫变换来检测直线的思想就是:为每一个点假设 n 个方向的直线,通常 $n=180$,此时检测的直线的角度精度为 1°,分别计算这 n 条直线的(r,theta)坐标,得到 n 个坐标点。如果要判断的点共有 N 个,最终得到的(r,theta)坐标有 $N\times n$ 个。有关这 $N\times n$ 个(r,theta)坐标,其中 theta 是离散的角度,共有 180 个取值。

最重要的是,如果多个点在一条直线上,那么必有这些点在 theta=theta_i 时,这些点的 r 近似相等于 r_i。也就是说,这些点都在直线(r_i,theta_i)上。

例如,如果空间中有 3 个点,如何判断这 3 个点是否在同一条直线上。如果在,这条直线的位置如图 4-2 所示。

这个例子中,对于每个点均求过该点的 6 条直线的(r,theta)坐标,共求了 3×6 个(r,theta)坐标。可以发现在 theta=60 时,3 个点的 r 都近似为 80.7,由此可判定这 3 个点都在直线(80.7,60)上。

通过 r * theta 坐标系可以更直观地表示这种关系,如图 4-3 所示,图中 3 个点的(r,theta)曲线汇集在一起,该交点就是同时经过这 3 个点的直线。

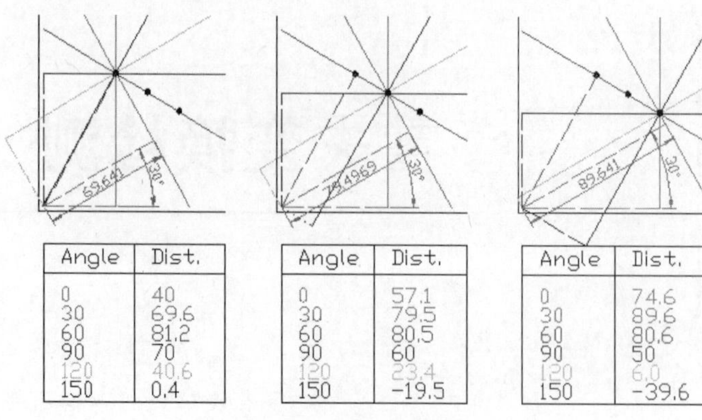

图 4-2　直线的位置

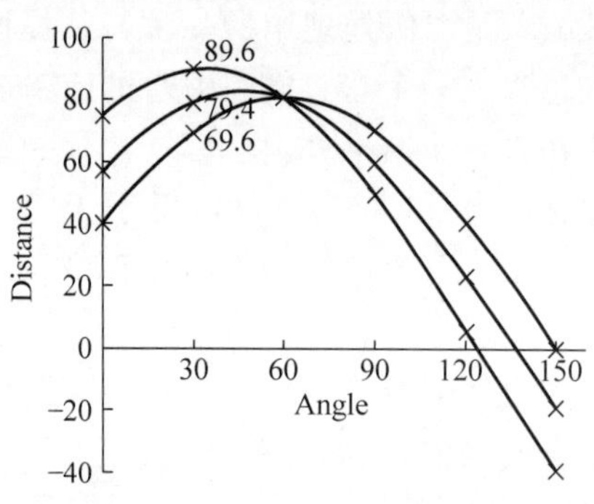

图 4-3　3 个点汇集的交点图

4.1.2　实际应用

在实际的直线检测情况中，如果超过一定数目的点拥有相同的(r，theta)坐标，那么可以判定此处有一条直线。在 r＊theta 坐标系图中，明显的交汇点就表示一条检测出的直线。例如，如果对图 4-4 所示的行车图像进行颜色选择和感兴趣区域的提取，得到了如图 4-5 所示的车道线。

图 4-4　行车图像

图 4-5　提取车道线

对于图 4-4 的原始图像，先用 Canny 进行边缘检测(较少图像空间中需要检测的点数量)：

```
lane = cv2.imread("final_roi.png")
# 高斯模糊,Canny 边缘检测需要的
lane = cv2.GaussianBlur(lane, (5, 5), 0)
# 进行边缘检测,减少图像空间中需要检测的点数量
lane = cv2.Canny(lane, 50, 150)
cv2.imshow("lane", lane)
cv2.waitKey()
```

检测效果如图 4-6 所示。

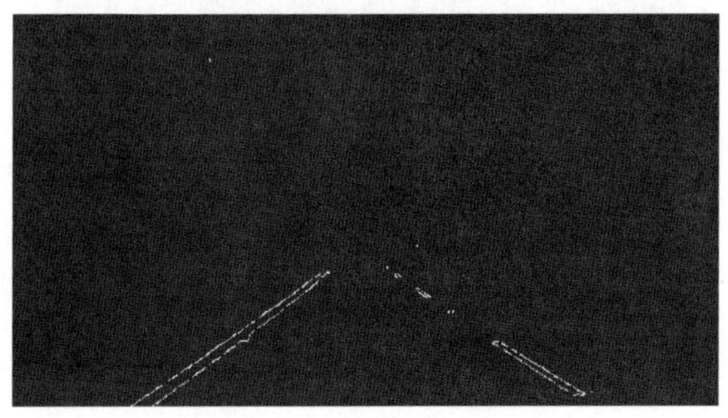

图 4-6　Canny 边缘检测

在 Python 中，提供了两个函数用于实现直线检测，分别是 HoughLinesP()函数和 HoughLines()函数，下面分别对这两个函数进行介绍。

1. HoughLinesP()函数

函数 cv2.HoughLinesP()是一种概率直线检测，我们知道，从原理上讲霍夫变换是一个耗时耗力的算法，尤其是每一个点计算，即使经过了 Canny 转换，有时点的个数依然是庞大的，这时可采取一种概率挑选机制，不是所有的点都计算，而是随机地选取一些点来计算，这相当于降采样。这样在阈值设置上也要降低一些。在参数输入输出上，输入就多了两个参数：minLineLengh(线的最短长度，比这个短的都被忽略)和 MaxLineCap(两条直线之间的最大间隔，若小于此值，则认为是一条直线)。输出上也变了，不再是直线参数的，这个函数输出的直接就是直线点的坐标位置，这样可以省去一系列 for 循环中的由参数空间到图像的实际坐标点的转换。

【例 4-1】 利用 HoughLinesP()函数对如图 4-4 所示的原始图像进行检测。

```
import numpy as np
import cv2

lane = cv2.imread("lane.jpg")
# 高斯模糊,Canny 边缘检测需要的
lane = cv2.GaussianBlur(lane, (5, 5), 0)
# 进行边缘检测,减少图像空间中需要检测的点数量
lane = cv2.Canny(lane, 50, 150)
cv2.imshow("lane", lane)
cv2.waitKey()

rho = 1                      # 距离分辨率
theta = np.pi / 180          # 角度分辨率
threshold = 10               # 霍夫空间中多少个曲线相交才算作正式交点
min_line_len = 10            # 最少多少个像素点才构成一条直线
max_line_gap = 50            # 线段之间的最大间隔像素
lines = cv2.HoughLinesP(lane, rho, theta, threshold, maxLineGap = max_line_gap)
line_img = np.zeros_like(lane)
for line in lines:
    for x1, y1, x2, y2 in line:
        cv2.line(line_img, (x1, y1), (x2, y2), 255, 1)
cv2.imshow("line_img", line_img)
cv2.waitKey()
```

运行程序，效果如图 4-7 所示。

2. HoughLines()函数

OpenCV 中检测直线的函数为 cv2.HoughLines()，它的返回值有 3 个(opencv 3.0)，可用

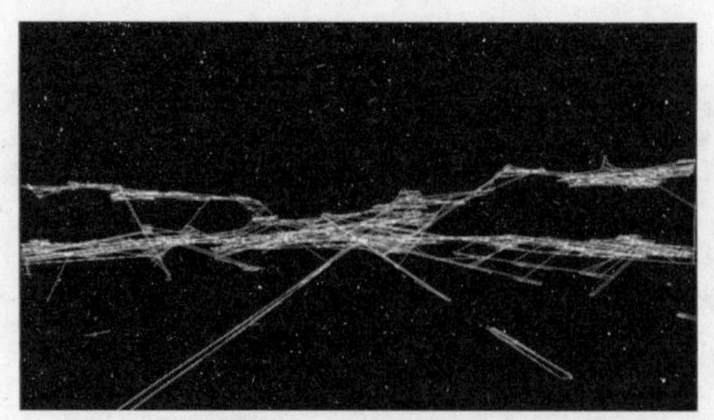

图 4-7 车道直线检测

二维矩阵表示，表述的就是上述的(ρ,θ)，其中，ρ 的单位是像素长度（也就是直线到图像原点(0,0)的距离），而 θ 的单位是弧度。这个函数有 4 个输入：第一个是二值图像，上述的 Canny 变换后的图像；第二个和第三个参数分别是 ρ 和 θ 的精确度，可以理解为步长；第四个参数为阈值 T，当累加器中的值高于 T 时才认为是一条直线。

【例 4-2】 利用 HoughLines()函数绘制直线。

```
import cv2
import numpy as np
import matplotlib.pyplot as plt

img = cv2.imread('line.png')
gray = cv2.cvtColor(img,cv2.COLOR_BGR2GRAY)   #灰度图像
edges = cv2.Canny(gray,50,200)
plt.subplot(121),plt.imshow(edges,'gray')
plt.xticks([]),plt.yticks([])
#hough 变换
lines = cv2.HoughLines(edges,1,np.pi/180,160)
lines1 = lines[:,0,:]                          #提取为二维
for rho,theta in lines1[:]:
    a = np.cos(theta)
    b = np.sin(theta)
    x0 = a*rho
    y0 = b*rho
    x1 = int(x0 + 1000*(-b))
    y1 = int(y0 + 1000*(a))
    x2 = int(x0 - 1000*(-b))
    y2 = int(y0 - 1000*(a))
    cv2.line(img,(x1,y1),(x2,y2),(255,0,0),1)

plt.subplot(122),plt.imshow(img,)
plt.xticks([]),plt.yticks([])
plt.show()
```

运行程序，效果如图 4-8 所示。

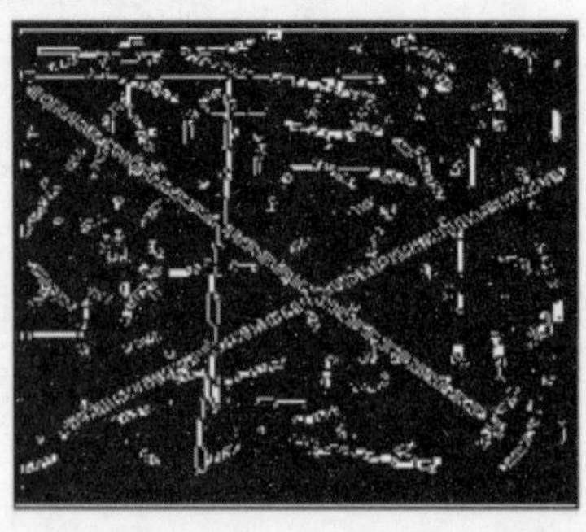

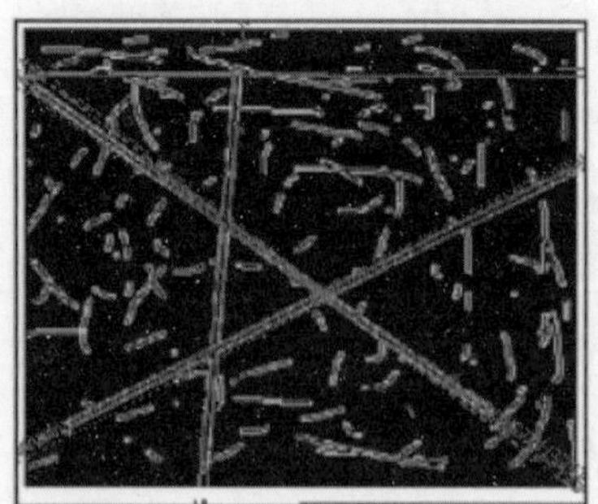

图 4-8 直线检测

测试一个新的图，不停地改变 cv2.HoughLines 最后一个阈值参数到合理状态时如下：

```
...
img = cv2.imread('jianzhu.png')                    #一个新图
gray = cv2.cvtColor(img,cv2.COLOR_BGR2GRAY)        #灰度图像
edges = cv2.Canny(gray,50,200)
plt.subplot(121),plt.imshow(edges,'gray')
plt.xticks([]),plt.yticks([])
#hough 变换
lines = cv2.HoughLines(edges,1,np.pi/180,180)      #修改第 3 个参数
...
```

运行程序，效果如图 4-9 所示。

图 4-9　改变 HoughLines 阈值效果图

由图 4-9 可以看到，检测效果比较好。

4.2 霍夫变换检测圆

圆形的表达式为$(x-x_{center})^2+(y-y_{center})^2=r^2$，确定一个圆环需要 3 个参数。那么霍夫变换的累加器必须是三维的，但是这样的计算效率很低。

因此，OpenCV 中使用霍夫梯度的方法，这里利用了边界的梯度信息。首先对图像进行 Canny 边缘检测，对边缘中的每一个非 0，通过 Sobel 算法计算局部梯度。那么计算得到的梯度方向，实际上就是圆切线的法线。3 条法线即可确定一个圆心；同理，在累加器中对圆心通过的法线进行累加，就得到了圆环的判定。

以霍夫梯度法实现圆环检测的函数为：

```
cv2.HoughCircles(image, method, dp, minDist, circles, param1, param2, minRadius, maxRadius)
```

其中，各参数含义如下。

- image——输入图像，格式为灰度图。
- method——检测方法，常用 CV_HOUGH_GRADIENT。
- dp——检测内侧圆心的累加器图像的分辨率与输入图像之比的倒数，如果 dp=1，则累加器和输入图像具有相同的分辨率；如果 dp=2，则累计器有输入图像一半那么大的宽度和高度。
- minDist——两个圆之间圆心的最小距离。
- param1——默认值为 100，它是 method 设置的检测方法的对应参数，对当前唯一的方法——霍夫梯度法 cv2.HOUGH_GRADIENT，它表示传递给 Canny 边缘检测算子的高阈值，而低阈值为高阈值的一半。

• param2——默认值为 100，它是 method 设置的检测方法的对应的参数，对当前唯一的方法——霍夫梯度法 cv2. HOUGH_GRADIENT，它表示在检测阶段圆心的累加器阈值。它越小，就越可以检测到更多根本不存在的圆；它越大，能通过检测的圆就更加接近完美的圆形。
• minRadius——默认值为 0，圆半径的最小值。
• maxRadius——默认值为 0，圆半径的最大值。

【例 4-3】 利用 HoughCircles 函数绘制内外圆。

```
import cv2
import numpy as np

img = cv2.imread('4.png',0)
img = cv2.medianBlur(img,5)
cimg = cv2.cvtColor(img,cv2.COLOR_GRAY2BGR)
circles = cv2.HoughCircles(img,cv2.HOUGH_GRADIENT,1,100,

param1 = 100,param2 = 30,minRadius = 100,maxRadius = 200)
circles = np.uint16(np.around(circles))
for i in circles[0,:]:
    # 画外圆
    cv2.circle(cimg,(i[0],i[1]),i[2],(0,255,0),2)
    # 画出圆心
    cv2.circle(cimg,(i[0],i[1]),2,(0,0,255),3)
cv2.imshow('detected circles',cimg)
cv2.waitKey(0)
cv2.destroyAllWindows()
```

运行程序，效果如图 4-10 所示。

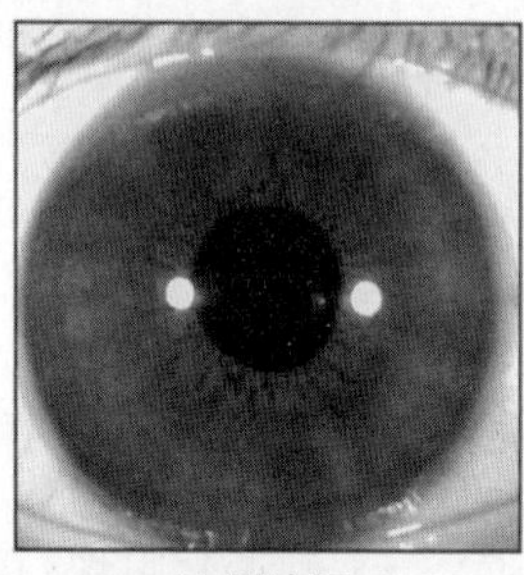
(a) 原始图

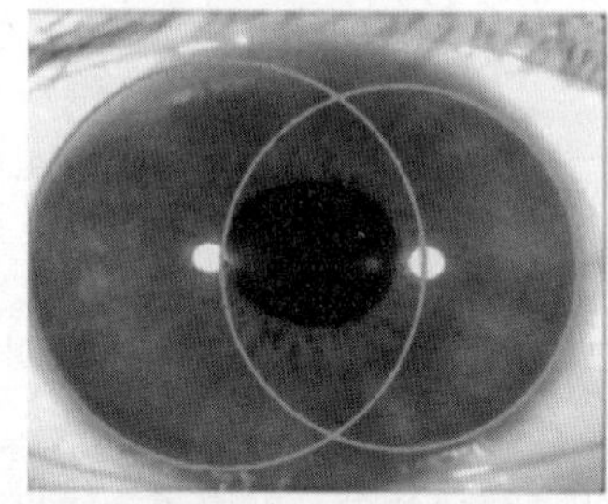
(b) 绘制内外圆

图 4-10 圆环绘制

4.3 霍夫变换检测其他形状

在霍夫变换中，除了可以检测直线、圆，还可以检测正方形、椭圆形、三角形、多边形等，实际在 OpenCV 中已经内嵌了相关的函数。

(1) findContours()函数。

findContours()函数用于寻找形状的轮廓，语法格式如下：

```
contours, hierarchy = cv2.findContours(image,mode,method)
```

其中，各参数含义如下。

• image：输入图像。
• mode：轮廓的模式。cv2. RETR_EXTERNAL 只检测外轮廓；cv2. RETR_LIST 检测的轮廓不建立等级关系；cv2. RETR_CCOMP 建立两个等级的轮廓，顶层为外边界，内层为内孔的边界。如果内孔内还有连通物体，则这个物体的边界也在顶层；cv2.RETR_TREE 建立一个等级树结构的轮廓。

- method：轮廓的近似方法。cv2.CHAIN_APPROX_NOME 存储所有的轮廓点，相邻的两个点的像素位置差不超过 1；cv2.CHAIN_APPROX_SIMPLE 压缩水平方向、垂直方向、对角线方向的元素，只保留该方向的终点坐标，如一个矩形轮廓只需要 4 个点来保存轮廓信息。
- contours：返回的轮廓。
- hierarchy：每条轮廓对应的属性。

注意：cv2.findContours()函数接收的参数为二值图，即黑白图（不是灰度图），所以读取的图像要先转成灰度图，再转成二值图。

(2) drawContours 函数。

drawContours 函数用于画出图像的轮廓。函数的语法格式如下：

```
void drawContours(InputOutputArray image, InputArrayOfArrays contours, int contourIdx, const
Scalar& color, int thickness = 1, int lineType = 8, InputArray hierarchy = noArray(), int maxLevel
= INT_MAX, Point offset = Point() )
```

其中，各参数含义如下。

- image：目标图像。
- contours：输入的轮廓组，每一组轮廓由点 vector 构成。
- contourIdx：指明画第几个轮廓，如果该参数为负值，则画全部轮廓。
- Scalar & color：轮廓的尺度和颜色。
- thickness：轮廓的线宽，如果为负值或 VC_FILLED，表示填充轮廓内部。
- lineType：线型。
- hierarchy：轮廓结果信息。
- maxLevel：绘制轮廓的最大等级。如果等级为 0，绘制单独的轮廓；如果为 1，绘制轮廓及在其后的相同的级别下轮廓；如果为 2，绘制所有的轮廓。
- offset：偏移量移动每一个轮廓点坐标。

【例 4-4】 利用轮廓检测不同形状。

```
#coding = utf - 8
#导入 python 包
import cv2

#读取彩色图像
img = cv2.imread('rect1.png')
#转换为灰度图
gray = cv2.cvtColor(img, cv2.COLOR_BGR2GRAY)
#进行二值化处理
ret,binary = cv2.threshold(gray, 127, 255, cv2.THRESH_BINARY)

#寻找轮廓
contours, hierarchy = cv2.findContours(binary, cv2.RETR_TREE, cv2.CHAIN_APPROX_SIMPLE)

#绘制不同的轮廓
draw_img0 = cv2.drawContours(img.copy(),contours,0,(0,255,255),3)
draw_img1 = cv2.drawContours(img.copy(),contours,1,(255,0,255),3)
draw_img2 = cv2.drawContours(img.copy(),contours,2,(255,255,0),3)
draw_img3 = cv2.drawContours(img.copy(), contours, -1, (0, 0, 255), 3)

#打印结果
```

```
print ("contours:类型:",type(contours))
print ("第 0 个 contours:",type(contours[0]))
print ("contours 数量:",len(contours))
print ("contours[0]点的个数:",len(contours[0]))
print ("contours[1]点的个数:",len(contours[1]))

#显示并保存结果
cv2.imshow("img", img)
#cv2.imshow("draw_img0", draw_img0)
#cv2.imshow("draw_img1", draw_img1)
#cv2.imshow("draw_img2", draw_img2)
cv2.imwrite("rect_result.png", draw_img3)
cv2.imshow("draw_img3", draw_img3)

cv2.waitKey(0)
cv2.destroyAllWindows()
```

运行程序,输出如下,效果如图 4-11 所示。

```
contours:类型: <class 'tuple'>
第 0 个 contours: <class 'numpy.ndarray'>
contours 数量: 9
contours[0]点的个数: 163
contours[1]点的个数: 284
```

(a) 输入图像

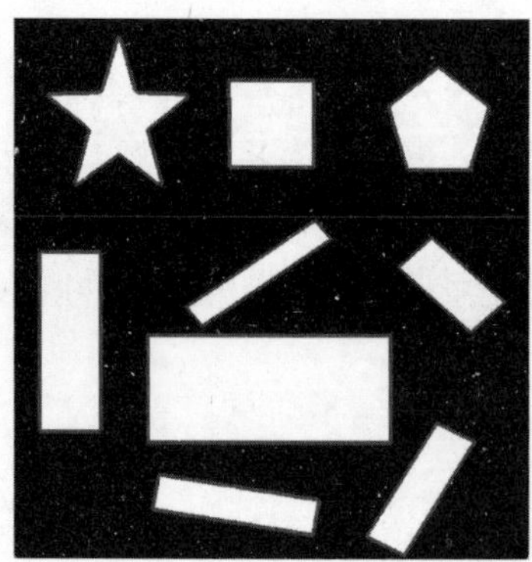

(b) 输出结果

图 4-11 检测各种形状

图 4-11 展示了利用轮廓检测不同形状的结果。每一行展示了一幅测试图像,第 1 列展示的是输入图像,第 2 类展示的是输出结果。通过图 4-11 可以看到轮廓检测算法可以准确地检测到图中的所有轮廓并准确地将它们绘制出来,这在现实场景中具有很广泛的应用价值。

第 5 章 车牌分割定位识别

CHAPTER 5

车牌自动识别模块是现代社会智能交通系统(ITS)的重要组成部分,是图像处理和模式识别技术研究的热点,具有非常广泛的应用。车牌识别主要包括以下 4 个步骤:

- 车牌图像处理;
- 车牌定位处理;
- 车牌字符处理;
- 车牌字符识别。

本章通过对采集的车牌图像进行灰度变换、边缘检测、腐蚀及平滑等过程进行车牌图像预处理,并由此得到一种基于车牌颜色纹理特征的车牌定位方法,最终实现了车牌区域定位。车牌字符分割是为了方便后续对车牌字符进行匹配,从而对车牌进行识别。

5.1 基本概述

车牌定位与字符识别技术以计算机图像处理、模式识别等技术为基础,通过对原图像进行预处理及边缘检测等过程来实现对车牌区域的定位,然后对车牌区域进行图像裁剪、归一化、字符分割及保存,最后将分割得到的字符图像与模板库的模板进行匹配识别,输出匹配结果,流程图如图 5-1 所示。

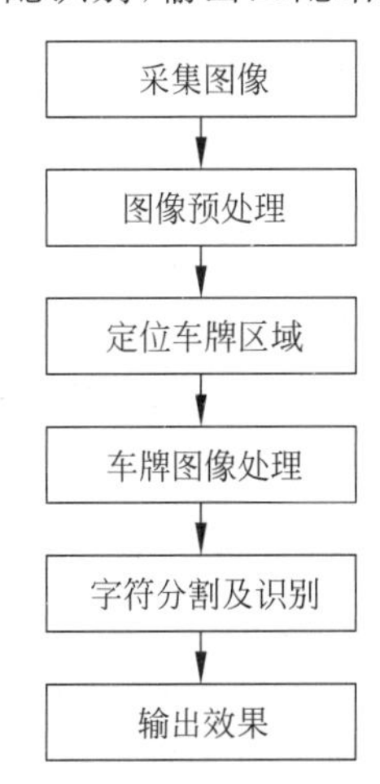

图 5-1 车牌定位与字符识别流程图

在进行车牌识别时首先要正确分割车牌区域,为此人们已经提出了很多方法:使用霍夫变换检测直线来定位车牌边界获取车牌区域;使用灰度阈值分割、区域生长等方法进行区域分割;使用纹理特征分析技术检测车牌区域等。霍夫变换对图像噪声比较敏感,因此在检测车牌边界直线时容易受到车牌变形或噪声等因素的影响,具有较大的误检测概率。灰度阈值分割、区域生长等方法则比霍夫直线检测方法稳定,但当图像中包含某些与车牌灰度非常相似的区域时,便不再适用了。同理,纹理特征分析方法在遇到与车牌纹理特征相似的区域或其他干扰时,车牌定位的正确性也会受到影响。因此,仅采用单一的方法难以达到实际应用的要求。

车牌分割定位识别主要包括 4 个步骤:一是车牌图像处理;二是车牌定位处理;三是车牌字符处理;四是车牌字符识别。下面分别进行介绍。

5.2 车牌图像处理

原本的图像每个像素点都是RGB定义的，或者称为有R/G/B 3个通道。在这种情况下，很难区分谁是背景，谁是字符，所以需要对图像进行一些处理，把每个RGB定义的像素点都转换成一个bit位(即0-1代码)，具体方法如下。

5.2.1 图像灰度化

RGB图像根据三基色原理，每种颜色都可以由红、绿、蓝3种基色按不同的比例构成，所以车牌图像的每个像素都由3个数值来指定红、绿、蓝的颜色分量。灰度图像实际上是一个数据矩阵 $\boldsymbol{I}$，该矩阵中每个元素的数值都代表一定范围内的亮度值，矩阵 $\boldsymbol{I}$ 可以是整型、双精度，通常0代表黑色，255代表白色。

在RGB模型中，如果 $R=G=B$，则表示一种灰度颜色。其中 $R=G=B$ 的值叫作灰度值，由彩色转为灰度的过程称为图像灰度化处理。因此，灰度图像是指只有强度信息而没有颜色信息的图像。一般而言，可采用加权平均值法对原始RGB图像进行灰度化处理，该方法的主要思想是，从原始图像中取 R、G、B 各层的像素值经加权求和得到灰度图的亮度值。在现实生活中，人眼对绿色(G)敏感度最高，对红色(R)敏感度次之，对蓝色(B)敏感度最低，因此为了选择合适的权值对象输出合理的灰度图像，权值系数应该满足 $G>R>B$。实验和理论证明，当 R、G、B 的权值系数分别选择0.299、0.587和0.114时，能够得到最适合人眼观察的灰度图像。

5.2.2 二值化

灰度图像二值化在图像处理的过程中有着很重要的作用，图像二值化处理不仅能使数据量大幅减少，还能突出图像的目标轮廓，便于进行后续的图像处理和分析。对车牌灰度图像而言，所谓的二值化处理就是将其像素点的灰度值设置为0或255，从而让整幅图片呈现黑白效果。因此，对灰度图像进行适当的阈值选取，可以在图像二值化的过程中保留某些关键的图像特征。在车牌图像二值化的过程中，灰度大于或等于阈值的像素点被判定为目标区域，其灰度值用255表示；否则这些像素点被判定为背景或噪声而排除在目标区域以外，其灰度值用0表示。

图像二值化是指在整幅图像内仅保留黑、白二值的数值矩阵，每个像素都取两个离散数值(0或1)之一，其中0代表黑色，1代表白色。在车牌图像处理系统中，进行图像二值化的关键是选择合适的阈值，使得车牌字符与背景能够得到有效分割。采用不同的阈值设定方法对车牌图像进行处理也会产生不同的二值化处理结果：阈值设置得过小，则容易误分割，产生噪声，影响二值变换的准确度；阈值设置得过大，则容易过分割，降低分辨率，使噪声信号被视为噪声而被过滤，造成二值变换的目标损失。

5.2.3 边缘检测

边缘是指图像局部亮度变化最显著的部分，主要存在于目标与目标、目标与背景、区域与区域、颜色与颜色之间，是图像分割、纹理特征提取和形状特征提取等图像分析的重要步骤之一。在车牌识别系统中，边缘提取对于车牌位置的检测有很重要的作用，常用的边缘检测算子有很多，如Roberts、Sobel、Prewitt、Log及Canny等。据实验分析，Canny算子于边缘的检测相对精确，能更多地保留车牌区域的特征信息。

Canny算子在边缘检测中有以下明显的判别指标。

1. 信噪比

信噪比越大，提取的边缘质量越高。信噪比(SNR)的定义为：

$$\mathrm{SRN}=\frac{\left|\int_{-W}^{+W} G(-x) h(x) \mathrm{d} x\right|}{\sigma \sqrt{\int_{-W}^{+W} h^{2}(x) \mathrm{d} x}}$$

式中，$G(x)$代表边缘函数，$h(x)$代表宽度为W的滤波器的脉冲响应，σ代表高斯噪声的均方差。

2. 定位精度

边缘的定位精度L的定义为：

$$L=\frac{\left|\int_{-W}^{+W} G'(-x) h'(x) \mathrm{d} x\right|}{\sigma \sqrt{\int_{-W}^{+W} h'^{2}(x) \mathrm{d} x}}$$

式中，$G'(x)$、$h'(x)$分别是$G(x)$、$h(x)$的导数。L越大，定位精度越高。

3. 单边缘响应

为了保证单边缘只有一个响应，检测算子的脉冲响应导数的零交叉点的平均距离$D(f')$应满足：

$$D(f')=\pi\left\{\frac{\int_{-\infty}^{+\infty} h'^{2}(x) \mathrm{d} x}{\int_{-\infty}^{+\infty} h''(x) \mathrm{d} x}\right\}^{\frac{1}{2}}$$

式中，$h''(x)$是$h(x)$的二阶导数。

以上述指标和准则为前提，采用Canny算子的边缘检测算法步骤为：

(1) 预处理。采用高斯滤波器进行图像平均。

(2) 梯度计算。采用一阶偏导的有限差分来计算梯度，获取其幅值和方向。

(3) 梯度处理。采用非极大值抑制方法对梯度幅值进行处理。

(4) 边缘提取。采用双阈值算法检测和连接边缘。

5.2.4 形态学运算

数学形态图像处理的基本运算有4个：膨胀(或扩张)、腐蚀(侵蚀)、开启和闭合。二值形态学中的运算对象是集合，通常给出了一个图像集合和一个结构元素集合，利用结构元素对图像集合进行形态学操作。

膨胀运算符号为$\oplus$，图像集合A用结构元素B来膨胀，记作$A\oplus B$，定义为：

$$A \oplus B=\{x \mid [(\hat{B})_{x} \cap A] \neq \phi\}$$

式中，$\hat{B}$表示B的映像，即与B关于原点对称的集合。因此，用B对A进行膨胀的运算过程如下：首先做B关于原点的映射得到映像，再将其平移x，当A与B映像的交集不为空时，B的原点就是膨胀集合的像素。

腐蚀运算的符号是$\ominus$，图像集合A用结构元素B来腐蚀，记作$A\ominus B$，定义为：

$$A \ominus B\{x \mid (B)_{x} \subseteq A\}$$

因此，A用B腐蚀的结果是所有满足将B平移x后B仍旧被全部包含在A中的集合中，也就是结构元素B经过平移后全部被包含在集合A中原点所组成的集合中。

在一般情况下，由于受到噪声的影响，车牌图像在阈值化后得到的边界往往是不平滑的，在目标区域内部也有一些噪声孔洞，在背景区域会散布一些小的噪声干扰。通过连续的开运算和闭运算可以有效地改善这种情况，有时甚至需要经过多次腐蚀之后再加上相同次数的膨胀，才可以产生比较好的效果。

5.2.5 滤波处理

图像滤波能够在尽量保留图像细节特征的条件下对噪声进行抑制，是图像预处理中常用的操作之一，其处理效果的好坏将直接影响后续的图像分割和识别的有效性和稳定性。

均值滤波也被称为线性滤波，采用的主要方法为邻域平均法。该方法对滤波像素的位置(x,y)选择一个模板，该模板由其邻近的若干像素组成，求出模板中所包含像素的均值，再把该均值赋予当前像素点(x,y)，将其作为处理后的图像在该点上的灰度值$g(x,y)$，即$g(x,y)=\frac{1}{M}\sum f(x,y)$，$M$为该模板中包含当前像素在内的像素总个数。

在一般情况下，在研究目标车牌时所出现的图像噪声都是无用的信息，而且会对目标车牌的检测和识别造成干扰，极大地降低了图像质量，影响图像增强、图像分割、特征提取、图像识别等后继工作的进行。因此，在程序实现中为了能有效地进行图像去噪，并且能有效地保存目标车牌的形状、大小及特定的几何和拓扑结构特征，需要对车牌进行均值滤波去噪处理。

5.3 定位处理

车牌区域具有明显的特点，因此根据车牌底色、字色等有关知识，可采用彩色像素点统计的方法分割出合理的车牌区域。下面以蓝底白字的普通车牌为例说明彩色像素点统计的分割方法。假设经数码相机或CCD摄像头拍摄采集到了包含车牌的RGB彩色图像，将水平方向记为y，将垂直方向记为x，则：首先，确定车牌底色RGB各分量分别对应的颜色范围；其次，在y方向统计此颜色范围内的像素点数量，设定合理的阈值，确定车牌在y方向的合理区域；再次，在分割出的y方向区域内统计x方向上此颜色范围内的像素点数量，设定合理的阈值进行定位；最后，根据x、y方向的范围来确定车牌区域，实现定位。

5.4 字符处理

5.4.1 阈值分割

阈值分割算法是图像分割中应用场景最多的算法之一。简单地说，对灰度图像进行阈值分割就是先确定一个处于图像灰度取值范围内的阈值，然后将图像中各个像素的灰度值与这个阈值进行比较，并根据比较的结果将对应的像素划分为两类：像素灰度大于阈值的一类和像素灰度小于阈值的另一类，灰度值等于阈值的像素可以被归入这两类之一。分割后的两类像素一般分属图像的两个不同区域，所以对像素根据阈值分类达到了区域分割的目标。由此可见，阈值分割算法主要有以下两个步骤。

(1) 确定需要分割的阈值。

(2) 将阈值与像素点的灰度值进行比较，以分割图像的像素。

在以上步骤中，如果能确定一个合适的阈值，就可以准确地将图像进行分割。在阈值确定后，将阈值与像素点的灰度值进行比较和分割，就可对各像素点并行处理，通过分割的结果直接得到目标图像区域。一般选用最常用的图像双峰灰度模型进行阈值分割：假设图像目标和背景直方图具有单峰分布的特征，且处于目标和背景内部相邻像素间的灰度值是高度相关的，但处于目标和背景交界处两边的像素在灰度值上有很大的差别。如果一幅图像满足这些条件，则它的灰度直方图基本上可看作由分别对应目标和背景的两个单峰构成。如果这两个单峰部分的大小接近且均值相距足够远，两部分的均方差也足够小，则直方图在整体上呈现较明显的双峰现象。同理，如果在图像中有多个呈现单峰灰度分布的目标，则直方图在整体上可能呈现较明显的多峰现象。因此，对这类图像可用取多级阈值的方法来得到较好的分割效果。

如果要将图像中不同灰度的像素分成多个类，则需要选择一系列的阈值将像素分到合适的类别中。如果只用一个阈值分割，则称为单阈值分割算法；如果用多个阈值分割，则称为多阈值分割算法。因此，单阈值分割可看作多阈值分割的特例，许多单阈值分割算法可被推广到多阈值分割算法中。同理，在某些场景下也可将多阈值分割问题转换为一系列的单阈值分割问题来解决。以单阈值分割算法为例，对一幅原始图像 $f(x,y)$ 取单阈值 T 分割得到二值图像可定义为：

$$g(x,y)=\begin{cases}1, & f(x,y)>T\\0, & f(x,y)\leqslant T\end{cases}$$

这样得到的 $g(x,y)$ 是一幅二值图像。

在一般的多阈值分割情况下，阈值分割输出的图像可表示为：

$$g(x,y)=k \quad T_{k-1}\leqslant f(x,y)<T_k \quad k=1,2,\cdots,K$$

式中，$T_0,T_1,\cdots,T_k,\cdots,T_K$ 是一系列分割阈值，k 表示赋予分割后图像的各个区域的不同标号。

5.4.2　阈值化分割

车牌字符图像的分割目的是将车牌的整体区域分割成单字符区域，以便后续识别。其分割难点在于受字符与噪声粘连以及字符断裂等因素的影响。均值滤波是典型的线性滤波算法，指在图像上对图像进行模板移动扫描，该模板包括像素周围的近邻区域，通过模板与命中的近邻区域像素的平均值来代替原来的像素值，实现去噪的效果。为了从车牌图像中直接提取目标字符，最常用的方法是设定一个阈值 T，用 T 将图像的像素分成两部分：大于 T 的像素集合和小于 T 的像素集合，得到二值化图像。

5.4.3　归一化处理

字符图像归一化是简化计算的方式之一，在车牌字符分割后往往会出现大小不一致的情况，因此可采用基于图像放缩的归一化处理方式将字符图像进行大小放缩，以得到统一大小的字符像素，便于后续的字符识别。

5.4.4　字符分割经典应用

【例 5-1】　通过一个案例来分析利用字符分割实现车牌的分割处理。

```
import cv2
"""读取图像,并把图像转换为灰度图像并显示 """
img = cv2.imread("car.png")                        # 读取图片
img_gray = cv2.cvtColor(img, cv2.COLOR_BGR2GRAY)   # 转换了灰度化
cv2.imshow('gray', img_gray)                       # 显示图片
cv2.waitKey(0)

"""将灰度图像二值化,设定阈值是 100 """
img_thre = img_gray
cv2.threshold(img_gray, 100, 255, cv2.THRESH_BINARY_INV, img_thre)
cv2.imshow('threshold', img_thre)
cv2.waitKey(0)

"""保存黑白图片 """
cv2.imwrite('thre_res.png', img_thre)

"""分割字符 """
white = []                                         #记录每一列的白色像素总和
black = []                                         #黑色
height = img_thre.shape[0]
width = img_thre.shape[1]
white_max = 0
```

```
black_max = 0
# 计算每一列的黑白色像素总和
for i in range(width):
  s = 0                                                       # 这一列白色总数
  t = 0                                                       # 这一列黑色总数
  for j in range(height):
    if img_thre[j][i] == 255:
      s += 1
    if img_thre[j][i] == 0:
      t += 1
  white_max = max(white_max, s)
  black_max = max(black_max, t)
  white.append(s)
  black.append(t)
  print(s)
  print(t)

arg = False #False 表示白底黑字; True 表示黑底白字
if black_max > white_max:
  arg = True
#分割图像
def find_end(start_):
  end_ = start_ + 1
  for m in range(start_ + 1, width - 1):
    if (black[m] if arg else white[m]) > (0.95 * black_max if arg else 0.95 * white_max):
# 0.95 这个参数可调整,对应下面的 0.05
      end_ = m
      break
  return end_

n = 1
start = 1
end = 2
while n < width - 2:
  n += 1
  if (white[n] if arg else black[n]) > (0.05 * white_max if arg else 0.05 * black_max):
    #上面这些判断用来辨别是白底黑字还是黑底白字
    #0.05 这个参数可调整,对应上面的 0.95
    start = n
    end = find_end(start)
    n = end
    if end - start > 5:
      cj = img_thre[1:height, start:end]
      cv2.imshow('caijian', cj)
      cv2.waitKey(0)
```

运行程序,效果如图 5-2 所示。

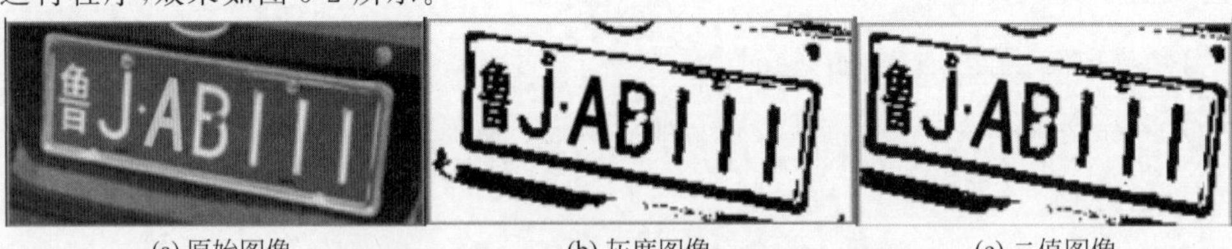

(a) 原始图像　　(b) 灰度图像　　(c) 二值图像

(d) 分割后字符

图 5-2 字符分割车牌

由图 5-2 可看出，分割效果不是很好，当遇到干扰较多的图片，比如左右边框太大、噪点太多，这样就不能分割出来，读者可以试一试其他不同的照片。

5.5 字符识别

车牌字符识别方法基于模式识别理论，常用的有以下几类。

1. 结构识别

结构识别主要由识别及分析两部分组成：识别部分主要包括预处理、基元抽取（包括基元和子图像之间的关系）和特征分析；分析部分包括基元选择及结构推理。

2. 统计识别

统计识别用于确定已知样本所属的类别，以数学上的决策论为理论基础，并由此建立统计学识别模型。其基本方式是对所研究的图像实施大量的统计分析，寻找规律性认知，提取反映图像本质的特征并进行识别。

3. BP 神经网络

BP 神经网络以 B 神经网络模型为基础，属于误差后向传播的神经网络，是神经网络中使用最广泛的一类，采用了输入层、隐藏层和输出层 3 层网络的层间全互联方式，具有较高的运行效率和识别准确率。

4. 模板匹配

模板匹配是数字图像处理中最常用的识别方法之一，通过建立已知的模式库，再将其应用到输入模式中寻找与之最佳匹配模式的处理步骤，得到对应的识别结果，具有很高的运行效率。基于模板匹配的字符识别方法的过程如下。

（1）建库。建立已标准化的字符模板库。

（2）对比。将归一化的字符图像与模板库中的字符进行对比，在实际实验中充分考虑了我国普通小汽车牌照的特点，即第 1 位字符是汉字，分别对应各个省的简称；第 2 位是 A～Z 的字母；后 5 位则是数字和字母的混合搭配。因此，为了提高对比的效率和准确性，分别对第 1 位、第 2 位和后 5 位字符进行识别。

（3）输出。在识别完成后输出所得到的车牌字符结果。

其流程如图 5-3 所示。

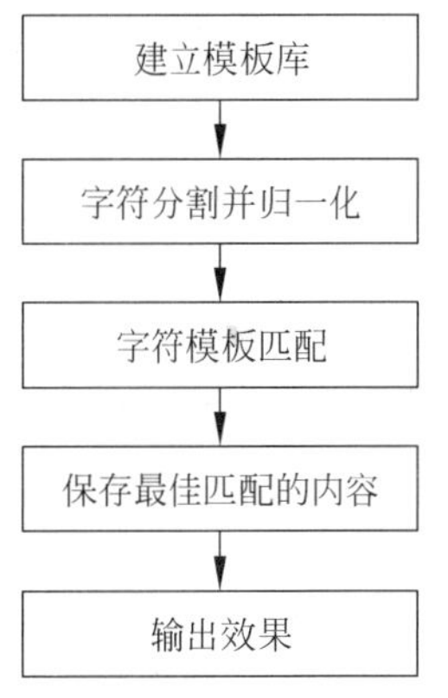

图 5-3 模板匹配流程

5.5.1 模板匹配的字符识别

模板匹配是图像识别方法中最具有代表性的基本方法之一，该方法首先根据已知条件建立模板库 $T(i,j)$，然后从待识别的图像或图像区域 $f(i,j)$ 中提取若干特征量与 $T(i,j)$ 相应的特征量进行对比，分别计算它们之间归一化的互相关量。其中，互相关量最大的一个表示二者的相似程度最高，可将图像划到该类别。此外，也可以计算图像与模板特征量之间的距离，采用最小距离法判定所属类别。但是，在实际情况下，用于匹配的图像的采集成像条件往往存在差异，可能会产生较大的噪声干扰。此外，图像经过预处理和归一化处理等步骤，其灰度或像素点的位置也可能会发生改变，进而影响识别效果。因此，在实际设计模板时，需要保持各区域形状的固有特点，突出不同区域的差别，并充分考虑处理过程可能会引起的噪声和位移等因素，按照基于图像不变的特性所对应的特征向量来构建模板，提高识别系统的稳定性。

本实例采用的特征向量距离计算的方法来求得字符与模板中字符的最佳匹配，然后找到对应的结果进行输出。首先,遍历字符模板;其次,依次将待识别的字符与模板进行匹配,计算其与模板字符的特征距离,得到的值越小就越匹配;再次,将每幅字符图像的匹配结果都进行保存;最后,有7个字符匹配识别结果即可作为车牌字符进行输出。

5.5.2 字符识别车牌经典应用

车牌自动识别系统以车牌的动态视频或静态图像作为输入,通过牌照颜色、牌照号码等关键内容的自动识别来提取车牌的详细信息。某些车牌识别系统具有通过视频图像判断车辆驶入监控区域的功能,一般被称为视频车辆检测,被广泛应用于道路车流量统计等方面。在现实生活中,一个完整的车牌识别系统应包括车辆检测、图像采集、车牌定位、车牌识别等模块。

车牌信息是一辆汽车独一无二的标识,所以车牌识别技术可以作为辨识一辆车最为有效的方法。车牌识别系统包括汽车图像的输入、车牌图像的预处理、车牌定位和字符检测、车牌字符的分割和车牌字符识别等部分,如图5-4所示。

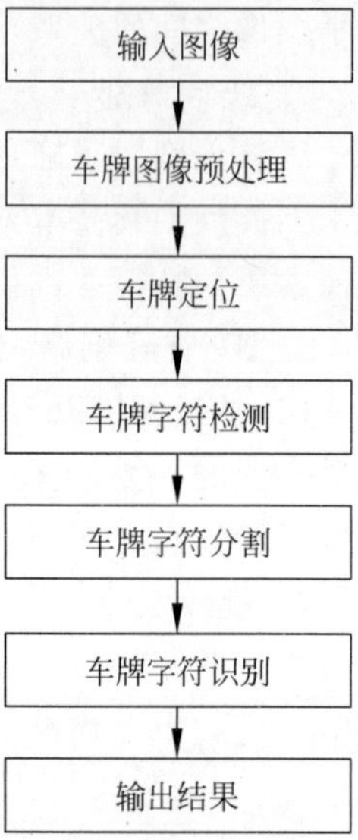

输入图像 → 车牌图像预处理 → 车牌定位 → 车牌字符检测 → 车牌字符分割 → 车牌字符识别 → 输出结果

图5-4 车牌识别流程图

【例5-2】 利用字符识别车牌。

```
import cv2
import numpy as np
from PIL import Image
import os.path
from skimage import io,data
def stretch(img):
    '''
    图像拉伸函数
    '''
    maxi = float(img.max())
    mini = float(img.min())
    for i in range(img.shape[0]):
        for j in range(img.shape[1]):
            img[i,j] = (255/(maxi - mini) * img[i,j] - (255 * mini)/(maxi - mini))
    return img

def dobinaryzation(img):
    '''
    二值化处理函数
    '''
    maxi = float(img.max())
    mini = float(img.min())
    x = maxi - ((maxi - mini)/2)
    #二值化,返回阈值 ret 和二值化操作后的图像 thresh
    ret,thresh = cv2.threshold(img,x,255,cv2.THRESH_BINARY)
    #返回二值化后的黑白图像
    return thresh

def find_rectangle(contour):
    '''
    寻找矩形轮廓
    '''
    y,x = [],[]

    for p in contour:
        y.append(p[0][0])
        x.append(p[0][1])
    return [min(y),min(x),max(y),max(x)]

def locate_license(img,afterimg):
    '''
```

```
    定位车牌号
    '''
    img,contours,hierarchy = cv2.findContours(img,cv2.RETR_EXTERNAL,cv2.CHAIN_APPROX_SIMPLE)
    block = []
    for c in contours:
        #找出轮廓的左上点和右下点,由此计算它的面积和长度比
        r = find_rectangle(c)
        a = (r[2] - r[0]) * (r[3] - r[1])                #面积
        s = (r[2] - r[0]) * (r[3] - r[1])                #长度比
        block.append([r,a,s])
    #选出面积最大的 3 个区域
    block = sorted(block,key = lambda b: b[1])[ - 3:]
    #使用颜色识别判断找出最像车牌的区域
    maxweight,maxindex = 0, - 1
    for i in range(len(block)):
        b = afterimg[block[i][0][1]:block[i][0][3],block[i][0][0]:block[i][0][2]]
        #BGR 转 HSV
        hsv = cv2.cvtColor(b,cv2.COLOR_BGR2HSV)
        #蓝色车牌的范围
        lower = np.array([100,50,50])
        upper = np.array([140,255,255])
        #根据阈值构建掩膜
        mask = cv2.inRange(hsv,lower,upper)
        #统计权值
        w1 = 0
        for m in mask:
            w1 += m/255
        w2 = 0
        for n in w1:
            w2 += n
        #选出最大权值的区域
        if w2 > maxweight:
            maxindex = i
            maxweight = w2
    return block[maxindex][0]

def find_license(img):
    '''
    预处理函数
    '''
    m = 400 * img.shape[0]/img.shape[1]
    #压缩图像
    img = cv2.resize(img,(400,int(m)),interpolation = cv2.INTER_CUBIC)
    #RGB 转换为灰度图像
    gray_img = cv2.cvtColor(img,cv2.COLOR_BGR2GRAY)
    #灰度拉伸
    stretchedimg = stretch(gray_img)
    '''进行开运算,用来去除噪声'''
    r = 16
    h = w = r * 2 + 1
    kernel = np.zeros((h,w),np.uint8)
    cv2.circle(kernel,(r,r),r,1, - 1)
    #开运算
    openingimg = cv2.morphologyEx(stretchedimg,cv2.MORPH_OPEN,kernel)
    #获取差分图,两幅图像做差运算 cv2.absdiff('图像 1','图像 2')
    strtimg = cv2.absdiff(stretchedimg,openingimg)
    #图像二值化
    binaryimg = dobinaryzation(strtimg)
    #canny 边缘检测
    canny = cv2.Canny(binaryimg,binaryimg.shape[0],binaryimg.shape[1])
    '''消除小的区域,保留大块的区域,从而定位车牌'''
    #进行闭运算
    kernel = np.ones((5,19),np.uint8)
```

```
    closingimg = cv2.morphologyEx(canny,cv2.MORPH_CLOSE,kernel)
    #进行开运算
    openingimg = cv2.morphologyEx(closingimg,cv2.MORPH_OPEN,kernel)
    #再次进行开运算
    kernel = np.ones((11,5),np.uint8)
    openingimg = cv2.morphologyEx(openingimg,cv2.MORPH_OPEN,kernel)
    #消除小区域,定位车牌位置
    rect = locate_license(openingimg, img)
    return rect, img

def cut_license(afterimg,rect):
    '''
    图像分割函数
    '''
    #转换为宽度和高度
    rect[2] = rect[2] - rect[0]
    rect[3] = rect[3] - rect[1]
    rect_copy = tuple(rect.copy())
    rect = [0,0,0,0]
    #创建掩膜
    mask = np.zeros(afterimg.shape[:2],np.uint8)
    #创建背景模型大小只能为13*5,行数只能为1,单通道浮点型
    bgdModel = np.zeros((1,65),np.float64)
    #创建前景模型
    fgdModel = np.zeros((1,65),np.float64)
    #分割图像
    cv2.grabCut(afterimg,mask,rect_copy,bgdModel,fgdModel,5,cv2.GC_INIT_WITH_RECT)
    mask2 = np.where((mask == 2)|(mask == 0),0,1).astype('uint8')
    img_show = afterimg * mask2[:,:,np.newaxis]
    return img_show

def deal_license(licenseimg):
    '''
    车牌图像二值化
    '''
    #车牌变为灰度图像
    gray_img = cv2.cvtColor(licenseimg,cv2.COLOR_BGR2GRAY)
    #均值滤波去除噪声
    kernel = np.ones((3,3),np.float32)/9
    gray_img = cv2.filter2D(gray_img, -1,kernel)
    #二值化处理
    ret,thresh = cv2.threshold(gray_img,120,255,cv2.THRESH_BINARY)
    return thresh

def find_end(start,arg,black,white,width,black_max,white_max):
    end = start + 1
    for m in range(start + 1,width - 1):
        if (black[m] if arg else white[m])>(0.98 * black_max if arg else 0.98 * white_max):
            end = m
            break
    return end

if __name__ == '__main__':
    img = cv2.imread('car1.jpg',cv2.IMREAD_COLOR)
    #预处理图像
    rect,afterimg = find_license(img)
    #框出车牌号
    cv2.rectangle(afterimg,(rect[0],rect[1]),(rect[2],rect[3]),(0,255,0),2)
    cv2.imshow('afterimg',afterimg)
```

```
#分割车牌与背景
cutimg = cut_license(afterimg,rect)
cv2.imshow('cutimg',cutimg)
#二值化生成黑白图
thresh = deal_license(cutimg)
cv2.imshow('thresh',thresh)
cv2.waitKey(0)
#分割字符
'''
判断底色和字色
'''
#记录黑白像素总和
white = []
black = []
height = thresh.shape[0]
width = thresh.shape[1]
white_max = 0
black_max = 0
#计算每一列的黑白像素总和
for i in range(width):
    line_white = 0
    line_black = 0
    for j in range(height):
        if thresh[j][i] == 255:
            line_white += 1
        if thresh[j][i] == 0:
            line_black += 1
    white_max = max(white_max,line_white)
    black_max = max(black_max,line_black)
    white.append(line_white)
    black.append(line_black)
    print('white',white)
    print('black',black)
#arg 为 True 表示黑底白字,False 为白底黑字
arg = True
if black_max < white_max:
    arg = False
n = 1
start = 1
end = 2
s_width = 28
s_height = 28
while n < width - 2:
    n += 1
    #判断是白底黑字还是黑底白字,0.02 参数对应上面的 0.98,可做调整
    if(white[n] if arg else black[n])>(0.02 * white_max if arg else 0.02 * black_max):
        start = n
        end = find_end(start,arg,black,white,width,black_max,white_max)
        n = end
        if end - start > 5:
            cj = thresh[1:height,start:end]
            print("result/%s.jpg" % (n))
            #保存分割的图像
            infile = "result/%s.jpg" % (n)
            io.imsave(infile,cj)
            cv2.imshow('cutlicense',cj)
            cv2.waitKey(0)
cv2.waitKey(0)
cv2.destroyAllWindows()
```

运行程序，效果如图 5-5 所示。

(a) 原始图像

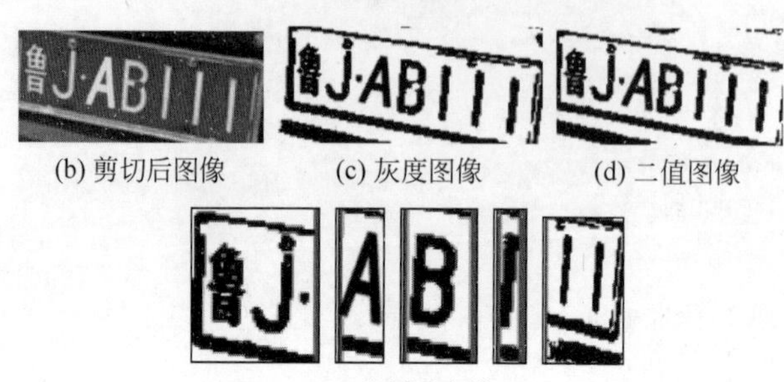

(b) 剪切后图像　　(c) 灰度图像　　(d) 二值图像

(e) 分割后字符

图 5-5　车牌字符识别效果

5.6　OpenCV+SVM 车牌识别

OpenCV+SVM(支持向量机)车牌识别系统基于计算机视觉和机器学习技术，对车辆的车牌进行自动化识别。

1. OpenCV 实现车牌号识别

OpenCV 实现车牌号识别分 4 个步骤。

(1) 找到车牌位置，将车牌从图中分割出来。

(2) 将车牌的各个字符分割开，单个字符闭合细小连接。

(3) 通过模板匹配识别字符。

(4) 输出匹配结果。

相比于深度学习，传统图像处理的优点与缺点如下。

- 优点：不需要大量的数据去训练模型，通过形态学、边缘检测等操作提取特征。
- 缺点：基于传统图像处理的图像识别代码的泛化性低，图像的角度明亮不同时，识别效果会非常差。

2. 基于 SVM 的车牌分割识别算法

基于 SVM 的车牌分割识别算法是一种高效的图像处理和字符识别方法。该算法主要包括两个步骤：车牌分割和字符识别。

(1) 车牌分割。

车牌分割是将车牌从图像中提取出来的过程。通常，这个过程会涉及图像预处理(如灰度化、二值化、去噪等)、边缘检测、形态学操作、区域提取等步骤。

- 图像预处理：将原始彩色图像转换为灰度图像，然后对其进行二值化处理，以便更好地提取车牌区域。
- 边缘检测：使用如 Sobel、Canny 等边缘检测算子来找出图像中的边缘，这些边缘可能对应于车牌的边界。

- 形态学操作：使用膨胀和腐蚀等操作来优化边缘检测结果，并消除一些小的噪声。
- 区域提取：基于上述处理结果，提取可能的车牌区域。

（2）字符识别。

字符识别部分是基于 SVM 的。SVM 是一种监督学习模型，用于分类或回归分析。在字符识别中，需要训练一个 SVM 分类器，以根据输入的特征（如字符的形状、大小、倾斜度等）预测字符的类别。

- 特征提取：提取每一个字符的特征。这些特征可以包括像素强度、形状、质心位置、长宽比等。
- 训练 SVM 分类器：使用提取的特征来训练 SVM 分类器。对于每个字符类别，训练一个 SVM 模型。
- 字符识别：对于待识别的字符，提取其特征，然后使用训练好的 SVM 分类器进行预测。

SVM 试图找到一个超平面，使得该超平面可以最大化地将不同类别的数据分隔开。对于线性可分的情况，超平面可以表示为

$$\boldsymbol{w}^{\mathrm{T}}x-b=0$$

其中，$\boldsymbol{w}$ 为权重向量，b 为偏置项。对于非线性问题，可以采用"核技巧"将数据映射到更高维的空间，使得数据在该空间中线性可分。

基于 SVM 的车牌分割识别算法是一种强大的方法，能够有效地处理复杂的图像数据并识别车牌字符。然而，该算法的性能高度依赖于特征提取的质量以及训练数据的数量和多样性。因此，在实际应用中，可能需要根据具体的问题和数据集来调整和优化算法。

3. 实现车牌分割

下面通过 OpenCV+SVM 对给定的车牌图像进行分割与识别。具体实现步骤如下。

（1）预处理。

- 导入所需要的模型。

```
import cv2
from matplotlib import pyplot as plt
import os
import numpy as np
```

- 定义显示函数和高斯滤波灰度处理函数（核函数）。

```
#plt 显示彩色图像,cv2 与 plt 的图像通道不同:cv2 为[b,g,r];plt 为[r, g, b]
def plt_show0(img):
    b,g,r = cv2.split(img)
    img = cv2.merge([r, g, b])
    plt.imshow(img)
    plt.show()

#plt 显示灰度图像
def plt_show(img):
    plt.imshow(img,cmap = 'gray')
    plt.show()

#高斯滤波并且转换为二值图像
def gray_guss(image):
    image = cv2.GaussianBlur(image, (3, 3), 0)
    gray_image = cv2.cvtColor(image, cv2.COLOR_RGB2GRAY)
    return gray_image
```

(2) 提取车牌位置。

- 原始图像如图 5-6 所示。

图 5-6 原始图像(car2. png)

- 图像二值化

```
#读取待检测图像→传入需要检测的图像路径
origin_image = cv2.imread('car2.png')
#复制一张图像,在复制图像上进行图像操作,保留原图
image = origin_image.copy()
#图像去噪灰度处理
gray_image = gray_guss(image)
#x 轴方向上的边缘检测(增强边缘信息)
Sobel_x = cv2.Sobel(gray_image, cv2.CV_16S, 1, 0)
absX = cv2.convertScaleAbs(Sobel_x)
image = absX

#图像阈值化操作——获得二值图像
ret, image = cv2.threshold(image, 0, 255, cv2.THRESH_OTSU)
#显示二值图像,效果如图 5-7 所示
plt_show(image)
```

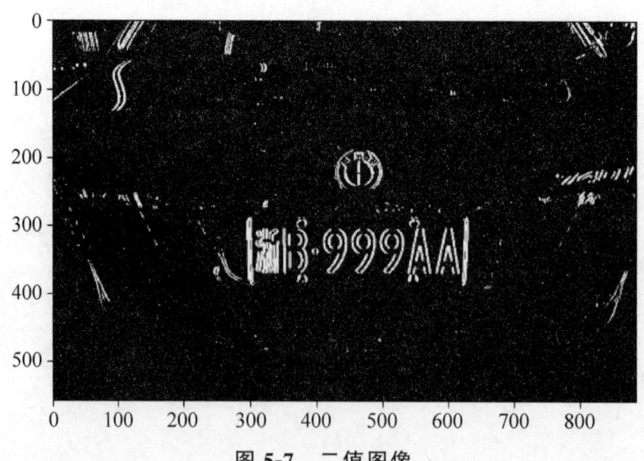

图 5-7 二值图像

- 从图像中提取对表达和描绘区域形状有意义的图像分量——闭操作

```
#形态学(从图像中提取对表达和描绘区域形状有意义的图像分量)——闭操作
kernelX = cv2.getStructuringElement(cv2.MORPH_RECT, (30, 10))
image = cv2.morphologyEx(image, cv2.MORPH_CLOSE, kernelX,iterations = 1)

#腐蚀(erode)和膨胀(dilate)
kernelX = cv2.getStructuringElement(cv2.MORPH_RECT, (50, 1))
kernelY = cv2.getStructuringElement(cv2.MORPH_RECT, (1, 20))
```

```
#x轴方向进行闭操作(抑制暗细节)
image = cv2.dilate(image, kernelX)
image = cv2.erode(image, kernelX)
#y轴方向的开操作
image = cv2.erode(image, kernelY)
image = cv2.dilate(image, kernelY)
#中值滤波(去噪)
image = cv2.medianBlur(image, 21)
#显示灰度图像,效果如图5-8所示
plt_show(image)
```

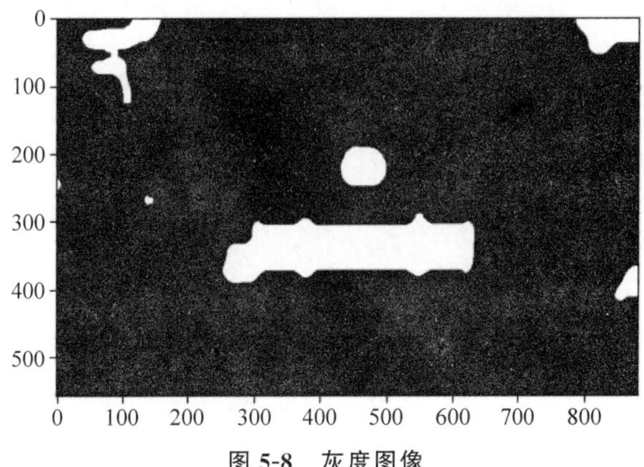

图 5-8 灰度图像

- 获得轮廓并截取图像

```
contours, hierarchy = cv2.findContours(image, cv2.RETR_EXTERNAL, cv2.CHAIN_APPROX_SIMPLE)
for item in contours:
    rect = cv2.boundingRect(item)
    x = rect[0]
    y = rect[1]
    weight = rect[2]
    height = rect[3]
    #根据轮廓的形状特点,确定车牌的轮廓位置并截取图像,效果如图5-9所示
    if (weight > (height * 3.5)) and (weight < (height * 6)):
        image = origin_image[y:y + height, x:x + weight]
        plt_show0(image)
```

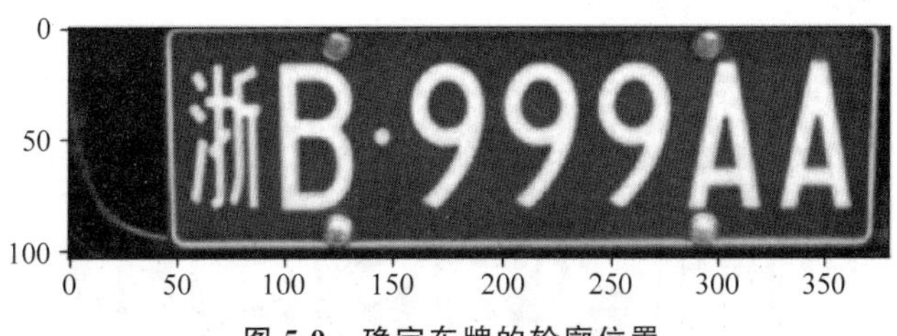

图 5-9 确定车牌的轮廓位置

- 车牌二值化

```
#车牌字符分割
#图像去噪灰度处理
gray_image = gray_guss(image)
#图像阈值化操作——获得二值图像
ret, image = cv2.threshold(gray_image, 0, 255, cv2.THRESH_OTSU)

#膨胀操作,使"浙"字膨胀为一个近似的整体,为分割做准备
kernel = cv2.getStructuringElement(cv2.MORPH_RECT, (2, 2))
image = cv2.dilate(image, kernel)
plt_show(image) #效果如图5-10所示
```

图 5-10　车牌二值化

- 车牌字符分割

```
#查找轮廓
contours, hierarchy = cv2.findContours(image, cv2.RETR_EXTERNAL, cv2.CHAIN_APPROX_SIMPLE)
words = []
word_images = []
#对所有轮廓逐一操作
for item in contours:
    word = []
    rect = cv2.boundingRect(item)
    x = rect[0]
    y = rect[1]
    weight = rect[2]
    height = rect[3]
    word.append(x)
    word.append(y)
    word.append(weight)
    word.append(height)
    words.append(word)
#排序,车牌号有顺序.words 是一个嵌套列表
words = sorted(words,key = lambda s:s[0],reverse = False)
i = 0
#word 中存放轮廓的起始点和宽高
for word in words:
    #筛选字符的轮廓
    if (word[3] > (word[2] * 1.5)) and (word[3] < (word[2] * 3.5)) and (word[2] > 25):
        i = i+1
        splite_image = image[word[1]:word[1] + word[3], word[0]:word[0] + word[2]]
        word_images.append(splite_image)

for i,j in enumerate(word_images):
    plt.subplot(1,7,i+1)
    plt.imshow(word_images[i],cmap = 'gray')
plt.show() #效果如图 5-11 所示
```

图 5-11　车牌字符分割

第6章 分水岭实现医学诊断

CHAPTER 6

近年来，肺癌的发病率和病死率均迅速上升。随着肺癌病人数量的增加，医生对肺癌CT图像进行研判的工作量也增加了不少，在这种情况下，难免工作效率降低甚至会出现误诊。为了帮助医生减少重复性工作，对肺部CT图像进行计算机辅助检测的技术就被广泛应用于对肺癌的诊断和治疗过程中。

医学CT图像处理主要研究医学图像中的器官和组织之间的关系，并进行病理性分析。因此，借助计算机及图像处理技术对CT图像中医生所关注的区域进行精确的分割和定位是医学图像处理的关键步骤，在临床诊断中对于协助医生进行病理研判具有重要意义。

分水岭分割是一种强有力的图像分割方法，可以有效地提取图像中我们所关注的区域。在灰度图像中使用分水岭方法可以将图像分割成不同的区域，每个区域都可能对应一个我们所关注的对象，对于这些图像的子区域可以进行进一步的处理。除此之外，使用分水岭算法还可以提取目标的轮廓等特征。

6.1 分水岭算法

分水岭算法是一种图像区域分割法，在分割的过程中，它会把与近邻像素间的相似性作为重要的参考依据，从而将在空间位置上相近并且灰度值相近的像素点互相连接起来构成一个封闭的轮廓，封闭性是分水岭算法的一个重要特征。

其他图像分割方法，如阈值、边缘检测等都不会考虑像素在空间关系上的相似性和封闭性这一概念，彼此像素间互相独立，没有统一性。分水岭算法较其他分割方法更具有思想性，更符合人眼对图像的印象。

任意的灰度图像都可以被看作地质学表面，高亮度的地方是山峰，低亮度的地方是山谷，如图6-1所示。

6.1.1 模拟浸水过程

给每个孤立的山谷(局部最小值)标注不同颜色的水(标签)，当水涨起来，根据周围的山峰(梯度)，不同的山谷也就是不同的颜色会开始合并，要避免这个问题，我们可以在水要漫过(合并)的地方建立障碍，直到所有山峰都被淹没，这就是模拟浸水过程。我们所创建的障碍就是分割结果，这就是分水岭的原理，但是这个方法会分割过度，因为有噪点或者其他图像上的错误。

6.1.2 模拟降水过程

如果将图像视作地形图并建立地理模型，则当上空落下一滴雨珠时，雨珠降落到山体表面并顺山坡向下流，直到汇聚到相同的局部最低点。在地形图上，雨珠在山坡上经过的路线就是

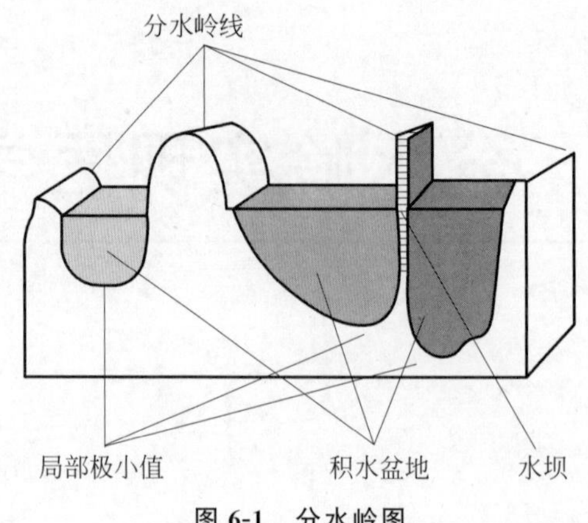

图 6-1　分水岭图

一个连通分支,通往局部最低点的所有连通分支就形成了一个聚水盆地,山坡就被称为分水岭,这就是模拟降水的过程。

6.1.3　过度分割问题

分水岭变换的目标是求出梯度图像的"分水岭线",传统的差分梯度算法对近邻像素做差分运算,容易受到噪声和量化误差等因素的影响,往往会在灰度的均匀区域内部产生过多的局部梯度"谷底",这些在分水岭变换中对应"集水盆地"。因此,传统的差分梯度算法最终将导致出现过分割(Over Segmentation)现象,即一个灰度均匀的区域可能被过度分成多个子区域,以致产生大量的虚假边缘,从而无法确认哪些是真正边缘,对算法的准确性造成了一定的不利影响,这就是过度分割。

6.1.4　标记分水岭算法

直接应用分水岭算法的主要缺点是会产生过分割现象,即分割出大量的细小区域,而这些区域对于图像分析可以说是毫无意义的。图像噪声等因素往往会导致在图像中出现很多杂乱的低洼区域,而通过平滑滤波能减少局部最小点的数量,所以在分割前先对图像进行平滑是避免过分割的有效方法之一。此外,对分割后的图像按照某种准则进行相邻区域的合并也是一种过分割解决方法。

基于标记(Marker)的分水岭算法能够有效防止过分割现象的发生,该算法的标记包括内部标记(Internal Marker)和外部标记(External Marker)。其基本思想是通过引入标记来修正梯度图像,使得局部最小值仅出现在标记的位置,并设置阈值 h 来对像素值进行过滤,删除最小值深度小于阈值 h 的局部区域。

标记分水岭算法中的一个标记对应图像的一个连通成分,其内部标记与我们感兴趣的某个目标相关,外部标记与背景相关。对标记的选取一般包括预处理和定义选取准则两部分,其中选取准则可以是灰度值、连通性、大小、形状、纹理等特征。在选取内部标记之后,就能以其为基础对低洼进行分割,将分割区域对应的分水线作为外部标记,之后对每个分割出来的区域都利用其他分割技术(如二值化分割)将目标从背景中分离出来。

首先,假设将内部标记的选取准则定义为满足以下条件。

(1) 区域周围由更高的"海拔"点组成。

(2) 区域内的点可以组成一个连通分量。

(3) 区域内连通分量的点具有相同或相近的灰度值。

然后,对平滑滤波后的图像应用分水岭算法,并将满足条件的内部标记为所允许的局部最小值，再将分水岭变换得到的分水线结果作为外部标记。

最后，内部标记对应每个感兴趣目标的内部，外部标记对应背景。根据这些标记结果将其分割成互不重叠的区域，每个区域都包含唯一的目标和背景。

因此，标记分水岭算法的显著特点和关键步骤就是获取标记的过程。

6.2 分水岭医学诊断案例分析

1. 距离变换的分水岭分割

分水岭算法可以和距离变换结合，寻找“汇水盆地”和“分水岭界限”，从而对图像进行分割。二值图像的距离变换就是每一个像素点到最近非零值像素点的距离，我们可以使用 scipy 包来计算距离变换。

【例 6-1】 基于距离变换的分水岭图像分割。

```
import numpy as np
import matplotlib.pyplot as plt
from scipy import ndimage as ndi
from skimage import morphology,feature
plt.rcParams['font.sans-serif'] = ['SimHei']         #显示中文标签

#创建两个带有重叠圆的图像
x, y = np.indices((80, 80))
x1, y1, x2, y2 = 28, 28, 44, 52
r1, r2 = 16, 20
mask_circle1 = (x - x1) ** 2 + (y - y1) ** 2 < r1 ** 2
mask_circle2 = (x - x2) ** 2 + (y - y2) ** 2 < r2 ** 2
image = np.logical_or(mask_circle1, mask_circle2)
#现在用分水岭算法分离两个圆
distance = ndi.distance_transform_edt(image)      #距离变换
local_maxi = feature.peak_local_max(distance, indices = False, footprint = np.ones((3, 3)),
labels = image)                                    #寻找峰值
markers = ndi.label(local_maxi)[0]                 #初始标记点
#基于距离变换的分水岭算法
labels = morphology.watershed(-distance, markers, mask = image)
fig, axes = plt.subplots(nrows = 2, ncols = 2, figsize = (8, 8))
axes = axes.ravel()
ax0, ax1, ax2, ax3 = axes
ax0.imshow(image, cmap = plt.cm.gray, interpolation = 'nearest')
ax0.set_title("原始图像")
ax1.imshow(-distance, cmap = plt.cm.jet, interpolation = 'nearest')
ax1.set_title("距离变换")
ax2.imshow(markers, cmap = plt.cm.spectral, interpolation = 'nearest')
ax2.set_title("标记")
ax3.imshow(labels, cmap = plt.cm.spectral, interpolation = 'nearest')
ax3.set_title("分割")
for ax in axes:
ax.axis('off')
fig.tight_layout()
plt.show()
```

运行程序，效果如图 6-2 所示。

2. 梯度的分水岭分割

分水岭算法也可以和梯度相结合来实现图像分割。一般梯度图像在边缘处有较高的像素值，而在其他地方则有较低的像素值，理想情况下，分水岭恰好在边缘。因此，可以根据梯度来寻找分水岭。

【例 6-2】 基于梯度的分水岭图像分割。

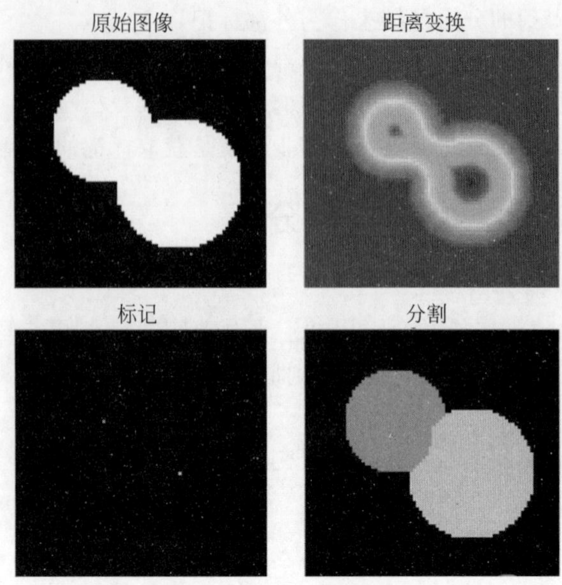

图 6-2 基于距离变换的分水岭分割效果

```
import matplotlib.pyplot as plt
from scipy import ndimage as ndi
from skimage import morphology,color,data,filter
image = color.rgb2gray(data.camera())

plt.rcParams['font.sans-serif'] = ['SimHei']                          #显示中文标签
denoised = filter.rank.median(image, morphology.disk(2))              #过滤噪声
#将梯度值低于10的点作为开始标记点
markers = filter.rank.gradient(denoised, morphology.disk(5))<10
markers = ndi.label(markers)[0]
gradient = filter.rank.gradient(denoised, morphology.disk(2))         #计算梯度
labels = morphology.watershed(gradient, markers, mask = image)        #基于梯度的分水岭算法
fig, axes = plt.subplots(nrows = 2, ncols = 2, figsize = (6, 6))
axes = axes.ravel()
ax0, ax1, ax2, ax3 = axes
ax0.imshow(image, cmap = plt.cm.gray, interpolation = 'nearest')
ax0.set_title("原始图像")
ax1.imshow(gradient, cmap = plt.cm.spectral, interpolation = 'nearest')
ax1.set_title("梯度")
ax2.imshow(markers, cmap = plt.cm.spectral, interpolation = 'nearest')
ax2.set_title("标记")
ax3.imshow(labels, cmap = plt.cm.spectral, interpolation = 'nearest')
ax3.set_title("分割")
for ax in axes:
ax.axis('off')
fig.tight_layout()
plt.show()
```

运行程序，效果如图 6-3 所示。

3. 分水岭实现医学诊断

分水岭算法的主要目标在于找到图像的连通区域并进行分割。在实际处理过程中，如果直接以梯度图像作为输入，则容易受到噪声的干扰，产生多个分割区域；如果对原始图像进行平滑滤波处理后再进行梯度计算，则容易将某些原本独立的相邻区域合成一个区域。当然，这里的区域主要还是指图像内容变化不大或灰度值相近的连通区域。

【例 6-3】 利用分水岭对肺癌细胞进行分割诊断处理。

```
import cv2 as cv
```

图 6-3 基于梯度的分水岭分割效果

```
import numpy as np
from matplotlib import pyplot as plt

def watershed_demo(img):
    print(img.shape)
    #去噪声
    blurred = cv.pyrMeanShiftFiltering(img, 10, 100)
    #灰度/二值图像
    gray = cv.cvtColor(blurred, cv.COLOR_BGR2GRAY)
    ret, thresh = cv.threshold(gray, 0, 255, cv.THRESH_BINARY | cv.THRESH_OTSU)
    cv.imshow('thresh', thresh)
    # 有很多黑点,所以要去黑点噪声
    kernel = cv.getStructuringElement(cv.MORPH_RECT, (3, 3))
    opening = cv.morphologyEx(thresh, cv.MORPH_OPEN, kernel, iterations = 2)
    cv.imshow('opening ', opening)
    sure_bg = cv.dilate(opening, kernel, iterations = 3)
    cv.imshow('mor - opt', sure_bg)
    #距离变换
    dist = cv.distanceTransform(opening, cv.DIST_L2, 3)
    dist_output = cv.normalize(dist, 0, 1.0, cv.NORM_MINMAX)
    cv.imshow('distance - t', dist_output * 50)
    ret, surface = cv.threshold(dist, dist.max() * 0.6, 255, cv.THRESH_BINARY)
    cv.imshow('surface', surface)
    #发现未知的区域
    surface_fg = np.uint8(surface)
    cv.imshow('surface_bin', surface_fg)
    unknown = cv.subtract(sure_bg,surface_fg)
    # 标记标签
    ret, markers = cv.connectedComponents(surface_fg)
    #添加一个标签到所有标签,这样确保背景不是 0,而是 1
    markers = markers + 1
    #令未知区域为零
    markers[unknown == 255] = 0
    markers = cv.watershed(img, markers)
    img[markers == - 1] = [255, 0, 0]
    cv.imshow('result', img)

img = cv.imread('37.jpg')
cv.namedWindow('img',cv.WINDOW_AUTOSIZE)
cv.imshow('img',img)
watershed_demo(img)
cv.waitKey(0)
cv.destroyAllWindows()
```

运行程序，输出如下，效果如图 6-4 所示。

```
(799, 799, 3)
```

实验表明，采用标记分水岭算法对肺部图像进行分割具有良好的效果，能在一定程度上突出病变区域，起到辅助医学诊断的目的，具有一定的参考价值。

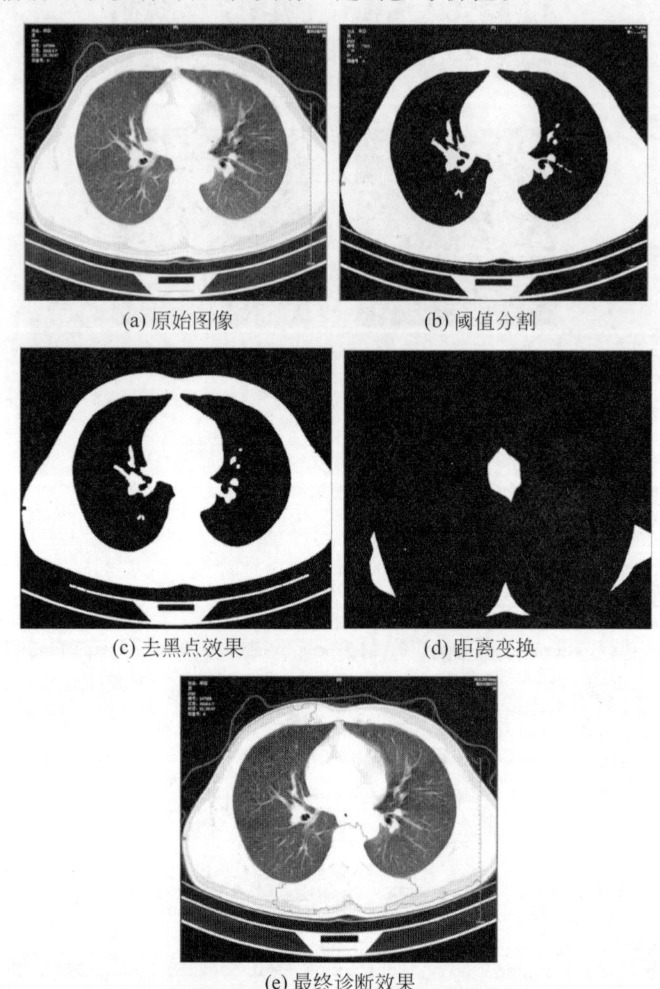

(a) 原始图像　(b) 阈值分割　(c) 去黑点效果　(d) 距离变换　(e) 最终诊断效果

图 6-4　基于分水岭分割肺癌图片效果

4. 基于分水岭算法实现糖豆分割检测

该应用将分水岭算法应用于医学图像处理中，通过对肝脏 CT 图像的分割，实现对病变区域的定位和诊断。该方法的优点在于具有高计算效率和良好的分割准确性，可以很好地支持真实世界的医学模型。

【例 6-4】（粘连物体分割）利用分水岭算法实现糖豆分割检测。

```
import cv2 as cv
import numpy as np
import cv2

def stackImages(scale,imgArray):
    rows = len(imgArray)
    cols = len(imgArray[0])
    #输出一个 rows * cols 的矩阵(imgArray)
    #判断 imgArray[0]是不是一个列表
    rowsAvailable = isinstance(imgArray[0], list)
```

```
    #imgArray[0][0]指[0,0]的图像(把图像集分为二维矩阵,第一行、第一列的就是第一幅图像);而
shape[1]是 width,shape[0]是 height
    width = imgArray[0][0].shape[1]
    height = imgArray[0][0].shape[0]

    if rowsAvailable:
        for x in range (0, rows):
            for y in range(0, cols):
                #判断图像与后面图像的形状是否一致,若一致则进行等比例缩放;否则,先 resize
为一致,后进行缩放
                if imgArray[x][y].shape[:2] == imgArray[0][0].shape [:2]:
                    imgArray[x][y] = cv2.resize(imgArray[x][y], (0, 0), None, scale, scale)
                else:
                    imgArray[x][y] = cv2.resize(imgArray[x][y], (imgArray[0][0].shape[1],
imgArray[0][0].shape[0]), None, scale, scale)
                #如果是灰度图像,则变成 RGB 图像
                if len(imgArray[x][y].shape) == 2: imgArray[x][y] = cv2.cvtColor( imgArray
[x][y], cv2.COLOR_GRAY2BGR)
        #设置零矩阵
        imageBlank = np.zeros((height, width, 3), np.uint8)
        hor = [imageBlank] * rows
        hor_con = [imageBlank] * rows
        for x in range(0, rows):
            hor[x] = np.hstack(imgArray[x])
        ver = np.vstack(hor)
    #如果不是一组图像,则仅进行缩放或灰度化为 RGB 图像
    else:
        for x in range(0, rows):
            if imgArray[x].shape[:2] == imgArray[0].shape[:2]:
                imgArray[x] = cv2.resize(imgArray[x], (0, 0), None, scale, scale)
            else:
                imgArray[x] = cv2.resize(imgArray[x], (imgArray[0].shape[1], imgArray[0].
shape[0]), None,scale, scale)
            if len(imgArray[x].shape) == 2: imgArray[x] = cv2.cvtColor(imgArray{x], cv2.
COLOR_GRAY2BGR)
        hor= np.hstack(imgArray)
        ver = hor
    return ver

def watershed_demo(img):
#图像预处理
    #二值化前先进行灰度化
    gray = cv.cvtColor(img,cv.COLOR_BGR2GRAY)
    #固定阈值二值化,将大于 thresh 的像素点设置为 maxval
    ret,binary = cv.threshold(gray,thresh=110,maxval=255,type = cv.THRESH_BINARY)
    #形态学开操作,先腐蚀后膨胀,去掉一些小噪声
    kernel = cv.getStructuringElement(cv.MORPH_ELLIPSE,(11,11))
    open = cv.morphologyEx(binary,cv.MORPH_OPEN,kernel,iterations=1)
    #对二值图像进行膨胀,用来与 masker 相减
    kernel_dilate = cv.getStructuringElement(cv.MORPH_ELLIPSE,(40,40))
    dilate = cv.dilate(open,kernel,iterations=1)

    #距离变换
    dist = cv.distanceTransform(open,cv.DIST_L2,3) #距离变换,可以认为中间部分距离越大,
                                                    #边缘越小
    dist_output = cv.normalize(dist,0,1.0,cv.NORM_MINMAX) * 50 #进行归一化
    ret,surface = cv.threshold(dist,dist.max() * 0.6,255,cv.THRESH_BINARY) #对归一化的图
                                                    #像再进行二值化,对中间部分进行截断
    surface_fg = np.uint8(surface)                  #将图像的格式转为 8 位
    unknown = cv.subtract(dilate,surface_fg)        #用膨胀之后的图像与距离变换后二值
                                                    #图像进行减操作
    ret,markers = cv.connectedComponents(surface_fg)  #连通域操作
```

```
    #分水岭变换
    markers = markers + 1
    markers[unknown == 255] = 0
    markers = cv.watershed(img,markers = markers)

    #去掉边缘,因为经过分水岭操作后,多出了一个边界
    markers[0] = 1
    markers[-1] = 1
    markers[0:img.shape[0],0] = 1
    markers[0:img.shape[0],-1] = 1

    #进行连通域操作
    open[markers == -1] = 0                          #利用分水岭操作后多出来的边界进行分割
    k3 = np.ones((4,4),np.uint8)                     #进行稍微的腐蚀
    open = cv.erode(open,k3)
    #num_labels:连通域数量;labels:大小和原图一样大,每一个连通域会进行标记;stats:x,y,wh,
s;centroid:中心
    num_labels, labels, stats, centers = cv2.connectedComponentsWithStats(open, connectivity
=8)

    #利用连通域将不同轮廓用不同颜色绘制
    output = np.zeros((img.shape[0], img.shape[1], 3), np.uint8)
    for i in range(1, num_labels):
        mask = labels == i
        output[:, :, 0][mask] = np.random.randint(0, 255)
        output[:, :, 1][mask] = np.random.randint(0, 255)
        output[:, :, 2][mask] = np.random.randint(0, 255)

    #因为dist没有转换为8位,保存的图像打开之后是黑色的就需要进行格式转换
    dist_output= cv2.normalize(dist_output, None, 0, 255, cv2.NORM_MINMAX, cv2.CV_8U)
    dist= cv2.normalize(dist, None, 0, 255, cv2.NORM_MINMAX, cv2.CV_8U)

    #为了让图像更加好看,将所有图像转换为RGB图像
    gray = cv.cvtColor(gray,cv.COLOR_GRAY2BGR)
    binary = cv.cvtColor(binary,cv.COLOR_GRAY2BGR)
    open = cv.cvtColor(open,cv.COLOR_GRAY2BGR)
    dilate = cv.cvtColor(dilate,cv.COLOR_GRAY2BGR)
    dist = cv.cvtColor(dist,cv.COLOR_GRAY2BGR)
    dist_output = cv.cvtColor(dist_output,cv.COLOR_GRAY2BGR)
    surface = cv.cvtColor(surface,cv.COLOR_GRAY2BGR)
    surface_fg = cv.cvtColor(surface_fg,cv.COLOR_GRAY2BGR)
    unknown = cv.cvtColor(unknown,cv.COLOR_GRAY2BGR)

    gray[markers == -1] = [0,0,255]
    binary[markers == -1] = [0, 0, 255]
    open[markers == -1] = [0, 0, 255]
    dilate[markers == -1] = [0, 0, 255]
    dist[markers == -1] = [0,0,255]
    dist_output[markers == -1] = [0,0,255]
    #surface的时候进行了8位的转换
    surface[markers == -1] = [0,0,255]
    surface_fg[markers == -1] = [255, 0, 255]
    unknown[markers == -1] = [255, 0,255]
    img[markers == -1] = [255, 0, 255]

    imgStack = stackImages(1, ([gray, binary, open], [dilate, dist, dist_output], [surface,
surface_fg,unknown]))
    result = cv2.addWeighted(img, 0.8, output, 0.5, 0)      #图像权重叠加
    for i in range(1, len(centers)):
        cv2.drawMarker(result, (int(centers[i][0]), int(centers[i][1])), (0, 0, 255), 1, 20, 2)
    cv.namedWindow("stack",0)
    cv.imshow("stack",imgStack)
```

```
    cv.namedWindow("out",0)
    cv.imshow("out",result)
    cv.imwrite("save_03.png",imgStack)
    cv.imwrite("binary.png",open)
    cv.imwrite("save_04.png", result)
img = cv.imread("segmentation.png")
watershed_demo(img)
cv.namedWindow("img",0)
cv.imshow("img",img)
cv.waitKey(0)
cv.destroyAllWindows()
```

运行程序,效果如图 6-5 所示。

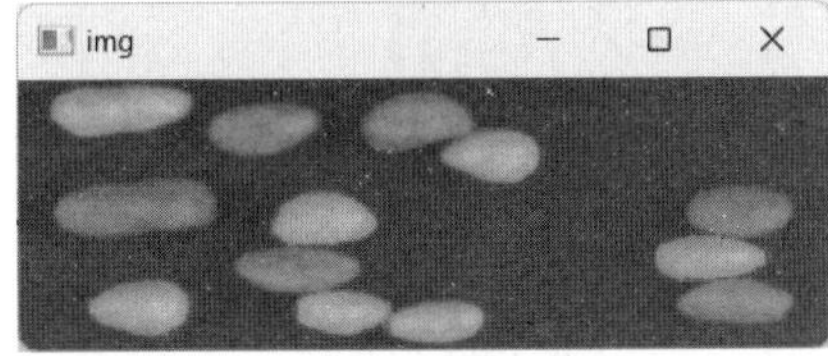

(a) 原始图像

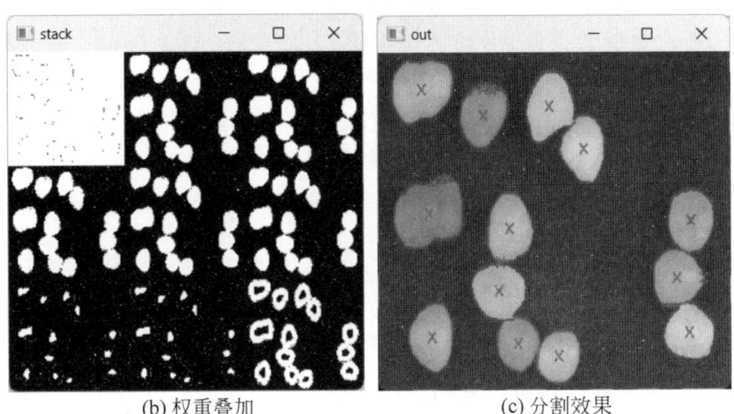

(b) 权重叠加　　(c) 分割效果

图 6-5　糖豆分割检测

第7章 手写体数字识别

CHAPTER 7

手写体数字识别是图像识别学科的一个分支，是图像处理和模式识别研究领域的重要应用之一，并且具有很强的通用性。由于手写体数字的随意性很大，如粗细、字体大小、倾斜角度等因素都有可能直接影响到字符的识别准确性，所以手写体数字识别是一个很有挑战性的课题。在过去的数十年中，研究者们提出了许多识别方法，并取得了一定的成果。手写体数字识别的实用性很强，在大规模数据统计，如例行年检、人口普查、财务、税务、邮件分拣等应用领域都有广泛的应用前景。

本章主要介绍利用多层前馈神经网络识别手写数字、用卷积神经网络识别手写体数字，以及用SVC识别手写体数字等内容。

7.1 神经网络算法

7.1.1 多层前馈神经网络

BP(Back Propagation，反向传播)被使用在多层前馈神经网络上。多层前馈神经网络主要由输入层、隐藏层、输出层这3部分组成，每层由单元组成。

输入层是由训练集的实例特征向量传入，经过连接节点的权重传入下一层，上一层的输出是下一层的输入，隐藏层的个数可以是任意的，输入层有一层，输出层有一层，每个单元也可以被称作神经节点，根据生物学来源定义，将一层中的权重求和，然后根据非线性方程转化输出。理论上，如果有足够多的隐藏层和足够大的训练集，多层前馈神经网络可以拟出任何方程。

7.1.2 利用BP算法设计神经网络

利用BP算法设计神经网络的主要步骤如下。

(1) 通过迭代性来处理训练集中的实例。

(2) 对比经过神经网络后，输入层的预测值与真实值。

(3) 从反方向(从输出层→隐藏层→输入层)来最小化误差，从而更新每个连接的权重。

(4) 算法具体过程如下。

输入层：数据集、学习率(l)，训练好的神经网络。

- 初始化权重和阈值：随机初始化权重在$-1\sim1$之间或者$-0.5\sim0.5$之间，每个单元有一个阈值。
- 对于每一个训练实例X，执行由输入层向前传送以及根据误差反向传送。

输出层可用以下算法计算。

$$E_j = O_j(1-O_j)(T_j-O_j)$$

其中，O_j为计算值，T_j为真实值，E_j为每层误差。

计算隐藏层的公式为

$$E_j = O_j(1 - O_j)\sum_k E_j O_j$$

权重更新公式为

$$\Delta\theta_j = (l)E_j\theta_j = \Delta\theta_j + \theta_j$$

(5) 终止条件。

算法终止的条件有 3 个。

- 权重的更新低于某个阈值。
- 预测的错误率低于某个阈值。
- 达到预设一定的循环次数。

7.1.3　实现手写数字的识别

利用 Python 实现手写数字的识别的具体代码如下：

```
import numpy as np

def tanh(x):                          #双曲线函数
    return np.tanh(x)

def tanh_deriv(x):                    #双曲线函数的导数
    return 1.0 - np.tanh(x) * np.tanh(x)

def logistic(x):                      #逻辑函数
    return 1/(1 + np.exp( - x))

def logistic_derivative(x):           #逻辑函数的导数
    return logistic(x) * (1 - logistic(x))

class NeuralNetwork:                  #定义了一个关于神经网络的算法类
    def __init__(self, layers, activation = 'tanh'):#构造函数

        if activation == 'logistic': #判断所使用函数的类型
            self.activation = logistic
            self.activation_deriv = logistic_derivative
        elif activation == 'tanh':
            self.activation = tanh
            self.activation_deriv = tanh_deriv

        self.weights = []             #定义了一个自身的权重
        for i in range(1, len(layers) - 1):
            self.weights.append((2 * np.random.random((layers[i - 1] + 1, layers[i] + 1)) -
1) * 0.25)
            self.weights.append((2 * np.random.random((layers[i] + 1, layers[i + 1])) - 1) *
0.25)

    def fit(self, X, y, learning_rate = 0.2, epochs = 10000):#设定 epochs 为循环的最高次数,
                                                             #即达到最高时直接结束循环
        X = np.atleast_2d(X)          #将 X 转换为 NumPy 包下的二维数组
        temp = np.ones([X.shape[0], X.shape[1] + 1])      #最后的 + 1 为偏向所在列
        temp[:, 0: - 1] = X           #将阈值单元添加到输入层
        X = temp
        y = np.array(y)

        for k in range(epochs):       #k 表示在第几次的循环中
            i = np.random.randint(X.shape[0])
            a = [X[i]]
            for l in range(len(self.weights)):       #前馈网络
                a.append(self.activation(np.dot(a[l], self.weights[l]))) #计算每层的节点
```

```
                                                                    #值(O_i)
            error = y[i] - a[-1]   #计算前馈网络顶层的误差
            deltas = [error * self.activation_deriv(a[-1])] #对于输出层,计算误差(增量
                                                                #是更新误差)

            #开始利用 BP 设计神经网络
            for l in range(len(a) - 2, 0, -1): #需要从倒数第二层开始
                #计算从顶层到输入层的每个节点的更新误差(即增量)
                deltas.append(deltas[-1].dot(self.weights[l].T) * self.activation_deriv(a[l]))
            deltas.reverse()
            for i in range(len(self.weights)):
                layer = np.atleast_2d(a[i])
                delta = np.atleast_2d(deltas[i])
                self.weights[i] += learning_rate * layer.T.dot(delta)

    def predict(self, x):
        x = np.array(x)
        temp = np.ones(x.shape[0] + 1)
        temp[0: -1] = x
        a = temp
        for l in range(0, len(self.weights)):
            a = self.activation(np.dot(a, self.weights[l]))
        return a                          #返回输出层

'''调用已经写好的神经网络的类实现一个识别手写数字的应用'''
#利用 8×8 图片识别数字:0,1,2,3,4,5,6,7,8,9
import numpy as np
from sklearn.datasets import load_digits
from sklearn.metrics import confusion_matrix, classification_report
from sklearn.preprocessing import LabelBinarizer
from NeuralNetwork import NeuralNetwork
from sklearn.model_selection import train_test_split

digits = load_digits()
X = digits.data
y = digits.target
X -= X.min()                          #将值归一化到[0,1]
X /= X.max()

nn = NeuralNetwork([64, 100, 10], 'logistic')
X_train, X_test, y_train, y_test = train_test_split(X, y)
labels_train = LabelBinarizer().fit_transform(y_train)
labels_test = LabelBinarizer().fit_transform(y_test)
print("开始识别")
nn.fit(X_train, labels_train, epochs = 3000)
predictions = []
for i in range(X_test.shape[0]):
    o = nn.predict(X_test[i])
    predictions.append(np.argmax(o))
print(confusion_matrix(y_test, predictions))
print(classification_report(y_test, predictions))
```

运行程序,输出如下:

```
开始识别
[[52  0  0  0  0  0  0  0  0  0]
 [ 0 31  0  0  0  0  0  0  0  3]
 [ 0  2 37  0  0  0  0  0  0  0]
 [ 0  1  2 43  0  1  0  0  1  2]
 [ 0  2  0  0 45  0  0  1  1  0]
 [ 0  0  0  0  0 35  0  0  0  2]
 [ 0  0  0  0  0  0 46  0  0  0]
 [ 0  0  0  0  1  2  0 49  0  1]
```

```
[ 0  8  0  0  0  0  0  0 35  2]
[ 0  0  0  0  1  1  0  0  3 40]]
              precision    recall  f1 - score   support
           0       1.00      1.00      1.00        52
           1       0.70      0.91      0.79        34
           2       0.95      0.95      0.95        39
           3       1.00      0.86      0.92        50
           4       0.96      0.92      0.94        49
           5       0.90      0.95      0.92        37
           6       1.00      1.00      1.00        46
           7       0.98      0.92      0.95        53
           8       0.88      0.78      0.82        45
           9       0.80      0.89      0.84        45

    accuracy                           0.92       450
   macro avg       0.92      0.92      0.91       450
weighted avg       0.93      0.92      0.92       450
```

7.2 卷积神经网络概述

卷积神经网络(Convolutional Neural Network, CNN)是一类包含卷积计算且具有深度结构的前馈神经网络(Feedforward Neural Network)。

7.2.1 卷积神经网络的结构

一个卷积神经网络由很多层组成,它们的输入是三维的,输出也是三维的,有的层有参数,有的层不需要参数。图 7-1 为一个卷积神经网络与全连接网络的对比图。

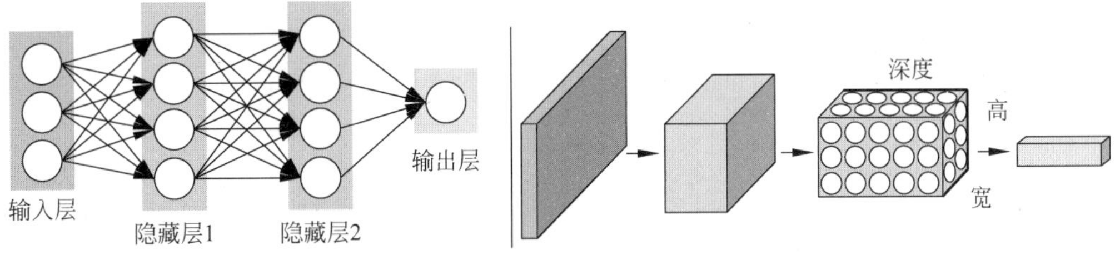

图 7-1 卷积神经网络与全连接神经网络结构

图 7-1 的左边图为全连接神经网络(平面),由输入层、激活函数、全连接层组成。右边图为卷积神经网络(立体),由输入层、卷积层、激活函数、池化层、全连接层组成。在卷积神经网络中有一个重要的概念——深度。下面对卷积神经网络的卷积层与池化层结构进行简单介绍。

1. 卷积层

卷积是指在原始的输入上进行特征的提取。特征提取简言之就是在原始输入的一个小区域进行特征的提取。如图 7-2 所示,左边方块是输入层,尺寸为 32×32 像素的 3 通道图像。右边的小方块是 filter,尺寸为 5×5 像素,深度为 3。

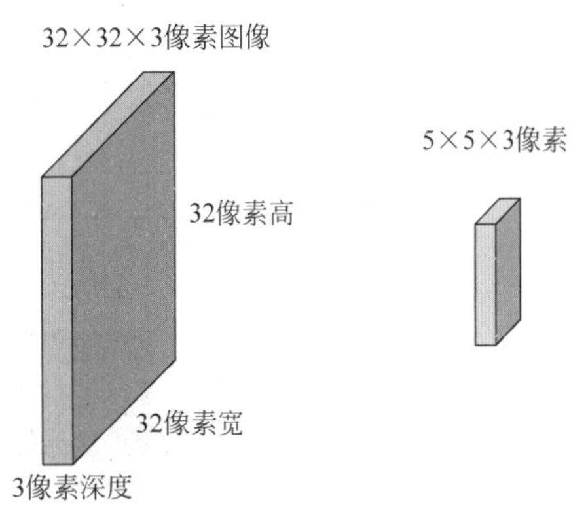

图 7-2 卷积层

将输入层划分为多个区域,用 filter 这个固定尺寸助手,在输入层做运算,最终得到一个深度为 1 的特征图。图 7-3 展示出一般使用多个 filter 分别进行卷积,最终得到的多个特征图。

图 7-4 使用了 6 个 filter 分别卷积进行特征提取,最终得到 6 个特征图。将这 6 个特征图层叠在

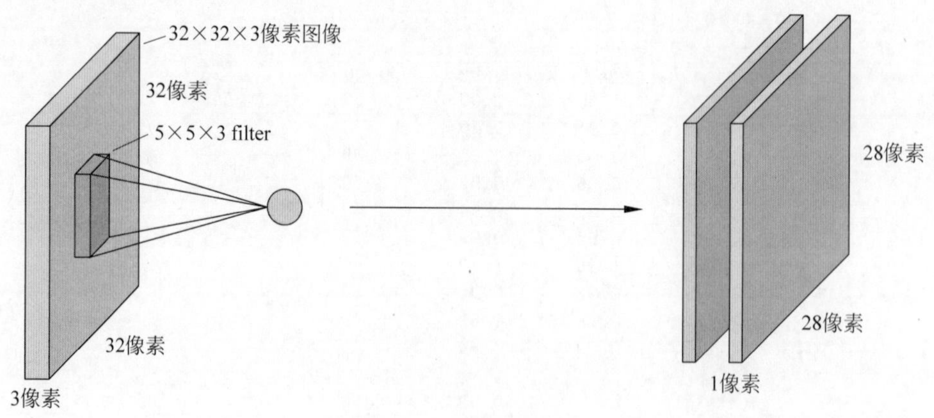

图 7-3 特征过程图

一起就得到了卷积层的输出结果。

通常来说，一个卷积层后面跟着一个池化层，后者基本上汇总了池化层接收到邻域所输出特征图的激活情况。下面介绍池化层。

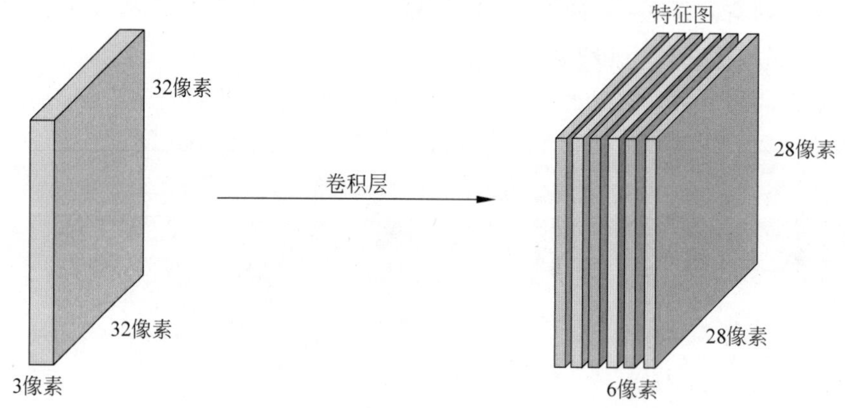

图 7-4 特征提取

2. 池化层

如图 7-5 所示，池化就是对特征图进行特征压缩，池化也叫作下采样。选择原来某个区域的 max 或 mean 代替那个区域，整体就浓缩了。

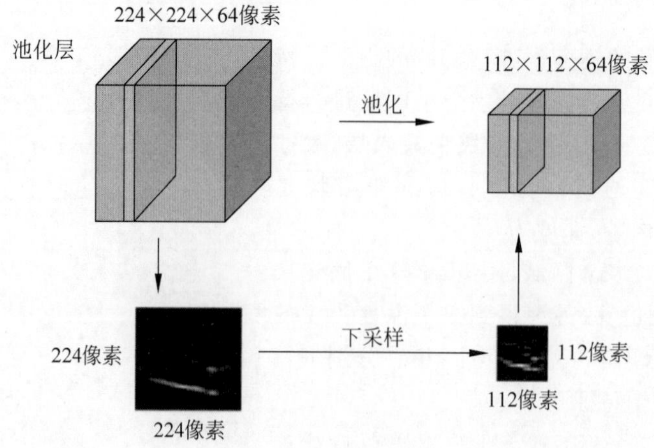

图 7-5 池化过程

图 7-6 演示了池化(pooling)操作,需要制定一个 filter 的尺寸、stride、pooling 方式(max 或 mean)。

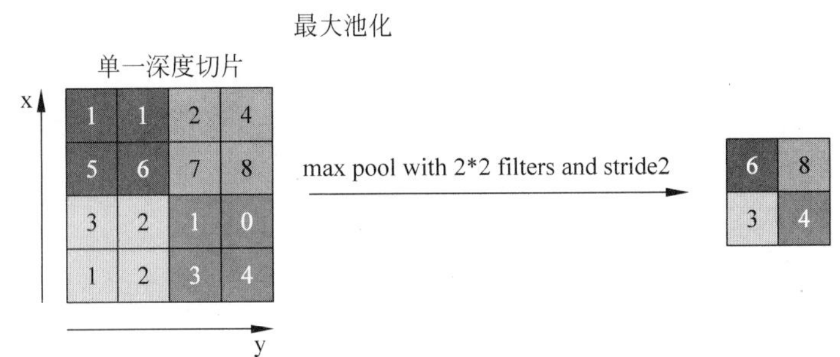

图 7-6　池化操作过程

需要注意的是,卷积操作减少了每一层需要学习的权重数量。例如,大小为 224×224 像素的输入图像输出到下一层的维度应该是 224×224。那么对于一个传统的全连接神经网络,需要学习的权重个数为 224×224×224×224。对于一个拥有同样输入和输出维度的卷积层,我们只需学习滤波核的函数的权值。因此,如果使用一个 3×3 的滤波核函数,则只需学习 9 个权重,而不是 224×224×224×224 个权重。因为图像和音频的结构在局部空间中有高度相关性,这个简化操作的效果很好。

输入图像会经过多层卷积和池化操作。随着网络层层数的增加,特征图的个数不断增加,同时图像的空间分辨率不断减小。在卷积-池化层的最后,特征图被传入全连接网络,最后是输出层。

输出单元依赖于具体的任务。如果是回归问题,则输出单元的激活函数是线性的。如果是二元分类问题,则输出单元是 sigmoid。对于多分类问题,输出层是 softmax 单元。

7.2.2　卷积神经网络的训练

卷积神经网络的训练过程和全连接网络的训练过程比较类似,都是先将参数随机初始化,进行前向计算,得到最后的输出结果,计算最后一层每个神经元的残差,然后从最后一层开始逐层往前计算每一层的神经元的残差,根据残差计算损失对参数的导数,然后再迭代更新参数。这里反向传播中最重要的一个数学概念就是求导的链式法则。求导的链式法则公式为:

$$\frac{\partial y}{\partial x}=\frac{\partial y}{\partial z}\times\frac{\partial z}{\partial x}$$

用 $\delta_i^{(l)}$ 表示第 l 层的第 i 个神经元 $v_i^{(l)}$ 的残差,即损失函数对第 l 层的第 i 个神经元 $v_i^{(l)}$ 的偏导数:

$$\delta_i^{(l)}=\frac{\partial L(w,b)}{\partial v_i^{(l)}}$$

用 $\frac{\partial L(w,b)}{\partial w_{ij}^{(l)}}$ 表示损失函数对第 l 层上的参数的偏导数:

$$\frac{\partial L(w,b)}{\partial w_{ij}^{(l)}}=\delta_i^{(l)}\times a_j^{(l-1)}$$

其中,$a_j^{(l-1)}$ 是前面一层的第 j 个神经元的激活值。激活值的前向计算的时候已经得到,所以只要计算出每个神经元的残差,就能得到损失函数对每个参数的偏导数。

最后一层残差的计算公式:

$$\delta_i^{(K)}=-(y_i-a_i^{(K)})\times f'(v_i^{(K)})$$

其中，y_i 为正确的输出值，$a_i^{(K)}$ 为最后一层第 i 个神经元的激活值，f'是激活函数的导数。

其他层神经元的残差计算公式：

$$\delta_i^{(l-1)} = \left(\sum_{j=1}^{n_l} w_{ji}^{(l-1)} \times \delta_j^{(l)}\right) \times f'(v_i^{(l-1)})$$

在求得了所有节点的残差之后，就能得到损失函数对所有参数的偏导数，然后进行参数更新。

普通的卷积神经网络和全连接神经网络的结构差别主要在于卷积神经网络有卷积和池化操作，那么只要搞清楚卷积层和池化层残差是如何反向传播的，如何利用残差计算卷积核内参数的偏导数，就基本实现了卷积网络的训练过程。

7.2.3 卷积神经网络识别手写体数字

本案例将开发一个四层卷积神经网络，提升预测 MNIST 数字的准确度。前两个卷积层由 Convolution-ReLU-maxpool 操作组成，后两层是全连接层。

为了访问 MNIST 数据集，TensorFlow 的 contrib 包包含数据加载功能。数据集加载之后，设置算法模型变量，创建模型，批量训练模型，并且可视化损失函数、准确度和一些采样数据。

```
#导入必要的编程库
import matplotlib.pyplot as plt
import numpy as np
import tensorflow as tf
from tensorflow.contrib.learn.python.learn.datasets.mnist import read_data_sets
from tensorflow.python.framework import ops
ops.reset_default_graph()
#开始计算图会话
sess = tf.Session()
#加载数据,转化图像为 28×28 的数组
data_dir = 'temp'
mnist = read_data_sets(data_dir)
train_xdata = np.array([np.reshape(x, (28,28)) for x in mnist.train.images])
test_xdata = np.array([np.reshape(x, (28,28)) for x in mnist.test.images])
train_labels = mnist.train.labels
test_labels = mnist.test.labels

#设置模型参数。由于图像是灰度图,所以该图像的深度为 1,即颜色通道数为 1
batch_size = 100
learning_rate = 0.005
evaluation_size = 500
image_width = train_xdata[0].shape[0]
image_height = train_xdata[0].shape[1]
target_size = max(train_labels) + 1
num_channels = 1                          #颜色通道 = 1
generations = 500
eval_every = 5
conv1_features = 25
conv2_features = 50
max_pool_size1 = 2
max_pool_size2 = 2
fully_connected_size1 = 100
#为数据集声明占位符。同时,声明训练数据集变量和测试数据集变量。实例中的训练批量大小和
#评估大小可以根据实际训练和评估的机器物理内存来调整
x_input_shape = (batch_size, image_width, image_height, num_channels)
x_input = tf.placeholder(tf.float32, shape=x_input_shape)
y_target = tf.placeholder(tf.int32, shape=(batch_size))
eval_input_shape = (evaluation_size, image_width, image_height, num_channels)
eval_input = tf.placeholder(tf.float32, shape=eval_input_shape)
eval_target = tf.placeholder(tf.int32, shape=(evaluation_size))
```

```
#声明卷积层的权重和偏置,权重和偏置的参数在前面的步骤中已设置
conv1_weight = tf.Variable(tf.truncated_normal([4, 4, num_channels, conv1_features],
                                               stddev = 0.1, dtype = tf.float32))
conv1_bias = tf.Variable(tf.zeros([conv1_features], dtype = tf.float32))
conv2_weight = tf.Variable(tf.truncated_normal([4, 4, conv1_features, conv2_features],
                                               stddev = 0.1, dtype = tf.float32))
conv2_bias = tf.Variable(tf.zeros([conv2_features], dtype = tf.float32))

#声明全连接层的权重和偏置
resulting_width = image_width // (max_pool_size1 * max_pool_size2)
resulting_height = image_height // (max_pool_size1 * max_pool_size2)
full1_input_size = resulting_width * resulting_height * conv2_features
full1_weight = tf.Variable(tf.truncated_normal([full1_input_size, fully_connected_size1],
                                     stddev = 0.1, dtype = tf.float32))
full1_bias = tf.Variable(tf.truncated_normal([fully_connected_size1], stddev = 0.1, dtype =
tf.float32))
full2_weight = tf.Variable(tf.truncated_normal([fully_connected_size1, target_size],
                                               stddev = 0.1, dtype = tf.float32))
full2_bias = tf.Variable(tf.truncated_normal([target_size], stddev = 0.1, dtype = tf.float32))

#声明算法模型。首先,创建一个模型函数 my_conv_net(),注意该函数的层权重和偏置。当然,为了
#最后两层全连接层能有效工作,可将前层卷积层的结构摊平
def my_conv_net(input_data):
    # 第一层: Conv - ReLU - MaxPool 层
    conv1 = tf.nn.conv2d(input_data, conv1_weight, strides = [1, 1, 1, 1], padding = 'SAME')
    relu1 = tf.nn.relu(tf.nn.bias_add(conv1, conv1_bias))
    max_pool1 = tf.nn.max_pool(relu1, ksize = [1, max_pool_size1, max_pool_size1, 1],
                               strides = [1, max_pool_size1, max_pool_size1, 1], padding =
'SAME')
    #第二层: Conv - ReLU - MaxPool 层
    conv2 = tf.nn.conv2d(max_pool1, conv2_weight, strides = [1, 1, 1, 1], padding = 'SAME')
    relu2 = tf.nn.relu(tf.nn.bias_add(conv2, conv2_bias))
    max_pool2 = tf.nn.max_pool(relu2, ksize = [1, max_pool_size2, max_pool_size2, 1],
                               strides = [1, max_pool_size2, max_pool_size2, 1], padding =
'SAME')
    #将输出转换为下一个完全连接层的 1xN 层
    final_conv_shape = max_pool2.get_shape().as_list()
    final_shape = final_conv_shape[1] * final_conv_shape[2] * final_conv_shape[3]
    flat_output = tf.reshape(max_pool2, [final_conv_shape[0], final_shape])
    #第一个全连接层
    fully_connected1 = tf.nn.relu(tf.add(tf.matmul(flat_output, full1_weight), full1_bias))
    #第二个全连接层
    final_model_output = tf.add(tf.matmul(fully_connected1, full2_weight), full2_bias)
    return(final_model_output)

#声明训练模型
model_output = my_conv_net(x_input)
test_model_output = my_conv_net(eval_input)

#因为实例的预测结果不是多分类,而仅仅是一类,所以使用 softmax 函数作为损失函数
loss = tf.reduce_mean(tf.nn.sparse_softmax_cross_entropy_with_logits(model_output, y_
target))
#创建训练集和测试集的预测函数。同时,创建对应的准确度函数,评估模型的准确度
prediction = tf.nn.softmax(model_output)
test_prediction = tf.nn.softmax(test_model_output)
#创建精度函数
def get_accuracy(logits, targets):
    batch_predictions = np.argmax(logits, axis = 1)
    num_correct = np.sum(np.equal(batch_predictions, targets))
    return(100. * num_correct/batch_predictions.shape[0])
#创建一个优化器,声明训练步长
my_optimizer = tf.train.MomentumOptimizer(learning_rate, 0.9)
train_step = my_optimizer.minimize(loss)
```

```
#初始化所有的模型变量
init = tf.initialize_all_variables()
sess.run(init)
#开始训练模型。遍历迭代随机选择批量数据进行训练。在训练集批量数据和预测集批量数据上评估
#模型,保存损失函数和准确度。可以看到,在迭代 500 次之后,测试数据集上的准确度达到 96%~97%
train_loss = []
train_acc = []
test_acc = []
for i in range(generations):
    rand_index = np.random.choice(len(train_xdata), size = batch_size)
    rand_x = train_xdata[rand_index]
    rand_x = np.expand_dims(rand_x, 3)
    rand_y = train_labels[rand_index]
    train_dict = {x_input: rand_x, y_target: rand_y}

    sess.run(train_step, feed_dict = train_dict)
    temp_train_loss, temp_train_preds = sess.run([loss, prediction], feed_dict = train_dict)
    temp_train_acc = get_accuracy(temp_train_preds, rand_y)

    if (i + 1) % eval_every == 0:
        eval_index = np.random.choice(len(test_xdata), size = evaluation_size)
        eval_x = test_xdata[eval_index]
        eval_x = np.expand_dims(eval_x, 3)
        eval_y = test_labels[eval_index]
        test_dict = {eval_input: eval_x, eval_target: eval_y}
        test_preds = sess.run(test_prediction, feed_dict = test_dict)
        temp_test_acc = get_accuracy(test_preds, eval_y)

        #记录及打印结果
        train_loss.append(temp_train_loss)
        train_acc.append(temp_train_acc)
        test_acc.append(temp_test_acc)
        acc_and_loss = [(i + 1), temp_train_loss, temp_train_acc, temp_test_acc]
        acc_and_loss = [np.round(x,2) for x in acc_and_loss]
        print('Generation # {}. Train Loss: {:.2f}. Train Acc (Test Acc): {:.2f} ({:.2f})'.
format( * acc_and_loss))
```

运行程序,输出如下:

```
Generation # 5. Train Loss:2.37. Train Acc (Test Acc):7.00
(9.80)
Generation # 10. Train Loss:2.16. Train Acc (Test Acc):31.00
(22.0)
Generation # 15. Train Loss:2.11. Train Acc (Test Acc):36.00
(35.20)
Generation # 490. Train Loss:0.06. Train Acc (Test Acc):98.00
(97.40)
Generation # 495. Train Loss:0.10. Train Acc (Test Acc):98.00
(95.40)
Generation # 500. Train Loss:0.10. Train Acc (Test Acc):98.00
(96.00)
```

```
#使用 Matplotlib 模块绘制损失函数和准确度,如图 7-7 所示
eval_indices = range(0, generations, eval_every)
# Plot loss over time
plt.plot(eval_indices, train_loss, 'k - ')
plt.title('Softmax Loss per Generation')
plt.xlabel('Generation')
plt.ylabel('Softmax Loss')
```

```
plt.show()

# 准确度(Plot train and test accuracy)
plt.plot(eval_indices, train_acc, 'k-', label = 'Train Set Accuracy')
plt.plot(eval_indices, test_acc, 'r--', label = 'Test Set Accuracy')
plt.title('Train and Test Accuracy')
plt.xlabel('Generation')
plt.ylabel('Accuracy')
plt.legend(loc = 'lower right')
plt.show()
#运行如下代码打印最新结果中的 6 幅采样图,如图 7-8 所示
actuals = rand_y[0:6]
predictions = np.argmax(temp_train_preds,axis = 1)[0:6]
images = np.squeeze(rand_x[0:6])

Nrows = 2
Ncols = 3
for i in range(6):
    plt.subplot(Nrows, Ncols, i + 1)
    plt.imshow(np.reshape(images[i], [28,28]), cmap = 'Greys_r')
    plt.title('Actual: ' + str(actuals[i]) + 'Pred: ' + str(predictions[i]),
                                   fontsize = 10)
    frame = plt.gca()
    frame.axes.get_xaxis().set_visible(False)
    frame.axes.get_yaxis().set_visible(False)
```

图 7-7 训练集和测试集迭代训练的准确度与 softmax 损失函数

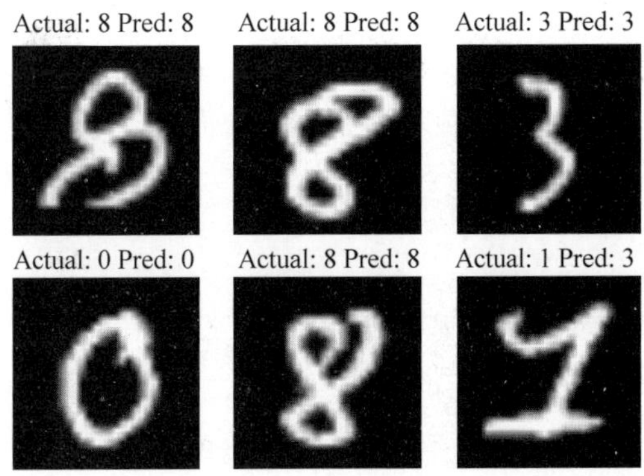

图 7-8 6 幅随机图标题中的实际数字和预测数字

在实例中,训练的批量大小为 100,在迭代训练中观察准确度和损失函数,最后绘制 6 幅随机图片以及对应的实际数字和预测数字。

卷积神经网络算法在图像识别方向效果很好。部分原因是卷积层操作将图片中重要的部

分特征转化成低维特征。卷积神经网络模型创建它们的特征,并用该特征预测。

7.3 SVM识别手写体数字

支持向量机(Support Vector Machine,SVM)是一种分类算法,但是也可以做回归。根据输入的数据不同可做不同的模型(若输入标签为连续值则做回归,若输入标签为分类值则用SVM做分类)。通过寻求结构化风险最小来提高学习机泛化能力,实现经验风险和置信范围的最小化,从而达到在统计样本量较少的情况下,获得良好统计规律的目的。通俗来讲,它是一种二元分类模型,其基本模型定义为特征空间上的间隔最大的线性分类器,即支持向量机的学习策略便是间隔最大化,最终可转化为一个凸二次规划问题的求解。

本节主要介绍利用SVM识别手写体数字。

7.3.1 支持向量机的原理

在机器学习领域,SVM是一个有监督的学习模型,通常用来进行模式识别、分类以及回归分析。

SVM的基本思想是:建立一个最优决策超平面,使得该平面两侧距离平面最近的两类样本之间的距离最大化,从而对分类问题提供良好的泛化能力。即是指,当样本点的分布无法用一条直线或几条直线分开时(即线性不可分),SVM提供一种算法,求出一个曲面用于划分。这个曲面就称为最优决策超平面。而且,SVM采用二次优化,因此最优解是唯一的,且为全局最优。前面提到的距离最大化就是说,这个曲面让不同分类的样本点距离最远,即求最优分类超平面等价于求最大间隔。

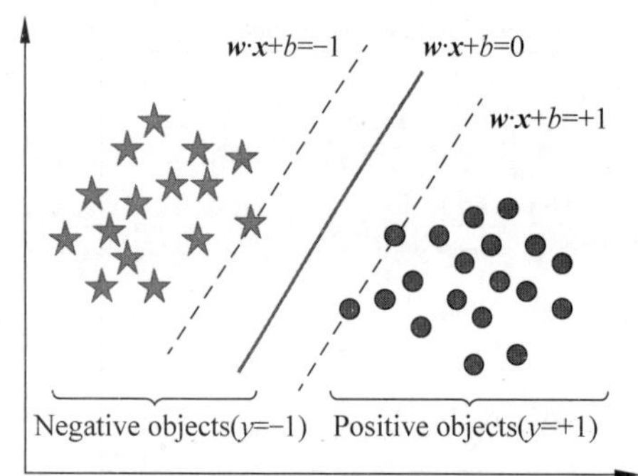

图7-9 SVM原理图

如图7-9所示,SVM的原理大致分为:假设要通过一条线把星星和红点分成两类,那么有无数多条线可以完成这个任务,在SVM中,我们寻找一条最优的分界线使得它到两边的Margin都最大,在这种情况下边缘的几个数据点就叫作Support Vector,这也是这个分类算法名字的来源。

7.3.2 函数间隔

如图7-10所示,点 x 到蓝色线的距离为 $L=\beta\|\boldsymbol{x}\|$。

现在定义一下函数间距。对于一个训练样本 $(x^{(i)}, y^{(i)})$,定义相应的函数间距为:

$$\hat{\gamma}^{(i)}=y^{(i)}(\boldsymbol{w}^{\mathrm{T}}x^{(i)}+b)=y^{(i)}g(x^{(i)})$$

注意,前面乘上类别 y 之后可以保证这个margin的非负性(因为 $g(x)<0$ 对应 $y=-1$ 的那些点)。

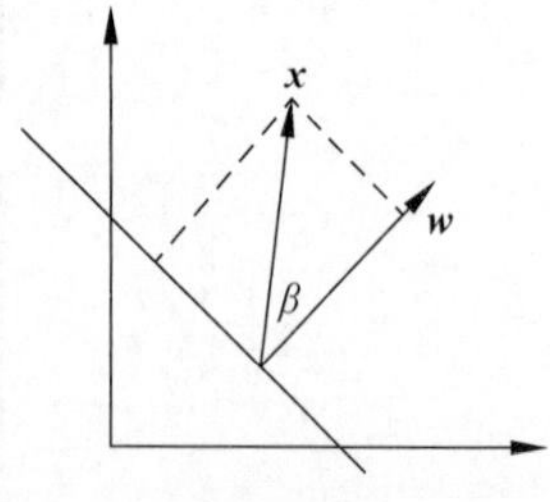

图7-10 距离图

彩色图片

所以,如果 $y^{(i)}=1$,为了让函数间距比较大(预测的确信度就大),则需要 $\boldsymbol{w}^{\mathrm{T}}x^{(i)}+b$ 是一个大的正数。反过来,如果 $y^{(i)}=-1$,为了让函数间距比较大(预测的确信度就大),则需要 $\boldsymbol{w}^{\mathrm{T}}x^{(i)}+b$ 是一个大的负数。

接着就是要找所有点中间距离最小的点了。对于给定的数据集 $S=(x^{(i)}, y^{(i)})$;$i=1$,

$2,\cdots,m$，定义 $\hat{\gamma}$ 是数据集中函数间距最小的，即

$$\hat{\gamma}=\min_{i=1,2,\cdots,m}\hat{\gamma}^{(i)}$$

但这里有一个问题就是，对于函数间距来说，当 $\boldsymbol{w}$ 和 b 被替换成 $2\boldsymbol{w}$ 和 $2b$ 时，有 $g(\boldsymbol{w}^{\mathrm{T}}x^{(i)}+b)=g(2\boldsymbol{w}^{\mathrm{T}}x^{(i)}+2b)$，这不会改变 $h_{w,b}(x)$ 的值。所以为此引入了几何间距。

7.3.3 几何间隔

考虑图 7-11，直线为决策边界(由 $\boldsymbol{w},b$ 决定)。向量 $\boldsymbol{w}$ 垂直于直线(为什么？$\boldsymbol{\theta}^{\mathrm{T}}\boldsymbol{x}=\boldsymbol{0}$，非零向量的内积为 0，说明它们互相垂直)。假设 A 点代表样本 $x^{(i)}$，它的类别为 $y=1$。假设 A 点到决策边界的距离为 $\gamma^{(i)}$，也就是线段 AB。

那么，应该如何计算 $\gamma^{(i)}$？首先我们知道 $\frac{\boldsymbol{w}}{\|\boldsymbol{w}\|}$ 表示的是在 $\boldsymbol{w}$ 方向上的单位向量。因为 A 点代表的是样本 $x^{(i)}$，所以 B 点为：$x^{(i)}-\gamma^{(i)}\cdot\frac{\boldsymbol{w}}{\|\boldsymbol{w}\|}$。又因为 B 点是在决策边界上，所以 B 点满足 $\boldsymbol{w}^{\mathrm{T}}\boldsymbol{x}+b=0$，也就是：

$$\boldsymbol{w}^{\mathrm{T}}\left(x^{(i)}-\gamma^{(i)}\cdot\frac{\boldsymbol{w}}{\|\boldsymbol{w}\|}\right)+b=0$$

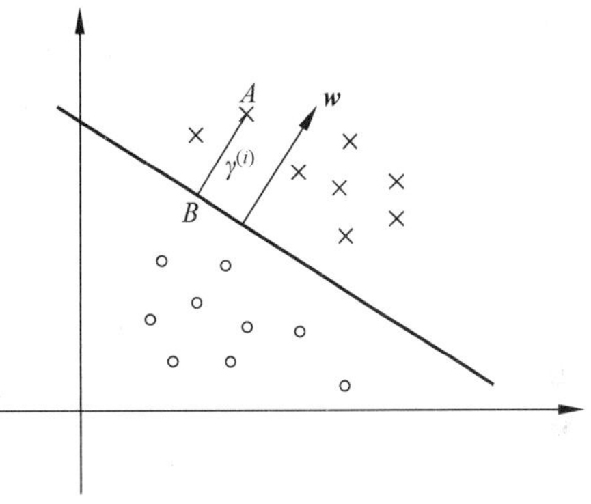

图 7-11 几何间距

解方程得：

$$\gamma^{(i)}=\frac{\boldsymbol{w}^{\mathrm{T}}x^{(i)}+b}{\|\boldsymbol{w}\|}=\left(\frac{\boldsymbol{w}}{\|\boldsymbol{w}\|}\right)^{\mathrm{T}}x^{(i)}+\frac{b}{\|\boldsymbol{w}\|}$$

当然，上面这个方程对应的是正例的情况，反例的时候上面方程的解就是一个负数，这与我们平常说的距离不符合，所以乘以 $y^{(i)}$，即

$$\gamma^{(i)}=y^{(i)}\left(\left(\frac{\boldsymbol{w}}{\|\boldsymbol{w}\|}\right)^{\mathrm{T}}x^{(i)}+\frac{b}{\|\boldsymbol{w}\|}\right)$$

可以看到，当 $\|\boldsymbol{w}\|=1$ 时，函数间距与几何间距就是一样的了。

同样，有了几何间距的定义，接着就是要找所有点中间距最小的点了。对于给定的数据集 $S=(x^{(i)},y^{(i)});i=1,2,\cdots,m$，定义 γ 是数据集中函数间距最小的，即

$$\gamma=\min_{i=1,2,\cdots,m}\gamma^{(i)}$$

讨论到这里，对于一组训练集，我们要找的就是距离超平面最近的点的最大边距。因为这样确信度是最大的。所以现在的问题就是：

$$\max_{\lambda,w,b}\gamma$$

$$\text{s.t.}\quad\begin{cases}y^{(i)}(\boldsymbol{w}^{\mathrm{T}}x^{(i)}+b)\geqslant\gamma, & i=1,2,\cdots,m\\ \|\boldsymbol{w}\|=1\end{cases}$$

这个问题就是说，应最大化这个边距 γ，而且必须保证每个训练集得到的边距都要大于或等于这个边距 γ。$\|\boldsymbol{w}\|=1$ 保证函数边距与几何边距是一样的。但问题是 $\|\boldsymbol{w}\|=1$ 很难理解，所以根据函数边距与几何边距之间的关系，将问题变换为

$$\max_{\lambda,w,b}\frac{\hat{\gamma}}{\|\boldsymbol{w}\|}$$

$$\text{s.t.}\quad y^{(i)}(\boldsymbol{w}^{\mathrm{T}}x^{(i)}+b)\geqslant\hat{\gamma},\quad i=1,2,\cdots,m$$

此处,目标是最大化$\frac{\hat{\gamma}}{\|\boldsymbol{w}\|}$,限制条件为所有的样本的函数边距要大于或等于$\hat{\gamma}$。

前面说过,对于函数间距来说,等比例缩放$\boldsymbol{w}$和b不会改变$g(\boldsymbol{w}^{\mathrm{T}}x+b)$的值。因此,可以令$\hat{\gamma}=1$,因为无论$\hat{\gamma}$的值是多少,都可以通过缩放$\boldsymbol{w}$和$b$来使得$\hat{\gamma}$的值变为1,所以可表示为$\frac{\hat{\gamma}}{\|\boldsymbol{w}\|}=\frac{1}{\|\boldsymbol{w}\|}$(注意,等号左右两边的$\boldsymbol{w}$是不一样的)。

7.3.4 间隔最大化

其实对于上面的问题,如果那些式子都除以$\hat{\gamma}$,即变成:

$$\max_{\gamma,w,b} \frac{\hat{\gamma}/\hat{\gamma}}{\|\boldsymbol{w}\|/\hat{\gamma}}$$

$$\text{s.t.}\quad y^{(i)}(\boldsymbol{w}^{\mathrm{T}}x^{(i)}+b)/\hat{\gamma}\geqslant\hat{\gamma}/\hat{\gamma},\quad i=1,2,\cdots,m$$

也就是,

$$\max_{\gamma,w,b} \frac{1}{\|\boldsymbol{w}\|/\hat{\gamma}}$$

$$\text{s.t.}\quad y^{(i)}(\boldsymbol{w}^{\mathrm{T}}x^{(i)}+b)/\hat{\gamma}\geqslant 1,\quad i=1,2,\cdots,m$$

然后令$\boldsymbol{w}=\frac{\boldsymbol{w}}{\hat{\gamma}},b=\frac{b}{\hat{\gamma}}$,问题就变成下面的样子了。所以其实只是做了一个变量替换。

$$\max_{\gamma,w,b} \frac{1}{\|\boldsymbol{w}\|}$$

$$\text{s.t.}\quad y^{(i)}(\boldsymbol{w}^{\mathrm{T}}x^{(i)}+b)\geqslant 1,\quad i=1,2,\cdots,m$$

而最大化$\frac{1}{\|\boldsymbol{w}\|}$相当于最小化$\|\boldsymbol{w}\|^2$,所以问题变成:

$$\min_{\gamma,w,b} \frac{1}{2}\|\boldsymbol{w}\|^2$$

$$\text{s.t.}\quad y^{(i)}(\boldsymbol{w}^{\mathrm{T}}x^{(i)}+b)\geqslant 1,\quad i=1,2,\cdots,m$$

现在,我们把问题转换成一个可以有效求解的问题。上面的优化问题就是一个典型的二次凸优化问题,这种优化问题可以使用QP(Quadratic Programming)来求解。

SVC主要用于处理二元分类问题,如果需要处理的是多分类问题,如手写字识别,即识别{0,1,…,9}中的数字,此时,需要使用能够处理多个分类问题的算法。

7.3.5 SVC识别手写体数字实例

前面介绍了SVC的原理及其几种分类间隔问题,下面通过一个案例来演示SVC识别手写体数字识别问题。

```
from sklearn import datasets,svm
import matplotlib.pyplot as plt

""" 识别手写体数字 """
svc = svm.SVC(gamma = 0.001,C = 100.)
digits = datasets.load_digits()                # 导入 Digits 数据集
# print(digits.DESCR)                          # 查看数据集的说明信息
def plts():
    ''' 显示要识别的数字图片 '''
    plt.subplot(321)
    plt.imshow(digits.images[1791],cmap = plt.cm.gray_r,interpolation = 'nearest')
    plt.subplot(322)
    plt.imshow(digits.images[1792],cmap = plt.cm.gray_r,interpolation = 'nearest')
```

```
    plt.subplot(323)
    plt.imshow(digits.images[1793],cmap = plt.cm.gray_r,interpolation = 'nearest')
    plt.subplot(324)
    plt.imshow(digits.images[1794],cmap = plt.cm.gray_r,interpolation = 'nearest')
    plt.subplot(325)
    plt.imshow(digits.images[1795],cmap = plt.cm.gray_r,interpolation = 'nearest')
    plt.subplot(326)
    plt.imshow(digits.images[1796],cmap = plt.cm.gray_r,interpolation = 'nearest')
    plt.show()

def svms():
    ''' 学习并返回识别结果 '''
    svc.fit(digits.data[:1791],digits.target[:1791])     # 训练
    res = svc.predict(digits.data[1791:1797])            # 识别
    return list(res)

if __name__ == '__main__':
    result = svms()
    duibi = digits.target[1791:1797]
    print('识别的数字：{}\n 实际的结果：{}'.format(result,list(duibi)))
    plts()
```

运行程序，输出如下，效果如图 7-12 所示。

```
识别的数字：[4, 9, 0, 8, 9, 8]
实际的结果：[4, 9, 0, 8, 9, 8]
```

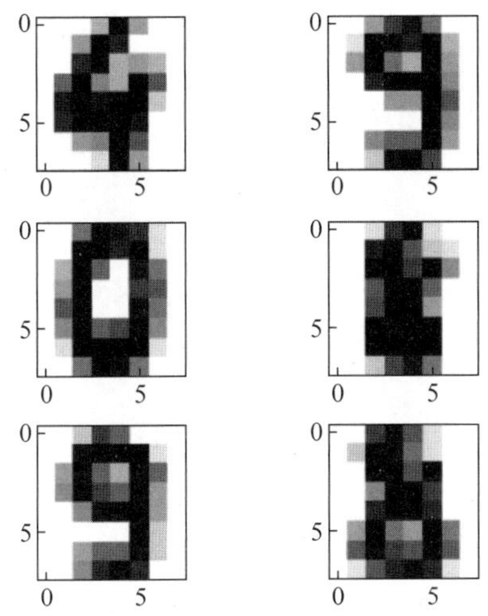

图 7-12　手写体数字识别效果

由输出结果可以看出，利用 SVC 实现手写体数字的识别非常简单，也很实用。

第8章 图片中的中英文识别

CHAPTER 8

在日常学习和生活中，人眼是人们接收信息最常用的通道之一。据统计，人们日常处理的信息有75%～85%属于视觉信息范畴，文字信息则占据着重要的位置，几乎涵盖了人们生活的方方面面。如对各种报纸、书籍的阅读、查找、批注；对各种文档报表的填写、修订；对各种快递文件的分拣、传送、签收等；对网络信息的浏览等。因此，为了实现文字信息解析过程的智能化、自动化，就需要借助计算机图像处理来对这些文字信息进行识别。

早在20世纪50年代初期，欧美就开始对文字识别技术进行研究。特别是1955年印刷体数字OCR产品的出现，推动了英文、中文、数字识别技术的发展。美国IBM公司的Casey和Nagy最早开始了对汉字识别的研究匹配。

本章主要介绍利用OCR识别图片中的中英文。

8.1 OCR介绍

将图片翻译成文字一般被称为光学文字识别(Optical Character Recognition，OCR)。可以实现OCR的底层库并不多，目前很多库都是使用共同的几个底层OCR库，或者是在上面进行定制。

Tesseract是一个OCR库，目前由Google赞助(Google也是一家以OCR和机器学习技术闻名于世的公司)。Tesseract是目前公认最优秀、最精确的开源OCR系统。

除了极高的精确度，Tesseract还具有很高的灵活性。它可以通过训练识别出任何字体(只要这些字体的风格保持不变就可以)，也可以识别出任何Unicode字符。

8.2 OCR算法原理

OCR的基本原理可分为图像预处理、图像分割、字符识别和识别结果处理4部分，如图8-1所示。

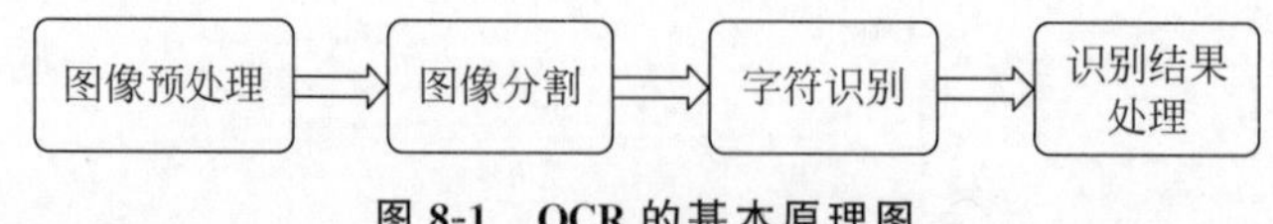

图8-1 OCR的基本原理图

8.2.1 图像预处理

为了加快图像识别等模块的处理速度，我们需要将彩色图像转换为灰度图像，减少图像矩阵占用的内存空间。由彩色图像转换为灰度图像的过程叫作灰度化处理，灰度图像就是只有亮度信息而没有颜色信息的图像，且存储灰度图像只需要一个数据矩阵，矩阵中的每个元素都表示对应位置像素的灰度值。

通过拍摄、扫描等方式采集图像可能会受局部区域模糊、对比度偏低等因素的影响，而图像增强可应用于对图像对比度的调整，可突出图像的重要细节，改善视觉质量。因此，采用图像灰度变换等方法可有效地增强图像对比度，提高图像中字符的清晰度，突出不同区域的差异性。对比度增强是典型的空域图像增强算法，这种处理只是逐点修改原图像中每个像素的灰度值，不会改变图像中各像素的位置，在输入像素与输出像素之间是一对一的映射关系。

二值图像是指在图像数值矩阵中只保留 0、1 数值来代表黑、白两种颜色。在实际的图像是实验中，选择合适的阈值是进行图像二值变换的关键步骤，二值化能分割字符与背景。突出字符目标。对于图像而言，其二值变换的输出必须具备良好的保形性，不会改变有用的形状信息，也不会产生额外的孔洞等噪声。其中，二值化的阈值选取有很多方法，主要分为 3 类：全局阈值化、局部阈值化和动态阈值化。

图像可能在扫描或传输过程中受到噪声干扰，为了提高识别模块的准确率，通常采用平滑滤波的方法进行去噪，如中值滤波、均值滤波。

在经扫描得到的图像中，不同位置的字符类型或大小可能也存在较大差异，为了提高字符识别效率，需要将字符统一大小来得到标准的字符图像，这就是字符的标签化过程。为了将原来各不相同的字符统一大小，可以在实验过程中先统一高度，然后根据原始字符的宽度比例来调整字符的宽度，得到标准字符。

此外，对输入的字符图像可能需要进行倾斜校正，使得同属一行的字符也都处于同一水平位置，这样既有利于字符的分割，也可以提高字符识别的准确率。倾斜校正主要根据图像左右两边的黑色像素做积分投影所得到的平均高度进行，字符组成的图像的左右两边的字符像素高度一般处于水平位置附近，如果两边的字符像素经积分投影得到的平均位置有较大差异，则说明图像存在倾斜，需要进行校正。

8.2.2 图像分割

图像预处理之后，进行图像分割，常用的方法有阈值分割或边缘分割等方法。

1. 阈值分割

灰度阈值分割法是一种最常用的并行区域技术，它是图像分割中应用数量最多的一类。阈值分割方法实际上是输入图像 f 到输出图像 g 的如下变换：

$$G(i,j)=\begin{cases}1, & G(i,j)\geqslant T\\ 0, & G(i,j)<T\end{cases}$$

其中，T 为阈值，对于物体的元素 $G(i,j)=1$，对于背景的图像元素 $G(i,j)=0$。由此可见，阈值分割算法的关键是确定阈值，如果能确定一个合适的阈值就可准确地将图像分割开来。阈值确定后，将阈值与像素点的灰度值逐个进行比较，而且像素分割可对各像素并行进行，分割的结果直接给出图像区域。阈值分割的优点是计算简单、运算效率较高、速度快。

2. 边缘分割

图像分割的一种重要途径是通过边缘检测，即检测灰度级或者结构具有突变的地方。这种不连续性称为边缘。不同的图像灰度不同，边界处一般有明显的边缘，利用此特征可以分割图像。图像中边缘处像素的灰度值不连续，这种不连续性可通过求导数来检测到。对于阶跃状边缘，其位置对应一阶导数的极值点，对应二阶导数的过零点。因此 常用微分算子进行边缘检测，常用的一阶微分算子有 Roberts 算子、Prewitt 算子和 Sobel 算子，二阶微分算子有拉普拉斯算子和 Kirsch 算子等。利用拉普拉斯算子锐化结果如下：

$$g(x,y)=\begin{cases}f(x,y)-\nabla^2 f(x,y), & \nabla^2 f(x,y)\leqslant T\\ f(x,y)+\nabla^2 f(x,y) & \nabla^2 f(x,y)>T\end{cases}$$

其中，T 表示阈值常数。

在实际中各种微分算子常用小区域模板来表示，微分运算是利用模板和图像卷积来实现。这些算子对噪声敏感，只适合于噪声较小不太复杂的图像。由于边缘和噪声都是灰度不连续点，在频域均为高频分量，直接采用微分运算难以克服噪声的影响。因此用微分算子检测边缘前要对图像进行平滑滤波。Log 算子和 Canny 算子是具有平滑功能的二阶和一阶微分算子，边缘检测效果较好。其中 Log 算子是采用拉普拉斯算子求高斯函数的二阶导数，Canny 算子是高斯函数的一阶导数，它在噪声抑制和边缘检测之间取得了较好的平衡。

8.2.3 特征提取和降维

特征是用来识别文字的关键信息，每个不同的文字都能通过特征来和其他文字进行区分。对于数字和英文字母来说，数据集比较小，数字有 10 个，英文字母有 52 个。对于汉字来说，特征提取比较困难，因为首先汉字是大字符集，国标中仅最常用的第一级汉字就有 3755 个；第二个汉字结构复杂，形近字多。在确定了使用何种特征后，还有可能要进行特征降维，这种情况就是如果特征的维数太高，分类器的效率会受到很大的影响，为了提高识别速率，往往就要进行降维。一种较通用的特征提取方法是 HOG。HOG 是方向梯度直方图，这里分解为方向梯度与直方图。具体做法是首先用[$-1,0,1$]梯度算子对原图像做卷积运算，得到 x 方向的梯度分量 gradscalx，然后用$[1,0,-1]^{\mathrm{T}}$ 梯度算子对原图像做卷积运算，得到 y 方向的梯度分量 gradscaly。然后再用以下公式计算该像素点的梯度大小和方向：

$$G_x(x,y)=H(x+1,y)-H(x-1,y)$$
$$G_y(x,y)=H(x,y+1)-H(x,y-1)$$

$G_x(x,y)$、$G_y(x,y)$、$H(x,y)$分别表示输入图像像素点(x,y)处的水平方向梯度、垂直方向梯度和像素值。像素点(x,y)处的梯度幅值和梯度方向分别为：

$$G(x,y)=\sqrt{G_x(x,y)^2+G_y(x,y)^2}$$
$$\alpha(x,y)=\arctan\left(\frac{G_y(x,y)}{G_x(x,y)}\right)$$

下一步是为局部图像区域提供一个编码，可以将图像分成若干个"单元格 cell"。我们采用 n 个扇形的直方图来统计这单元格的梯度信息，也就是将 cell 的梯度方向 360°分成 n 个方向块，如图 8-2 所示。

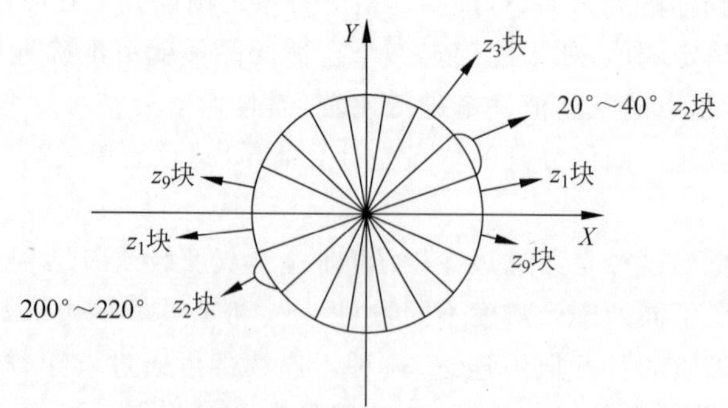

图 8-2 梯度方向分块图

这样，对 cell 内每个像素用梯度方向在直方图中进行加权投影(映射到固定的角度范围)，梯度大小就是投影的权值。然后把细胞单元组合成大的块(block),块内归一化梯度直方图。我们将归一化之后的块描述符(向量)称之为 HOG 描述符,即这个 cell 对应的 n 维特征向量。最后一步就是将检测窗口中所有重叠的块进行 HOG 特征的收集,并将它们结合成最终的特征向量供分类使用。

8.2.4　分类器

分类器是用来进行识别的,上一步对一个文字图像提取出特征值,传输给分类器,分类器就对其进行分类,输出这个特征该识别成哪个文字。一种简单的分类器是模板匹配方法,它使用图像的相似度来进行文字识别,两图像的相似程度可以用以下方程表示:

$$r=\frac{\sum_m\sum_n(\boldsymbol{A}_{mn}-\bar{A})(\boldsymbol{B}_{mn}-\bar{B})}{\sqrt{\sum_m\sum_n(\boldsymbol{A}_{mn}-\bar{A})^2}\sqrt{\sum_m\sum_n(\boldsymbol{B}_{mn}-\bar{B})^2}}$$

其中,$\boldsymbol{A}$、$\boldsymbol{B}$ 为图像矩阵,$\bar{A}$、$\bar{B}$ 为对应图像的特征值。选取相关度最大的作为最终输出结果。得到结果后,有时需要对识别结果处理,又称后处理。首先,分类器的分类有时不一定是完全正确的,比如汉字中由于形近字的存在,很容易将一个字识别成其形近字。后处理中可以去解决这个问题,比如通过语言模型来进行校正——如果分类器将"在哪里"识别成"存哪里",通过语言模型会发现"存哪里"是错误的,然后进行校正。第二个,OCR 的识别图像往往是有大量文字的,而且这些文字存在排版、字体大小等复杂情况,后处理中可以尝试去对识别结果进行格式化。

8.2.5　算法步骤

根据前面介绍,所以算法步骤可总结为:

(1) 输入灰度图像或彩色图像;

(2) 计算得到自适应阈值;

(3) 获得二进制图像;

(4) 查找文字行和单词;

(5) 识别字符轮廓;

(6) 将字符轮廓组织成单词;

(7) 处理字体识别结果;

(8) 输出识别的文本。

其对应的流程图如图 8-3 所示。

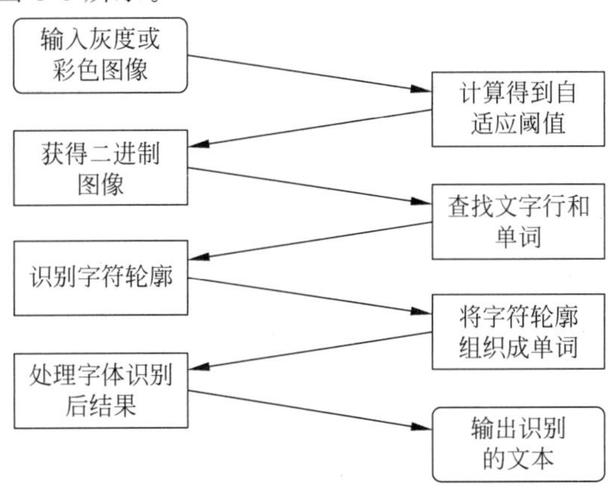

图 8-3　Tesseract 库识别流程图

8.3 OCR识别经典应用

本节通过两个例子来演示利用 OCR 识别图像中的文字。

【例 8-1】 识别图像中的英文,原始图像如图 8-4 所示。

To be, or not to be——that is the question; whether'tis nobler in the mind to suffer the slings and arrows of outrageous fortune, or to take arms against a sea of troubles, and by opposite end them?

图 8-4 英文识别原始图像

```
#导入 PIL,pytesseract 库
from PIL import Image
from pytesseract import image_to_string
#读取待识别的图片
image = Image.open("7.jpg");
#将图片识别为英文文字
text = image_to_string(image)
#输出识别的文字
print(text)
```

运行程序,得到效果如图 8-5 所示。

```
To be, or not to be—that is the question; whether'tis nobler in
the mind to suffer the slings and arrows of outrageous fortune, or

to take arms against a sea of troubles, and by opposite end them?
```

图 8-5 英文识别效果

【例 8-2】 识别图像中的中文,原始图像如图 8-6 所示。

```
#导入 PIL,pytesseract 库
from PIL import Image
from pytesseract import image_to_string
#读取待识别的图片
image = Image.open("8.jpg");
#将图片识别为英文文字
text = image_to_string(image)
#输出识别的文字
print(text)
```

运行程序,效果如图 8-7 所示。

根据所给定的地图和目标位置，规划一条使机器人到达目标位置的路径

只考虑工作空间的几何约束，不考虑机器人的运动学模型和约束

图 8-6 中文原始图像

根据所给定的地图和目标位置， 规划_条使机器人到达目标位置的路径

只考虑工作空间的几何约束， 不考虑机器人的运动学模型和约束

图 8-7 中文识别效果

Tesseract 库非常强大,它还可以识别带色彩背景的图片。有兴趣的读者可尝试多识别几幅带文字的图像。

8.4 获取验证码

随着互联网技术的快速发展和应用,网络给人们提供了丰富的资源和极大的便利,但随之

而来的是互联网系统的安全性问题，而验证码正是加强 Web 系统安全性的产物。全自动区分计算机和人类的图灵测试(Completely Automated Public Turing test to tell Computers and Humans Apart，CAPTCHA)也是验证码的一个应用程序，可以区分用户是人类还是计算机智能单击对象。它发起一个验证码进行测试，由计算机生成一个问题要求用户回答，并自动评判用户给出的答案，而原则上这个问题只有人才能解答，进而区分是否为计算机智能单击对象。

验证码具有千变万化的特点，而当前的识别系统往往具有很强的针对性，只能识别某种类型的验证码。随着网络安全技术及验证码生成技术的不断发展，已经出现了更加复杂的验证码生成方法，如基于动态图像的验证码系统等。虽然目前人工智能还远未达到人类智能水平，但是对于给定的验证码生成系统，在获知其特点后，通过一定的识别策略往往能够以一定的准确率进行识别。

本节将通过一个简单的验证码例子，来展示如何利用 OpenCV 来获取单个字符。

我们所使用的实例验证码如图 8-8 所示。

首先在 OpenCV 中以灰度模式读取图像(pic 为图片所在的绝对路径)：

```
gray = cv2.imread(pic,0)
```

处理后的图像如图 8-9 所示。

图 8-8　使用的验证码

图 8-9　灰度模式

接着把该验证码的边缘设置为白色(255 代表白色)：

```
#将图片的边缘变为白色
    height, width = gray.shape
    for i in range(width):
        gray[0, i] = 255
        gray[height - 1, i] = 255
    for j in range(height):
        gray[j, 0] = 255
        gray[j, width - 1] = 255
```

处理后的图片效果如图 8-10 所示。

从图 8-10 中可看到，处理后的图片的边缘部分已经置为白色了。接着需要对图像进行滤波处理，图像滤波的主要目的是在保留图像细节的情况下尽量消除图像的噪声，从而使后来的图像处理变得更加方便。此处采用中值滤波(median blur)的方法来实现，取孔径大小为 3：

```
blur = cv2.medianBlur(gray, 3) #模板大小 3 * 3
```

处理后的图片效果如图 8-11 所示。

图 8-10　去掉边缘效果

图 8-11　中值滤波效果

接着对图像进行二值化处理，即将图像由灰度模式转化为黑白模式，当然阈值的选择很重要，在这里选择二值化的阈值为 200：

```
ret,thresh1 = cv2.threshold(blur, 200, 255, cv2.THRESH_BINARY)
```

二值化的图片效果如图 8-12 所示。

最后需要在二值化处理后的图片中提取单个字符，主要利用 OpenCV 中的最小外接矩形函数来提取，代码为：

```
image, contours, hierarchy = cv2.findContours(thresh1, 2, 2)
    flag = 1
    for cnt in contours:
        #最小的外接矩形
        x, y, w, h = cv2.boundingRect(cnt)
        if x != 0 and y != 0 and w * h >= 100:
            print((x,y,w,h))
            # 显示图片
            cv2.imwrite('E://char%s.jpg' % flag, thresh1[y:y+h, x:x+w])
            flag += 1
```

需要注意的是，对提取后的图片有一定要求，比如 x、y 的值不能为 0 以及图片的大小要超过 100，不然会得到其他不想要的图片。提取单个字符后的图片如图 8-13 所示。

图 8-12 二值化处理效果

char1 char2 char3 char4

图 8-13 提取后的单个字符

由结果看出，提取的效果十分不错的。

实现完整的单个验证码提取的代码为：

```
import cv2
def split_picture(imagepath):
    #以灰度模式读取图片
    gray = cv2.imread(imagepath, 0)
    #将图片的边缘变为白色
    height, width = gray.shape
    for i in range(width):
        gray[0, i] = 255
        gray[height-1, i] = 255
    for j in range(height):
        gray[j, 0] = 255
        gray[j, width-1] = 255
    #中值滤波
    blur = cv2.medianBlur(gray, 3) #模板大小3*3
    #二值化
    ret,thresh1 = cv2.threshold(blur, 200, 255, cv2.THRESH_BINARY)
    image, contours, hierarchy = cv2.findContours(thresh1, 2, 2)
    flag = 1
    for cnt in contours:
        #最小的外接矩形
        x, y, w, h = cv2.boundingRect(cnt)
        if x != 0 and y != 0 and w * h >= 100:
            print((x,y,w,h))
            #显示图片
            cv2.imwrite('E://char%s.jpg' % flag, thresh1[y:y+h, x:x+w])
            flag += 1
def main():
    imagepath = 'E://8a.jpg'
    split_picture(imagepath)
main()
```

第9章 小波技术的图像视觉处理

CHAPTER 9

传统的信号理论是建立在傅里叶分析基础上的，而傅里叶变换作为一种全局性的变化，其有一定的局限性，如不具备局部化分析能力，不能分析非平稳信号等。在实际应用中，人们开始对傅里叶变换进行各种改进，以改善这种局限性，如STFT（短时傅里叶变换）。由于STFT采用的滑动窗函数一经选定就固定不变，故决定了其时频分辨率固定不变，不具备自适应能力，而小波技术很好地解决了这个问题。

9.1 小波技术概述

小波变换（Wavelet Transform，WT）是一种新的变换分析方法，它继承和发展了短时傅里叶变换局部化的思想，同时又克服了窗口大小不随频率变化等缺点，能够提供一个随频率改变的"时间-频率"窗口，是进行信号时频分析和处理的理想工具。它的主要特点是通过变换能够充分突出问题某些方面的特征，能对时间（空间）频率的局部化分析，通过伸缩平移运算对信号（函数）逐步进行多尺度细化，最终达到高频处时间细分，低频处频率细分，能自动适应时频信号分析的要求，从而可聚焦到信号的任意细节，解决了傅里叶变换的困难问题，成为继傅里叶变换之后在科学方法上的重大突破。

小波技术广泛应用于信号处理、图像融合、图像压缩等领域，下面分别介绍小波技术在这几个领域中的应用。

9.2 小波实现去噪

9.2.1 小波去噪的原理

Donoho提出的小波阈值去噪的基本思想是将信号通过小波变换（采用Mallat算法）后，信号产生的小波系数含有信号的重要信息，信号经小波分解后其小波系数较大，噪声的小波系数较小，并且噪声的小波系数要小于信号的小波系数，通过选取一个合适的阈值，大于阈值的小波系数被认为是信号产生的，应予以保留；小于阈值的则认为是噪声产生的，置为零从而达到去噪的目的。

从信号学的角度看，小波去噪是一个信号滤波的问题。尽管在很大程度上小波去噪可以看成是低通滤波，但由于在去噪后，还能成功地保留信号特征，所以在这一点上又优于传统的低通滤波。由此可见，小波去噪实际上是特征提取和低通滤波的综合，其流程图如图9-1所示。

一个含噪的模型可表示为：

$$s(k)=f(k)+\varepsilon\times e(k),\quad k=0,1,2,\cdots,n-1$$

其中，$f(k)$为有用信号，$s(k)$为含噪声信号，$e(k)$为噪声，ε为噪声系数的标准偏差。

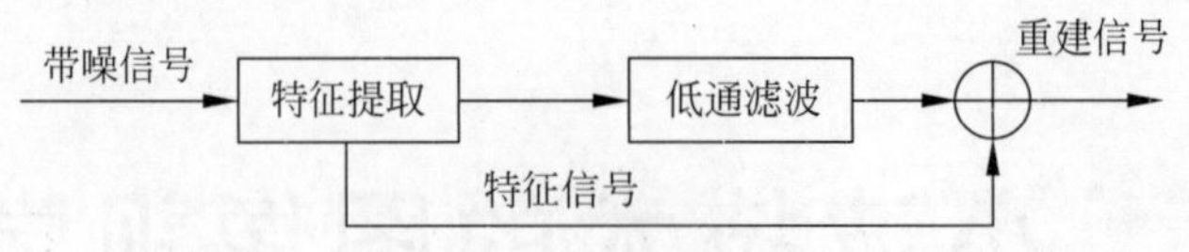

图 9-1 小波去噪流程图

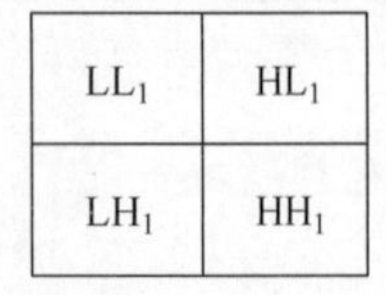

图 9-2 四个子频带

假设，$e(k)$为高斯白噪声，通常情况下有用信号表现为低频部分或是一些比较平稳的信号；而噪声信号则表现为高频的信号，对 $s(k)$信号进行小波分解时，噪声部分通常包含在 HL、LH、HH 中，如图 9-2 所示，只要对 HL、LH、HH 作相应的小波系数处理，然后对信号进行重构即可以达到去噪的目的。

可以看到，小波去噪的原理是比较简单的，类似以往常见的低通滤波器的方法，但是由于小波去噪保留了特征提取的部分，所以性能上是优于传统去噪方法的。

9.2.2 小波去噪的方法

一般来说，一维信号的降噪过程可以分为 3 个步骤。

(1) 信号的分解。

选择一个小波并确定一个小波分解的层次 N，然后对信号进行 N 层小波分解计算。

(2) 小波分解高频系数的阈值量化。

对第 1 层到第 N 层的每一层高频系数(3 个方向)，选择一个阈值进行阈值量化处理。

这一步是最关键的一步，主要体现在阈值的选择与最优化处理的过程，量化处理方法主要有硬阈值量化和软阈值量化。图 9-3 展示了二者的区别。

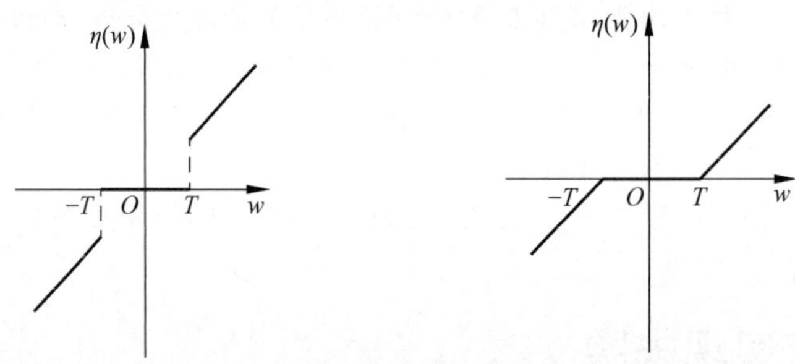

图 9-3 硬/软阈值量化的区别

图 9-3 的左图是硬阈值量化，右图是软阈值量化。采用两种不同的方法，达到的效果是：硬阈值方法可以很好地保留信号边缘等局部特征，软阈值处理相对要平滑，但会造成边缘模糊等失真现象。

(3) 信号小波重构。

根据小波分解的第 N 层的低频系数和经过量化处理后的第 1 层到第 N 层的高频系数，进行信号的小波重构。

小波阈值去噪的基本问题包括 3 个方面：小波基的选择、阈值的选择和阈值函数的选择。

(1) 小波基的选择。

通常我们希望选择的小波满足以下条件：正交性、高消失矩、紧支性、对称性或反对称性。但事实上具有上述性质的小波是不可能存在的，因为是对称或反对称的小波只有 Haar 小波，并且高消失矩与紧支性是一对矛盾，所以在应用时一般选取具有紧支性的小波以及根据信号的特征来选择较为合适的小波。

(2) 阈值的选择。

直接影响去噪效果的一个重要因素就是阈值的选取,不同的阈值选择将有不同的去噪效果。目前主要有通用阈值(VisuShrink)、SureShrink 阈值、Minimax 阈值、BayesShrink 阈值等。

(3) 阈值函数的选择。

阈值函数是修正小波系数的规则,不同的阈值函数体现了不同的处理小波系数的策略。最常用的阈值函数有两种:一种是硬阈值函数,另一种是软阈值函数。还有一种介于软、硬阈值函数之间的 Garrote 函数。

另外,对于去噪效果好坏的评价,常用信号的信噪比(SNR)与估计信号同原始信号的均方根误差(RMSE)来判断。

9.2.3 小波去噪案例分析

前面对小波技术的原理、去噪方法进行了介绍,下面通过几个例子来演示其经典应用。

【例 9-1】 使用 pywt.threshold 函数进行阈值去噪声处理。

```
>>> #使用小波分析进行阈值去噪,使用 pywt.threshold
... import pywt
>>> import numpy as np
>>> import pandas as pd
>>> import matplotlib.pyplot as plt
>>> import math
>>> data = np.linspace(1, 10, 10)
>>> print('创建的数据为: \n',data)
```

程序运行结果如下:

```
创建的数据为:
 [ 1. 2. 3. 4. 5. 6. 7. 8. 9. 10.]
>>>
>>> """pywt.threshold(data, value, mode, substitute) mode 模式有 4 种,即 soft, hard, greater, less; substitute 是替换值"""
'pywt.threshold(data, value, mode, substitute) mode 模式有 4 种,即 soft, hard, greater, less; substitute 是替换值'
>>> data_soft = pywt.threshold(data=data, value=6, mode='soft', substitute=12)
>>> print('将小于 6 的值设置为 12,大于或等于 6 的值全部减去 6:\n',data_soft)
将小于 6 的值设置为 12,大于或等于 6 的值全部减去 6:
 [12. 12. 12. 12. 12. 0. 1. 2. 3. 4.]
>>> data_hard = pywt.threshold(data=data, value=6, mode='hard', substitute=12)
>>> print('将小于 6 的值设置为 12,其余的值不变:\n',data_hard)
将小于 6 的值设置为 12,其余的值不变:
 [12. 12. 12. 12. 12. 6. 7. 8. 9. 10.]
>>> data_greater = pywt.threshold(data, 6, 'greater', 12)
>>> print('将小于 6 的值设置为 12,大于或等于阈值的值不变化:\n',data_greater)
将小于 6 的值设置为 12,大于或等于阈值的值不变化:
 [12. 12. 12. 12. 12. 6. 7. 8. 9. 10.]
>>> data_less = pywt.threshold(data, 6, 'less', 12)
>>> print('将大于 6 的值设置为 12,小于或等于阈值的值不变:\n',data_less)
将大于 6 的值设置为 12,小于或等于阈值的值不变:
 [ 1. 2. 3. 4. 5. 6. 12. 12. 12. 12.]
```

【例 9-2】 在 Python 中使用 ecg 心电信号进行小波去噪。

```
import matplotlib.pyplot as plt
import pywt
import math
import numpy as np

plt.rcParams['font.sans-serif'] = ['SimHei']          #显示中文标签
plt.rcParams['axes.unicode_minus'] = False            #显示负号
#获取数据
ecg = pywt.data.ecg()                                  #生成心电信号
```

```
index = [ ]
data = [ ]
coffs = [ ]

for i in range(len(ecg) - 1):
    X = float(i)
    Y = float(ecg[i])
    index.append(X)
    data.append(Y)
#创建小波对象并定义参数
w = pywt.Wavelet('db8')                                    #选用 Daubechies8 小波
maxlev = pywt.dwt_max_level(len(data),w.dec_len)
print("maximum level is" + str(maxlev))
threshold = 0                                               #阈值过滤

#分解成小波分量,到选定的层次:
coffs = pywt.wavedec(data,'db8',level = maxlev)            #将信号进行小波分解
for i in range(1,len(coffs)):
    coffs[i] = pywt.threshold(coffs[i],threshold * max(coffs[i]))
datarec = pywt.waverec(coffs,'db8')                        #将信号进行小波重构
mintime = 0
maxtime = mintime + len(data)
print(mintime,maxtime)
plt.figure()
plt.subplot(3,1,1)
plt.plot(index[mintime:maxtime], data[mintime:maxtime])
plt.xlabel('时间(s)')
plt.ylabel('原信号')
plt.title("原始信号")
plt.subplot(3, 1, 2)
plt.plot(index[mintime:maxtime], datarec[mintime:maxtime])
plt.xlabel('时间(s)')
plt.ylabel('去噪后信号')
plt.title("利用小波技术去噪信号")
plt.subplot(3, 1, 3)
plt.plot(index[mintime:maxtime],data[mintime:maxtime] - datarec[mintime:maxtime])
plt.xlabel('时间(s)')
plt.ylabel('误差值)')
plt.tight_layout()
plt.show()
```

运行程序,效果如图 9-4 所示。

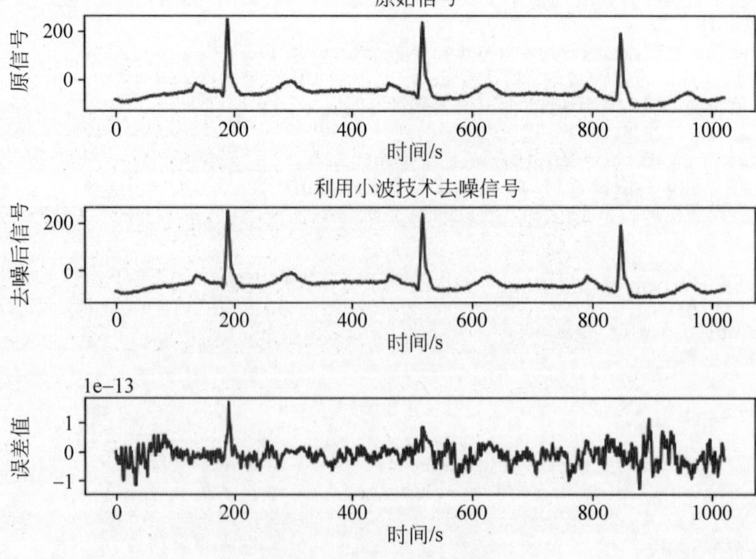

图 9-4 信号去噪处理

9.3 图像融合处理

图像融合指通过对同一目标或同一场景用不同的传感器(或用同一传感器采用不同的方式)进行图像采集得到多幅图像,对这些图像进行合成得到单幅合成图像,而该合成图像是传感器无法采集得到的。图像融合所输出的合成图像往往能够保持多幅原始图像中的关键信息,进而对目标或场景进行更精确、更全面的分析和判断提供条件。图像融合属于数据融合范畴,是数据融合的子集,兼具数据融合和图像可视化的优点。因此,图像融合能够在一定程度上提高传感器系统的有效性和信息的使用效率,进而提高待分析目标的分辨率,抑制不同传感器所产生的噪声,改善图像处理的效果。

图像融合主要应用于军事国防、遥感、医学图像处理、机器人、安全和监控、生物监测等领域。使用较多也较成熟的是红外和可见光的融合,在一幅图像上显示多种信息,突出目标。

本节选择了一种基于小波变换的图像数据融合方法,首先通过小波变换将图像分解到高频、低频,然后分别进行融合处理,最后逆变换到图像矩阵。在小波分解的低频域内,选择对多源图像的低频系数进行加权平均作融合小波的近似系数。在反变换过程中,利用重要小波系数和近似小波系数作输入进行小波反变换。在融合图像输出后,对其做进一步的处理。实验结果表明,基于小波变换的图像数据融合方法运行效率高,具有良好的融合效果,并可应用于广泛的研究领域,具有一定的使用价值。

9.3.1 概述

传统的通过直接计算像素算术平均值进行图像融合的方法往往会造成融合结果对比度降低、可视化效果不理想等问题,为此,研究人员提出了基于金字塔的图像融合方法,其中包括拉普拉斯金字塔、金字塔等多分辨率融合方法。20 世纪 80 年代中期发展起来的小波变换技术为图像融合提供了新的工具,小波分解的紧致性、对称性和正交性使其相对于金字塔分解具有更好的图像融合性能。此外,小波变换具有“数学显微镜”聚焦的功能,能实现时间域和频率域的步调统一,能对频率域进行正交分解,因此小波变换在图像处理中具有非常广泛的应用,已经被运用到图像处理的几乎所有分支,如图像融合、边缘检测、图像压缩、图像分割等领域。

假设对一维连续小波 $\psi_{a,b}(t)$和连续小波变换 $W_f(a,b)$进行离散化,其中,a 表示尺度参数,b 表示平移参数,在离散化过程中分别取 $a=a_0^j$ 和 $b=b_0^j$,其中,$j\in\mathbf{Z}$,$a_0>1$,则对应的离散小波函数为:

$$\psi_{j,k}(t)=\frac{1}{\sqrt{|a_0|}}\psi\left(\frac{t-ka_0^jb_0}{a_0^j}\right)=\frac{1}{\sqrt{|a_0|}}\psi(a_0^{-j}t-kb_0) \tag{9-1}$$

离散化的小波变换系数为:

$$C_{j,k}=\int_{-\infty}^{+\infty}f(t)\psi_{j,k}^*(t)\mathrm{d}t\leqslant f,\psi_{j,k}>0 \tag{9-2}$$

小波重构公式如下:

$$f(t)=C\sum_{-\infty}^{\infty}\sum_{-\infty}^{\infty}C_{j,k}\psi_{j,k}(t) \tag{9-3}$$

式中,C 为常数且与数据信号无关。根据对连续函数进行离散化逼近的步骤,选择的 a_0 和 b_0 越小,生成的网格节点就越密集,所计算的离散小波函数 $\psi_{j,k}(t)$和离散小波系数 $C_{j,k}$ 就越多,数据信号重构的精确度也越高。

由于数字图像是二维矩阵,所以需要将一维信号的小波变换推广到二维信号。假设 $\phi(x)$是一个一维的尺度函数，$\phi(x)$是相应的小波函数，那么可以得到一个二维小波变换的基础函数：

$$\psi^1(x,y)=\phi(x)\psi(y)$$

$$\psi^2(x,y)=\psi(x)\phi(y)$$

$$\psi^3(x,y)=\psi(x)\psi(y)$$

由于数字图像是二维矩阵，一般假设图像矩阵的大小为 $N\times N$，且 $N=2^n$（n 为非负整数），在经过一层小波变换后，原始图像便被分解为 4 个分辨率为原来大小四分之一的子带区域，如图 9-2 所示，分别包含了相应频带的小波系数，这一过程相当于在水平方向和垂直方向上进行隔点采样。

在进行下一层小波变换时，变换数据集中在 LL 子带上。式(9-4)～式(9-7)说明了图像小波变换的数学原型。

（1）LL 频带保持了原始图像的内容信息，图像的能量集中于此频带：

$$f_{2^j}^0(m,n)=\langle f_{2^{j-1}}(x,y),\phi(x-2m,y-2n)\rangle \tag{9-4}$$

（2）HL 频带保持了图像在水平方向上的高频边缘信息：

$$f_{2^j}^1(m,n)=\langle f_{2^{j-1}}(x,y),\psi^1(x-2m,y-2n)\rangle \tag{9-5}$$

（3）LH 频带保持了图像在垂直方向上的高频边缘信息：

$$f_{2^j}^2(m,n)=\langle f_{2^{j-1}}(x,y),\psi^2(x-2m,y-2n)\rangle \tag{9-6}$$

（4）HH 频带保持了图像在对角线方向上的高频边缘信息：

$$f_{2^j}^3(m,n)=\langle f_{2^{j-1}}(x,y),\psi^3(x-2m,y-2n)\rangle \tag{9-7}$$

式中，$\langle\cdot\rangle$表示内积运算。

对图像进行小波变换的原理就是通过低通滤波器和高通滤波器对图像进行卷积滤波，再进行二取一的下采样。因此，图像通过一层小波变换可以被分解为 1 个低频子带和 3 个高频子带。其中，低频子带 LL_1 通过对图像水平方向和垂直方向均进行低通滤波得到；高频子带 HL_1 通过对图像水平方向进行低通滤波和对垂直方向进行高通滤波得到；高频子带 HH_1 通过对图像水平方向进行高通滤波和垂直方向进行高通滤波得到。各子带的分辨率为原始图像的二分之一。同理，对图像进行二层小波变换时只对低频子带 LL 进行，可以将 LL_1 子带分解为 LL_2、LH_2、HL_2 和 HH_2，各子带的分辨率为原始图像的四分之一。以此类推可得到三层及更高层的小波变换结果。所以，进行一层小波变换后得到 4 个子带，进行二层小波变换后得到 7 个子带，进行 x 层分解后就得到 $3x+1$ 个子带。如图 9-5 所示为三层小波变换后的系数分布。

<table>
<tr><td>LL_3</td><td>HL_3</td><td rowspan="2">HL_2</td><td rowspan="3">HL_1</td></tr>
<tr><td>LH_3</td><td>HH_3</td></tr>
<tr><td colspan="2">LH_2</td><td>HH_2</td></tr>
<tr><td colspan="3">LH_1</td><td>HH_1</td></tr>
</table>

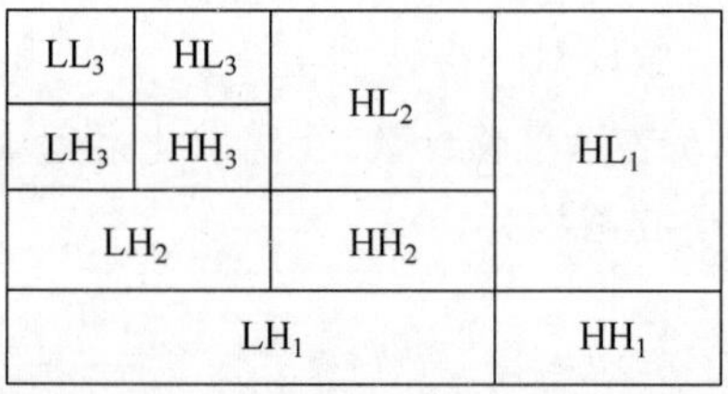

图 9-5　三层小波变换后的系数分布

9.3.2　小波融合案例分析

本案例采用 Haar 小波变换对图像进行融合处理。实现代码为：

```
# -*- coding:utf-8 -*-
# Haar 小波变换
import cv2
import numpy as np

imgA = cv2.imread("a.tif")                #载入图片 A
imgB = cv2.imread("b.tif")                #载入图片 B
heigh, wide, channel = imgA.shape         #获取图像的高、宽、通道数
"""临时变量、存储 Haar 小波处理后的数据"""
tempA1 = []
```

```
tempA2 = []
tempB1 = []
tempB2 = []
#存储A图片小波处理后数据的变量
waveImgA = np.zeros((heigh, wide, channel), np.float32)
#存储B图片小波处理后数据的变量
waveImgB = np.zeros((heigh, wide, channel), np.float32)
#水平方向的Haar小波处理,对图片的B、G、R 3个通道分别遍历进行
for c in range(channel):
    for x in range(heigh):
        for y in range(0,wide,2):
            #将图片A小波处理后的低频存储在tempA1中
            tempA1.append((float(imgA[x,y,c]) + float(imgA[x,y+1,c]))/2)
            #将图片A小波处理后的高频存储在tempA2中
            tempA2.append((float(imgA[x,y,c]) + float(imgA[x,y+1,c]))/2 - float(imgA[x,y,c]))
            #将图片B小波处理后的低频存储在tempB1中
            tempB1.append((float(imgB[x,y,c]) + float(imgB[x,y+1,c]))/2)
            #将图片B小波处理后的高频存储在tempB2中
            tempB2.append((float(imgB[x,y,c]) + float(imgB[x,y+1,c]))/2 - float(imgB[x,y,c]))
        #小波处理完图片A每一个水平方向数据统一保存在tempA1中
        tempA1 = tempA1 + tempA2
        #小波处理完图片B每一个水平方向数据统一保存在tempB1中
        tempB1 = tempB1 + tempB2
        for i in range(len(tempA1)):
            #图片A水平方向前半段存储低频,后半段存储高频
            waveImgA[x,i,c] = tempA1[i]
            #图片B水平方向前半段存储低频,后半段存储高频
            waveImgB[x,i,c] = tempB1[i]
        tempA1 = []                     #当前水平方向数据处理完之后,临时变量重置
        tempA2 = []
        tempB1 = []
        tempB2 = []
#垂直方向Haar小波处理,与水平方向同理
for c in range(channel):
    for y in range(wide):
        for x in range(0,heigh-1,2):
            tempA1.append((float(waveImgA[x,y,c]) + float(waveImgA[x+1,y,c]))/2)
            tempA2.append((float(waveImgA[x,y,c]) + float(waveImgA[x+1,y,c]))/2 - float
(waveImgA[x,y,c]))
            tempB1.append((float(waveImgB[x,y,c]) + float(waveImgB[x+1,y,c]))/2)
            tempB2.append((float(waveImgB[x,y,c]) + float(waveImgB[x+1,y,c]))/2 - float
(waveImgB[x,y,c]))
        tempA1 = tempA1 + tempA2
        tempB1 = tempB1 + tempB2
        for i in range(len(tempA1)):
            waveImgA[i,y,c] = tempA1[i]
            waveImgB[i,y,c] = tempB1[i]
        tempA1 = []
        tempA2 = []
        tempB1 = []
        tempB2 = []
#求以x,y为中心的5×5矩阵的方差,"//"在Python3中表示整除,没有小数,"/"在Python3中
#会有小数,Python2中"/"即可,"//"也行都表示整除
varImgA = np.zeros((heigh//2, wide//2, channel), np.float32) #将图像A中低频数据求方差之
                                                             #后存储的变量
varImgB = np.zeros((heigh//2, wide//2, channel), np.float32) #将图像B中低频数据求方差之
                                                             #后存储的变量
for c in range(channel):
    for x in range(heigh//2):
        for y in range(wide//2):
            #对图片边界(或邻近)的像素点进行处理
            if x - 3 < 0:
```

```
                up    =  0
            else:
                up   =   x - 3
            if x + 3  >  heigh//2:
                down  =  heigh//2
            else:
                down  =  x + 3
            if y - 3  <  0:
                left  =  0
            else:
                left  =  y - 3
            if y + 3  >  wide//2:
                right  =  wide//2
            else:
                right  =  y + 3
        #求图片 A 以 x,y 为中心的 5×5 矩阵的方差,mean 表示平均值,var 表示方差
            meanA, varA = cv2.meanStdDev(waveImgA[up:down,left:right,c])
            #求图片 B 以 x,y 为中心的 5×5 矩阵的方差,
            meanB, varB = cv2.meanStdDev(waveImgB[up:down,left:right,c])
            varImgA[x,y,c] = varA #将图片 A 对应位置像素的方差存储在变量中
            varImgB[x,y,c] = varB #将图片 B 对应位置像素的方差存储在变量中
#求两图的权重
weightImgA = np.zeros((heigh//2, wide//2, channel), np.float32) #图像 A 存储权重的变量
#图像 B 存储权重的变量
weightImgB = np.zeros((heigh//2, wide//2, channel), np.float32)
for c in range(channel):
    for x in range(heigh//2):
        for y in range(wide//2):
            #分别求得图片 A 与图片 B 的权重
            weightImgA[x,y,c] = varImgA[x,y,c] / (varImgA[x,y,c] + varImgB[x,y,c] + 0.00000001)
            #"0.00000001"防止零除
            weightImgB[x,y,c] = varImgB[x,y,c] / (varImgA[x,y,c] + varImgB[x,y,c] + 0.00000001)

#进行融合,高频——系数绝对值最大化,低频——局部方差准则
reImgA = np.zeros((heigh, wide, channel), np.float32)      #图像融合后的存储数据的变量
reImgB = np.zeros((heigh, wide, channel), np.float32)      #临时变量
for c in range(channel):
    for x in range(heigh):
        for y in range(wide):
            if x < heigh//2 and y < wide//2:
                #对两张图片低频的地方进行权值融合数据
                reImgA[x,y,c] = weightImgA[x,y,c] * waveImgA[x,y,c] + weightImgB[x,y,c] *
waveImgB[x,y,c]
            else:
                #对两张图片高频的进行绝对值系数最大规则融合
                reImgA[x,y,c] = waveImgA[x,y,c] if abs(waveImgA[x,y,c]) >= abs(waveImgB[x,
y,c]) else waveImgB[x,y,c]

#由于先进行水平方向小波处理,因此是先进行垂直方向重构
#垂直方向进行重构
for c in range(channel):
    for y in range(wide):
        for x in range(heigh):
            if x % 2 == 0:
                #根据 Haar 小波原理,将重构后的数据存储在临时变量中
                reImgB[x,y,c] = reImgA[x//2,y,c] - reImgA[x//2 + heigh//2,y,c]
            else:
            #图片的前半段是低频后半段是高频,除以 2 余数为 0 相减,不为 0 相加
                reImgB[x,y,c] = reImgA[x//2,y,c] + reImgA[x//2 + heigh//2,y,c]

#水平方向进行重构,与垂直方向同理
```

```
for c in range(channel):
    for x in range(heigh):
        for y in range(wide):
            if y % 2 == 0:
                reImgA[x,y,c] = reImgB[x,y//2,c] - reImgB[x,y//2 + wide//2,c]
            else:
                reImgA[x,y,c] = reImgB[x,y//2,c] + reImgB[x,y//2 + wide//2,c]

cv2.imshow("reImg", reImgA.astype(np.uint8))
cv2.waitKey(0)
cv2.destroyAllWindows()
```

运行程序,如图 9-6 所示。

(a) 原始图像a　　(b) 原始图像b　　(c) 融合效果

图 9-6　小波技术融合效果

由图 9-6 的融合效果可以看出,小波技术的融合效果非常好。基于小波变换的融合图像弥补了两幅原图不同的缺陷,得到了完整的清晰图像。采用小波分解融合的方法不会产生明显的信息丢失现象。

9.4　小波压缩图像

小波是一种衰减的波形,不同于常见的傅里叶变换对波的分析,小波变换更加适用于时间频率的局部分析,即对信号的高频或者低频部分进行细化分析。

1. 图像压缩与实现

图像压缩是对图像最基本的处理,能够处理的原因如下。

(1) 原始图像存在图像冗余,图像冗余包括 3 方面。

- 空间冗余:景物采样点间存在着空间相关性,相邻各点间取值相近或相同。
- 视觉冗余:视觉系统并不能感知画面的变化部分。
- 结构冗余:图像的结构发生了冗余。

(2) 人眼视觉对于边缘急剧变化敏感,但是人眼对亮度信息敏感、对颜色分辨率弱,解压缩后的图像依然有满意的主观质量。

传统的图像处理一般采用 K-L 变换,即已知向量信号 $\boldsymbol{X}$ 的协方差矩阵$\boldsymbol{\varphi}$ 的归一化正交特征向量 $\boldsymbol{q}$ 所构成的正交矩阵 $\boldsymbol{Q}$,来对该向量信号 $\boldsymbol{X}$ 进行正交变换 $\boldsymbol{Y}=\boldsymbol{QX}$。

2. 小波压缩图像的步骤

小波变换压缩图像的基本步骤如下。

(1) 用小波对图像层分解并提取分解结构中的低频和高频系数。

(2) 各频率成分重构。

(3) 对第一层低频信号压缩。

(4) 对第二层低频信号压缩。

3. 小波编码系数图

小波变换是全局变换，在时域和频域都有良好的局部优化性能。小波变换将与图像的像素解相关的变换系数进行编码，比经典编码的效率更高，而且几乎没有失真，在应用中易于考虑人类的视觉特性，从而成为图像压缩编码的主要技术之一。小波变换在信号的高频部分可以取得较好的时间分辨率；在信号的低频部分，可以取得较好的频率分辨率，从而能有效地从信号（如语音、图像等）中提取信息，达到数据压缩的目的，其框图如图 9-7 所示。

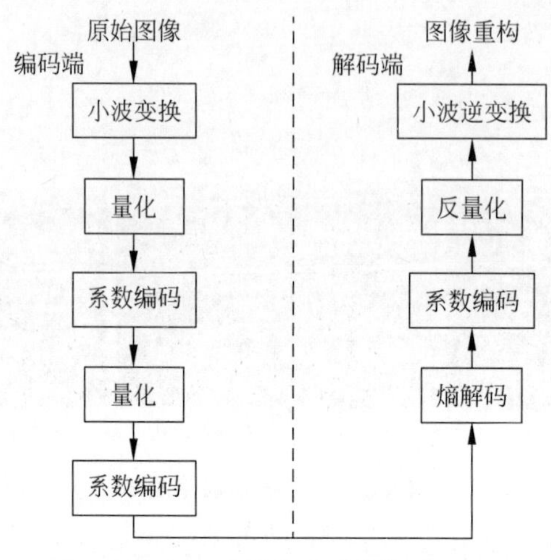

图 9-7 小波编码系数框图

量化过程是一个有损的过程，采用不同的量化值对原数据进行分段近似表示，目的是减少每个码字的编码比特数。量化是一个降低分辨率，将每个变换后的像素用有限的信号来表示的过程。对于图像上所呈现的信息，人眼根据其视觉特性会具有不同的分辨率，也就是说可以在保证视频图像重构质量的同时，舍弃对人眼视觉效果影响不大的信息。分辨率的高低取决于量化步长的长短，如果量化步长越长，则分辨率越低，压缩效果越好，反之效果越差，该过程要权衡压缩效率及视频重构质量等因素。

编码过程主要通过编码算法将量化后的数据转换成二进制码流，以便更好地存储和传输。解码过程可以被看作编码的逆过程，将二进制码流还原成数据，并根据解码图像重构。

小波压缩的特点是压缩比高、速度快、抗干扰，压缩过程中，图像特征不会改变。

4. 小波实现图像压缩

前面对小波实现图像压缩的原理、步骤、编码系数框图等进行了介绍，下面通过实例来演示在 Python 中，利用小波实现图像压缩效果。

【例 9-3】 小波实现图像压缩实例。

```
import pywt
import numpy as np
import matplotlib.pyplot as plt
import cv2
#读取图像
image = cv2.imread('lena.jpg', 0)

#进行二维离散小波变换(2D - DWT)
coeffs = pywt.dwt2(image, 'haar')

#从结果中获取近似系数和细节系数
cA, (cH, cV, cD) = coeffs
```

```
#打印结果
print("近似系数:")
print(cA)
print("\n水平细节系数:")
print(cH)
print("\n垂直细节系数:")
print(cV)
print("\n对角细节系数:")
print(cD)
#显示中文
plt.rcParams['font.sans-serif'] = ['SimHei']
#可视化结果
plt.figure(figsize=(8, 6)) #设置窗口大小
plt.subplot(2, 2, 1)
plt.imshow(cA, cmap='gray')
plt.title('近似')
plt.subplot(2, 2, 2)
plt.imshow(cH, cmap='gray')
plt.title('水平细节')
plt.subplot(2, 2, 3)
plt.imshow(cV, cmap='gray')
plt.title('垂直细节')
plt.subplot(2, 2, 4)
plt.imshow(cD, cmap='gray')
plt.title('对角细节')
plt.show()
```

运行程序,输出如下,效果如图 9-8 所示。

近似系数:

```
[[338.   335.   333.   ... 348.   353.   300. ]
 [338.   335.   333.   ... 348.   353.   300. ]
 [339.   331.5 334.   ... 329.   318.   252. ]
 ...
 [120.   118.5 125.   ... 183.5  209.   209. ]
 [109.   118.   121.   ... 205.5  227.5 222. ]
 [106.   125.   123.   ... 225.   232.   240. ]]
```

水平细节系数:

```
[[  0.    0.    0.   ...   0.    0.    0. ]
 [  0.    0.    0.   ...   0.    0.    0. ]
 [ -1.   3.5  -1.   ...  19.   35.   48. ]
 ...
 [ -2.   6.5   3.   ... -7.5  -1.    0. ]
 [  3.   0.    1.   ... -3.5  -1.5  -4. ]
 [  0.   0.    0.   ...   0.    0.    0. ]]
```

垂直细节系数:

```
[[ 0.   1.    5.   ... -2.    3.   24. ]
 [ 0.   1.    5.   ... -2.    3.   24. ]
 [ 0.   1.5   3.   ...  0.    8.   25. ]
 ...
 [ 0.   1.5   0.   ... -3.5  -1.    0. ]
 [ 0.   0.    1.   ... -4.5  -1.5  -1. ]
 [ 0.   3.    5.   ... -7.   -2.   -4. ]]
```

对角细节系数:

```
[[ 0.    0.    0.   ...  0.    0.    0. ]
 [ 0.    0.    0.   ...  0.    0.    0. ]
 [ 0.   -0.5   2.   ... -2.   -5.   -1. ]
 ...
```

```
[ 0.    1.5   0.   ...  1.5    3.   -3. ]
[ 0.    0.   -1.   ...  0.5  -0.5    1. ]
[ 0.    0.    0.   ...  0.     0.    0. ]]
```

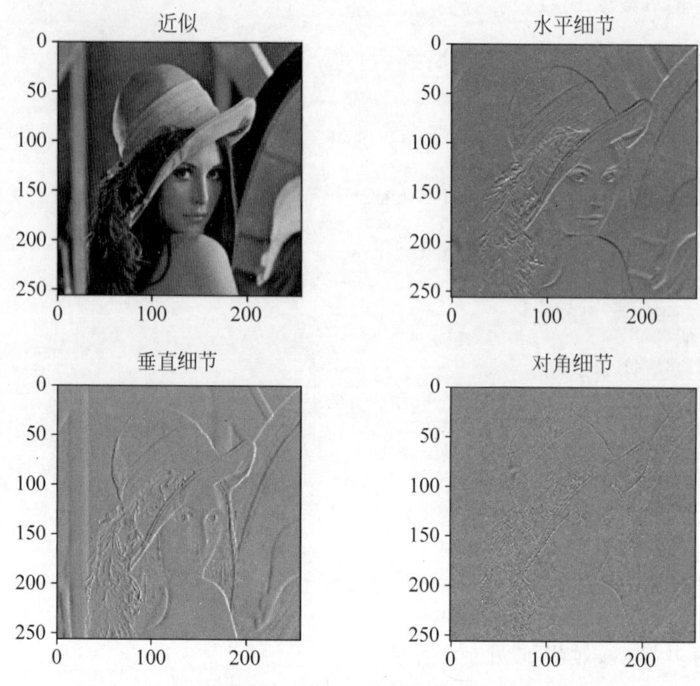

图 9-8　小波压缩图像效果

第 10 章 图像压缩与分割处理

CHAPTER 10

一幅普通的未经压缩的图像可能需要占几兆字节的存储空间，一个时长仅为 1 秒的未经压缩的视频文件所占的存储空间甚至能达到上百兆字节，这给普通 PC 的存储空间和常用网络的传输带宽带来了巨大的压力。其中，静止图像是不同媒体的构建基础，对其进行压缩不仅是各种媒体压缩和传输的基础，其压缩效果也是影响媒体压缩效果好坏的关键因素。基于这种考虑，本章主要研究静止图像的压缩技术。

人们对图像压缩技术越来越重视，目前已经提出了多种压缩编码方法。如果以不同种类的媒体信息为处理对象，则每种压缩编码方法都有其自身的优势和特点，如编码复杂度和运行效率的改善、解码正确性的提高、图像恢复的质量提升等。特别是，随着互联网质量的不断提高，高效能信息检索的质量也与压缩编码方法存在越来越紧密的联系。从发展现状来看，采用分形和小波混合图像编码的方法能充分发挥小波和分形编码的特点，相互弥补不足之处，因此成为图像压缩的一个重要研究方向，但是依然存在某些不足，有待进一步提高。

本章主要学习利用 SVD 压缩图像、PCA 压缩图像和 K-Means 压缩图像。

10.1 SVD 图像压缩处理

奇异值分解(Singular Value Decomposition，SVD)在图像处理中有着重要应用。奇异值分解能够简约数据，去除噪声和冗余数据。其实也是一种降维方法，将数据映射到低维空间。它是线性代数中一种重要的矩阵分解，在信号处理、统计学等领域有重要应用。

10.1.1 特征分解

特征分解和奇异值分解两者有着很紧密的关系，特征分解和奇异值分解的目的是一样的，就是提取出一个矩阵最重要的特征。

1. 实对称矩阵

在理解奇异值分解之前，需要回顾一下特征分解。如果矩阵 $\boldsymbol{A}$ 是一个 $m\times m$ 的对称矩阵(即 $\boldsymbol{A}=\boldsymbol{A}^{\mathrm{T}}$)，那么它可以被分解为如下的形式：

$$\boldsymbol{A}=\boldsymbol{Q\Sigma Q}^{\mathrm{T}}=\boldsymbol{Q}\begin{bmatrix}\lambda_1 & \cdots & \cdots & \cdots\\ \cdots & \lambda_2 & \cdots & \cdots\\ \vdots & \vdots & \ddots & \vdots\\ \cdots & \cdots & \cdots & \lambda_m\end{bmatrix}\boldsymbol{Q}^{\mathrm{T}} \tag{10-1}$$

其中，$\boldsymbol{Q}$ 为标准正交阵，即有 $\boldsymbol{QQ}^{\mathrm{T}}=\boldsymbol{I}$，$\boldsymbol{\Sigma}$ 为对角矩阵，且上面的矩阵的维度均为 $m\times m$。λ_i 称为特征值。

注意：$\boldsymbol{I}$ 在这里表示单位阵，有时候也用 $\boldsymbol{E}$ 表示单位阵。简单地有如下关系：

$$\boldsymbol{A}\boldsymbol{q}_i=\lambda_i\boldsymbol{q}_i,\quad \boldsymbol{q}_i^{\mathrm{T}}\boldsymbol{q}_j=\boldsymbol{0}(i\neq j)$$

2. 一般矩阵

上面的特征分解，对矩阵有着较高的要求，它需要被分解的矩阵 $\boldsymbol{A}$ 为实对称矩阵，但是现实中，我们所遇到的问题一般不是实对称矩阵。那么当遇到一般性的矩阵，即有 $m\times n$ 的矩阵 $\boldsymbol{A}$ 时，它是否能被分解成式(10-1)的形式呢？当然是可以的，这就是我们下面要讨论的内容。

10.1.2 奇异值分解

1. 奇异值分解的定义

有一个 $m\times n$ 的实数矩阵 $\boldsymbol{A}$，我们想要把它分解成如下的形式：

$$\boldsymbol{A}=\boldsymbol{U\Sigma V}^{\mathrm{T}}$$

其中，$\boldsymbol{U}$ 和 $\boldsymbol{V}$ 均为单位正交阵，即有 $\boldsymbol{UU}^{\mathrm{T}}=\boldsymbol{I}$ 和 $\boldsymbol{VV}^{\mathrm{T}}=\boldsymbol{I}$，$\boldsymbol{U}$ 称为左奇异矩阵，$\boldsymbol{V}$ 仅在主对角线上有值，我们称之为奇异值，其他元素均为 0。上面矩阵的维度分别为 $\boldsymbol{U}=\mathbf{R}^{m\times m}$，$\boldsymbol{\Sigma}\in\mathbf{R}^{m\times n}$，$\boldsymbol{V}\in\mathbf{R}^{n\times n}$。

一般地，$\boldsymbol{\Sigma}$ 有如下形式：

$$\boldsymbol{\Sigma}=\begin{bmatrix}\sigma_1 & 0 & 0 & 0 & 0\\ 0 & \sigma_2 & 0 & 0 & 0\\ 0 & 0 & \ddots & 0 & 0\\ 0 & 0 & 0 & 0 & \ddots\end{bmatrix}_{m\times n}$$

其分解过程用图形表示如图 10-1 所示。

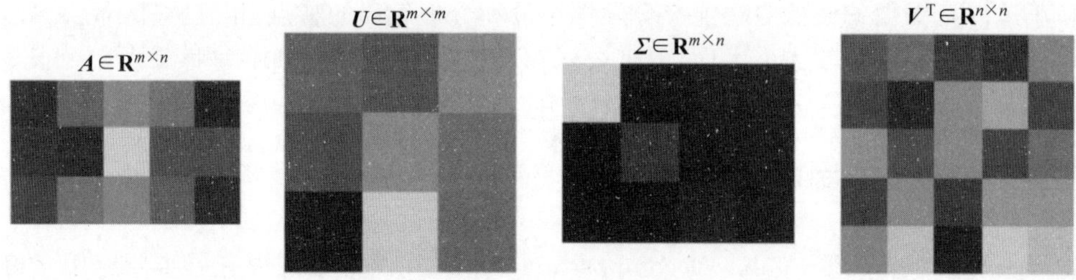

图 10-1 奇异值分解过程图

对于奇异值分解，可以利用图 10-1 形象表示，图中方块的颜色表示值的大小，颜色越浅，值越大。对于奇异值矩阵$\boldsymbol{\Sigma}$，只有其主对角线有奇异值，其余均为 0。

2. 奇异值求解

正常求上面的 $\boldsymbol{U}$，$\boldsymbol{V}$，$\boldsymbol{\Sigma}$ 非常困难，可以利用如下性质：

$$\boldsymbol{AA}^{\mathrm{T}}=\boldsymbol{U\Sigma V}^{\mathrm{T}}\boldsymbol{V\Sigma}^{\mathrm{T}}\boldsymbol{U}^{\mathrm{T}}=\boldsymbol{U\Sigma\Sigma}^{\mathrm{T}}\boldsymbol{U}^{\mathrm{T}}\tag{10-2}$$

$$\boldsymbol{A}^{\mathrm{T}}\boldsymbol{A}=\boldsymbol{V\Sigma}^{\mathrm{T}}\boldsymbol{U}^{\mathrm{T}}\boldsymbol{U\Sigma V}^{\mathrm{T}}=\boldsymbol{V\Sigma}^{\mathrm{T}}\boldsymbol{\Sigma V}^{\mathrm{T}}\tag{10-3}$$

需要指出的是，这里$\boldsymbol{\Sigma\Sigma}^{\mathrm{T}}$ 与$\boldsymbol{\Sigma}^{\mathrm{T}}\boldsymbol{\Sigma}$ 从矩阵的角度上来讲，它们是不相等的，因为它们的维数不同，$\boldsymbol{\Sigma\Sigma}^{\mathrm{T}}\in\mathbf{R}^{m\times m}$，而$\boldsymbol{\Sigma}^{\mathrm{T}}\boldsymbol{\Sigma}\in\mathbf{R}^{n\times n}$，但是它们在主对角线的奇异值是相等的，即有：

$$\boldsymbol{\Sigma\Sigma}^{\mathrm{T}}=\begin{bmatrix}\sigma_1^2 & 0 & 0 & 0\\ 0 & \sigma_2^2 & 0 & 0\\ 0 & 0 & \ddots & 0\\ 0 & 0 & 0 & \ddots\end{bmatrix}_{m\times m},\quad \boldsymbol{\Sigma}^{\mathrm{T}}\boldsymbol{\Sigma}=\begin{bmatrix}\sigma_1^2 & 0 & 0 & 0\\ 0 & \sigma_2^2 & 0 & 0\\ 0 & 0 & \ddots & 0\\ 0 & 0 & 0 & \ddots\end{bmatrix}_{n\times n}$$

可以看到，式(10-2)与式(10-3)的形式非常相似，进一步分析，可以发现 $\boldsymbol{AA}^{\mathrm{T}}$ 和 $\boldsymbol{A}^{\mathrm{T}}\boldsymbol{A}$ 也

是对称矩阵。利用式(10-2)做特征分解,得到的特征矩阵即为$\boldsymbol{U}$;利用式(10-3)做特征值分解,得到的特征矩阵即为$\mathbf{V}$;对$\boldsymbol{\Sigma\Sigma}^{\mathrm{T}}$或$\boldsymbol{\Sigma}^{\mathrm{T}}\boldsymbol{\Sigma}$中的特征值开方,可以得到所有的奇异值。

10.1.3 奇异值分解应用

假设现在有矩阵$\mathbf{A}$,需要对其做奇异值分解,已知,

$$\mathbf{A}=\begin{bmatrix}1 & 5 & 7 & 6 & 1\\ 2 & 1 & 10 & 4 & 4\\ 3 & 6 & 7 & 5 & 2\end{bmatrix}$$

那么可以求出$\mathbf{AA}^{\mathrm{T}}$和$\mathbf{A}^{\mathrm{T}}\mathbf{A}$如下:

$$\mathbf{AA}^{\mathrm{T}}=\begin{bmatrix}112 & 105 & 114\\ 105 & 137 & 110\\ 114 & 110 & 123\end{bmatrix},\quad \mathbf{A}^{\mathrm{T}}\mathbf{A}=\begin{bmatrix}14 & 25 & 48 & 29 & 15\\ 25 & 62 & 87 & 64 & 21\\ 48 & 87 & 198 & 117 & 61\\ 29 & 64 & 117 & 77 & 32\\ 15 & 21 & 61 & 32 & 21\end{bmatrix}$$

分别对上面的矩阵做特征值分解,得到如下结果:

```
U =
[[-0.55572489, -0.72577856, 0.40548161],
 [-0.59283199, 0.00401031, -0.80531618],
 [-0.58285511, 0.68791671, 0.43249337]]

V =
[[-0.18828164, -0.01844501, 0.73354812, 0.65257661, 0.06782815],
 [-0.37055755, -0.76254787, 0.27392013, -0.43299171, -0.17061957],
 [-0.74981208, 0.4369731 , -0.12258381, -0.05435401, -0.48119142],
 [-0.46504304, -0.27450785, -0.48996859, 0.39500307, 0.58837805],
 [-0.22080294, 0.38971845, 0.36301365, -0.47715843, 0.62334131]]
```

下面通过几个案例来演示利用 Python 实现 SVD 压缩图像。

【例 10-1】 按照灰度图片进行压缩。

```
#-*- coding: utf-8 -*
import numpy as np
from PIL import Image
import matplotlib.pyplot as plt
def svd_restore(sigma, u, v, K):
    K = min(len(sigma) - 1, K)             #当K超过sigma的长度时会造成越界
    print('现在用%d等级恢复图像' % K)
    m = len(u)
    n = v[0].size
    SigRecon = np.zeros((m, n))            #新建一个int矩阵,存储恢复的灰度图像素
    for k in range(K+1):                   #计算X=u*sigma*v
        for i in range(m):
            SigRecon[i] += sigma[k] * u[i][k] * v[k]
    #计算得到的矩阵还是float型,需要将其转化为uint8以转为图片
    SigRecon = SigRecon.astype('uint8')
    Image.fromarray(SigRecon).save("svd_" + str(K) + "_" + image_file) #保存灰度图

image_file = u'frog.jpg'
if __name__ == '__main__':
    im = Image.open(image_file)            #打开图像文件
    im = im.convert('L')                   #将原图像转换为灰度图
    im.save("Gray_" + image_file)          #保存灰度图

    w, h = im.size                         #得到原图的长与宽
    #新建一int矩阵,存储灰度图各像素点数据
```

```
    dt = np.zeros((w, h), 'uint8')
    #逐像素点复制,由于直接对 im.getdata()进行数据类型转换会有偏差
    for i in range(w):
        for j in range(h):
            dt[i][j] = im.getpixel((i, j))
    #复制过来的图像是原图的翻转,因此将其再次翻转到正常角度
    dt = dt.transpose()
    u, sigma, v = np.linalg.svd(dt)          #调用 numpy 库进行 SVM
    u = np.array(u)                          #转为 array 格式,方便进行乘法运算
    v = np.array(v)                          #同上
    for k in [1, 10, 30, 50, 80, 100, 150, 200, 300, 500]:
        svd_restore(sigma, u, v, k)          #使用前 k 个奇异值进行恢复
```

运行程序,输出如下,效果如图 10-2 所示。

```
现在用 1 等级恢复图像
现在用 10 等级恢复图像
现在用 30 等级恢复图像
现在用 50 等级恢复图像
现在用 80 等级恢复图像
现在用 100 等级恢复图像
现在用 150 等级恢复图像
现在用 200 等级恢复图像
现在用 300 等级恢复图像
现在用 499 等级恢复图像
```

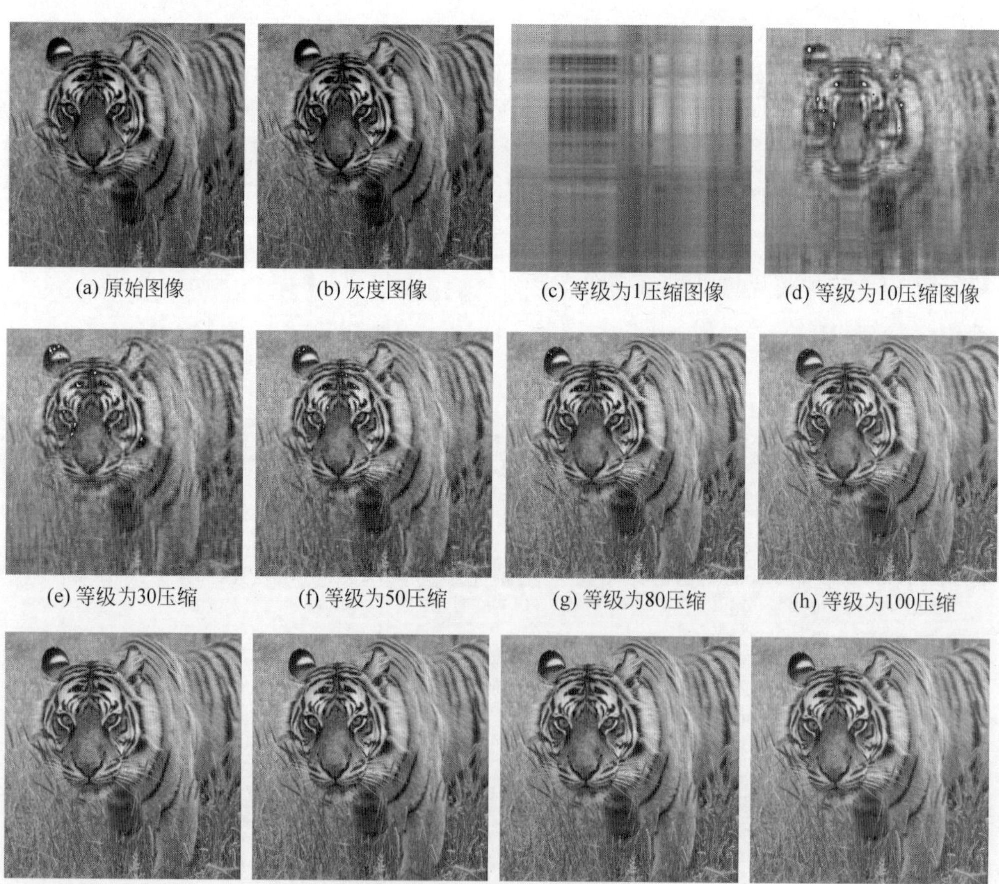

图 10-2 灰度图像压缩效果

从图 10-2 可看出，等级太低的压缩图像非常模糊，等级高的压缩图像效果较好。

【例 10-2】 按照彩色图像进行压缩。

```
# - * - coding: utf - 8 - *
from PIL import Image
import numpy as np
def rebuild_img(u, sigma, v, p):     #p表示奇异值的百分比
    m = len(u)
    n = len(v)
    a = np.zeros((m, n))
    count = (int)(sum(sigma))
    curSum = 0
    k = 0
    print(sigma[0:2],count * p)
    while curSum <= count * p:
        uk = u[:, k].reshape(m, 1)
        vk = v[k].reshape(1, n)
        a += sigma[k] * np.dot(uk, vk)
        curSum += sigma[k]
        k += 1

    print('k:',k )
    a[a < 0] = 0
    a[a > 255] = 255
     #按照最近距离取整数,并设置参数类型为uint8
    return np.rint(a).astype("uint8")
if __name__ == '__main__':
    img = Image.open(u'frog.jpg', 'r')
    a = np.array(img)
    for p in np.arange(0.1, 1, 0.1):
        u, sigma, v = np.linalg.svd(a[:, :, 0])
        R = rebuild_img(u, sigma, v, p)
        u, sigma, v = np.linalg.svd(a[:, :, 1])
        G = rebuild_img(u, sigma, v, p)
        u, sigma, v = np.linalg.svd(a[:, :, 2])
        B = rebuild_img(u, sigma, v, p)
        I = np.stack((R, G, B), 2)
        #保存图片在img文件夹下
        Image.fromarray(I).save("svd_" + str(int(p * 100)) + ".jpg")
```

运行程序，输出如下，效果如图 10-3 所示。

```
[66414.28487596 7356.75670103] 28533.0
k: 1
[60841.90582444 7845.58175309] 27373.800000000003
k: 1
[45981.42164062 6795.33656086] 25516.600000000002
…
k: 189
[60841.90582444 7845.58175309] 246364.2
k: 193
[45981.42164062 6795.33656086] 229649.4
k: 201
```

由图 10-3 可以看到，当 k=10 时，压缩效果非常差；当 k=90 时，压缩效果与原图像基本一致，效果非常好。

【例 10-3】 利用 Matplotlib 展示压缩前后对比(灰度)。

```
# - * - coding: utf - 8 - *
```

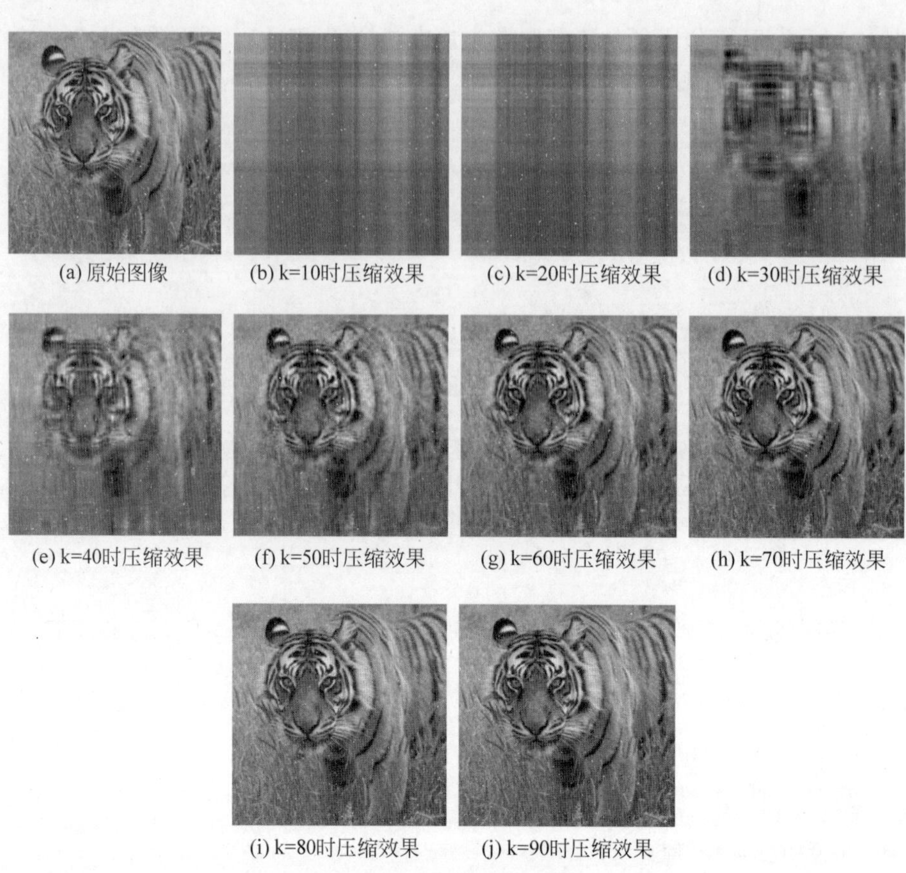

(a) 原始图像 (b) k=10时压缩效果 (c) k=20时压缩效果 (d) k=30时压缩效果

(e) k=40时压缩效果 (f) k=50时压缩效果 (g) k=60时压缩效果 (h) k=70时压缩效果

(i) k=80时压缩效果 (j) k=90时压缩效果

图 10-3 彩色图像压缩效果

```
import numpy as np
from scipy import ndimage
import matplotlib.pyplot as plt
plt.rcParams['font.sans-serif'] = ['SimHei']                #显示中文标签

def pic_compress(k, pic_array):
    u, sigma, vt = np.linalg.svd(pic_array)
    sig = np.eye(k) * sigma[: k]
    new_pic = np.dot(np.dot(u[:, :k], sig), vt[:k, :])                        # 还原图像
    size = u.shape[0] * k + sig.shape[0] * sig.shape[1] + k * vt.shape[1] # 压缩后大小
    return new_pic, size

filename = u"frog.jpg"
ori_img = np.array(ndimage.imread(filename, flatten = True))
new_img, size = pic_compress(100, ori_img)
print("原始图像大小:" + str(ori_img.shape[0] * ori_img.shape[1]))
print("压缩后图像大小:" + str(size))
fig, ax = plt.subplots(1, 2)
ax[0].imshow(ori_img)
ax[0].set_title("压缩前")
ax[1].imshow(new_img)
ax[1].set_title("压缩后")
plt.show()
```

运行程序,输出如下,效果如图 10-4 所示。

```
原始图像大小:250000
压缩后图像大小:110000
```

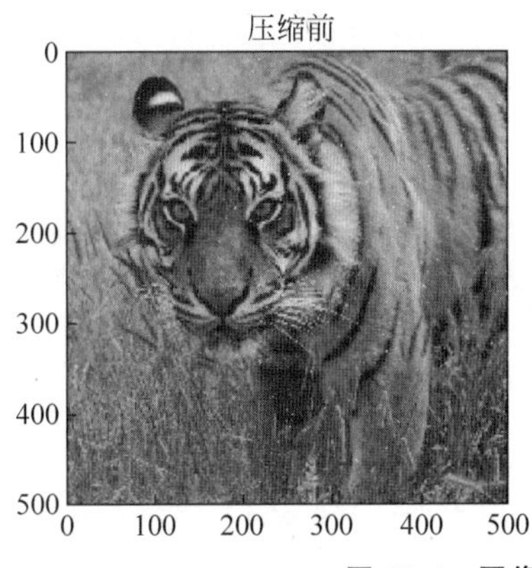

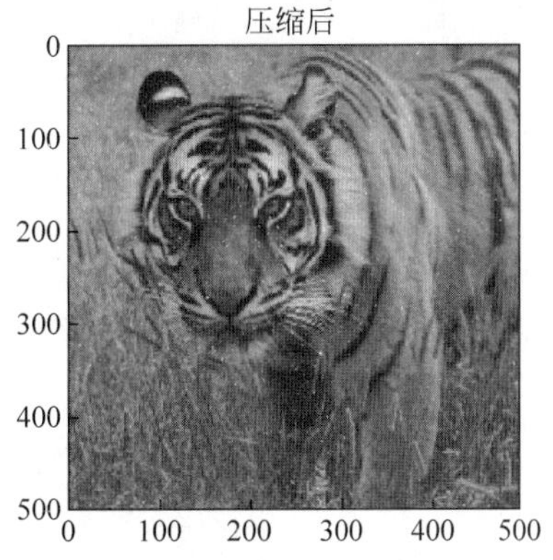

图 10-4　图像压缩前后效果对比

10.2　PCA 图像压缩处理

10.1 节介绍了利用 SVD 图像压缩处理，由案例分析可知，当奇异值取一定值时，压缩后的图像与原始图像效果看起来相差不大。本节将介绍利用 PCA 实现图像压缩处理。

10.2.1　概述

主成分分析是一种通过降维技术把多个标量转化为少数几个主成分的多元统计方法，这些主成分能够反映原始的大部分信息，通常被表示为原始变量的线性组合。为了使这些主成分分析包含的信息互不重叠，要求各主成分之间互不相关。

主成分分析能够有效减少数据的维度，并使提取的成分与原始数据的误差达到均方最小，可用于数据的压缩和模式识别的特征提取。本章通过采用主成分分析去除了图像数据的相关性，将图像信息浓缩到几个主成分的特征图像中，有效地实现了图像的压缩。

10.2.2　主成分降维原理

主成分分析在很多领域都有着广泛的应用，一般而言，当研究的问题涉及很多变量，并且变量间相关性明显，即包含的信息有所重叠时，可以考虑用主成分分析的方法，这样更容易抓住事物的主要矛盾，使问题得到简化。

设 $\boldsymbol{X}=[\boldsymbol{X}_1,\boldsymbol{X}_2,\cdots,\boldsymbol{X}_p]^{\mathrm{T}}$ 是一个 p 维随机向量，记 $\mu=E(\boldsymbol{X})$ 和 $\Sigma=D(x)$，且 Σ 的 p 个特征值 $\lambda_1\geqslant\lambda_2\geqslant\cdots\geqslant\lambda_p$ 对应的特征向量为 $\boldsymbol{t}_1,\boldsymbol{t}_2,\cdots,\boldsymbol{t}_p$，即，

$$\Sigma\boldsymbol{t}_i=\lambda_i\boldsymbol{t}_i,\quad \boldsymbol{t}_i^{\mathrm{T}}\boldsymbol{t}_i=1,\quad \boldsymbol{t}_i^{\mathrm{T}}\boldsymbol{t}_j=\boldsymbol{0},(i\neq j;i,j=1,2,\cdots,p) \tag{10-4}$$

并做如下线性变换：

$$\begin{bmatrix} Y_1 \\ Y_2 \\ \vdots \\ Y_n \end{bmatrix}=\begin{bmatrix} L_{11} & L_{12} & \cdots & L_{1p} \\ L_{21} & L_{22} & \cdots & L_{2p} \\ \vdots & \vdots & \ddots & \vdots \\ L_{n1} & L_{n2} & \cdots & L_{np} \end{bmatrix}\begin{bmatrix} \boldsymbol{X}_1 \\ \boldsymbol{X}_2 \\ \vdots \\ \boldsymbol{X}_p \end{bmatrix}=\begin{bmatrix} \boldsymbol{L}_1^{\mathrm{T}} \\ \boldsymbol{L}_2^{\mathrm{T}} \\ \vdots \\ \boldsymbol{L}_n^{\mathrm{T}} \end{bmatrix}\boldsymbol{X},\quad n\leqslant p \tag{10-5}$$

如果希望使用 $\boldsymbol{Y}=[Y_1,Y_2,\cdots,Y_n]^{\mathrm{T}}$ 来描述 $\boldsymbol{X}=[X_1,X_2,\cdots,X_p]^{\mathrm{T}}$，则要求 $\boldsymbol{Y}$ 尽可能多地反映 $\boldsymbol{X}$ 向量的信息，也就是 Y_i 的方差 $D(Y_i)=\boldsymbol{L}_i^{\mathrm{T}}\Sigma\boldsymbol{L}_i$ 越大越好。另外，为了更有效地表达原始信息，Y_i 和 Y_j 不能包含重复的内容，即 $\mathrm{cov}(Y_i,Y_j)=\boldsymbol{L}_i^{\mathrm{T}}\Sigma\boldsymbol{L}_j=0$。可以证明，当 $\boldsymbol{L}_i=\boldsymbol{t}_i$ 时，$D(Y_i)$ 取最大值，且最大值为 λ_i，同时 Y_i 和 Y_j 满足正交条件。

10.2.3　分矩阵重建样本

在实际问题中，总体 $\boldsymbol{X}$ 的协方差矩阵往往是未知的，需要由样本进行估计，设 $\boldsymbol{X}_1,\boldsymbol{X}_2,\cdots,$

$\boldsymbol{X}_n$ 来自总体 $\boldsymbol{X}$ 的样本，其中 $\boldsymbol{X}_i=[X_{i1},X_{i2},\cdots,X_{ip}]^{\mathrm{T}}$，则样本观测矩阵为

$$\boldsymbol{X}=\begin{bmatrix}\boldsymbol{X}_1^{\mathrm{T}}\\ \boldsymbol{X}_2^{\mathrm{T}}\\ \vdots\\ \boldsymbol{X}_n^{\mathrm{T}}\end{bmatrix}=\begin{bmatrix}X_{11} & X_{12} & \cdots & X_{1p}\\ X_{21} & X_{22} & \cdots & X_{2p}\\ \vdots & \vdots & \ddots & \vdots\\ X_{n1} & X_{n2} & \cdots & X_{np}\end{bmatrix} \tag{10-6}$$

$\boldsymbol{X}$ 矩阵中每行都对应一个样本，每列都对应一个变量，则样本协方差矩阵 $\boldsymbol{S}$ 和相关系数矩阵 $\boldsymbol{R}$ 分别为：

$$\boldsymbol{S}=\frac{1}{n}\sum_{i=1}^{n}(\boldsymbol{X}_i-\bar{\boldsymbol{X}})(\boldsymbol{X}_i-\bar{\boldsymbol{X}})^{\mathrm{T}}=(S_{ij}) \tag{10-7}$$

$$\boldsymbol{R}=(R_{ij}),\quad R_{ij}=\frac{S_{ij}}{\sqrt{S_{ii}S_{jj}}}$$

定义样本 $\boldsymbol{X}_i$ 的第 j 个主成分得分为 $\mathrm{SCORE}(i,j)=\boldsymbol{X}_i^{\mathrm{T}}\boldsymbol{t}_j$，写成矩阵的形式为：

$$\mathrm{SCORE}=\begin{bmatrix}\boldsymbol{X}_1^{\mathrm{T}}\\ \boldsymbol{X}_2^{\mathrm{T}}\\ \vdots\\ \boldsymbol{X}_n^{\mathrm{T}}\end{bmatrix}[t_1\quad t_2\quad\cdots\quad t_p]=\boldsymbol{XT} \tag{10-8}$$

对式(10-8)进行求逆，可以从得分矩阵重构原始样本：

$$\boldsymbol{X}=\mathrm{SCORE}\cdot\boldsymbol{T}^{-1}=\mathrm{SCORE}\cdot\boldsymbol{T}^{\mathrm{T}}$$

在通常情况下，主成分分析只会选择前 m 个主成分来逼近原样本。

10.2.4 主成分分析图像压缩

采用主成分分析时，需要将图像分割成很多子块，将这些子块作为样本，并假设这些样本有着共同的成分并存在相关性。

假如图像数组 $\boldsymbol{I}$ 的大小为 256×576，子块大小为 16×8，那么 $\boldsymbol{I}$ 可以划分为(256/16)×(576/8)=1152 子块(样本)，每个样本都包含 16×8=128 个元素，将每个样本都拉伸成一个行向量，然后将 1152 个样本按列组装成 1152×128 的样本矩阵，记为 $\boldsymbol{X}$，则 $\boldsymbol{X}$ 的每一行都对应一个样本(子块)，每一列都对应不同子块上同一位置的像素(变量)。

由图像的特点可知，每个子块上相邻像素点的灰度值都具有一定的相似性，所以 $\boldsymbol{X}$ 的列和列之间具有一定的相关性。如果把 $\boldsymbol{X}$ 的每一列都看作一个变量，则变量之间的信息有所重叠，可以通过主成分分析进行降维处理，进而实现图像压缩。

10.2.5 主成分压缩图像案例分析

前面对主成分的原理、重建、压缩分析等知识进行了介绍，本节通过案例来分析利用 PCA 实现主成分压缩处理。

利用主成分压缩图像的步骤为：

(1) 分别求每个维度的平均值，然后对于所有的样例，都减去对应维度的均值，得到去中心化的数据；

(2) 求协方差矩阵 $\boldsymbol{C}$，用去中心化的数据矩阵乘上它的转置，然后除以($N-1$)即可，N 为样本数量；

(3) 求协方差的特征值和特征向量；

(4) 将特征值按照从大到小排序，选择前 k 个，然后将其对应的 k 个特征向量分别作为列向量组成特征向量矩阵；

(5) 将样本点从原来维度投影到选取的 k 个特征向量，得到低维数据；

(6) 通过逆变换，重构低维数据，进行复原。

【例 10-4】 利用 PCA 压缩图像。

(1) 创建 eigValPct(eigVals, percentage)。

通过方差的百分比来计算将数据降到多少维。函数传入的参数是特征值 eigVals 和百分比 percentage，返回需要降到的维度数 num。

```
def eigValPct(eigVals, percentage):
    sortArray = np.sort(eigVals)[::-1] #特征值从大到小排序
    pct = np.sum(sortArray) * percentage
    tmp = 0
    num = 0
    for eigVal in sortArray:
        tmp += eigVal
        num += 1
        if tmp >= pct:
            return num
```

(2) 创建 im_PCA(dataMat, percentage=0.9)。

函数有两个参数，其中 dataMat 是已经转换成矩阵 matrix 形式的数据集，每列表示一个维度；percentage 表示取前多少个特征需要达到的方差占比，默认为 0.9。

值得注意的是，np.cov(dataMat, rowvar=False)按照 rowvar 的默认值，会把一行当成一个特征，一列当成一个样本。

```
def im_PCA(dataMat, percentage = 0.9):
    meanVals = np.mean(dataMat, axis = 0)
    meanRemoved = dataMat - meanVals
    #这里不管是对去中心化数据或原始数据计算协方差矩阵,结果都一样,特征值大小会变,但相对
大小不会改变
    #标准的计算需要除以(dataMat.shape[0]-1)
    covMat = np.dot(np.transpose(meanRemoved), meanRemoved)
    eigVals, eigVects = np.linalg.eig(np.mat(covMat))
#要达到方差的百分比 percentage,需要前 k 个向量
    k = eigValPct(eigVals,percentage)
    print('K =', k)
    eigValInd = np.argsort(eigVals)[::-1]                #对特征值 eigVals 从大到小排序
    eigValInd = eigValInd[:k]
    redEigVects = eigVects[:,eigValInd]                  #主成分
    lowDDataMat = meanRemoved * redEigVects     #将原始数据投影到主成分上得到新的低维数
                                                #据 lowDDataMat
    reconMat = (lowDDataMat * redEigVects.T) + meanVals   #得到重构数据 reconMat
    return lowDDataMat, reconMat
```

注意：图像 Matrix 格式必须转换为 uint8 格式，否则使用 cv2.imshow 时图像不能正常显示。但是，强制类型转化后会丢失信息，比如将 6. 变成 5 ，因为强制类型转化是直接采用截断二进制位的方式。

```
img = cv2.imread('37.jpg')
blue = img[:,:,0]
dataMat = np.mat(blue)
lowDDataMat, reconMat = im_PCA(dataMat, 1)
print('原始数据', blue.shape, '降维数据', lowDDataMat.shape)
print(dataMat)
print(reconMat)
```

```
# 格式必须转换为 uint8 格式,这里丢失了很多信息
reconMat = np.array(reconMat, dtype = 'uint8')

cv2.imshow('blue', blue)
cv2.imshow('reconMat', np.array(reconMat, dtype = 'uint8'))
cv2.waitKey(0)
```

运行程序,输出如下,效果如图 10-5 所示。

```
K = None
原始数据 (520, 520) 降维数据 (520, 520)
[[140 134 136 ... 60 46 38]
 [138 137 136 ... 47 39 37]
 [139 138 138 ... 38 35 35]
 ...
 [ 42 43 40 ... 43 47 55]
 [ 43 39 40 ... 46 52 58]
 [ 42 41 38 ... 51 58 63]]
[[140. 134. 136. ... 60. 46. 38.]
 [138. 137. 136. ... 47. 39. 37.]
 [139. 138. 138. ... 38. 35. 35.]
 ...
 [ 42. 43. 40. ... 43. 47. 55.]
 [ 43. 39. 40. ... 46. 52. 58.]
 [ 42. 41. 38. ... 51. 58. 63.]]
[[140.00411948 133.95486563 136.06035666 ... 60.03682403 45.97289596
   38.05354154]
 [137.91620416 137.12541306 135.88954152 ... 46.92462222 39.02407632
   36.98266643]
 [139.03710332 137.95003049 138.05244265 ... 37.84966776 35.06724627
   34.96304346]
 ...
 [ 42.01113436 43.05207312 39.95204401 ... 43.13641772 46.97029808
   55.03459443]
 [ 43.02768587 39.01551348 40.03527399 ... 45.91069511 52.08457714
   57.91200312]
 [ 41.99112319 40.98499414 37.98341385 ... 50.98271676 58.01069591
   63.00991373]]
丢失信息量: 135244.0
原始信息量: 3642683855.0
信息丢失率: 3.712757005095629e-05
```

图 10-5 PCA 压缩图像效果

10.3 *K*-Means 聚类图像压缩处理

K-Means 是一种应用很广泛的聚类算法。通俗地讲,聚类就是“物以类聚,人以群分”。*K*-Means 是怎么实现聚类的呢？怎样利用 *K*-Means 聚类实现图像压缩处理呢？下面以一个简单的样例来阐述其工作原理。

10.3.1 *K*-Means 算法的原理

K-Means 算法首先从数据样本中选取 *K* 个点作为初始聚类中心；其次计算各个样本到聚类的距离，把样本归到离它最近的那个聚类中心所在的类；再次计算新形成的每个聚类的数据对象的平均值来得到新的聚类中心；最后重复以上步骤，直到相邻两次的聚类中心没有任何变化，说明样本调整结束，聚类准则函数达到最优。*K*-Means 聚类算法的流程图如图 10-6 所示。

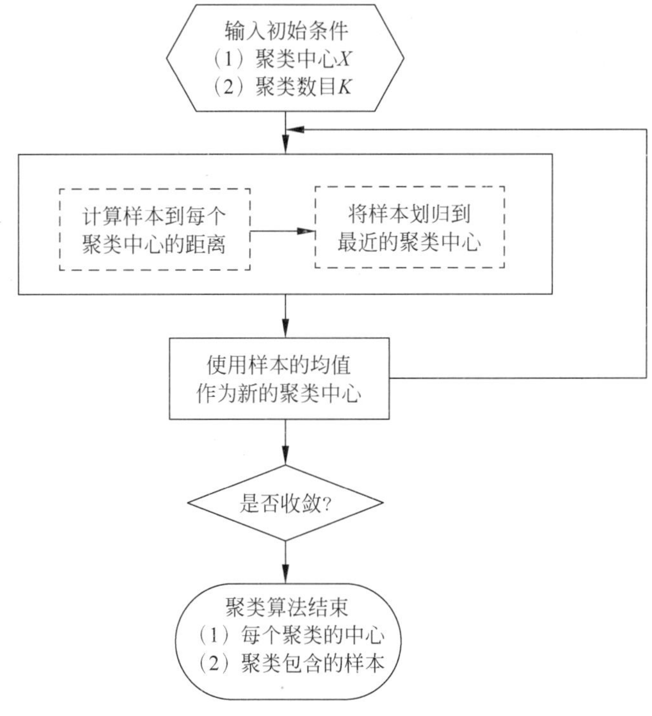

图 10-6 *K*-Means 聚类算法的流程图

10.3.2 *K*-Means 算法的要点

下面将对 *K*-Means 聚类相似度量、迭代终止判断条件、误差平方和准则函数的评价聚类性能这几个要点进行介绍。

1. *K*-Means 聚类相似度量

在计算数据样本之间的距离时，可以根据实际需要选择某种距离（欧氏距离、曼哈顿距离、绝对值距离、切比雪夫距离等）作为样本的相似性度量，其中最常用的是欧氏距离：

$$d(\boldsymbol{x}_i,\boldsymbol{x}_j)=\|\boldsymbol{x}_i-\boldsymbol{x}_j\|=(\boldsymbol{x}_i-\boldsymbol{x}_j)^{\mathrm{T}}(\boldsymbol{x}_i-\boldsymbol{x}_j)=\sqrt{\sum_{k=1}^{n}(x_{ik},x_{jk})^2}$$

距离越小，样本 $\boldsymbol{x}_i$ 和 $\boldsymbol{x}_j$ 越相似，差异度越小；距离越大，样本 $\boldsymbol{x}_i$ 和 $\boldsymbol{x}_j$ 越不相似，差异度越大。

2. 迭代终止判断条件

K-Means 算法在每次迭代中都要考察每个样本的分类是否正确，如果不正确，则需要调整。在全部样本都调整完毕后，再修改聚类中心，进入下一次迭代，直到满足某个终止条件。

（1）不存在能重新分配给不同聚类的对象。

（2）聚类中心不再发生变化。

（3）误差平方和准则函数局部最小。

3. 误差平方和准则函数的评价聚类性能

假设给定数据集 X 包含 k 个聚类子集 $X_1,X_2,\cdots,X_n$，各个聚类子集中的样本数量分别为 $n_1,n_2,\cdots,n_k$，各个聚类子集的聚类中心分别为 $\mu_1,\mu_2,\cdots,\mu_k$，则误差平方和准则函数公式为：

$$E=\sum_{i=1}^{k}\sum_{p\in \boldsymbol{X}_i}\|\boldsymbol{p}-\boldsymbol{\mu}_i\|^2$$

10.3.3 *K*-Means 算法的缺点

K-Means 算法是解决聚类问题的一种经典算法，它简单、快速，该算法对于处理大数据集是相对可伸缩和高效率的，结果类是密集的，而在类与类之间区别明显时，其效果较好。但是 K-Means 算法由于其算法的局限性也存在以下缺点。

（1）K-Means 需要给定初始聚类中心来确定一个初始划分，另外，对于不同的初始聚类中心，可能会导致不同的结果。

（2）K-Means 必须事先给定聚类数量，然而聚类的个数 K 值往往是难以估计的。可以通过类的自动合并和分裂，来得到合理的聚类数量 K，如 ISODATA 算法在迭代过程中可将一个类一分为二，亦可将两个类合二为一，即“自组织”，这种算法具有启发式的特点。

（3）K-Means 对于“噪声”和孤立很敏感，少量的该类数据能够对平均值产生极大的影响。K-center 算法不采用簇中的平均值作为参照点，可以选用类中处于中心位置的对象，即中心点作为参照点，从而解决 K-Means 算法对于孤立点敏感的问题。

（4）K-Means 在类的平均值被定义的情况下才能使用，这对于处理符号属性的数据不适用，如姓名、性别、学校等。K-Means 算法实现了对离散数据点的快速聚类，可处理具有分类属性等类型的数据。它采用差异度 D 来代替 K-Means 算法中的距离，差异度越小，则表示距离越小。一个样本和一个聚类中心的差异度就是它们各个属性不相同的个数，属性相同为 0，属性不同为 1，并计算 1 的总和，因此 D 越大，两者之间的不相关程度越强。

10.3.4 *K*-Means 聚类图像压缩案例分析

一张分辨率为 100×100 像素的图片，其实就是由 10 000 个 RGB 值组成。所以我们要做的就是对于这 10 000 个 RGB 值聚类成 K 个簇，然后使用每个簇内的质心点来替换簇内所有的 RGB 值，这样在不改变分辨率的情况下使用的颜色减少了，图片大小也就会减小了。

前面对 K-Means 的原理、要点、缺点等相关概念进行了介绍，下面通过一个例子来演示其实现图像压缩效果。实现步骤如下。

（1）导入包。

```
import matplotlib.pyplot as plt
import seaborn as sns
from sklearn.cluster import KMeans                    #导入 kmeans
from sklearn.utils import shuffle
import numpy as np
from skimage import io
import warnings
plt.rcParams['font.sans-serif'] = ['SimHei']     #显示中文标签
warnings.filterwarnings('ignore')
```

（2）图片读取。

```
original = mpl.image.imread('frog.jpg')
width,height,depth = original.shape
temp = original.reshape(width * height,depth)
```

```
temp = np.array(temp, dtype = np.float64) / 255
```

图像读取完我们获取到的其实是一个 width×height 的三维矩阵(width×height 是图片的分辨率)。

(3) 训练模型。

```
original_sample = shuffle(temp, random_state = 0)[:1000] #随机取 1000 个 RGB 值作为训练集
def cluster(k):
    estimator = KMeans(n_clusters = k,n_jobs = 8,random_state = 0) #构造聚类器
    kmeans = estimator.fit(original_sample)                       #聚类
    return kmeans
```

我们只随机取了 1000 组 RGB 值作为训练,k 表示聚类成 k 个簇,对于本文就是 k 种颜色。

(4) RGB 值转化为图像。

```
def recreate_image(codebook, labels, w, h):
    d = codebook.shape[1]
    image = np.zeros((w, h, d))
    label_idx = 0
    for i in range(w):
        for j in range(h):
            image[i][j] = codebook[labels[label_idx]]
            label_idx += 1
    return image
```

(5) 聚类。

选取 32、64、128 3 个 k 值来做比较:

```
kmeans = cluster(32)
labels = kmeans.predict(temp)
kmeans_32 = recreate_image(kmeans.cluster_centers_, labels,width,height)
kmeans = cluster(64)
labels = kmeans.predict(temp)
kmeans_64 = recreate_image(kmeans.cluster_centers_, labels,width,height)
kmeans = cluster(128)
labels = kmeans.predict(temp)
kmeans_128 = recreate_image(kmeans.cluster_centers_, labels,width,height)
```

(6) 画图并保存。

```
plt.figure(figsize = (15,10))
plt.subplot(2,2,1)
plt.axis('off')
plt.title('原始图像')
plt.imshow(original.reshape(width,height,depth))
plt.subplot(2,2,2)
plt.axis('off')
plt.title('量化的图像(128 颜色, K - Means)')
plt.imshow(kmeans_128)
io.imsave('kmeans_128.png',kmeans_128)
plt.subplot(2,2,3)
plt.axis('off')
plt.title('量化的图像(64 颜色, K - Means)')
plt.imshow(kmeans_64)
io.imsave('kmeans_64.png',kmeans_64)
plt.subplot(2,2,4)
plt.axis('off')
plt.title('量化的图像(32 颜色, K - Means)')
plt.imshow(kmeans_32)
io.imsave('kmeans_32.png',kmeans_32)
plt.show()
```

运行程序，效果如图 10-7 所示。

原始图像

量化的图像(128颜色, K-Means)

量化的图像(64颜色, K-Means)

量化的图像(32颜色, K-Means)

图 10-7 K-Means 聚类实现图像压缩效果图

10.4 K-Means 聚类实现图像分割

K-Means 算法简洁，具有很强的搜索力，适合处理数据量大的情况，在数据挖掘和图像处理领域中得到了广泛的应用。采用 K-Means 进行图像分割，会将图像的每个像素点的灰度或者 RGB 作为样本(特征向量)，因此整个图像就构成了一个样本集合(特征向量空间)，从而把图像分割任务转换为对数据集合的聚类任务。然后，在此特征空间中运用K-Means 算法进行图像区域分割，最后抽取图像区域的特征。

例如，对 512×256×3 像素的彩色图像进行分割，则将每个像素点 RGB 值都作为一个样本，最后将图像数组转换成(512×256)×3=131 072×3 的样本集合矩阵，矩阵中每一行都表示一个样本(像素点的 RGB)，总共包含 131 072 个样本，矩阵中的每一列都表示一个变量。从图像中选择几个典型的像素点，将其 RGB 作为初始聚类中心，根据图像上每个像素点 RGB 值之间的相似性，调用 K-Means 进行聚类分割。

采用 K-Means 聚类分析处理复杂图像时，如果单纯使用像素点的 RGB 值作为特征向量，然后构成特征向量空间，则算法鲁棒性往往比较脆弱。一般情况下，需要将图像转换到合适的彩色空间(如 Lab 或 HSL 等)，然后抽取像素点的颜色、纹理和位置等特征，形成特征向量。

10.4.1 K-Means 聚类分割灰度图像

在图像处理中，通过 K-Means 算法可以实现图像分割、图像聚类、图像识别等操作，本节主要用来进行图像颜色分割。假设存在一幅 100×100 像素的灰度图像，它由 10 000 个 RGB 灰度级组成，通过 K-Means 可以将这些像素点聚类成 K 个簇，然后使用每个簇内的质心点来替换簇内所有的像素点，这样就能实现在不改变分辨率的情况下量化压缩图像颜色，实现图像颜色层级分割。

在 OpenCV 中，kmeans()函数原型如下所示：

```
retval, bestLabels, centers = kmeans(data, K, bestLabels, criteria, attempts, flags[, centers])
```

其中，

- data：聚类数据，最好是 np.float32 类型的 N 维点集。
- K：聚类簇数。
- bestLabels：输出的整数数组，用于存储每个样本的聚类标签索引。
- criteria：算法终止条件，即最大迭代次数或所需精度。在某些迭代中，一旦每个簇中心的移动小于 criteria.epsilon，算法就会停止。
- attempts：重复试验 *K*-Means 算法的次数，算法返回产生最佳紧凑性的标签。
- flags：初始中心的选择，两种方法是 cv2.KMEANS_PP_CENTERS 和 cv2.KMEANS_RANDOM_CENTERS。
- centers：集群中心的输出矩阵，每个集群中心为一行数据。

下面使用该方法对灰度图像颜色进行分割处理，需要注意，在进行 *K*-Means 聚类操作之前，需要将 RGB 像素点转换为一维的数组，再将各形式的颜色聚集在一起，形成最终的颜色分割。

【例 10-5】 利用 *K*-Means 聚类对灰度图像实现分割。

```
# coding: utf-8
import cv2
import numpy as np
import matplotlib.pyplot as plt
#读取原始图像
img = cv2.imread('lena.png')
print (img.shape)

#图像二维像素转换为一维
data = img.reshape((-1,3))
data = np.float32(data)
#定义中心 (type,max_iter,epsilon)
criteria = (cv2.TERM_CRITERIA_EPS +
            cv2.TERM_CRITERIA_MAX_ITER, 10, 1.0)
#设置标签
flags = cv2.KMEANS_RANDOM_CENTERS
#K-Means 聚类聚集成 2 类
compactness, labels2, centers2 = cv2.kmeans(data, 2, None, criteria, 10, flags)
#K-Means 聚类聚集成 4 类
compactness, labels4, centers4 = cv2.kmeans(data, 4, None, criteria, 10, flags)
#K-Means 聚类聚集成 8 类
compactness, labels8, centers8 = cv2.kmeans(data, 8, None, criteria, 10, flags)
#K-Means 聚类聚集成 16 类
compactness, labels16, centers16 = cv2.kmeans(data, 16, None, criteria, 10, flags)
#K-Means 聚类聚集成 64 类
compactness, labels64, centers64 = cv2.kmeans(data, 64, None, criteria, 10, flags)
#图像转换回 uint8 二维类型
centers2 = np.uint8(centers2)
res = centers2[labels2.flatten()]
dst2 = res.reshape((img.shape))
centers4 = np.uint8(centers4)
res = centers4[labels4.flatten()]
dst4 = res.reshape((img.shape))
centers8 = np.uint8(centers8)
res = centers8[labels8.flatten()]
dst8 = res.reshape((img.shape))
centers16 = np.uint8(centers16)
res = centers16[labels16.flatten()]
dst16 = res.reshape((img.shape))
centers64 = np.uint8(centers64)
res = centers64[labels64.flatten()]
dst64 = res.reshape((img.shape))
#图像转换为 RGB 显示
```

```
img = cv2.cvtColor(img, cv2.COLOR_BGR2RGB)
dst2 = cv2.cvtColor(dst2, cv2.COLOR_BGR2RGB)
dst4 = cv2.cvtColor(dst4, cv2.COLOR_BGR2RGB)
dst8 = cv2.cvtColor(dst8, cv2.COLOR_BGR2RGB)
dst16 = cv2.cvtColor(dst16, cv2.COLOR_BGR2RGB)
dst64 = cv2.cvtColor(dst64, cv2.COLOR_BGR2RGB)
#用来正常显示中文标签
plt.rcParams['font.sans-serif'] = ['SimHei']
#显示图像
titles = [u'原始图像', u'聚类图像 K=2', u'聚类图像 K=4',
          u'聚类图像 K=8', u'聚类图像 K=16', u'聚类图像 K=64']
images = [img, dst2, dst4, dst8, dst16, dst64]
for i in range(6):
   plt.subplot(2,3,i+1), plt.imshow(images[i], 'gray'),
   plt.title(titles[i])
   plt.xticks([]),plt.yticks([])
plt.show()
```

运行程序,输出如下,效果如图 10-8 所示。

```
(520, 520, 3)
```

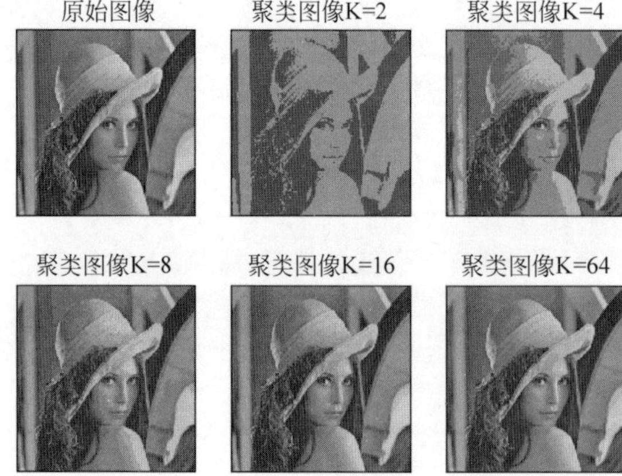

图 10-8 *K*-Means 算法对灰度图像分割效果

10.4.2 *K*-Means 聚类对比分割彩色图像

下面实例是对彩色图像进行颜色分割处理,它将彩色图像聚集成 2 类、4 类和 64 类。

【例 10-6】 利用 *K*-Means 聚类对彩色图像实现分割。

```
# coding: utf-8
import cv2
import numpy as np
import matplotlib.pyplot as plt
#读取原始图像
img = cv2.imread('flow.jpg')
print(img.shape)
#图像二维像素转换为一维
data = img.reshape((-1,3))
data = np.float32(data)

#定义中心 (type,max_iter,epsilon)
criteria = (cv2.TERM_CRITERIA_EPS +
                cv2.TERM_CRITERIA_MAX_ITER, 10, 1.0)
#设置标签
flags = cv2.KMEANS_RANDOM_CENTERS
#K-Means 聚类聚集成 2 类
compactness, labels2, centers2 = cv2.kmeans(data, 2, None, criteria, 10, flags)
#K-Means 聚类聚集成 4 类
```

```
compactness, labels4, centers4 = cv2.kmeans(data, 4, None, criteria, 10, flags)
#K-Means 聚类聚集成 8 类
compactness, labels8, centers8 = cv2.kmeans(data, 8, None, criteria, 10, flags)
#K-Means 聚类聚集成 16 类
compactness, labels16, centers16 = cv2.kmeans(data, 16, None, criteria, 10, flags)
#K-Means 聚类聚集成 64 类
compactness, labels64, centers64 = cv2.kmeans(data, 64, None, criteria, 10, flags)
#图像转换回 uint8 二维类型
centers2 = np.uint8(centers2)
res = centers2[labels2.flatten()]
dst2 = res.reshape((img.shape))
centers4 = np.uint8(centers4)
res = centers4[labels4.flatten()]
dst4 = res.reshape((img.shape))
centers8 = np.uint8(centers8)
res = centers8[labels8.flatten()]
dst8 = res.reshape((img.shape))
centers16 = np.uint8(centers16)
res = centers16[labels16.flatten()]
dst16 = res.reshape((img.shape))
centers64 = np.uint8(centers64)
res = centers64[labels64.flatten()]
dst64 = res.reshape((img.shape))

#图像转换为 RGB 显示
img = cv2.cvtColor(img, cv2.COLOR_BGR2RGB)
dst2 = cv2.cvtColor(dst2, cv2.COLOR_BGR2RGB)
dst4 = cv2.cvtColor(dst4, cv2.COLOR_BGR2RGB)
dst8 = cv2.cvtColor(dst8, cv2.COLOR_BGR2RGB)
dst16 = cv2.cvtColor(dst16, cv2.COLOR_BGR2RGB)
dst64 = cv2.cvtColor(dst64, cv2.COLOR_BGR2RGB)
#用来正常显示中文标签
plt.rcParams['font.sans-serif'] = ['SimHei']
#显示图像
titles = [u'原始图像', u'聚类图像 K=2', u'聚类图像 K=4',
          u'聚类图像 K=8', u'聚类图像 K=16', u'聚类图像 K=64']
images = [img, dst2, dst4, dst8, dst16, dst64]
for i in range(6):
   plt.subplot(2,3,i+1), plt.imshow(images[i], 'gray'),
   plt.title(titles[i])
   plt.xticks([]),plt.yticks([])
plt.show()
```

运行程序，输出如下，效果如图 10-9 所示。

```
(460, 478, 3)
```

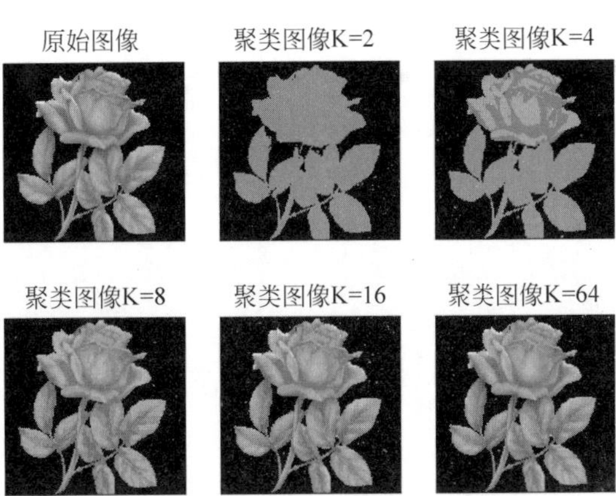

图 10-9　*K*-Means 算法对彩色图像分割效果

10.5 阈值法实现图像分割

阈值分割方法是图像分割中的经典方法，它利用图像中要提取的目标与背景在灰度上的差异，通过设置阈值来把像素分成若干类，从而实现目标与背景的分离。

由于阈值分割方法的关键在于阈值的选择，因此如果能将智能遗传算法应用在阈值筛选上，选取最优分割图像的阈值，能够更进一步提升阈值图像分割方法的效果。

常用的阈值分割方法有全阈值分割、迭代阈值分割、最大类间方差（OTSU）算法阈值分割、自适应阈值分割等。

10.5.1 全阈值分割

全阈值分割指将灰度值大于 thresh（阈值）的像素设为一种颜色，小于或等于阈值的像素设为另一种颜色，在 OpenCV 中实现全阈值分割使用的函数为：

```
ret,th = threshold(src, thresh, maxval, type)
```

各个值的含义如下。

- src：变换操作的输入图像，必须是单通道灰度图像。
- thresh：阈值，取值范围为 0～255。
- maxval：填充色，取值范围为 0～255，一般取 255。
- type：阈值的分割方式，取值主要有如表 10-1 所示的 6 种。

表 10-1 阈值的分割方式

分割方式	功　　能
cv2.THRESH_BINARY	大于阈值时置 255，否则置 0
cv2.THRESH_BINARY_INV	大于阈值时置 0，否则置 255
cv2.THRESH_TRUNC	大于阈值时置为阈值 thresh，否则不变（保持原色）
cv2.THRESH_TOZERO	大于阈值时不变（保持原色），否则置 0
cv2.THRESH_TOZERO_INV	大于阈值时置 0，否则不变（保持原色）
cv2.THRESH_OTSU	使用 OTSU 算法选择阈值

- 返回值 retval：返回二值化的阈值。
- 返回值 dst：返回阈值变换的输出图像。

【例 10-7】 全阈值分割图像实例。

```
import cv2
import matplotlib.pyplot as plt
plt.rcParams['font.sans-serif'] = ['SimHei']                              #显示中文
img = cv2.imread('lena.jpg', flags=1)                                      #读取彩色图像
img_gray = cv2.imread('lena.jpg', flags=0)                                 #读取灰度图像
ret, th = cv2.threshold(img_gray, 120, 255, cv2.THRESH_BINARY) #用 cv2 实现固定阈值分割

plt.subplot(131), plt.imshow(img)
plt.title('原始图像'), plt.xticks([]), plt.yticks([])
plt.subplot(132), plt.imshow(img_gray, cmap='gray')
plt.title('灰度图像'), plt.xticks([]), plt.yticks([])
plt.subplot(133), plt.imshow(th, cmap='gray')
plt.title('分割图像'), plt.xticks([]), plt.yticks([])
plt.show()
```

运行程序，效果如图 10-10 所示。

10.5.2 迭代阈值分割

迭代阈值分割的原理主要步骤如下。

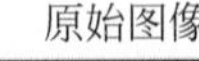

图 10-10 全阈值分割图像

(1) 设置初始阈值 T,通常可以设为图像的平均灰度。

(2) 用灰度阈值 T 分割图像：灰度值小于 T 的所有像素集合 G_1 和大于或等于 T 的所有像素集合 G_2。

(3) 分别计算 G_1、G_2 的平均灰度值 m_1、m_2。

(4) 求出新的灰度阈值

$$T = \frac{m_1 + m_2}{2}$$

(5) 重复步骤(2)～(4),直到阈值变化小于设定值。

在 Python 中,提供了 calcHist 方法实现迭代阈值分割。函数的语法为：

```
cv2.calcHist(images, channels, mask, histSize, ranges[, hist[, accumulate ]])
```

函数 cv2. calcHist 可以计算一维直方图或二维直方图,函数的参数 images、channels、histSize、ranges 在计算一维直方图时要带[]。

函数的各参数含义如下。

- images：输入图像,用[]表示。
- channels：直方图计算的通道,用[]表示。
- mask：掩模图像,一般置为 None。
- histSize：直方柱的数量,一般取 256。
- ranges：像素值的取值范围,一般为[0,256]。
- 返回值 hist：返回每一像素值在图像中的像素总数,形状为(histSize,1)。

【例 10-8】 迭代阈值分割图像实例。

```
import cv2
import numpy as np
from matplotlib import pyplot as plt
plt.rcParams['font.sans-serif'] = ['SimHei']                     # 显示中文

img = cv2.imread("frog.jpg", flags = 0)
deltaT = 1                                                        # 预定义值
histCV = cv2.calcHist([img], [0], None, [256], [0, 256])          # 灰度直方图
grayScale = range(256)                                            # 灰度级[0,255]
totalPixels = img.shape[0] * img.shape[1]                         # 像素总数
totalGary = np.dot(histCV[:, 0], grayScale)                       # 内积, 总和灰度值
T = round(totalGary / totalPixels)                                # 平均灰度

while True:
    numG1, sumG1 = 0, 0
    for i in range(T):                                            # 计算 C1:(0,T)平均灰度
        numG1 += histCV[i, 0]                                     # C1 像素数量
        sumG1 += histCV[i, 0] * i                                 # C1 灰度值总和
    numG2, sumG2 = (totalPixels - numG1), (totalGary - sumG1)  # C2 像素数量, 灰度值总和
    T1 = round(sumG1 / numG1)                                     # C1 平均灰度
```

```
        T2 = round(sumG2 / numG2)                                   # C2 平均灰度
        Tnew = round((T1 + T2) / 2)                                 # 计算新的阈值
        print("T = {}, m1 = {}, m2 = {}, Tnew = {}".format(T, T1, T2, Tnew))
        if abs(T - Tnew) < deltaT:                                  # 等价于 T == Tnew
            break
        else:
            T = Tnew

    # 阈值处理
    ret, imgBin = cv2.threshold(img, T, 255, cv2.THRESH_BINARY)  # 阈值分割,thresh = T
    plt.figure(figsize = (11, 4))
    plt.subplot(121), plt.axis('off'), plt.title("原始图像"),
    plt.imshow(img, 'gray')
    plt.subplot(122), plt.title("阈值 = {}".format(T)), plt.axis('off')
    plt.imshow(imgBin, 'gray')
    plt.tight_layout()
    plt.show()
```

运行程序,效果如图 10-11 所示。

图 10-11 迭代阈值分割图像

10.5.3 OTSU 算法阈值分割

OTSU 算法使用最大化类间方差(intra-class variance)作为评价准则,基于对图像直方图的计算,可以给出类间最优分离的最优阈值。

OTSU 算法按照图像上灰度值的分布,将图像分成背景和前景两部分看待,前景即为要按照阈值分割出来的部分。背景和前景的分界值为要求出的阈值。遍历不同的阈值,计算不同阈值下对应的背景和前景之间的类内方差,当类内方差取得极大值时,此时对应的阈值就是 OTSU 算法所求的阈值。

对于图像 $I(x,y)$,前景(即目标)和背景的分割阈值记作 T,属于前景的像素点数占整幅图像的比例记为 w_0,其平均灰度为 μ_0;背景像素点数占整幅图像的比例为 w_1,其平均灰度为 μ_1。图像的总平均灰度记为 μ,类间方差记为 g。假设图像的大小为 $M \times N$,图像中像素的灰度值小于阈值 T 的像素个数记作 N_0,像素灰度大于阈值 T 的像素个数记作 N_1,则有

$$w_0 = \frac{N_0}{M \cdot N}$$

$$w_1 = \frac{N_1}{M \cdot N}$$

则图像的总平均灰度为

$$\mu = w_0 \cdot \mu_0 + w_1 \cdot \mu_1$$

类间方差的计算方法为

$$g = w_0(\mu_0 - \mu)^2 + w_1(\mu_1 - \mu)^2$$

将总平均灰度代入类间方差的计算公式中，得到等价公式

$$g = w_0 w_1 (\mu_0 - \mu_1)^2$$

这个公式为类间方差的公式。采用遍历的方法得到使类间方差 g 最大的阈值 T，即为所求的阈值结果。

OTSU 算法的实现思路如下。

(1) 计算 0～255 各灰阶对应的像素个数，保存到一个数组中，该数组下标是灰度值，保存内容是当前灰度值对应像素数，即灰度直方图。

(2) 遍历 0～255 各灰阶，设置阈值 T。

- 计算背景图像的平均灰度、背景图像像素数所占比例；
- 计算前景图像的平均灰度、前景图像像素数所占比例；
- 计算对应的类间方差极大值，并保存。

(3) 寻找类间方差极大值，得到阈值结果。

在 OpenCV 中实现 OTSU 算法使用是 cv2.threshold()函数，指定使用 cv2.THREST_OTSU 参数。

【例 10-9】 OTSU 算法阈值分割图像实例。

```
import cv2
from matplotlib import pyplot as plt
plt.rcParams['font.sans - serif'] = ['SimHei']              #显示中文

img = cv2.imread("frog.jpg", flags = 0)
ret2, imgOtsu = cv2.threshold(img, 0, 255, cv2.THRESH_OTSU)   #阈值分割, thresh = T
plt.figure(figsize = (7, 7))
plt.subplot(121),plt.imshow(img,'gray'),plt.title('原图')
plt.subplot(122),plt.title("OTSU 分割(T = {})".format(round(ret2)))
plt.imshow(imgOtsu, 'gray')
plt.tight_layout()
plt.show()
```

运行程序，效果如图 10-12 所示。

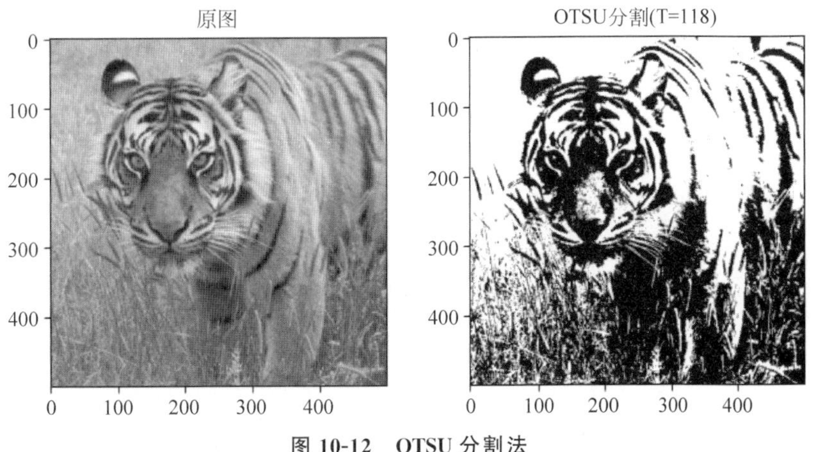

图 10-12 OTSU 分割法

10.5.4 自适应阈值分割

噪声和非均匀光照等因素对阈值处理的影响较大，如光照复杂时 OTSU 算法等全局阈值分割方法的效果往往不太理想，需要使用可变阈值处理。

可变阈值是指对于图像中的每个像素点或像素块有不同的阈值，如果该像素点大其对应

的阈值则认为其是前景。局部阈值分割可以根据图像的局部特征进行处理,与图像像素位置、灰度值及邻域特征值有关。可变阈值处理的基本方法是对图像中的每个点,根据其邻域的性质计算阈值。标准差和均值是对比度和平均灰度的描述,在局部阈值处理中非常有效。

在 OpenCV 中实现自适应阈值分割的函数是 adaptiveThreshold,函数语法格式如下:

```
cv.adaptiveThreshold(src, maxValue, adaptiveMethod, thresholdType, blockSize, C[, dst])
```

其中,各函数的各参数含义如下。

- src:输入图像,一般是灰度图。
- maxValue:灰度中的最大值,一般为 255,用来指明像素大于或小于阈值(与 type 类型有关),赋予最大值。
- adaptiveMethod:阈值的计算方法,主要有 cv2. ADAPTIVE_THRESH_MEAN_C(邻域内像素值取均值)和 cv2. ADAPTIVE_THRESH_GAUSSIAN_C(邻域内像素值进行高斯核加权求和)方法。
- thresholdType:阈值方式,与 threshold 中的 type 意义相同。
- block Size:计算局部阈值时取邻域的大小,如果设为 11,就取 11×11 的邻域范围,一般为奇数。
- C:阈值计算方法中的常数项,即最终的阈值是邻域内计算出的阈值与该常数项的差值。
- 返回参数 dst:自适应阈值分割的结果。

【例 10-10】 自适应阈值分割图像实例。

```
import cv2 as cv
import matplotlib.pyplot as plt
plt.rcParams['font.sans-serif'] = ['SimHei']      #显示中文
#读取图像
img = cv.imread('lena.jpg', 0)

#固定阈值
ret, th1 = cv.threshold(img, 127, 255, cv.THRESH_BINARY)
#自适应阈值
#邻域内求均值
th2 = cv.adaptiveThreshold(
    img, 255, cv.ADAPTIVE_THRESH_MEAN_C, cv.THRESH_BINARY, 11, 4)
#邻域内高斯加权
th3 = cv.adaptiveThreshold(
    img, 255, cv.ADAPTIVE_THRESH_GAUSSIAN_C, cv.THRESH_BINARY, 17, 6)
#绘制结果
titles = ['原图', '全局阈值(v = 127)', '自适应阈值(求均值)', '自适应阈值(高斯加权)']
images = [img, th1, th2, th3]
plt.figure(figsize=(8,6))
for i in range(4):
    plt.subplot(2, 2, i + 1), plt.imshow(images[i], 'gray')
    plt.title(titles[i], fontsize=8)
    plt.xticks([]), plt.yticks([])
plt.show()
```

运行程序,效果如图 10-13 所示。

从图 10-13 可以看出,全局阈值化使用唯一的阈值,对于亮度分布差异较大的图像,很难找到一个合适的阈值,而使用自适应的阈值分割时,阈值是自适应的,因此可以将物体分割出来。但因为要计算阈值,所以其计算量较大,效率低。

原图

全局阈值(v=127)

自适应阈值(求均值)

自适应阈值(高斯加权)

图 10-13 自适应分割法

第11章 图像特征匹配

CHAPTER 11

为了获得超宽视角、大视野、高分辨率的图像，传统方式是采用价格高昂的特殊摄像器材进行拍摄，采集图像并进行处理。近年来，随着数码相机、智能手机等经济适用型手持成像硬件设备的普及，人们可以对某些场景方便地获得离散图像序列，再通过适当的图像处理方法改善图像的质量，最终实现图像序列的自动拼接，同样可以获得具有超宽视角、大视野、高分辨率的图像。

图像拼接技术是一种将从真实世界中采集的离散化图像序列合成宽视角的场景图像的技术。假设有两幅有部分重叠区域的图像，则图像拼接就是将这两幅图像拼接成一幅图像。因此图像拼接的关键是能够快速、高效地寻找到两幅不同图像的重叠部分，实现宽度视角成像。

11.1 相关概念

本节介绍几个有关图像匹配的概念。

1. 空间投影

从真实世界中采集的一组相关图像以一定的方式投影到统一的空间面，其中可能存在立方体、圆柱体和球面体表面等。因此，这组图像就具有统一的参数空间坐标。

2. 匹配定位

对投影到统一的空间面中的相邻图像进行比对，确定可匹配的区域位置。

3. 叠加融合

根据匹配结果，将图像重叠区域进行融合处理，拼接成图。因此，图像拼接技术是全景图技术的关键和核心，通常可以分为两步：图像匹配和图像融合。拼接流程图如图 11-1 所示。图像块的匹配流程如图 11-2 所示。

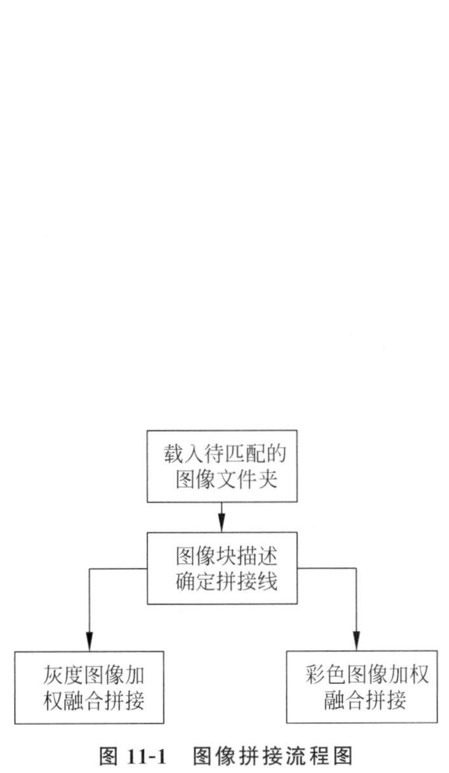

图 11-1 图像拼接流程图

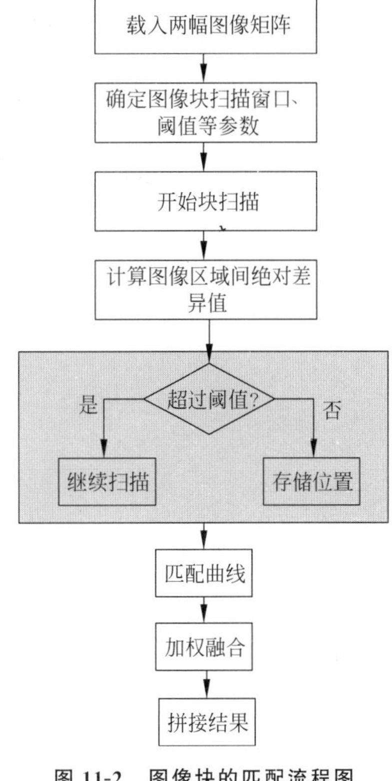

图 11-2 图像块的匹配流程图

11.2 图像匹配

图像匹配通过计算相似性度量来决定图像间的变换参数，用于将从不同传感器、视角和时间采集的同一场景的两幅或多幅图像变换到同一坐标系下，并在图像层上实现最佳匹配的效果。根据相似性度量计算的对象，图像匹配的方法大致可以划分为 4 类：基于灰度的匹配、基于模板的匹配、基于变换域的匹配和基于特征的匹配。

11.2.1 基于灰度的匹配

基于灰度的匹配以图像的灰度信息为处理对象，通过计算优化极值的思想进行匹配，其基本步骤为：

(1) 几何变换。将待匹配的图像进行几何变换。

(2) 目标函数。以图像的灰度信息统计特性为基础定义一个目标函数，如互信息、最小均方差等，并将其作为参考图像与变换图像的相似性度量。

(3) 极值优化。通过对目标函数计算极值来获取配准参数，将其作为配准的判决准则，通过对配准参数求最优化，可以将配准问题转化为某多元函数的极值问题。

(4) 变换参数。采用某种最优化方法计算正确的几何变换参数。

通过以上步骤可以看出，基于灰度的匹配方法不涉及图像的分割和特征提取过程，所以具有精确度高、鲁棒性强的特点。但是这种匹配方法对灰度变换十分敏感，未能充分利用灰度统计特性，对每点的灰度信息都具有较强的依赖性，使得匹配结果容易受到干扰。

11.2.2 基于模板的匹配

基于模板的匹配通过在图像的已知重叠区域选择一块矩形区域作为模板，用于扫描被匹配图像中同样大小的区域并进行对比，计算其相似性，确定最佳匹配位置，因此该方法也被称为块匹配过程。模板匹配包括以下 4 个关键步骤。

(1) 选择模板特征，选择基准模板。

(2) 选择基准模板的大小及坐标定位。

(3) 选择模板匹配的相似性度量公式。

(4) 选择模板匹配的扫描策略。

如果用 T 表示模板图像，I 表示待匹配图像，设模板图像的宽为 w、高为 h，用 R 表示匹配结果，匹配过程如图 11-3 所示。

彩色图片

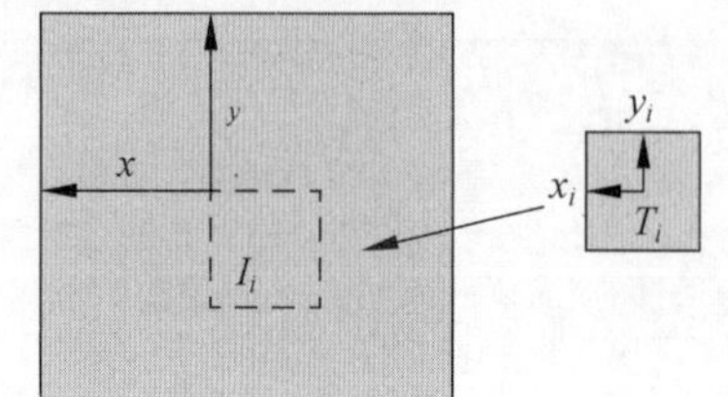

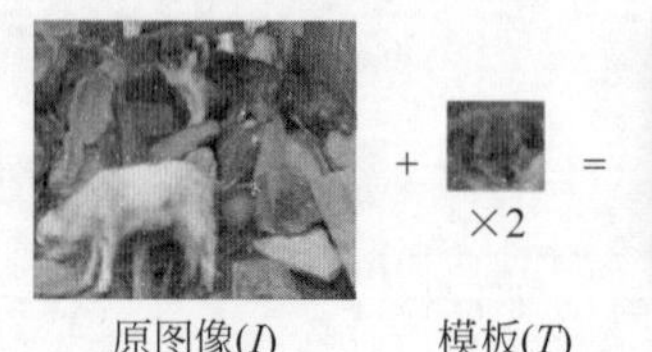

图 11-3　图像模板匹配过程图

通过将图像块一次移动一个像素(从左往右，从上往下)，在每一个位置，都进行一次度量计算来表明它是"好"或"坏"地与那个位置匹配(或者说块图像和原图像的特定区域有多么相似)。

对于 T 覆盖在 I 上的每个位置，将度量值保存到结果图像矩阵中。在 R 中的每个位置 (x,y) 都包含匹配度量值，红色椭圆框住的位置很可能是结果图像矩阵中的最大数值，所以这个区域(以这个点为顶点，长宽和模板图像一样大小的矩阵)被认为是匹配的。

在 OpenCV 提供了 6 种模板匹配算法。

• 平方差匹配法(最好匹配为 0，匹配越差，匹配值越大)：

$$R(x,y)=\sum_{x',y'}[T(x',y')-I(x+x',y+y')]^2$$

• 归一化平方差匹配法：

$$R(x,y)=\frac{\sum_{x',y'}[T(x',y')-I(x+x',y+y')]^2}{\sqrt{\sum_{x',y'}T(x',y')^2\cdot\sum_{x',y'}I(x+x',y+y')^2}}$$

• 相关匹配法：

这类方法采用模板和图像间的乘法操作。所以较大的数表示匹配程度较高，0 表示最坏的匹配效果。

$$R(x,y)=\sum_{x',y'}[T(x',y')\cdot I(x+x',y+y')]$$

• 归一化相关匹配法：

$$R(x,y)=\frac{\sum_{x',y'}[T(x',y')\cdot I'(x+x',y+y')]}{\sqrt{\sum_{x',y'}T(x',y')^2\cdot\sum_{x',y'}I(x+x',y+y')^2}}$$

• 相关系数匹配法：

这类方法将模板对其均值的相对值与图像对其均值的相关值进行匹配，1 表示完美匹配，−1 表示糟糕的匹配，0 表示没有任何相关性(随机序列)。

$$R(x,y)=\sum_{x',y'}[T'(x',y')\cdot I(x+x',y+y')]$$

其中，

$$T'(x',y')=T(x',y')-\frac{1}{w\cdot h}\cdot\sum_{x'',y''}T(x'',y'')$$

$$I'(x+x',y+y')=I(x+x',y+y')-\frac{1}{w\cdot h}\cdot\sum_{x'',y''}I(x+x'',y+y'')$$

- 归一化相关系数匹配法：

$$R(x,y)=\frac{\sum_{x',y'}[T'(x',y')\cdot I'(x+x',y+y')]}{\sqrt{\sum_{x',y'}T'(x',y')^2\cdot\sum_{x',y'}I'(x+x',y+y')^2}}$$

从上述几个匹配法可看出，公式越来越复杂，计算量也很大，但准确度也越来越高。

【例 11-1】 利用 numpy 矩阵运算方法直接实现图像匹配(缺点：速度慢)。

```
import numpy as np
import time
import cv2

def EM_EM2(temp):
    array = temp.reshape(1, -1)
    EM_sum = np.double(np.sum(array[0]))

    square_arr = np.square(array[0])
    EM2_sum = np.double(np.sum(square_arr))
    return EM_sum,EM2_sum

def EI_EI2(img, u, v,temp):
    height, width = temp.shape[:2]
    roi = img[v:v+height, u:u+width]
    array_roi = roi.reshape(1, -1)
    EI_sum = np.double(np.sum(array_roi[0]))
    square_arr = np.square(array_roi[0])
    EI2_sum = np.double(np.sum(square_arr))
    return EI_sum,EI2_sum

def EIM(img, u, v, temp):
    height, width = temp.shape[:2]
    roi = img[v:v+height, u:u+width]
    product = temp*roi*1.0
    product_array = product.reshape(1, -1)
    sum = np.double(np.sum(product_array[0]))
    return sum

def Match(img, temp):
    imgHt, imgWd = img.shape[:2]
    height, width = temp.shape[:2]
    uMax = imgWd-width
    vMax = imgHt-height
    temp_N = width*height
    match_len = (uMax+1)*(vMax+1)
    MatchRec = [0.0 for _ in range(0, match_len)]
    k = 0

    EM_sum, EM2_sum = EM_EM2(temp)
    for u in range(0, uMax+1):
        for v in range(0, vMax+1):
            EI_sum, EI2_sum = EI_EI2(img, u, v, temp)
            IM = EIM(img,u,v,temp)
```

```
                numerator = ( temp_N * IM - EI_sum * EM_sum) * (temp_N * IM - EI_sum * EM_sum)
                denominator = (temp_N * EI2_sum - EI_sum ** 2) * (temp_N * EM2_sum - EM_sum ** 2)
                ret = numerator/denominator
                MatchRec[k] = ret
                k += 1
            print('进度 == »[{}]'.format(u/(vMax + 1)))
        val = 0
        k = 0
        x = y = 0
        for p in range(0, uMax + 1):
            for q in range(0, vMax + 1):
                if MatchRec[k] > val:
                    val = MatchRec[k]
                    x = p
                    y = q
                k += 1
        print ("val: % f" % val)
        return (x, y)

    def main():
        img = cv2.imread('jianzhu.png', cv2.IMREAD_GRAYSCALE)
        temp = cv2.imread('building.png', cv2.IMREAD_GRAYSCALE)
        tempHt, tempWd = temp.shape
        (x, y) = Match(img, temp)
        cv2.rectangle(img, (x, y), (x + tempWd, y + tempHt), (0,0,0), 2)
        cv2.imshow("temp", temp)
        cv2.imshow("result", img)
        cv2.waitKey(0)
        cv2.destroyAllWindows()

    if __name__ == '__main__':
        start = time.time()
        main()
        end = time.time()
        print("总花费时间为: ", str((end - start) / 60)[0:6] + "分钟")
```

运行程序,输出如下:

```
val: 0.000000
总花费时间为: 7.7244 分钟
```

为了更快地进行算法验证,用上述代码进行验证时请尽量选用较小的匹配图像及模板图像。例如,单目标匹配和多目标匹配。

【例 11-2】 利用单目标实现图像匹配。

```
#opencv 模板匹配——单目标匹配
import cv2
#读取目标图片
target = cv2.imread("target.jpg")
#读取模板图片
template = cv2.imread("template.jpg")
#获得模板图片的高宽尺寸
theight, twidth = template.shape[:2]
#执行模板匹配,采用的匹配方式 cv2.TM_SQDIFF_NORMED
result = cv2.matchTemplate(target,template,cv2.TM_SQDIFF_NORMED)
#归一化处理
cv2.normalize( result, result, 0, 1, cv2.NORM_MINMAX, -1 )
#寻找矩阵(一维数组当作向量,用 Mat 定义)中的最大值和最小值的匹配结果及其位置
min_val, max_val, min_loc, max_loc = cv2.minMaxLoc(result)
#匹配值转换为字符串
#对于 cv2.TM_SQDIFF 及 cv2.TM_SQDIFF_NORMED 方法 min_val 越趋近与 0 匹配度越好,匹配位置取
#min_loc
#对于其他方法 max_val 越趋近于 1 匹配度越好,匹配位置取 max_loc
```

```
strmin_val = str(min_val)
#绘制矩形边框,将匹配区域标注出来
#min_loc: 矩形定点
#(min_loc[0] + twidth,min_loc[1] + theight): 矩形的宽高
#(0,0,225): 矩形的边框颜色; 2: 矩形边框宽度
cv2.rectangle(target,min_loc,(min_loc[0] + twidth,min_loc[1] + theight),(0,0,225),2)
#显示结果,并将匹配值显示在标题栏上
cv2.imshow("MatchResult ---- MatchingValue = " + strmin_val,target)
cv2.waitKey()
cv2.destroyAllWindows()
```

运行程序,效果如图 11-4 所示。

可以看到,显示的 min_val 的值为 1.633020108027239e-11,该值非常接近 0,说明匹配效果很好。

图 11-4 单目标匹配效果图

【例 11-3】 利用多目标实现图像匹配。

```
#opencv 模板匹配——多目标匹配
import cv2
import numpy
#读取目标图片
target = cv2.imread("target.jpg")
#读取模板图片
template = cv2.imread("template.jpg")
#获得模板图片的高宽尺寸
theight, twidth = template.shape[:2]
#执行模板匹配,采用的匹配方式 cv2.TM_SQDIFF_NORMED
result = cv2.matchTemplate(target,template,cv2.TM_SQDIFF_NORMED)
#归一化处理
#寻找矩阵(一维数组当作向量,用 Mat 定义)中的最大值和最小值的匹配结果及其位置
min_val, max_val, min_loc, max_loc = cv2.minMaxLoc(result)
"""绘制矩形边框,将匹配区域标注出来
min_loc: 矩形定点
min_loc[0] + twidth,min_loc[1] + theight): 矩形的宽高
(0,0,225): 矩形的边框颜色; 2: 矩形边框宽度"""
cv2.rectangle(target,min_loc,(min_loc[0] + twidth,min_loc[1] + theight),(0,0,225),2)
#匹配值转换为字符串
#对于 cv2.TM_SQDIFF 及 cv2.TM_SQDIFF_NORMED 方法 min_val 越趋近与 0 匹配度越好,匹配位置取
#min_loc
#对于其他方法 max_val 越趋近于 1 匹配度越好,匹配位置取 max_loc
strmin_val = str(min_val)
#初始化位置参数
temp_loc = min_loc
other_loc = min_loc
numOfloc = 1
#第一次筛选 ---- 规定匹配阈值,将满足阈值的从 result 中提取出来
#对于 cv2.TM_SQDIFF 及 cv2.TM_SQDIFF_NORMED 方法设置匹配阈值为 0.01
threshold = 0.01
loc = numpy.where(result < threshold)
#遍历提取出来的位置
for other_loc in zip(*loc[::-1]):
    #第二次筛选 ---- 将位置偏移小于 5 像素的结果舍去
    if (temp_loc[0] + 5 < other_loc[0])or(temp_loc[1] + 5 < other_loc[1]):
        numOfloc = numOfloc + 1
        temp_loc = other_loc

        cv2.rectangle(target,other_loc,(other_loc[0] + twidth,other_loc[1] + theight),(0,0,225),2)
str_numOfloc = str(numOfloc)
#显示结果,并将匹配值显示在标题栏上
strText = "MatchResult ---- MatchingValue = " + strmin_val + " ---- NumberOfPosition = " + str_
numOfloc
        cv2.imshow(strText,target)
        cv2.waitKey()
        cv2.destroyAllWindows()
```

运行程序，效果如图 11-5 所示。

图 11-5 多目标匹配效果

11.2.3 基于变换域的匹配

基于变换域的匹配指对图像进行某种变换后，在变换空间进行处理。常用的方法包括基于傅里叶变换的匹配、基于 Gabor 变换的匹配和基于小波变换的匹配等。其中，最为经典的方法是人们在 20 世纪 70 年代提出的基于傅里叶变换的相位相关法，该方法首先对待匹配的图像进行快速傅里叶变换，将空域图像变换到频域；然后通过它们的互功率谱计算两幅图像之间的平移量；最后计算其匹配位置。此外，对于存在倾斜旋转的图像，为了提高其匹配准确率，可以将图像坐标变换到极坐标下，将旋转量转换为平移量来计算。

11.2.4 基于特征的匹配案例分析

基于特征的匹配以图像的特征集合为分析对象，其基本思想是：首先根据特定的应用要求处理待匹配图像，提取特征集合；然后将特征集合进行匹配对应，生成一组匹配特征对集合；最后利用特征对之间的对应关系估计全局变换参数。基于特征的匹配主要包括以下 4 个步骤。

1. 特征提取

根据待匹配图像的灰度性质选择要进行匹配的特征，一般要求该特征突出且易于提取，并且该特征在参考图像与待匹配图像上有足够多的数量。常用的特征有边缘特征、区域特征、点特征等。

2. 特征匹配

通过在特征集之间建立一个对应关系，如采用特征自身的属性、特征所处区域的灰度、特征之间的几何拓扑关系等确定特征间的对应关系。常用的特征匹配方法有空间相关法、金字塔算法等。

3. 模型参数估计

在确定匹配特征集之后，需要构造变换模型并估计模型参数。通过图像之间部分元素的匹配关系进行拓展来确定两幅图像的变换关系，通过变换模型来将待拼接图像变换到参考图像的坐标系下。

4. 图像变换

通过进行图像变换和灰度插值，将待拼接图像变换到参考图像的坐标系下，实现目标匹配。

【例 11-4】 基于 FLANN 的匹配器(FLANN based Matcher)描述特征点。

```
'''
基于 FLANN 的匹配器(FLANN based Matcher)
FLANN 代表近似最近邻居的快速库。它代表一组经过优化的算法，用于大数据集中的快速最近邻搜索以
及高维特征.
'''
import cv2 as cv
from matplotlib import pyplot as plt
queryImage = cv.imread("template_adjust.jpg",0)
trainingImage = cv.imread("target.jpg",0)          #读取要匹配的灰度照片
sift = cv.xfeatures2d.SIFT_create()                #创建 sift 检测器
kp1, des1  =  sift.detectAndCompute(queryImage,None)
```

```
kp2, des2 = sift.detectAndCompute(trainingImage,None)
#设置 Flannde 参数
FLANN_INDEX_KDTREE = 0
indexParams = dict(algorithm = FLANN_INDEX_KDTREE,trees = 5)
searchParams = dict(checks = 50)
flann = cv.FlannBasedMatcher(indexParams,searchParams)
matches = flann.knnMatch(des1,des2,k = 2)
#设置好初始匹配值
matchesMask = [[0,0] for i in range (len(matches))]
for i, (m,n) in enumerate(matches):
    if m.distance < 0.5 * n.distance:              #舍弃小于 0.5 的匹配结果
        matchesMask[i] = [1,0]
#给特征点和匹配的线定义颜色
drawParams = dict (matchColor = (0, 0, 255), singlePointColor = (255, 0, 0), matchesMask =
matchesMask,flags = 0)
#画出匹配的结果
resultimage = cv.drawMatchesKnn(queryImage,kp1,trainingImage,kp2,matches,None, ** drawParams)
plt.imshow(resultimage,),plt.show()
```

运行程序,效果如图 11-6 所示。

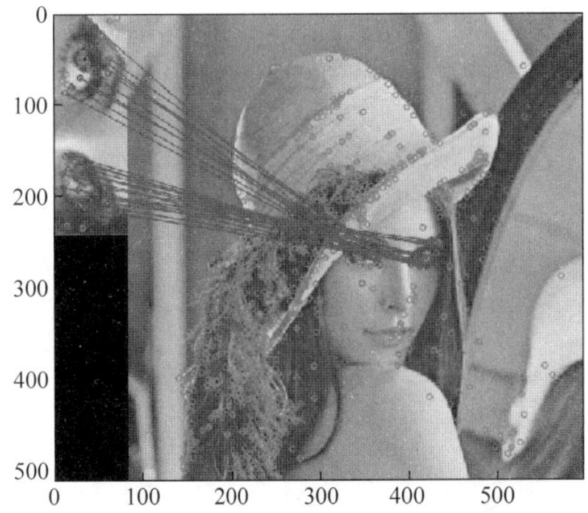

图 11-6　基于 FLANN 描述特征点效果

【例 11-5】 基于 FLANN 的匹配器(FLANN based Matcher)定位图片。

```
#基于 FLANN 的匹配器(FLANN based Matcher)定位图片
import numpy as np
import cv2
from matplotlib import pyplot as plt

MIN_MATCH_COUNT = 10 #设置最低特征点匹配数量为 10
template = cv2.imread('template_adjust.jpg',0) # queryImage
target = cv2.imread('target.jpg',0) # trainImage
# Initiate SIFT detector 创建 sift 检测器
sift = cv2.xfeatures2d.SIFT_create()
#使用 SIFT 查找关键字和描述符
kp1, des1 = sift.detectAndCompute(template,None)
kp2, des2 = sift.detectAndCompute(target,None)
#创建设置 FLANN 匹配
FLANN_INDEX_KDTREE = 0
index_params = dict(algorithm = FLANN_INDEX_KDTREE, trees = 5)
search_params = dict(checks = 50)
flann = cv2.FlannBasedMatcher(index_params, search_params)
matches = flann.knnMatch(des1,des2,k = 2)
#根据 Lowe's 比率测试保存所有的匹配项
good = []
#舍弃大于 0.7 的匹配
```

```
for m,n in matches:
    if m.distance < 0.7 * n.distance:
        good.append(m)
if len(good)> MIN_MATCH_COUNT:
    # 获取关键点的坐标
    src_pts = np.float32([ kp1[m.queryIdx].pt for m in good ]).reshape( - 1,1,2)
    dst_pts = np.float32([ kp2[m.trainIdx].pt for m in good ]).reshape( - 1,1,2)
    #计算变换矩阵和 MASK
    M, mask = cv2.findHomography(src_pts, dst_pts, cv2.RANSAC, 5.0)
    matchesMask = mask.ravel().tolist()
    h,w = template.shape
    #使用得到的变换矩阵对原图像的四个角进行变换,获得在目标图像上对应的坐标
    pts = np.float32([ [0,0],[0,h-1],[w-1,h-1],[w-1,0] ]).reshape( - 1,1,2)
    dst = cv2.perspectiveTransform(pts,M)
    cv2.polylines(target,[np.int32(dst)],True,0,2, cv2.LINE_AA)
else:
    print( "没有找到足够的匹配项 - %d/%d" % (len(good),MIN_MATCH_COUNT))
    matchesMask = None
draw_params = dict(matchColor = (0,255,0),
                   singlePointColor = None,
                   matchesMask = matchesMask,
                   flags = 2)
result = cv2.drawMatches(template,kp1,target,kp2,good,None, ** draw_params)
plt.imshow(result, 'gray')
plt.show()
```

运行程序,效果如图 11-7 所示。

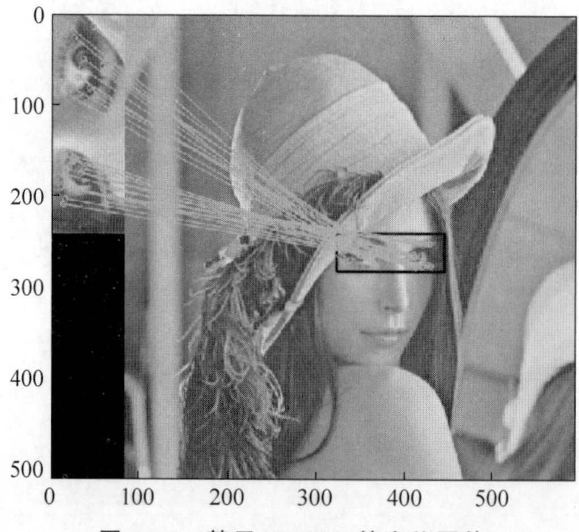

图 11-7 基于 FLANN 的定位图片

第12章 CHAPTER 12 角点特征检测

角点是图像中的一个重要的局部特征，决定了图像中关键区的形状，体现了图像中重要的特征信号，所以在目标识别、图像匹配、图像重构等方面都具有十分重要的意义。

角点的定义一般可以分为以下3种：图像边界曲线具有极大曲率值的点；图像中梯度值和梯度变化率很高的点；图像在边界方向变化不连续的点。定义不同，角点的提取方法也不尽相同，如下所述。

1. 基于图像边缘的检测方法

该类方法需要对图像的边缘进行编码，这在很大程度上依赖于图像的分割和边缘提取，具有较大的计算量，一旦待检测目标在局部发生变化，则很可能导致检测失败。早期主要有Rosenfeld和Freeman等提出的方法，后期有曲率尺度空间等方法。

2. 基于图像灰度的检测方法

该类方法通过计算点的曲率及梯度来检测角点，可避免基于图像边缘的检测方法存在的缺陷，是目前研究的重点。该类方法主要有Moravec、Forstner、Harris和SUSAN算子等。

12.1 Harris算子的基本原理

假设对图像进行不同方向上的窗口滑动扫描，通过分析窗口内的像素变化趋势来判断是否存在角点：如果窗口区域内的像素在各个方向上都没有显著变化，如图12-1(a)所示，则其窗口区域对应图像平滑区域；如果窗口区域内的像素在灰度的某个方向上发生了较大变化，如图12-1(b)所示，则其对应图像边缘；如果窗口区域内的像素在灰度的多个方向上均发生了明显变化，如图12-1(c)所示，则认为窗口内包含角点。

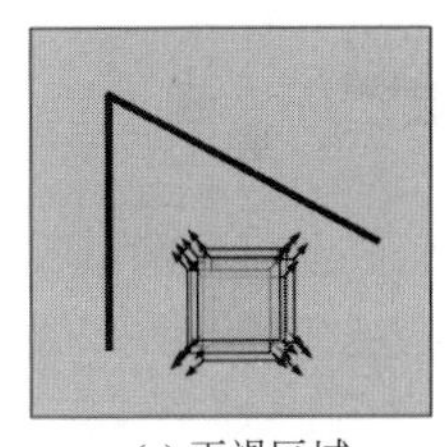

(a) 平滑区域

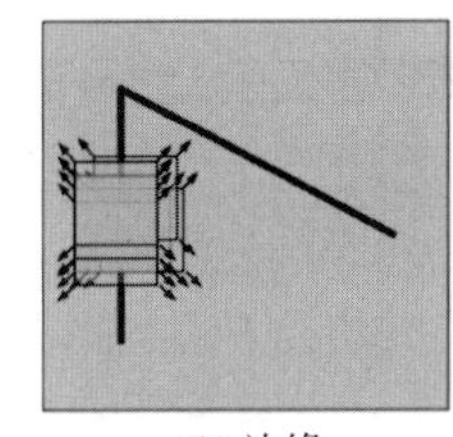

(b) 边缘

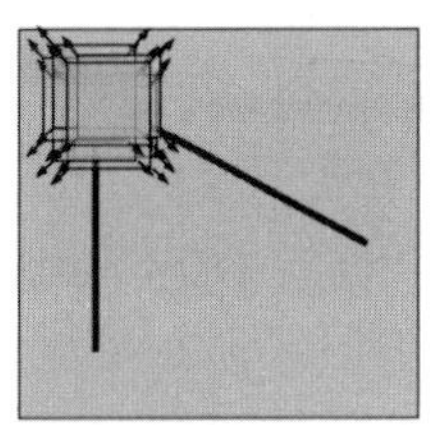

(c) 角点

图12-1 移动Harris窗口进行角点检测

Harris角点检测正是利用了这个直观的物理现象，通过窗口内的灰度在各个方向上的变化程度，确定其是否为角点。

图像$I(x,y)$在点(x,y)处平移(u,v)后产生的灰度变化$E(x,y,u,v)$如下：

$$E(x,y,u,v)=\sum_{(x,y)\in S} w(x,y)[I(x+u,y+v)-I(x,y)]^2 \tag{12-1}$$

式中，S 是移动窗口的区域；$w(x,y)$是加权函数，可以是常数或高斯函数，高斯函数对离中心点越近的像素会赋予越大的权重，以减少噪声影响。

Harris 算子用 Taylor 展开 $I(x+u,y+v)$去近似任意方向：

$$I(x+u,y+v)=I(x,y)+\frac{\partial I}{\partial x}u+\frac{\partial I}{\partial y}v+O(u^2+v^2) \tag{12-2}$$

于是，灰度变化可以重写为：

$$\begin{aligned}
E(x,y,u,v) &= \sum_{(x,y)\in S} w(x,y)[I_x u+I_y v]^2 \\
&= \sum_{(x,y)\in S} w(x,y)[u,v]\begin{bmatrix} I_x^2 & I_x I_y \\ I_x I_y & I_y^2 \end{bmatrix}\begin{bmatrix} u \\ v \end{bmatrix} \\
&=[u,v]\left(\sum_{(x,y)\in S} w(x,y)\begin{bmatrix} I_x^2 & I_x I_y \\ I_x I_y & I_y^2 \end{bmatrix}\right)\begin{bmatrix} u \\ v \end{bmatrix} \\
&\approx [u,v]\boldsymbol{M}\begin{bmatrix} u \\ v \end{bmatrix} \\
&\approx [u,v]\begin{bmatrix} a & c \\ c & b \end{bmatrix}\begin{bmatrix} u \\ v \end{bmatrix}
\end{aligned} \tag{12-3}$$

式(12-3)中的 $\boldsymbol{M}$ 是 2×2 的矩阵，它是关于 x 和 y 的二阶函数，因此 $E(x,y,u,v)$是一个椭圆方程。椭圆的尺寸由 $\boldsymbol{M}$ 的特征值决定，它表征了灰度变化最快和最慢的两个方向：椭圆的方向由 $\boldsymbol{M}$ 的特征向量决定，如图 12-2 所示。

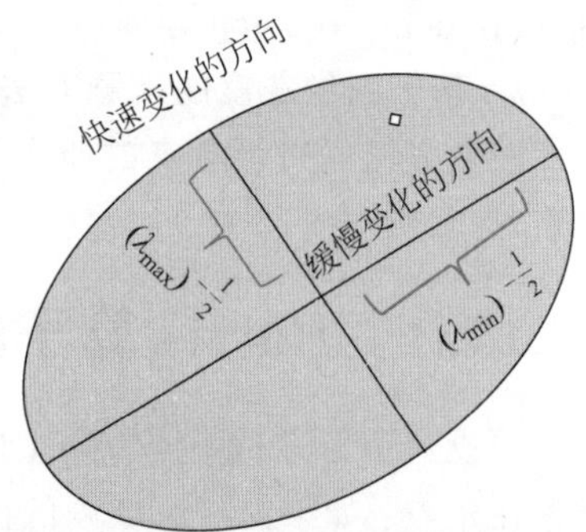

图 12-2 二次项特征和椭圆的关系图

二次项函数的特征值与图像中角点、边缘和平面之间的关系可分为以下 3 种。

1. 图像中的边缘

一个特征值大，另一个特征值小，也就是说，灰度在某个方向上变化大，在某个方向上变化小，对应图像的边缘或者直线。

2. 图像中的平面

两个特征值都很小，此时灰度变化不明显，对应图像的平滑区域。

3. 图像中的角点

两个特征值都很大，灰度值沿多个方向都有较大的变化，因此可认为其是角点。

由于求解矩阵 $\boldsymbol{M}$ 的特征值需要较大的计算量，而两个特征值的和等于矩阵 $\boldsymbol{M}$ 的积，两个特征值的积等于矩阵 $\boldsymbol{M}$ 的行列式，所以 Harris 使用一个角点响应值 R 来判定角点的质量：

$$\begin{aligned}
R &= \lambda_1\lambda_2 - K(\lambda_1+\lambda_2) \\
&= \det(\boldsymbol{M}) - k[\operatorname{tr}(\boldsymbol{M})] \\
&= (ac-b)^2 - k(a+c)^2
\end{aligned} \tag{12-4}$$

式中，k 是经验常数，一般取值范围为 0.04～0.06。

12.2 Harris 算法流程

总结 Harris 算法流程的步骤如下：

(1) 计算图像 $I(x,y)$在 x 和 y 两个方面上的梯度 I_x 和 I_y。

$$
\begin{gathered}
I(x,y)I_x,I_y \\
\frac{\partial I}{\partial x}=[-1,0,1]\otimes I \\
\frac{\partial I}{\partial Y}=[-1,0,1]^{\mathrm{T}}\otimes I
\end{gathered}
\tag{12-5}
$$

(2) 计算每个像素点上的相关矩阵 $\boldsymbol{M}$。

$$
\begin{gathered}
a=w(x,y)\otimes I_x^2 \\
b=w(x,y)\otimes I_y^2 \\
c=w(x,y)\otimes (I_x I_y)
\end{gathered}
\tag{12-6}
$$

(3) 计算每个像素点的 Harris 角点响应值 R：

$$R=(ab-c^2)-k(a+b)^2 \tag{12-7}$$

(4) 在 $N\times N$ 范围内寻找极大值点，如果其 Harris 响应大于阈值，则可将其视为角点。

12.3 Harris 角点的性质

Harris 角点有其自身的性质，下面进行具体介绍。

1. 敏感因子 k 对角点检测有影响

对矩阵 $\boldsymbol{M}$ 的特征值，假设 $\lambda_1>\lambda_2>0,\lambda_1=\lambda,\lambda_2=\alpha\lambda$，则式(12-4)可重写为：

$$R=\lambda_1\lambda_2-k(\lambda_1+\lambda_2)^2=\alpha\lambda\lambda-k(\lambda+\alpha\lambda)\geqslant 0 \tag{12-8}$$

于是得到：

$$0<k<\frac{\alpha}{(1+\alpha)^2}\leqslant\frac{1}{4} \tag{12-9}$$

由式(12-8)可以看出，增加敏感因子 k，将减小角点的响应值，降低角点检测的灵敏度，减少被检测角点的数量。

2. Harris 算子具有灰度不变性

由于 Harris 算子在进行 Harris 角点检测时使用了微分算子，因此对图像的亮度和对比度进行仿射变换并不改变 Harris 算子响应 R 的极值出现位置，只是由于阈值的选择，可能会影响检测角点的数量。

3. Harris 算子具有旋转不变性

二阶矩阵 $\boldsymbol{M}$ 的一个椭圆，当椭圆旋转时，特征值并不随之变化，判断角点的 R 值也不会发生变化，因此 Harris 算子具有选择不变性。当然，平移更不会引起 Harris 算子的变化。

4. Harris 算子不具有尺度不变性

如图 12-3 所示，当其左图被缩小时，在检测窗口尺寸不变时，在窗口内所包含的图像是完全不同的，图 12-3 中左图可能被检测为边缘，而右图可能被检测为角点。

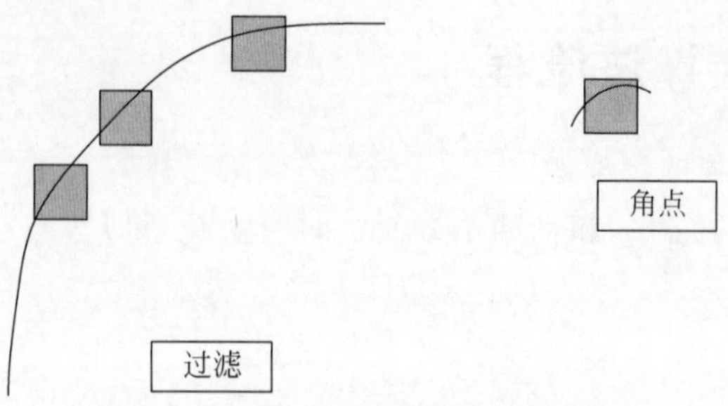

图 12-3　Harris 算子不具有尺度不变性

12.4　Harris 检测角点案例分析

下面通过锐化算子的方法实现 Harris 角点的检测。

【例 12-1】 锐化算子实现角点检测。

```
import cv2
import numpy as np
import matplotlib
import math
from matplotlib import pyplot as plt

#根据一阶锐化算子,求x,y的梯度,显示锐化图像
#读取图片
filename = 'rurc.jpg'
tu = cv2.imread(filename)
#转换为灰度图
gray = cv2.cvtColor(tu, cv2.COLOR_RGB2GRAY)
#获取图像属性
print ('获取图像大小: ',gray.shape)
print ('\n')
#打印数组 gray
print('灰度图像数组: \n %s \n \n' % (gray))
#转换为矩阵
m = np.matrix(gray)
#计算x方向的梯度的函数(水平方向锐化算子)
delta_h = m
def grad_x(h):
    a = int(h.shape[0])
    b = int(h.shape[1])

    for i in range(a):
        for j in range(b):
            if i-1>=0 and i+1<a and j-1>=0 and j+1<b:
                c = abs(int(h[i-1,j-1]) - int(h[i+1,j-1]) + 2*(int(h[i-1,j]) - int
(h[i+1,j])) + int(h[i-1,j+1]) - int(h[i+1,j+1]))
                if c>255:
                    c = 255
                delta_h[i,j] = c
            else:
                delta_h[i,j] = 0
    print ('x方向的梯度: \n %s \n' %delta_h)
    return delta_h
##计算y方向的梯度的函数(水平方向锐化算子)
def grad_y(h):
    a = int(h.shape[0])
    b = int(h.shape[1])

    for i in range(a):
```

```
        for j in range(b):
            if i - 1 >= 0 and i + 1 < a and j - 1 >= 0 and j + 1 < b:
                c = abs(int(h[i - 1, j - 1]) - int(h[i - 1, j + 1]) + 2 * (int(h[i, j - 1]) - int
(h[i, j + 1])) + (int(h[i + 1, j - 1]) - int(h[i + 1, j + 1])))  #注意像素不能直接计算,需要
                                                                 #转化为整型
                  print c
                if c > 255:
                    c = 255
                delta_h[i, j] = c
            else:
                delta_h[i, j] = 0
    print ('y 方向的梯度: \n %s \n' % delta_h)
    return delta_h
#Laplace 算子
img_laplace = cv2.Laplacian(gray, cv2.CV_64F, ksize = 3)

dx = np.array(grad_x(gray))
dy = np.array(grad_y(gray))
A = dx * dx
B = dy * dy
C = dx * dy
print (A)
print (B)
print (C)
A1 = A
B1 = B
C1 = C
A1 = cv2.GaussianBlur(A1,(3,3),1.5)
B1 = cv2.GaussianBlur(B1,(3,3),1.5)
C1 = cv2.GaussianBlur(C1,(3,3),1.5)
print (A1)
print (B1)
print (C1)
a = int(gray.shape[0])
b = int(gray.shape[1])
R = np.zeros(gray.shape)
for i in range(a):
    for j in range(b):
        M = [[A1[i,j],C1[i,j]],[C1[i,j],B1[i,j]]]

        R[i,j] = np.linalg.det(M) - 0.06 * (np.trace(M)) * (np.trace(M))
print (R)
cv2.namedWindow('R',cv2.WINDOW_NORMAL)
cv2.imshow('R',R)
cv2.waitKey(0)
cv2.destroyAllWindows()
```

运行程序,输出如下,效果如图 12-4 所示。

```
获取图像大小: (276, 258)
灰度图像数组:
 [[255 255 255 ... 255 255 255]
 [255 255 255 ... 255 255 255]
 [255 255 255 ... 255 255 255]
 ...
 [255 255 255 ... 255 255 255]
 [255 255 255 ... 255 255 255]
 [255 255 255 ... 255 255 255]]

x 方向的梯度:
 [[0 0 0 ... 0 0 0]
 [0 0 0 ... 0 0 0]
 [0 0 0 ... 0 0 0]
 ...
```

```
 [0 0 0 ... 0 0 0]
 [0 0 0 ... 0 0 0]
 [0 0 0 ... 0 0 0]]

y方向的梯度:
 [[0 0 0 ... 0 0 0]
 [0 0 0 ... 0 0 0]
 [0 0 0 ... 0 0 0]
...
```

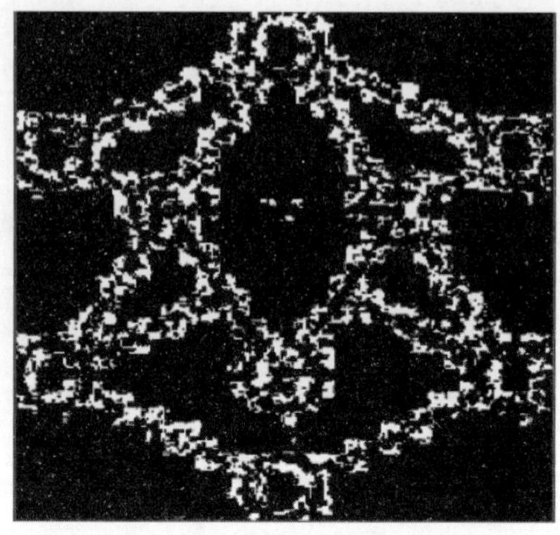

图 12-4 角点检测效果

12.5 角点检测函数

此外,在 Python 中的 Harris 库中,提供了相关函数用于实现图像角点的检测,下面进行介绍。

1. cornerHarris()函数

cv2.cornerHarris()函数实现角点检测,该函数的返回值其实就是 R 值构成的灰度图像,灰度图像坐标会与原图像对应,R 值就是角点分数,当 R 值很大的时候,就可以认为这个点是一个角点。其语法格式为

```
cv2.cornerHarris(src = gray, blockSize, ksize, k, dst = None, borderType = None)
```

其中,各参数的含义如下。

- src——数据类型为 float32 的输入图像(输入单通道图)。
- blockSize——角点检测中要考虑的领域大小,也就是计算协方差矩阵时的窗口大小。
- ksize——Sobel 求导中使用的窗口大小。
- k——Harris 角点检测方程中的自由参数,在为参数[0.04,0.06]区间取值。
- dst——输出图像。
- borderType——边界的类型。

【例 12-2】 利用 cornerHarris()函数实现角点检测。

```
import cv2
import numpy as np
img = cv2.imread('chair.jpg')
# Harris 角点检测基于灰度图
gray = cv2.cvtColor(img, cv2.COLOR_BGR2GRAY)
# Harris 角点检测
dst = cv2.cornerHarris(gray, 2, 3, 0.04)
#腐蚀一下,便于标记
```

```
dst = cv2.dilate(dst, None)
# 角点标记为红色
img[dst > 0.01 * dst.max()] = [0, 0, 255]
cv2.imwrite('blox - RedPoint.png', img)
cv2.imshow('dst', img)
cv2.waitKey(0)
```

运行程序，效果如图 12-5 所示。

图 12-5　cornerHarris()函数角点检测

有时很多角点是粘连在一起的，可通过加入非极大值抑制来进一步去除一些粘在一起的角点。也就是在一个窗口内，如果有多个角点则用最大值的那个角点，其他的角点都删除。实现代码为：

```
import cv2
import numpy as np
img = cv2.imread('chair.jpg')
cv2.imshow('raw_img', img)
gray = cv2.cvtColor(img, cv2.COLOR_BGR2GRAY)
gray = np.float32(gray)              # cornerHarris 函数图像格式为 float32

J = (0.05,0.01,0.005)
for j in J:     # 遍历设置阈值: j * dst.max()
    dst = cv2.cornerHarris(src = gray, blockSize = 5, ksize = 7, k = 0.04)
    a = dst > j * dst.max()
    img[a] = [0, 0, 255]
    cv2.imshow('corners_' + str(j), img)
    cv2.waitKey(0)                   # 按 Esc 键查看下一张
cv2.waitKey(0)
cv2.destroyAllWindows()
```

运行程序，效果如图 12-6 所示。

2. cornerSubPix()函数

在实现角点检测时，有时需要以最高精度找到角点，可通过 cornerSubPix()实现。其语法格式为：

```
cv2.cornerSubPix(image, corners, winSize, zeroZone, criteria)
```

其中，各参数含义为：

- image——输入图像，和 goodFeaturesToTrack()中的输入图像是同一个图像。
- corners——检测到的角点，既是输入也是输出。
- winSize——计算亚像素角点时考虑的区域的大小，大小为 N×N；N＝(winSize * 2+1)。

(a) 原始图像

(b) 阈值为0.05的效果

(c) 阈值为0.01的效果

(d) 阈值为0.005的效果

图 12-6　加入非极大值抑制角点效果

- zeroZone——作用类似于 winSize，但是总是具有较小的范围，通常忽略（即 Size(－1，－1)）。
- criteria——用于表示计算亚像素时停止迭代的标准。

【例 12-3】 利用 cornerSubPix()函数高精度寻找角点。

```
import numpy as np
import cv2
from matplotlib import pyplot as plt

img = cv2.imread('geometry.jpg')
gray = cv2.cvtColor(img,cv2.COLOR_BGR2GRAY)
#寻找 Harris 角点
gray = np.float32(gray)
dst = cv2.cornerHarris(gray,2,3,0.04)
dst = cv2.dilate(dst,None)
ret, dst = cv2.threshold(dst,0.01 * dst.max(),255,0)
dst = np.uint8(dst)
#找到重心
ret, labels, stats, centroids = cv2.connectedComponentsWithStats(dst)
#细化角点的判定标准
criteria = (cv2.TERM_CRITERIA_EPS + cv2.TERM_CRITERIA_MAX_ITER, 100, 0.001)
corners = cv2.cornerSubPix(gray,np.float32(centroids),(5,5),(-1,-1),criteria)
#绘图
res = np.hstack((centroids,corners))
res = np.int0(res)
img[res[:,1],res[:,0]] = [0,0,255]
img[res[:,3],res[:,2]] = [0,255,0]
```

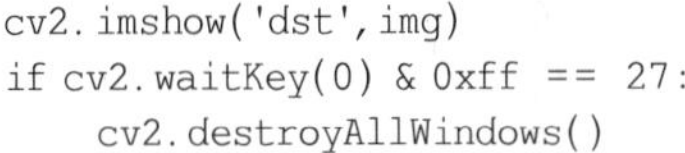

```
cv2.imshow('dst',img)
if cv2.waitKey(0) & 0xff == 27:
    cv2.destroyAllWindows()
```

运行程序,效果如图 12-7 所示。

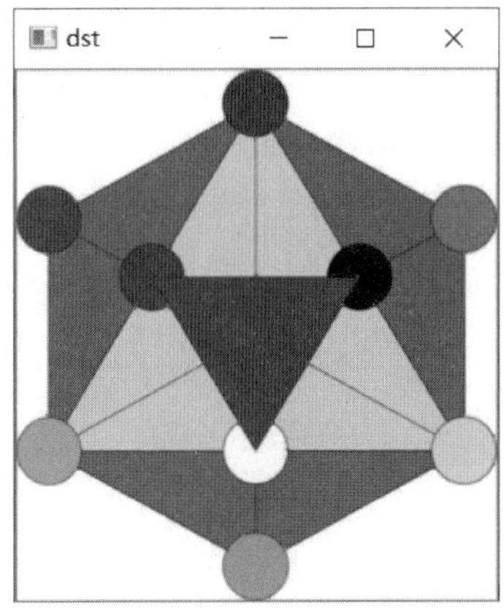

图 12-7 高精度寻找角点

12.6 Shi-Tomasi 角点检测

Harris 角点检测的评分公式为:

$$R = \lambda_1\lambda_2 - k(\lambda_1 + \lambda_2)$$

Shi-Tomasi 角点检测使用的评分函数为:

$$R = \min(\lambda_1, \lambda_2)$$

如果评分超过阈值,则认为它是一个角点。可以把它绘制到 $\lambda_1 \sim \lambda_2$ 空间中,就会得到如图 12-8 所示的(角点:绿色区域)效果图。

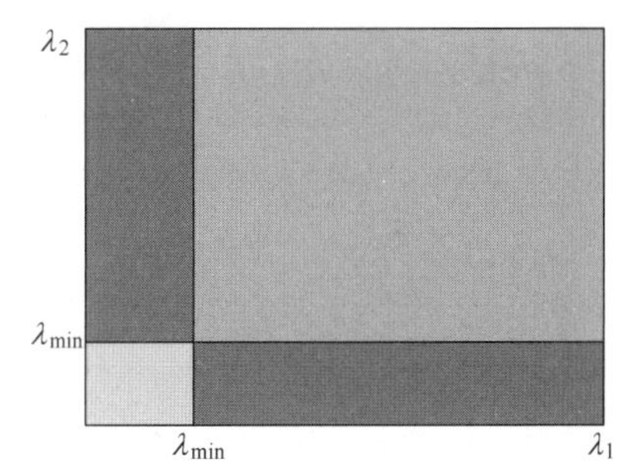

图 12-8 $\lambda_1 \sim \lambda_2$ 空间范围

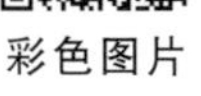

彩色图片

在 Shi-Tomasi 角点检测中,提供了 goodFeaturesToTrack( ) 函数实现角点检测,它是 cornerHarris()函数的升级版。该函数的角点检测效果与 cornerHarris()函数效果差不多。

【例 12-4】 使用 goodFeaturesToTrack ()函数实现在目标跟踪(适合在目标跟踪中使用)。

```
import numpy as np
import cv2

def getkpoints(imag, input1):
    mask1 = np.zeros_like(input1)
    x = 0
    y = 0
    w1, h1 = input1.shape
    input1 = input1[0:w1, 200:h1]
    try:
        w, h = imag.shape
    except:
        return None
    mask1[y:y + h, x:x + w] = 255          # 整张图片像素
    keypoints = []
    kp = cv2.goodFeaturesToTrack(input1, 200, 0.04, 7)
```

```
    if kp is not None and len(kp) > 0:
        for x, y in np.float32(kp).reshape(-1, 2):
            keypoints.append((x, y))
    return keypoints

def process(image):
    grey1 = cv2.cvtColor(image, cv2.COLOR_BGR2GRAY)
    grey = cv2.equalizeHist(grey1)
    keypoints = getkpoints(grey, grey1)
    if keypoints is not None and len(keypoints) > 0:
        for x, y in keypoints:
            cv2.circle(image, (int(x + 200), y), 3, (255, 255, 0))
    return image

if __name__ == '__main__':
    cap = cv2.VideoCapture("IMG_1521.mp4")
    while (cap.isOpened()):
        ret, frame = cap.read()
        frame = process(frame)
        cv2.imshow('frame', frame)
        if cv2.waitKey(27) & 0xFF == ord('q'):
            break
    cap.release()
    cv2.waitKey(0)
    cv2.destroyAllWindows()
```

下面再通过一个例子来比较 Harris 和 Shi-Tomasi 的角点检测效果。

【例 12-5】 Harris 和 Shi-Tomasi 的角点检测效果比较实例。

```
import numpy as np
import cv2
from matplotlib import pyplot as plt

img = cv2.imread('chair.jpg')
imgShi, imgHarris = np.copy(img), np.copy(img)
gray = cv2.cvtColor(img, cv2.COLOR_BGR2GRAY)
""" Shi-Tomasi 角点检测"""
# 优点：速度相比 Harris 角点检测有所提升,可以直接得到角点坐标
corners = cv2.goodFeaturesToTrack(gray, 20, 0.01, 10)
corners = np.int0(corners)
for i in corners:
    # 压缩至一维：[[62, 64]] -> [62, 64]
    x, y = i.ravel()
    cv2.circle(imgShi, (x, y), 4, (0, 0, 255), -1)
""" Harris 角点检测"""
dst = cv2.cornerHarris(gray, 2, 3, 0.04)
#腐蚀一下,便于标记
dst = cv2.dilate(dst, None)
#角点标记为红色
imgHarris[dst > 0.01 * dst.max()] = [0, 0, 255]
cv2.imwrite('compare.png', np.hstack((imgHarris, imgShi)))
cv2.imshow('compare', np.hstack((imgHarris, imgShi)))
cv2.waitKey(0)
```

运行程序,效果如图 12-9 所示。

图 12-9 的左图为 Harris 角点检测结果,右图为 Shi-Tomasi 角点检测结果。可以看出,Shi-Tomasi 角点检测的质量更高,数量也相对较少。一般情况下,Shi-Tomasi 角点检测相比 Harris 角点检测速度有所提升,并且可以直接得到角点坐标。

图 12-9 Harris 和 Shi-Tomasi 的角点检测比较效果图

12.7 FAST 特征检测

OpenCV 提供了一个快速检测角点的类 FastFeatureDetector。FAST(Features from Accelerated Segment Test)算法效率确实比较高。在 Python 中,利用 FAST 下面的 detect 方法来检测对应的角点,输出格式都是 vector。

速度快是 FAST 算法的优点,它的缺点是在噪声高的时候鲁棒性差,性能依赖阈值的设定。

FastFeatureDetector 类中提供了 drawKeypoints()函数用于实现角点检测,其语法格式为:

```
cv2.drawKeypoints(image, keypoints, outputimage, color, flags)
```

其中,各参数含义如下。

- image——原始图片。
- keypoints——从原图中获得的关键点,这也是画图时所用到的数据。
- outputimage——输出图片。
- color——颜色设置(b,g,r)的值,b=蓝色,g=绿色,r=红色。
- flags——绘图功能的标识设置,标识如下:
  - cv2.DRAW_MATCHES_FLAGS_DEFAULT(默认值)
  - cv2.DRAW_MATCHES_FLAGS_DRAW_RICH_KEYPOINTS
  - cv2.DRAW_MATCHES_FLAGS_DRAW_OVER_OUTIMG
  - cv2.DRAW_MATCHES_FLAGS_NOT_DRAW_SINGLE_POINTS

【例 12-6】 利用 FAST 算法实现图像角点检测。

```
import cv2
def Fast_detect_fault(img_01):
    fast = cv2.FastFeatureDetector_create()          #初始化(参数可不写,也可以写入数字)
    keypoint = fast.detect(img_01,None)
    img_01 = cv2.drawKeypoints(img_01,keypoint,img_01,color = (255,0,0))
    cv2.imshow('brid.png',img_01)
    #打印所有默认参数
    print ("阈值: ", fast.getThreshold())
    print ("非最大抑制值: ", fast.getNonmaxSuppression())
    print ("邻近值: ", fast.getType())
    print ("带有非最大抑制的总关键点: ", len(keypoint))

def Fast_detect_Setparam(img_02):
    #fast.setNonmaxSuppression(100)使用 fast.setNonmaxSuppression 来设置默认参数
    threshold = (5,10,100)
    for thre in threshold:
```

```
        fast_02 = cv2.FastFeatureDetector_create(threshold = thre, nonmaxSuppression = True,
type = cv2.FAST_FEATURE_DETECTOR_TYPE_5_8)              #获取 FAST 角点检测器
        kp = fast_02.detect(img_02, None)               #描述符
        #画到 img 上面
        img_0 = cv2.drawKeypoints(img_02, kp, img_02, color = (255, 0, 0))
        cv2.imshow('sp_' + str(thre), img_02)
        # Print all set params
        print("阈值: ", fast_02.getThreshold())        #输出阈值
        #是否使用非极大值抑制
        print("非最大抑制值: ", fast_02.getNonmaxSuppression())
        print("邻近值: ", fast_02.getType())
        print("带有非最大抑制的总关键点: ", len(kp))   #特征点个数
        cv2.waitKey(0)

if __name__ == '__main__':
    img_01 = cv2.imread('brid.png')
    img_02 = cv2.imread('house.png')
    Fast_detect_fault(img_01)
    Fast_detect_Setparam(img_02)
    cv2.waitKey(0)
    cv2.destroyAllWindows()
```

运行程序,效果如图 12-10 所示。

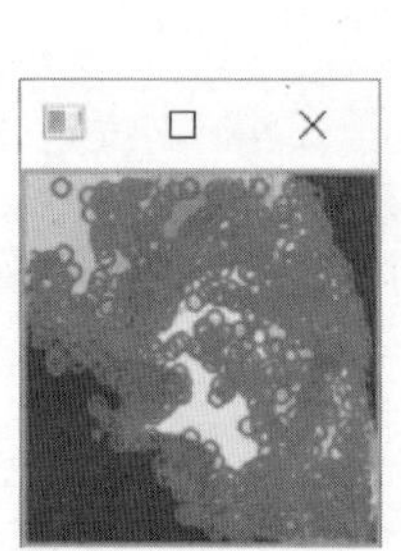

(a) 默认检测角点

(b) 阈值为5时角点检测

(c) 阈值为10时角点检测

(d) 阈值为100时角点检测

图 12-10 FAST 图像检测效果

12.8 SIFT 角点检测

尺度不变特征转换(Scale-Invariant Feature Transform,SIFT)是一种计算机视觉的算法。它用来侦测与描述影像中的局部性特征,它在空间尺度中寻找极值点,并提取出其位置、尺度、旋转不变量。

SIFT 算法的实质是在不同的尺度空间上查找关键点(特征点),并计算出关键点的方向。SIFT 所查找到的关键点是一些十分突出,不会因光照、仿射变换和噪声等而变化的点,如角点、边缘点、暗区的亮点及亮区的暗点等。

12.8.1 SIFT 算法实现步骤

SIFT 算法的实现步骤主要分以下几步,下面分别进行介绍。

1. DoG(Difference of Gaussian)尺度空间构造

图像处理中的"尺度"可以理解为图像的模糊程度,当一幅图像被放大时,图像的细节信息变少。高斯函数是图像处理中对图像构造尺度空间的方法,是使用不同的 sigma 值(σ)的高斯核对图像进行卷积,以达到对图像进行尺度处理的目的。$G(x,y,\sigma)$是高斯核函数,$L(x,y,\sigma)$是对应的 σ 值尺度处理下的尺度图像,$I(x,y)$是原图像。

$$G(x,y,\sigma)=\frac{1}{2\pi\sigma^2}e^{\frac{-(x^2+y^2)}{2\sigma^2}}$$

整个图像高斯卷积表达式为

$$L(x,y,\sigma)=G(x,y,\sigma)*I(x,y)$$

对原图像用不同的 σ 值进行处理,就会得到不同尺度的图像,也称之为不同模糊程度的图像。实验结果如图 12-11 所示。

(a) 原始图像

(b) $\sigma=1$

(c) $\sigma=3$

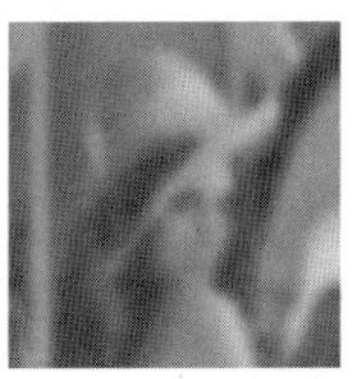
(d) $\sigma=5$

图 12-11 不同的 σ 值下处理的图像效果

2. 空间极值点检测

关键点是由 DoG 空间的局部极值点组成的。中间画"×"的检测点与它同尺度的 8 个相邻点、上下相邻尺度对应的 9×2 个点,共 26 个点比较,以确保在尺度空间和二维图像空间都检测到极值点。空间极值点检测效果如图 12-12 所示。

3. 关键点定位

通常通过插值的方式(三维二次函数来精准确定关键点的位置和尺度),利用离散的值来插值,求取接近真正的极值点。同时去除低对比度的关键点和不稳定的边缘响应点。图 12-13 显示了二维函数离散空间得到的极值点与连续空间极值点的差别。

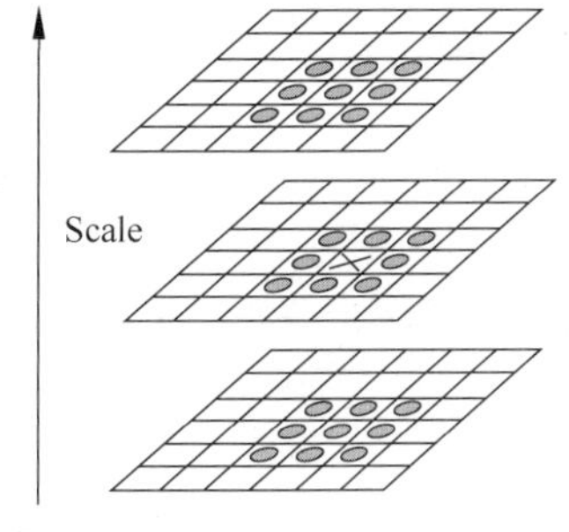

图 12-12 空间极值点检测效果

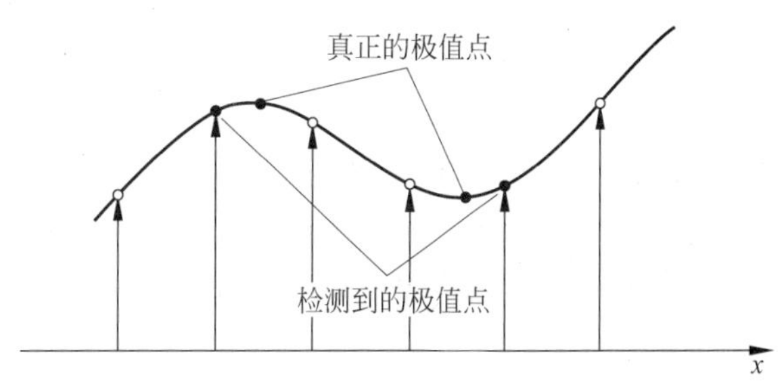

图 12-13 极值点与连续空间极值点的差别

4. 方向幅值

利用关键点邻域像素的梯度方向分布特性为每个关键点指定方向参数。某个像素点的 x 方向的梯度的计算公式可以通过这个像素的左右两边的像素值的差值来计算，而 y 方向的梯度可以通过该像素点的上下两个像素值的差值来计算。空间极值点 x 方向的梯度和 y 方向的梯度计算如图 12-14 所示。

121	10	78	96	125
48	152	68	125	111
145	78	85	89	65
154	214	56	200	66
214	87	45	102	45

- x方向变化(G_x)=89−78=11
- y方向变化(G_y)=68−56=8

综上：则关键点的梯度幅值为

$G(x,y)=\sqrt{G_x(x,y)^2+G_y(x,y)^2}$

梯度方向为

$\theta=\arctan\left(\frac{G_y}{G_x}\right)$

图 12-14　空间极值点 x 方向的梯度和 y 方向的梯度的计算

有了梯度方向和幅值后，即可计算每个像素点的梯度方向和幅值。

5. 关键点描述

接着为每个关键点建立一个描述符，使其不随各种变化而变化，如光照变化和视角变化等。接下来以关键点为中心取 8×8 的窗口。图 12-15(a)的中央黑点为当前关键点的位置，每个小格代表关键点邻域所在尺度空间的一个像素，箭头方向代表该像素的梯度方向，箭头长度代表梯度模值，图中大的黑圈代表高斯加权的范围(越靠近关键点的像素，梯度方向信息贡献越大)。

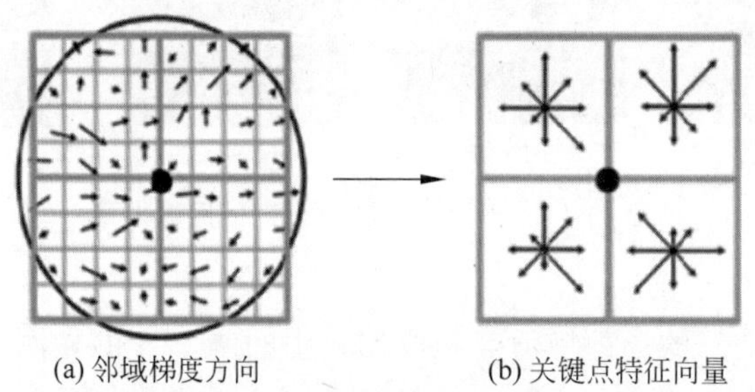

(a) 邻域梯度方向　　(b) 关键点特征向量

图 12-15　关键点描述图

然后在每 4×4 的小块上计算 8 个方向的梯度方向直方图，绘制每个梯度方向的累加值，即可形成一个种子点，如图 12-15(b)所示。图中一个关键点由 2×2 共 4 个种子点组成，每个种子点有 8 个方向向量信息。在实际计算过程中，为了增强匹配的鲁棒性，对每个关键点使用 4×4 共 16 个种子点来描述，这样对于一个关键点就可以产生 128 个数据，即最终形成 128 维的 SIFT 特征向量。

此时 SIFT 特征向量已经去除了尺度变化、旋转等几何变形因素的影响，再将特征向量的长度归一化，则可以进一步去除光照变化的影响。

12.8.2 SIFT 角点检测应用

前面对 SIFT 角点的实质、步骤进行了介绍，下面直接通过一个实例来演示其应用。

【例 12-7】 SIFT 算法实现角点检测。

```
import cv2
import numpy as np

def sift_kp(image):
    gray_image = cv2.cvtColor(image, cv2.COLOR_BGR2GRAY)
```

```
    sift = cv2.xfeatures2d.SIFT_create(600)
    #SIFT算子实例化
    kp, des = sift.detectAndCompute(image, None)
    # sift.detectAndComputer(gray, None)
    #计算出图像的关键点和SIFT特征向量
    kp_image = cv2.drawKeypoints(gray_image, kp, None)
    #ret = cv2.drawKeypoints(gray, kp, img) 在图中画出关键点
    #参数说明:gray表示输入的图像, kp表示关键点,img表示输出的图像
    return kp_image, kp, des

def get_good_match(des1, des2):
    bf = cv2.BFMatcher()
    #选择最佳匹配
    matches = bf.knnMatch(des1, des2, k = 2)
    #des1为模板图,des2为匹配图
    matches = sorted(matches, key = lambda x: x[0].distance / x[1].distance)
    good = []
    for m, n in matches:
        if m.distance < 0.75 * n.distance:
            good.append(m)
    return good

img1 = cv2.imread(r'frog1.jpg')
img2 = cv2.imread(r'frog2.jpg')

kpimg1, kp1, des1 = sift_kp(img1)
kpimg2, kp2, des2 = sift_kp(img2)
print('descriptor1:', des1.shape, 'descriptor2', des2.shape)

#输出特征点(描述子)的维度
cv2.imshow('img1',np.hstack((img1,kpimg1)))
cv2.imshow('img2',np.hstack((img2,kpimg2)))

goodMatch = get_good_match(des1, des2)
all_goodmatch_img = cv2.drawMatches(img1, kp1, img2, kp2, goodMatch, None, flags = 2)
# goodmatch_img 设置为 goodMatch[:50]
goodmatch_img = cv2.drawMatches(img1, kp1, img2, kp2, goodMatch[:50], None, flags = 2)
cv2.imshow('all_goodmatch_img', all_goodmatch_img)
cv2.imshow('goodmatch_img', goodmatch_img)

cv2.namedWindow('image2',cv2.WINDOW_NORMAL)
cv2.imshow("image2",goodmatch_img)
cv2.waitKey(0)
cv2.destroyAllWindows()
```

运行程序,效果如图12-16所示。

图12-16 SIFT算子角点检测效果

第 13 章 运动目标自动检测

CHAPTER 13

运动目标自动检测是对运动目标进行检测、提取、识别和跟踪的技术。基于视频序列的运动目标检测，一直以来都是机器视觉、智能监控系统、视频跟踪系统等领域的研究重点，是整个计算机视觉的研究难点之一。运动目标检测结果的正确性对后续的图像处理、图像理解等工作的顺利开展具有决定性作用，所以能否将运动物体从视频序列中准确地检测出来，是运动估计、目标识别、行为理解等高层次视频分析模块能否成功的关键。

运动目标检测技术在实际应用上更能体现人们对移动目标的定位和跟踪需求，因此在许多领域都有着广泛的应用。在运输上，运动目标检测技术被用于交通管理与视频监控来智能识别运输工具或行人的违章行为，为后续的抓拍、录入等提供了数据源；在场景监控等安全防范领域，基于运动目标检测的视频监控系统与原来完全依靠人眼进行监控的系统相比，大大减轻了监控人员的工作强度，避免了值班员主观判断所引起的漏报、误判等问题，为单位节省了人工成本。因此，对运动目标检测技术的研究是一项既有理论意义又有使用价值的课题。近年来关于这项课题的研究有很多，大体有帧间差分法、背景差分法、光流法等。由于帧间差分法运算量较小，易于硬件实现，所以得到了广泛的应用。

13.1 帧间差分法

13.1.1 原理

摄像机采集的视频序列具有连续性的特点。如果场景内没有运动目标，则连续帧的变化很微弱；如果存在运动目标，则连续的帧和帧之间会有明显的变化。

帧间差分法(Temporal Difference)就是借鉴了上述思想。由于场景中的目标在运动，目标的影像在不同图像帧中的位置不同。该类算法对时间上连续的两帧或三帧图像进行差分运算，不同帧对应的像素点相减，判断灰度差的绝对值，当绝对值超过一定阈值时，即可判断为运动目标，从而实现目标的检测功能。

两帧差分法的运算过程如图 13-1 所示。记视频序列中第 n 帧和第 $n-1$ 帧图像为 f_n 和 f_{n-1}，两帧对应像素点的灰度值记为 $f_n(x,y)$和 $f_{n-1}(x,y)$。按照式(13-1)将两帧图像对应像素点的灰度值进行相减，并取其绝对值，得到差分图像 D_n：

$$D_n(x,y)=|f_n(x,y)-f_{n-1}(x,y)| \tag{13-1}$$

设定阈值 T，按照式(13-2)逐个对象点进行二值化处理，得到二值化图像 R'_n。其中，灰度值为 255 的点即为前景(运动目标)点，灰度值为 0 的点即为背景点；对图像 R'_n 进行连通性分析，最终可得到含有完整运动目标的图像 R_n。

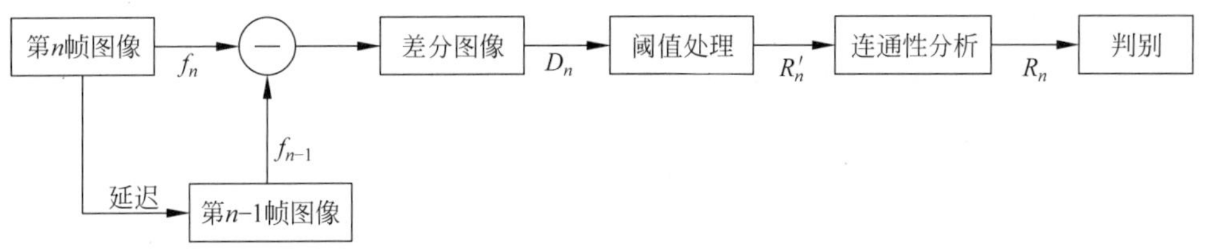

图 13-1　两帧差分法示意图

$$R'_n(x,y)=\begin{cases}255, & D_n(x,y)>T\\ 0, & \text{其他}\end{cases} \tag{13-2}$$

13.1.2　三帧差分法

两帧差分法适用于目标运动较为缓慢的场景，当运动较快时，由于目标在相邻帧图像上的位置相差较大，两帧图像相减后并不能得到完整的运动目标，因此，人们在两帧差分法的基础上提出了三帧差分法。

三帧差分法的运算过程如图 13-2 所示。记视频序列中第 $n+1$ 帧、第 n 帧和第 $n-1$ 帧的图像分别为 f_{n+1}、f_n 和 f_{n-1}，三帧对应像素点的灰度值记为 $f_{n+1}(x,y)$、$f_n(x,y)$ 和 $f_{n-1}(x,y)$，按照式(13-1)分别得到差分图像 D_{n+1} 和 D_n，对差分图像 D_{n+1} 和 D_n 按照式(13-3)进行与操作，得到图像 D'_n，然后再进行阈值处理、连通性分析，最终提出运动目标。

$$D'_n(x,y)=|f_{n+1}(x,y)-f_n(x,y)|\cap|f_n(x,y)-f_{n-1}(x,y)| \tag{13-3}$$

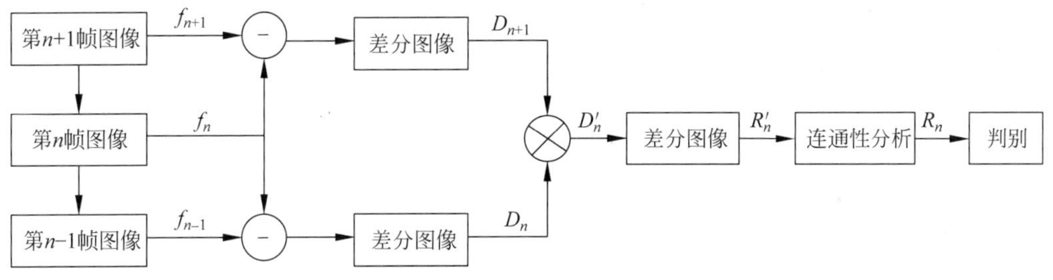

图 13-2　三帧差分法示意图

在帧间差分法中，阈值 T 的选择非常重要。如果阈值 T 选取的值太小，则无法抑制差分图像中的噪声；如果阈值 T 选取的值太大，又有可能掩盖差分图像中目标的部分信息；而且固定的阈值 T 无法适应场景中光线变化等情况。为此，有人提出了在判决条件中加入对整体光照敏感的添加项的方法，将判决条件修改为：

$$\max_{(x,y)\in A}|f_n(x,y)-f_{n-1}(x,y)|>T+\lambda\frac{1}{N_A}\sum_{(x,y)\in A}|f_n(x,y)-f_{n-1}(x,y)| \tag{13-4}$$

其中，N_A 为待检测区域中像素的总数目，λ 为光照的抑制系数，A 可设为整帧图像。添加项 $\lambda\frac{1}{N_A}\sum_{(x,y)\in A}|f_n(x,y)-f_{n-1}(x,y)|$ 表达了整帧图像中光照的变化情况。如果场景中的光照变化较小，则该项的值趋向于零；如果场景中的光照变化明显，则该项的值明显增大，导致式(13-4)右侧判决条件自适应地增大，最终的判决结果为没有运动目标，这样就有效地抑制了光线变化对运动目标检测的影响。

13.1.3　帧间差分法案例分析

前面对帧间差分法的定义、原理、两帧差分法、三帧差分法进行了介绍，下面直接通过

Python 案例进行分析。

【例 13-1】 利用两帧差分法对视频图像进行目标检测。

```
import cv2
import numpy as np

cap = cv2.VideoCapture("video.avi")
#检查相机是否打开成功
if (cap.isOpened() == False):
  print("打开视频流或文件时出错")
frameNum = 0
#阅读直到视频完成
while(cap.isOpened()):
  #获取一帧
  ret, frame = cap.read()
  frameNum += 1
  if ret == True:
    tempframe = frame
    if(frameNum == 1):
        previousframe = cv2.cvtColor(tempframe, cv2.COLOR_BGR2GRAY)
        print(111)
    if(frameNum >= 2):
        currentframe = cv2.cvtColor(tempframe, cv2.COLOR_BGR2GRAY)
        currentframe = cv2.absdiff(currentframe,previousframe)
        median = cv2.medianBlur(currentframe,3)
        ret, threshold_frame = cv2.threshold(currentframe, 20, 255, cv2.THRESH_BINARY)
        gauss_image = cv2.GaussianBlur(threshold_frame, (3, 3), 0)

        print(222)
        #显示结果帧
        cv2.imshow('原图',frame)
        cv2.imshow('Frame',currentframe)
        cv2.imshow('median',median)
        #按键盘上的Q键退出
        if cv2.waitKey(33) & 0xFF == ord('q'):
          break
    previousframe = cv2.cvtColor(tempframe, cv2.COLOR_BGR2GRAY)
  #跳出循环
  else:
    break
#完成所有操作后,释放 video capture 对象
cap.release()
#关闭所有帧
cv2.destroyAllWindows()
```

运行程序,效果如图 13-3 所示。

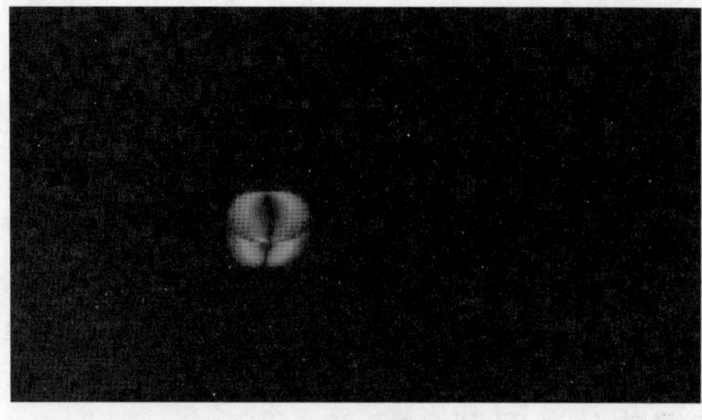

图 13-3 两帧检测目标效果

【例 13-2】 利用三帧差分法对视频进行检测。

```
import cv2
import numpy as np

def three_frame_differencing(videopath):
    cap = cv2.VideoCapture(videopath)
    width = int(cap.get(cv2.CAP_PROP_FRAME_WIDTH))
    height = int(cap.get(cv2.CAP_PROP_FRAME_HEIGHT))
    one_frame = np.zeros((height,width),dtype = np.uint8)
    two_frame = np.zeros((height,width),dtype = np.uint8)
    three_frame = np.zeros((height,width),dtype = np.uint8)
    while cap.isOpened():
        ret,frame = cap.read()
        frame_gray = cv2.cvtColor(frame,cv2.COLOR_BGR2GRAY)
        if not ret:
            break
        one_frame,two_frame,three_frame = two_frame,three_frame,frame_gray
        abs1 = cv2.absdiff(one_frame,two_frame)          # 相减
        _,thresh1 = cv2.threshold(abs1,40,255,cv2.THRESH_BINARY) # 二值,大于 40 的为 255,

        abs2 = cv2.absdiff(two_frame,three_frame)
        _,thresh2 = cv2.threshold(abs2,40,255,cv2.THRESH_BINARY)

        binary = cv2.bitwise_and(thresh1,thresh2)        # 与运算
        kernel = cv2.getStructuringElement(cv2.MORPH_ELLIPSE,(5,5))
        erode = cv2.erode(binary,kernel)                 # 腐蚀
        dilate = cv2.dilate(erode,kernel)                # 膨胀
        dilate = cv2.dilate(dilate,kernel)               # 膨胀

        img, contours, hei = cv2.findContours(dilate.copy(),mode = cv2.RETR_EXTERNAL,method =
cv2.CHAIN_APPROX_SIMPLE)                                 # 寻找轮廓
        for contour in contours:
            if 100 < cv2.contourArea(contour)< 40000:
                x,y,w,h = cv2.boundingRect(contour)      # 找方框
                cv2.rectangle(frame,(x,y),(x + w,y + h),(0,0,255))
        cv2.namedWindow("binary",cv2.WINDOW_NORMAL)
        cv2.namedWindow("dilate",cv2.WINDOW_NORMAL)
        cv2.namedWindow("frame",cv2.WINDOW_NORMAL)
        cv2.imshow("binary",binary)
        cv2.imshow("dilate",dilate)
        cv2.imshow("frame",frame)
        if cv2.waitKey(50)&0xFF == ord("q"):
            break
    cap.release()
    cv2.destroyAllWindows()
if __name__ == '__main__':
    three_frame_differencing(0)
```

13.2 背景差分法

背景差分法是一种对当前帧图像与背景图像进行差分运算,并提取运动区域的目标检测方法,该方法一般能够提供完整的目标数据。背景差分的基本思想是:首先,用预先存储或者实时更新的背景图像序列为图像的每个像素统计建模,得到背景模型 $f_b(x,y)$;其次,将当前每一帧的图像 $f_k(x,y)$ 相减,得到图像中偏离背景图像较大的像素点;最后,类似于帧间差分法的处理方式,循环前两步直至确定目标的矩形定位信息。其中,运算过程的具体公式为

$$D_k(x,y)=\begin{cases}1, & |f_k(x,y)-f_b(x,y)|>T\\0, & \text{其他}\end{cases}$$

式中，$f_k(x,y)$为第 k 帧图像，$f_b(x,y)$为背景图像，$D_k(x,y)$为帧差图像，T 为阈值。相减结果若大于 T，则认为像素出现在目标上，$D_k(x,y)$值为 1；反之，$D_k(x,y)$值为 0，则认为像素在背景中。通过以上步骤遍历处理每个像素，能够完整地分割出运动目标。

但是，当背景图像在长时间内发生细微变化时，如果一直使用预先存储的背景图像，那么随着时间的增长，累积误差会逐渐增大，最终可能会造成原背景图像与实际背景图像存在较大偏差，导致检测失败。因此，背景差分方法中的一个关键要素就是背景更新，自适应的背景图像更新方法往往会大幅度提高目标检测的准确性及背景差分法的效率。基于像素分析的背景图像更新是常用的背景更新方法之一。该方法在更新背景图像之前先把背景图像和运动目标区分开：对于出现运动目标的背景图像区域不进行图像更新，对于其他区域则实时更新。因此，该算法所得到的背景图像不会受到运动目标的干扰。但是基于像素分析的背景图像更新算法对噪声具有一定的敏感性，特别是在光线突变时，可能不会实时更新背景图像。

背景差分法的优点是算法简单，易于实现。在处理过程中，在根据实际情况确定阈值后，所得结果直观反映了运动目标的位置、大小和形状等信息，能够得到比较精确的运动目标信息。该算法适用于背景固定或变化缓慢的情况，其关键是如何获得场景的静态背景图像，其缺点是容易受到噪声等外界因素干扰，如光线发生变化或者背景中物体暂时移动都会对最终的检测结果造成影响。

【例 13-3】 利用背景差分法实现视频目标检测。

```
import cv2
def detect_video(video):
    camera = cv2.VideoCapture(video)
    history = 20                                    # 训练帧数
    bs = cv2.createBackgroundSubtractorKNN(detectShadows = True) # 背景减除器,设置阴影检测
    bs.setHistory(history)
    frames = 0
    while True:
        res, frame = camera.read()
        if not res:
            break
        fg_mask = bs.apply(frame)                   # 获取 foreground mask
        if frames < history:
            frames += 1
            continue
        # 对原始帧进行膨胀去噪
        th = cv2.threshold(fg_mask.copy(), 244, 255, cv2.THRESH_BINARY)[1]
        th = cv2.erode(th, cv2.getStructuringElement(cv2.MORPH_ELLIPSE, (3, 3)),
iterations = 2)
         dilated = cv2.dilate(th, cv2.getStructuringElement(cv2.MORPH_ELLIPSE, (8, 3)),
iterations = 2)
        # 获取所有检测框
        image, contours, hier = cv2.findContours(dilated, cv2.RETR_EXTERNAL, cv2.CHAIN_APPROX
_SIMPLE)
        for c in contours:
            # 获取矩形框边界坐标
            x, y, w, h = cv2.boundingRect(c)
            # 计算矩形框的面积
            area = cv2.contourArea(c)
            if 500 < area < 3000:
                cv2.rectangle(frame, (x, y), (x + w, y + h), (0, 255, 0), 2)
        cv2.imshow("detection", frame)
        cv2.imshow("back", dilated)
        if cv2.waitKey(110) & 0xff == 27:
            break
    camera.release()
```

```
if __name__ == '__main__':
    video = 'video.avi'
    detect_video(video)
```

13.3　光流法

光流指图像中模式的运动速度，属于二维瞬时速度场的范畴。用光流法检测运动目标的基本原理是：首先，为图像中的每个像素点都初始化为一个速度向量，形成图像的运动场；然后在运动中的某个特定时刻，将图像中的点与三维物体中的点根据投影关系进行一一映射；最后，根据各像素点的速度向量特征对图像进行动态分析。在此过程中，如果在图像中没有运动目标，则光流向量在整个图像区域都呈现连续变化的态势；如果在图像中存在物体和图像背景的相对运动，则运动物体所形成的速度向量必然和邻域背景的速度向量不同，从而检测出运动物体的位置。在实际应用中，光流法的计算量大，容易受噪声干扰，不利于实时处理。

光流法在近几年得到了较大的发展，出现了很多种改进算法，常用的有时空梯度法、模块匹配法、基于能量的分析方法和基于相位的分析方法。其中，时空梯度法以经典的 Horn & Schunck 方法为代表，应用最为广泛。该方法利用图像灰度的时空梯度函数来计算每个图像点的速度向量，构建光流场。假设 $I(x,y,t)$ 为 t 时刻图像点 (x,y) 的灰度；u、v 分别为该点光流量沿 x 和 y 方向的两个分量，且有 $u=\frac{\mathrm{d}x}{\mathrm{d}t}$，$v=\frac{\mathrm{d}y}{\mathrm{d}t}$，则根据计算光流的条件 $\frac{\mathrm{d}I(x,y,t)}{\mathrm{d}t}=0$，可得到光流向量的梯度约束方程为：

$$I_x u + I_y v + I_t = 0$$

改写为向量形式：

$$\frac{\nabla \boldsymbol{I}}{\boldsymbol{v}} + I_t = 0$$

式中，I_x、I_y、I_t 分别为参考像素点的灰度值沿 x、y、t 3 个方向的偏导数，$\nabla \boldsymbol{I}=(I_x,I_y)^{\mathrm{T}}$ 为图像灰度的空间梯度，$\boldsymbol{v}=(u,v)^{\mathrm{T}}$ 为光流向量。

梯度的约束方程限定了 I_x、I_y、I_t 与光流向量的关系，但是该方程的两个分量 u 和 v 并非唯一解，所以需要附加另外的约束条件来求解这两个分量。常用的约束条件是假设光流在整个图像上的变化具有平滑性，也叫作平滑约束条件，如下所示：

$$\min\left(\begin{Bmatrix}(\partial u/\partial x)^2+(\partial u/\partial y)^2\\(\partial v/\partial x)^2+(\partial v/\partial y)^2\end{Bmatrix}\right)$$

因此，通过一系列的数学运算，可取得 (u,v) 的递归解。

光流法的优点是在不需要预先知道场景的任何消息的前提下能够检测独立的运动目标。光流法的缺点是该方法在大多数情况下计算复杂度较高，容易受光线等因素的影响，导致该方法在实时性和实用性方面处于劣势。

【例 13-4】 利用光流法检测运动目标。

```
import numpy as np
import cv2 as cv
cap = cv.VideoCapture("video.avi")
# 设置 Shi-Tomasi 角点检测的参数
feature_params = dict(maxCorners = 100,
                      qualityLevel = 0.3,
                      minDistance = 7,
                      blockSize = 7)
# 设置 lucas kanade 光流场的参数
```

```
#为使用的图像金字塔层数
lk_params = dict(winSize = (15, 15),
                 maxLevel = 2,
                 criteria = (cv.TERM_CRITERIA_EPS | cv.TERM_CRITERIA_COUNT, 10, 0.03))
#产生随机的颜色值
color = np.random.randint(0, 255, (100, 3))
#获取第一帧,并寻找其中的角点
(ret, old_frame) = cap.read()
old_gray = cv.cvtColor(old_frame, cv.COLOR_BGR2GRAY)
p0 = cv.goodFeaturesToTrack(old_gray, mask = None, ** feature_params)
#创建一个掩膜为了后面绘制角点的光流轨迹
mask = np.zeros_like(old_frame)
#视频文件输出参数设置
out_fps = 12.0 # 输出文件的帧率
fourcc = cv.VideoWriter_fourcc('M', 'P', '4', '2')
sizes = (int(cap.get(cv.CAP_PROP_FRAME_WIDTH)), int(cap.get(cv.CAP_PROP_FRAME_HEIGHT)))
out = cv.VideoWriter('v5.avi', fourcc, out_fps, sizes)
while True:
    (ret, frame) = cap.read()
    frame_gray = cv.cvtColor(frame, cv.COLOR_BGR2GRAY)
    #能够获取点的新位置
    p1, st, err = cv.calcOpticalFlowPyrLK(old_gray, frame_gray, p0, None, ** lk_params)
    #取好的角点,并筛选出旧的角点对应的新的角点
    good_new = p1[st == 1]
    good_old = p0[st == 1]
    #绘制角点的轨迹
    for i, (new, old) in enumerate(zip(good_new, good_old)):
        a, b = new.ravel()
        c, d = old.ravel()
        mask = cv.line(mask, (a, b), (c, d), color[i].tolist(), 2)
        frame = cv.circle(frame, (a, b), 5, color[i].tolist(), - 1)
    img = cv.add(frame, mask)
    cv.imshow('frame', img)
    out.write(img)
    k = cv.waitKey(200) & 0xff
    if k == 27:
        break
    #更新当前帧和当前角点的位置
    old_gray = frame_gray.copy()
    p0 = good_new.reshape( - 1, 1, 2)
out.release()
cv.destroyAllWindows()
cap.release()
```

运行程序,效果如图 13-4 所示。

图 13-4 光流检测目标效果

第14章 水印技术

CHAPTER 14

数字水印(Digital Watermarking)技术指将一些标识信息(即水印)直接嵌入数字载体中(包括多媒体、文档、软件等)或者间接表示(修改特定区域的结构),且不影响原载体的使用价值,也不容易被探知和再次修改,但可以被生产方识别和辨认。通过这些隐藏在载体中的信息,可以达到确认内容创建者、购买者、传送隐秘信息或者判断载体是否被篡改等目的。数字水印是实现版权保护的有效办法,是信息隐藏技术研究领域的重要分支。

14.1 水印技术的概念

数字水印通常可以分为鲁棒数字水印和易损数字水印两类,从狭义上讲,数字水印一般指鲁棒数字水印。

鲁棒数字水印主要用于在数字作品中标示著作权信息,利用这种水印技术可在多媒体内容的数据中嵌入标示信息。在发生版权纠纷时,标示信息用于保护数据的版权所有者。用于版权保护的数字水印要求有很强的鲁棒性和安全性。

易损数字水印与鲁棒水印的要求相反,主要用于完整性保护,这种水印同样是在内容数据中嵌入不可见的信息。当内容发生改变时,这些水印信息会发生相应的改变,从而鉴定原始数据是否被篡改。易损水印必须对信号的改动很敏感,人们根据易损水印的状态就可以判断数据是否被篡改过。

不同的领域对数字水印有不同的要求,但一般而言,鲁棒数字水印应具备如下特点。

(1) 不可感知性。就是嵌入水印后的图像和未嵌入水印的图像必须满足人们感知上的需求,在视觉上没有任何差别,不影响产品的质量和价值。

(2) 鲁棒性。嵌入水印后的图像在受到攻击时,水印依然存在于载体数据中,并可以被恢复和检测处理。

(3) 安全性。嵌入的水印难以被篡改或伪造,只有授权机构才能检测出来,非法用户不能检测、提取或者去除水印信息。

(4) 计算复杂度。在不同的应用中,对于水印的嵌入算法和提取算法的计算复杂度要求是不同的,复杂度直接与水印系统的实时性相关。

(5) 水印容量。水印容量指在载体数据中可嵌入多少水印信息,其大小可以从几个比特到几兆字节不等。

14.2 数字水印技术的原理

数字水印技术实际上就是通过对水印载体的分析、对水印信息的处理、对水印嵌入点的选择、对嵌入方式的设计、对嵌入调制的控制和提取检测的方法等相关技术环节进行合理优化,来寻求满足不可感知性、鲁棒性和安全性等约束条件的准最优化设计方法。在实际应用中,一个完整的水印系统通常包括生成、嵌入、检测和提取水印 4 部分。

1. 生成水印

通常基于伪随机数发生器或混沌系统来产生水印信号,从水印的鲁棒性和安全性方面考虑,常常需要对原水印进行预处理来适应水印嵌入算法。

2. 嵌入水印

在尽量保证水印不可感知的前提下,嵌入最大强度的水印,可提高水印的鲁棒性。水印的嵌入过程如图 14-1 所示,其中,虚线框表示嵌入算法不一定需要该数据。常用的水印嵌入准则有加法准则、乘法准则和融合准则。

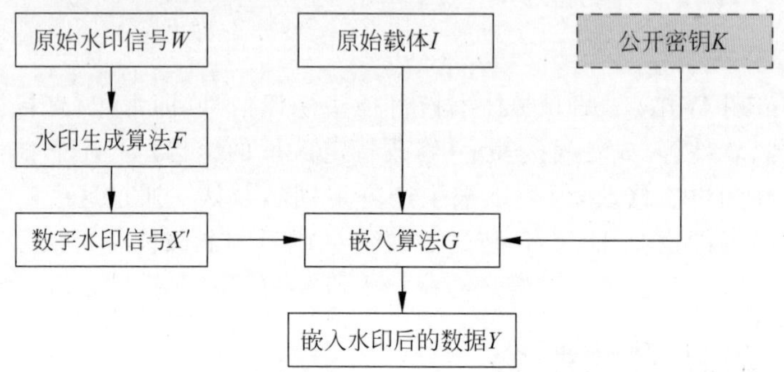

图 14-1 数字水印嵌入过程框图

加法准则是一种普遍的水印嵌入方式,在嵌入水印时没有考虑原始图像各像素之间的差异,因此,用此方法嵌入水印后图像质量在视觉上变化较大,影响了水印的鲁棒性。其实现公式为:

$$Y = I + \alpha W$$

式中,I 是原始载体;W 是原始水印信号;α 是水印嵌入强度,对它的选择必须考虑图像的实际情况和人类的视觉特性。

乘法准则考虑了原始图像各像素之间的差异,因此,乘法准则的性能在很多方面都优于加法准则。

$$Y = I(1 + \alpha W)$$

融合准则综合考虑了原始图像和水印图像,在不影响人的视觉效果的前提下,对原始图像做了一定程度的修改。

$$Y = (1 - \alpha) I + \alpha W$$

3. 检测水印

检测水印指判断水印载体中是否存在水印的过程。水印的检测过程如图 14-2 所示,虚线框表示判断水印检测不一定需要这些数据。

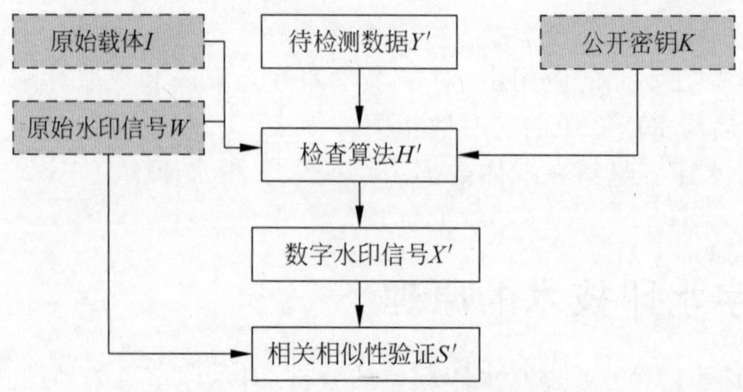

图 14-2 数字水印检测过程框图

4. 提取水印

提取水印是指水印被比较精确地提取过程。水印的提取和检测既可以需要原始图像的参与(明检测),也可以不需要原始图像的参与(盲检测)。水印的提取过程如图 14-3 所示,虚线框表示提取水印不一定需要这些数据。

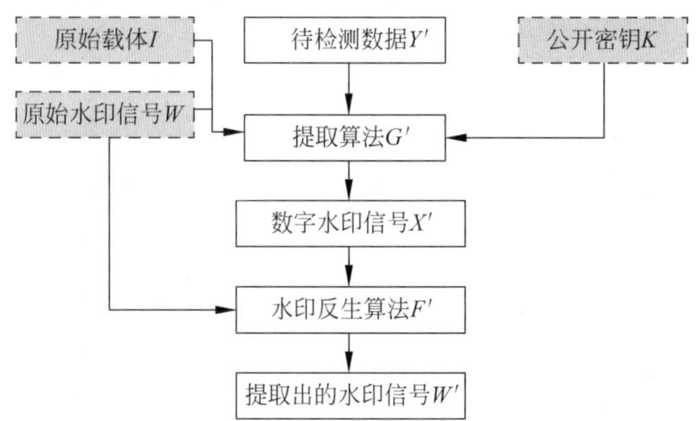

图 14-3 数字水印提取过程框图

14.3 典型的数字水印算法

当今的数字水印技术涉及多媒体信息的各个方面,数字水印技术研究也取得了很大的进步,尤其是针对图像数据的水印算法繁多,下面对一些经典的算法进行分析和介绍。

14.3.1 空间域算法

空间域算法是数字水印最早的一类算法,它阐明了关于数字水印的一些重要概念。空间域算法一般通过改变图像的灰度值来加入数字水印,大多采用替换法,即用水印信号替换载体中的数据,主要有最低有效位(Least Significant Bit,LSB)、Patchwork、纹理块映射编码等算法。

(1) LSB 算法的主要原理是利用人眼的视觉特性对数字图像亮色等级分辨率的有限性,以水印信号替换原图像中像素灰度值的最不重要位或者次不重要位。这种方法简单易行,且能嵌入较多信息,但是抵抗攻击的能力较差,攻击者简单地利用信号处理技术就能完全破坏信息。但正因如此,LSB 算法能够有效地确定一幅图在何处被修改了。

(2) Patchwork 算法是一种基于统计学的方法。它将图像分成两个子集,当其中一个子集的亮度增加时,另一个子集的亮度会减少同样的量,这个量以不可见为标准,整幅图像的平均灰度值保持不变,在这个调整过程中会完成水印的嵌入。在 Patchwork 算法中,一个密钥用来初始化一个伪随机数,而这个伪随机数将产生载体中放置水印的位置。Patchwork 方法的隐蔽性好,对有损压缩和 FIR 滤波有一定的抵抗力,但其缺陷是嵌入信息量有限,对多副本平均攻击的抵抗力较弱。

(3) 纹理块映射编码算法是将一个基于纹理的水印嵌入图像中具有相似纹理的一部分。该算法基于图像的纹理结构,因而在视觉上很难被察觉,同时对于滤波、压缩和旋转等操作都有抵抗能力。

14.3.2 变换域算法

目前,变换域算法主要包括离散傅里叶变换(DFT)、离散余弦变换(DCT)和离散小波变换(DWT)。基于频域的数字水印技术相对于空间域的数字水印技术通常具有更多优势,抗攻击能力更强，比如一般的几何变换对空域算法的影响较大，对频域算法的影响却较小。但是变换域算法嵌入和提取水印的操作比较复杂，隐藏的信息量不能太多。

（1）离散傅里叶变换（Discrete Fourier Transform，DFT）是一种经典而有效的数学工具，DFT水印技术正是利用图像的DFT相位和幅值嵌入水印信息，一般利用相位信息嵌入水印比利用幅值信息鲁棒性更好，利用幅值嵌入水印则对旋转、缩放、平移等操作具有不变性。DFT水印技术的优点是具有仿射不变性，还可以利用相位嵌入水印，但DFT技术与国际压缩标准不兼容导致抗压缩能力弱，且算法比较复杂、效率较低，因此限制了它的应用。

（2）DCT水印技术的主要思想是在图像的DCT变换域上选择中低频系数叠加水印信息，选择中低频系数是因为人眼的感觉主要集中在这一频段，攻击者在破坏水印的过程中，不可避免地会引起图像质量的严重下降，而一般的图像处理过程也不会改变这部分数据。该算法不仅在视觉上具有很强的隐蔽性、鲁棒性和安全性，而且可经受一定程度的有损压缩、滤波、剪切、缩放、平移、旋转、扫描等操作。

（3）DWT是一种"时间-尺度"信号的多分辨率分析方法，具有良好的空频分解和模拟人类视觉系统的特性，而且嵌入式零树小波编码（EZW）将在新一代的压缩标准（JPEG2000、MPEG4/7等）中被采用，符合国际压缩标准，小波域的水印算法具有良好的发展前景。DWT水印算法的优点是水印检测按子带分组扩充水印序列进行，即如果先检测出的水印序列已经满足水印存在的相似函数要求，则检测可以终止，否则继续搜寻下一子带的扩充水印序列，直至相似函数出现一个峰值或使所有子带搜索结束。因此含有水印的载体在质量破坏不大的情况下，水印检测可以在搜索少数几个子带后终止，提高了水印检测的效率。

14.4 数字水印攻击和评价

数字水印攻击指带有损害性、毁坏性的，或者试图移去水印信号的处理过程。鲁棒性指水印信号在经历无意或有意的信号处理后，仍能被准确检测或提取的特征。鲁棒性好的水印应该能够抵抗各种水印攻击行为。水印攻击分析就是对现有的数字水印系统进行攻击，以检验其鲁棒性，分析其弱点所在及易受攻击的原因，以便在以后的数字水印系统的设计中加以改进。

对数字水印的攻击一般是针对水印的鲁棒性提出的要求。按照攻击原理，水印攻击一般可以划分为简单攻击、同步攻击和混淆攻击，而常见的攻击操作有滤波、压缩、噪声、量化、裁剪、缩放、采样等。

（1）简单攻击指试图对整个嵌入水印后载体数据减弱嵌入水印的幅度，并不识别或者分离水印，导致数字水印提取发生错误，甚至提取不出水印信号。

（2）同步攻击指试图破坏载体数据和水印的同步性，使水印的相关检测失效或恢复嵌入的水印成为不可能。在被攻击的对象中水印仍然存在，而且幅值没有变化，但是水印信号已经错位，不能维持在正常提取过程中所需的同步性。

（3）混淆攻击指生成一个伪水印化的数据来混淆含有真正水印的数字作品。虽然载体数据是真实的，水印信号也存在，但是由于嵌入了一个或多个伪造水印，所以混淆了原来的水印，使其失去了唯一性。

评价数字水印的被影响程度，除了可以采用人们感知系统的定性评价，还可以采用定量的评价标准。通常对含有水印的数字作品进行定量评价的标准有：峰值信噪比（Peak Signal Noise Rate，PSNR）和归一化相关系数（Normalized Correction，NC）。

(1) 峰值信噪比。设 $I_{i,j}$ 和 $\hat{I}_{i,j}$ 分别表示原始和嵌入水印后的图像,i 和 j 分别是图像的行数和列数,则峰值信噪比定义为:

$$\mathrm{PSNR}=10\times\lg\frac{mn\times\max(I_{i,j}^{2})}{\sum(I_{i,j}-\hat{I}_{i,j})^{2}}$$

峰值信噪比的典型值一般为 25～45dB,不同的方法得出的值不同,但是一般而言,PSNR 值越大,图像的质量保持得就越好。

(2) 归一化相关系数。为定量地评价提取的水印与原始水印信号的相似性,可采用归一化相关系数作为评价标准。

14.5 水印技术案例分析

前面介绍了水印技术的理论基础、原理和典型的算法,下面通过一个例子来演示利用 Python 实现水印技术。代码为:

```
import time
import os
try:
    from PIL import Image, ImageDraw, ImageFont, ImageEnhance
except ImportError:
    import Image, ImageDraw, ImageFont, ImageEnhance

fontpath = "hey.ttf"
waterfontpath = "WeiRuanYaHei-1.ttf"
out_file = "/img/"

def text_watermark(img, text, out_file, angle=23, opacity=0.50):
    '''''
    添加一个文字水印,做成透明水印的模样
    '''
    watermark = Image.new('RGBA', img.size, (0, 0, 0,0)) #有一层白色的膜,去掉
                                                         #(255,255,255) 这个参数即可
    FONT = waterfontpath
    size = 70
    n_font = ImageFont.truetype(FONT, size)     # 得到字体
    n_width, n_height = n_font.getsize(text)
    n_font = ImageFont.truetype(FONT, size=size)
    # watermark = watermark.resize((text_width,text_height), Image.ANTIALIAS)
    draw = ImageDraw.Draw(watermark, 'RGBA')    #在水印层加画笔
    #左 3
    draw.text((watermark.size[0] - 1100, watermark.size[1] - 1850),text, font=n_font, fill
="#ccc")
    draw.text((watermark.size[0] - 1250, watermark.size[1] - 1400), text, font=n_font, fill
="#ccc")
    draw.text((watermark.size[0] - 1400, watermark.size[1] - 950), text, font=n_font, fill
="#ccc")
    #右 3
    draw.text((watermark.size[0] - 650, watermark.size[1] - 1600), text, font=n_font, fill
="#ccc")
    draw.text((watermark.size[0] - 800, watermark.size[1] - 1150), text, font=n_font, fill
="#ccc")
    draw.text((watermark.size[0] - 950, watermark.size[1] - 700), text, font=n_font, fill=
"#ccc")
    watermark = watermark.rotate(angle, Image.BICUBIC)
    alpha = watermark.split()[3]
    alpha = ImageEnhance.Brightness(alpha).enhance(opacity)
    watermark.putalpha(alpha)
    out_file = out_file + time.strftime("%Y%m%d%H%M%S") + ".jpg"
```

```
    Image.composite(watermark, img, watermark).save(out_file, 'JPEG')
    print("文字水印成功")
    return out_file

def image_to_text():
    out_file_path = text_watermark(im, '数字水印技术', out_file)
    targetimg = Image.open(out_file_path)
    # 将 img 添加到画板
    imgdraw = ImageDraw.Draw(targetimg)
    # 设置需要绘制的字体,参数: 字体名,字体大小
    imgfont = ImageFont.truetype(fontpath, size=22)
    # 字体颜色
    fillcolor = "black"
    # 获取 img 的宽和高
    imgw, imgh = img.size
    # 开始将文字内容绘制到 img 的画板上,参数: 坐标,绘制内容,填充颜色,字体
    imgdraw.text((20, 20),"测试", fill=fillcolor, font=imgfont)
    imgdraw.text((0, 0), "测试", fill=fillcolor, font=imgfont)
    # 开始保存
    targetimg.save(out_file_path, "png")
    # 返回保存结果
    return out_file_path

if __name__ == "__main__":
    sourceimg1 = "123.jpg"
    im = Image.open(sourceimg1)                     # image 对象
    result = image_to_text()
    sourceimg2 = "124.jpg"
    im = Image.open(sourceimg2)                     # image 对象
    result = image_to_text()
    sourceimg3 = "125.jpg"
    im = Image.open(sourceimg3)                     # image 对象
    result = image_to_text()
    sourceimg4 = "126.jpg"
    im = Image.open(sourceimg4)                     # image 对象
    result = image_to_text()
    print(result)
```

14.6 小波变换水印技术

14.6.1 基本原理

小波变换水印嵌入及提取算法主要包含 3 部分程序：水印的嵌入、水印的提取、水印图像的攻击。

1. 小波变换的基本原理

小波变换是一种窗口面积固定但其形状可变的时频局部化分析方法，即在低频部分具有较高的频率分辨率和较低的时间分辨率，在高频部分具有较高的时间分辨率和较低的频率分辨率，这正符合低频信号变化缓慢而高频信号变化迅速的特点，所以其称为数学显微镜。因为小波变换具有良好的时频特性，基于小波变换的数字水印技术这几年已成为图像水印技术的热点。其优势主要表现在以下 3 方面。

(1) 可以保证在"JPEG-2000"有损压缩下水印不会被去除。

(2) 可以将图像编码研究中关于视觉特性的研究成果用于水印技术。

(3) 有可能提供在压缩域中直接嵌入水印的方法。

除此之外，选择在小波变换中嵌入水印主要是因为小波的多分辨思想和人类视觉特性是一致的。从小波的特性可知，图像不同的小波分解级反映了不同的图像空间频率特征。

人类视觉系统和小波分解一样，将图像信息分成不同的部分，并且各个部分通过不同的通道进入视觉皮层，所分解的各个部分分别具有以下特性。

(1) 反映了图像的空间位置信息。

(2) 反映了图像的空间频率信息。

(3) 反映了图像的方向信息(水平、垂直、对角)。

因此在小波域选择适当的水印嵌入位置和嵌入强度是非常重要的。

2. 图像置乱技术

图像置乱是一种图像加密技术，是利用某种算法将一幅图像各像素的次序打乱，但像素的总个数不变，图像的直方图不变。由于对水印进行置乱可以消除水印像素的空间相关性，因此能提高水印抗图像剪切操作的鲁棒性。

Arnold 变换是在遍历理论中提出的一种变换，又称猫脸变换，设想在平面单位正方形内绘制一张猫脸变换式为

$$\begin{pmatrix} \dot{x} \\ \dot{y} \end{pmatrix} = \left[\begin{pmatrix} 1 & 1 \\ 1 & 2 \end{pmatrix}\begin{pmatrix} x \\ y \end{pmatrix}\right] \bmod 1$$

通过变换，猫脸图像由清晰变模糊，这实际上是一种点的位置移动，并且这种变换是一一对应的，从采样理论的角度看，数字图像可看作在二维连续曲面上，按照某种策略进行采样所得到的一个二维离散点的阵列，即一个图像矩阵。对于 $N \times N$ 的正方形数字图像，可进行离散化的 Arnold 变换。

$$\begin{pmatrix} \dot{x} \\ \dot{y} \end{pmatrix} = \left[\begin{pmatrix} 1 & 1 \\ 1 & 2 \end{pmatrix}\begin{pmatrix} x \\ y \end{pmatrix}\right] \bmod N \quad x, y \in \{0, 1, L, N-1\}$$

利用上式，对图像中的像素点逐一实施坐标变换，当遍历图像中所有的像素点之后，便产生了置乱后的图像。此外，这个变换可以迭代下去，以产生不同结果的置乱图像，直到达到要求为止。变换还具有周期性，当迭代到某一步时，将重新得到原始图像。

14.6.2 水印的嵌入与提取步骤

1. 水印嵌入算法

水印嵌入算法的具体步骤主要如下。

(1) 水印嵌入算法实现将原始图像和水印图像读入，并灰度化。

(2) 对水印图像进行 Arnold 置乱，同时对原始图像进行二维小波变换获取低频区域。

(3) 对低频区域进行水印嵌入，然后进行二级小波变换重构，得到嵌入图像。

2. 水印攻击算法

水印攻击常用的算法主要有：JPEG 压缩、图像旋转、图像缩放、图像裁剪、滤波、噪声等。

3. 水印提取算法

水印提取算法的主要步骤如下。

(1) 对被攻击图像进行二级小波分解，获取低频区域。

(2) 依据嵌入规则，反计算提取水印。

(3) 进行 Arnold 反置乱，对反置乱图进行反逻辑计算得到水印提取图。

14.6.3 算法性能评估

1. 鲁棒性测试

为了验证与比较水印嵌入算法的鲁棒性，对含水印的载体图像进行一系列的攻击测试，提取出水印图像，计算与原始水印图像的相似度(NC 值)，其计算公式如下所示。

$$\mathrm{NC}=\frac{\sum_{i=1}^{M}\sum_{j=1}^{N}W(i,j)W'(i,j)}{\sum_{i=1}^{M}\sum_{j=1}^{N}W(i,j)^2}$$

其中,W 表示原始水印图像,W'表示提取出来的水印图像,$W(i,j)\in\{0,1\}$。NC 值越大,水印图像的误码率越低,即相似度越高,鲁棒性越好。

2. 不可见性测试

为了公正、客观地评价水印算法,必须选择有效的图像视觉失真度计算准则,以对嵌入水印前后载体图像的差异进行衡量,从而评估算法的保真度。采用 PSNR(峰值信噪比)评价图像感知质量的计算公式为

$$\mathrm{PSNR}=10\lg\frac{D^2MN}{\sum_{x=1}^{M}\sum_{y=1}^{N}(I(x,y)-I_w(x,y))^2}$$

其中,D 为信号的峰值,8 位深度图像像素的峰值为 255。峰值信噪比对图像失真的衡量效果较好且计算效率较高。

14.6.4 小波变换水印技术实现

前面对小波变换水印技术的原理、实施步骤进行了介绍,下面通过实例演示小波变换水印技术。

根据需要,建立自定义封装模块 WaterMarkDWT.py,源代码如下:

```
import cv2
import pywt
import numpy as np
import matplotlib.pyplot as plt

plt.rcParams['font.sans-serif'] = ['SimHei']      #替换 sans-serif 字体
plt.rcParams['axes.unicode_minus'] = False        #解决坐标轴负数的负号显示问题

class WaterMarkDWT:
    def __init__(self, origin: str, watermark: str, key: int, weight: list):
        self.key = key
        self.img = cv2.imread(origin)
        self.mark = cv2.imread(watermark)
        self.coef = weight

    def imshow(self, img, title='Img', size: tuple = None):
        if isinstance(img, str):
            img = cv2.imread(img)
        if size:
            img = cv2.resize(img, size)
        plt.imshow(img, cmap='gray')
        plt.title(title)
        plt.axis('off')
        plt.show()

    def arnold(self, img):
        #获取图像的行、列
        r, c = img.shape
        #构建一个全为 0 的矩阵,size 和 img 一样
        p = np.zeros((r, c), np.uint8)
```

```
        a, b = 1, 1
        for k in range(self.key):
            for i in range(r):
                for j in range(c):                #Arnold 置换算法
                    x = (i + b * j) % r
                    y = (a * i + (a * b + 1) * j) % c
                    p[x, y] = img[i, j]
        return p

    def deArnold(self, img):
        r, c = img.shape
        p = np.zeros((r, c), np.uint8)
        a, b = 1, 1
        for k in range(self.key):
            for i in range(r):
                for j in range(c):                #逆 Arnold 置换算法
                    x = ((a * b + 1) * i - b * j) % r
                    y = ( - a * i + j) % c
                    p[x, y] = img[i, j]
        return p

    def set(self, size: tuple = (1200, 1200)):
        #将载体图像和水印图像都进行 resize 处理
        Img = cv2.resize(self.img, size)
        waterImg = cv2.resize(self.mark, (size[0] // 2 + 1, size[1] // 2 + 1))
        #载体图像灰度处理
        Img1 = cv2.cvtColor(Img, cv2.COLOR_RGB2GRAY)
        waterTmg1 = cv2.cvtColor(waterImg, cv2.COLOR_RGB2GRAY)
        #对水印图像进行 Arnold 变换
        waterTmg1 = self.arnold(waterTmg1)
        #载体图像三级小波变换
        c = pywt.wavedec2(Img1, 'db2', level = 3)
        #采用 Haar 小波进行三级小波分解,得到不同分辨率级下的多个细节子图和一个逼近子图
        [cl, (cH3, cV3, cD3), (cH2, cV2, cD2), (cH1, cV1, cD1)] = c

        waterTmg1 = cv2.resize(waterTmg1, (size[0] // 4 + 1, size[1] // 4 + 1))

        #水印图像一级小波变换
        d = pywt.wavedec2(waterTmg1, 'db2', level = 1)
        [ca1, (ch1, cv1, cd1)] = d
        #自定义嵌入系数(a1,a2,a3,a4 是对应的加权因子)
        a1, a2, a3, a4 = self.coef
        #嵌入
        cl = cl + ca1 * a1
        cH3 = cH3 + ch1 * a2
        cV3 = cV3 + cv1 * a3
        cD3 = cD3 + cd1 * a4

        #图像重构
        newImg = pywt.waverec2(
            [cl, (cH3, cV3, cD3), (cH2, cV2, cD2), (cH1, cV1, cD1)], 'db2')
        newImg = np.array(newImg, np.uint8)
        #保存图像
        cv2.imwrite('newImg.bmp', newImg)
        return newImg
```

```
    def get(self, size: tuple = (1200, 1200), flag: int = None):
        #原始图像灰度处理
        img = cv2.resize(self.img, size)
        img1 = cv2.cvtColor(img, cv2.COLOR_RGB2GRAY)
        img2 = cv2.cvtColor(self.mark, cv2.COLOR_RGB2GRAY)
        #载体图像三级小波变换
        c = pywt.wavedec2(img2, 'db2', level = 3)
        [cl, (cH3, cV3, cD3), (cH2, cV2, cD2), (cH1, cV1, cD1)] = c

        #原始图像三级小波变换
        d = pywt.wavedec2(img1, 'db2', level = 3)
        [dl, (dH3, dV3, dD3), (dH2, dV2, dD2), (dH1, dV1, dD1)] = d

        #嵌入算法逆运算
        a1, a2, a3, a4 = self.coef
        ca1 = (cl - dl) * a1
        ch1 = (cH3 - dH3) * a2
        cv1 = (cV3 - dV3) * a3
        cd1 = (cD3 - dD3) * a4
        #水印图像重构
        waterImg = pywt.waverec2([ca1, (ch1, cv1, cd1)], 'db2')
        waterImg = np.array(waterImg, np.uint8)
        #对提取的水印图像进行逆 Arnold 变换
        waterImg = self.deArnold(waterImg)

        #设置卷积核
        kernel = np.ones((3, 3), np.uint8)
        if flag == 0:
            #图像腐蚀处理
            waterImg = cv2.erode(waterImg, kernel)
        elif flag == 1:
            #图像膨胀处理
            waterImg = cv2.dilate(waterImg, kernel)

        #保存
        cv2.imwrite('waterImg.bmp', waterImg)
        return waterImg
```

验证结果的代码如下：

```
from WaterMarkClass import WaterMarkDWT

if __name__ == '__main__':
    #读取载体图像、水印图像
    Img = 'lena.png'
    waterImg = 'frog.jpg'
    key = 10
    coef = [0.1, 0.2, 0.1, 0.1]
    #水印嵌入
    W1 = WaterMarkDWT(Img, waterImg, key, coef)
    newimg = W1.set()
    W1.imshow(Img, '原图')
    W1.imshow(newimg, '带有水印的原图', (5285,2973))

    #读取嵌入水印图像
    newImg = 'newImg.bmp'
    _coef = [10, 5, 10, 10]
    #水印提取
    W2 = WaterMarkDWT(Img, newImg, key, _coef)
```

```
    wmark = W2.get()
    W2.imshow(waterImg, '原水印图')
    W2.imshow(wmark, '获取的水印图')
```

运行程序,效果如图 14-4 所示。

图 14-4　DWT 水印技术效果

第15章 大脑影像分析

CHAPTER 15

医学影像具有很强的时效性和科学性，是临床诊断的重要参考依据。随着影像分割技术的不断发展，涌现出大量的分割算法，很多已结合医学诊断的实际需求得以应用和发展。在实际应用过程中，影像分割作为诊断分析中最常使用的模块之一，发挥着越来越大的作用。区域生成分割是一种经典的影像分割算法，基于串行区域的思想，提取具有相同特征的连通区域，得到完整的目标边缘，从而实现分割效果。

15.1 阈值分割

阈值分割算法是最常见的影像分割方法之一。常见的阈值分割算法包括大津法、最小误差法、最大类别差异法和最大熵法等。但是，医学影像一般包含多个不同类型的区域，如何从中选取合适的阈值进行分割，仍然是医学影像阈值分割的一大难题。

阈值分割的一般流程为：通过判断图像中每一个像素点的特征属性是否满足阈值的要求，来确定图像中的该像素点是属于目标区域还是背景区域，从而将一幅灰度图像转换成二值图像。

用数学表达式来表示，则可设原始图像为 $f(x,y)$，T 为阈值，分割图像时则满足下式：

$$g(x,y)=\begin{cases}1, & f(x,y)\geqslant T\\ 0, & f(x,y)<T\end{cases}$$

阈值分割法计算简单，而且总能用封闭且连通的边界定义不交叠的区域，对目标与背景有较强对比的图像可以得到较好的分割效果。但是，关键问题来了，如何获得一个最优阈值呢？

以下是几种最优阈值的选择方法。

1. 人工经验选择法

人工经验选择法也就是我们自己根据需要处理的图像的先验知识，对图像中的目标与背景进行分析。通过对像素的判断、图像的分析，选择出阈值所在的区间，并通过实验进行对比，最后选择出比较好的阈值。这种方法虽然能用，但是效率较低且不能实现自动的阈值选取。对于样本图片较少时，可以选用。

2. 利用直方图

利用直方图进行分析，并根据直方图的波峰和波谷之间的关系，选择出一个较好的阈值。这种方法准确性较高，但是只对于存在一个目标和一个背景的，且两者对比明显的图像，且直方图是双峰的情况最有价值。

3. 最大类间方差算法

最大类间方差(OTSU)算法是一种使用最大类间方差的自动确定阈值的方法。它是一种基于全局的二值化算法,它根据图像的灰度特性,将图像分为前景和背景两部分。当取最佳阈值时,两部分之间的差别应该是最大的,在OTSU算法中所采用的衡量差别的标准就是较为常见的最大类间方差。前景和背景之间的类间方差越大,就说明构成图像的两部分之间的差别越大,当部分目标被错分为背景或部分背景被错分为目标时,会导致两部分差别变小,当所取阈值的分割使类间方差最大时就意味着错分概率最小。

记 T 为前景与背景的分割阈值,前景点数占图像比例为 w_0,平均灰度为 u_0;背景点数占图像比例为 w_1,平均灰度为 u_1,图像的总平均灰度为 u,前景图像和背景图像的方差为 g,则有:

$$u = w_0 \times u_0 + w_1 + u_1$$

$$g = w_0 \times (u_0 - u)^2 + w_1 \times (u_1 - u)^2$$

联立上两式得:

$$g = w_0 \times w_1 \times (u_0 - u_1)^2$$

或

$$g = \frac{w_0}{1 - w_0} \times (u_0 - u)^2$$

当方差 g 最大时,可以认为此时前景和背景差异最大,此时的灰度 T 是最佳阈值。

4. 自适应阈值法

上面的最大类间方差法在阈值分割过程中对图像上的每个像素都使用了相等的阈值。但在实际情况中,当照明不均匀、有突发噪声或者背景变化较大时,整幅图像分割时将没有合适的单一阈值,如果仍采用单一的阈值去处理每一个像素,可能会错误划分目标和背景区域。而自适应阈值分割的思想,是将图像中每个像素设置可能不一样的阈值。

15.2 区域生长

区域生长(Region Growing)法本质上是对种子像素或子区域通过预定义的相似度计算规则进行合并以获得更大区域的过程。首先,选择种子像素或子区域作为目标位置;然后,将符合相似度条件的相邻像素或区域合并到目标位置,循环实现区域的逐步增长;最后,如果没有可以继续合并的点或小区域,则停止并输出。其中,相似度计算规则可以包括灰度值、纹理、颜色等信息。

区域生长法在缺乏先验知识的情况下,通过规则合并策略来寻求最佳分割的可能,具有简捷、高效的特点。但是,区域生长法一般要求以人工的方式选择种子或子区域,容易缺少客观性;而且,区域生长法对噪声较为敏感,可能带来分割结果上的孔洞、噪声等问题。

15.3 基于阈值预分割的区域生长

大脑影像直接应用阈值分割算法,容易产生过分割问题,即分割出大量与大脑连接的其他区域。如果直接应用区域生长算法,则需要人工选择种子点,且在分割结果中容易包含孔洞、噪声等问题。所以,可通过阈值分割预先定位大脑的大致区域,并依据大脑的默认位置来选择种子点,对经过区域生长分割后的二值影像再进行形态学后处理,最终得到完整的大脑目标并实现分割效果。该算法的步骤如下。

(1) 读取影像并进行对比度增强。

(2) 阈值分割,定位出目标的大致区域。

（3）提取目标左上区域的某位置作为种子点。

（4）以区域生长法进行影像分割。

（5）形态学后处理，去除孔洞、噪声等。

（6）提取边缘并标记输出。

15.4 区域生长分割大脑影像案例分析

前面对几种区域生长法的相关概念进行了介绍，下面直接通过例子来演示利用区域生长分割法对大脑影像进行分割处理。

```
#区域生长
from PIL import Image
import matplotlib.pyplot as plt              # plt 用于显示图像
import numpy as np

im = Image.open('Marker.png')                #读取图像
im_array = np.array(im)
print(im_array)
[m,n] = im_array.shape

a = np.zeros((m,n))                          #建立等大小空矩阵
a[70,70] = 1                                 #设立种子点
k = 40                                       #设立区域判断生长阈值

flag = 1                                     #设立是否判断的小红旗
while flag == 1:
    flag = 0
    lim = (np.cumsum(im_array * a)[-1])/(np.cumsum(a)[-1])
    for i in range(2,m):
        for j in range(2,n):
            if a[i,j] == 1:
                for x in range(-1,2):
                    for y in range(-1,2):
                        if a[i + x,j + y] == 0:
                            if (abs(im_array[i + x,j + y] - lim)<= k) :
                                flag = 1
                                a[i + x,j + y] = 1

data = im_array * a                          #矩阵相乘获取生长影像的矩阵
new_im = Image.fromarray(data)               #data 矩阵转化为二维图像
#画图展示
plt.subplot(1,2,1)
plt.imshow(im,cmap = 'gray')
plt.axis('off')                              # 不显示坐标轴
plt.show()

plt.subplot(1,2,2)
plt.imshow(new_im,cmap = 'gray')
plt.axis('off')                              # 不显示坐标轴
plt.show()
```

运行程序，输出如下，效果如图15-1所示。

```
[[ 4 7 12 ... 12 11 10]
 [12 11 11 ... 13 8 9]
 [12 11 8 ... 10 9 9]
 ...
 [ 7 8 9 ... 10 12 17]
 [ 8 8 7 ... 12 11 14]
 [ 5 7 8 ... 11 12 16]]
```

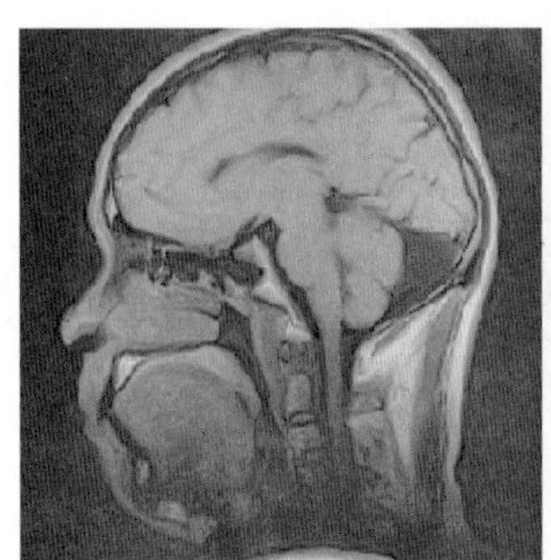
(a) 原始图像

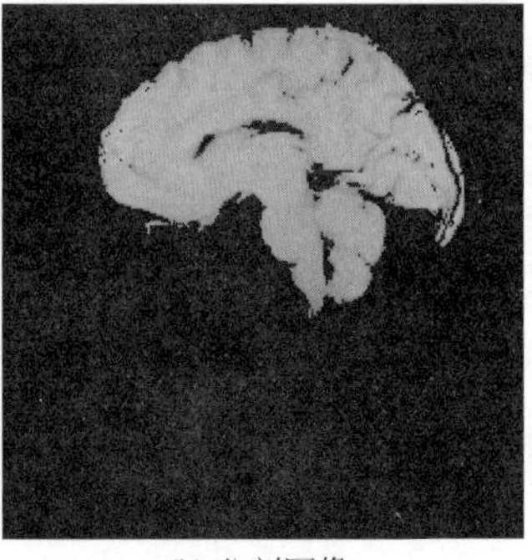
(b) 分割图像

图 15-1　区域生长分割效果

第 16 章 自动驾驶应用

CHAPTER 16

随着计算机视觉和深度学习技术的迅猛发展，自动驾驶技术也逐渐进入新的发展阶段。著名的交通网络公司 Uber 已在美国旧金山开通了自动驾驶汽车服务，Alphabet（Google）母公司也对外宣布将自动驾驶项目从 Google X 实验室拆分出来独立运营，美国联邦政府已着手对汽车自动驾驶制定官方的行业规范。通过这一系列消息，可以发现自动驾驶距离广大普通消费者的生活越来越近。此外，世界各国的交通主管部门大多倡导“防御驾驶”的概念。防御驾驶是一种预测危机并协助远离危机的机制，要求驾驶人除了遵守交通规则，还要防范其他因自身疏忽或违规而发生的交通意外。因此，各大汽车厂商与驾驶人多主动在车辆上安装各种先进的驾驶辅助系统（Advanced Driver Assistance System，ADAS），以降低肇事概率。

自动驾驶汽车是典型的高新技术综合应用，包含场景感知、优化计算、多等级辅助驾驶等功能，运用了计算机视觉、传感器、信息融合、信息通信、高性能计算、人工智能及自动控制等技术。在这些技术中，计算机视觉作为数据处理的直接入口，是自动驾驶不可或缺的一部分。

16.1 理论基础

自动驾驶是基于多项高新技术的综合应用，其关键模块可归纳为环境感知、行为决策、路径规则和运动控制，如图 16-1 所示。

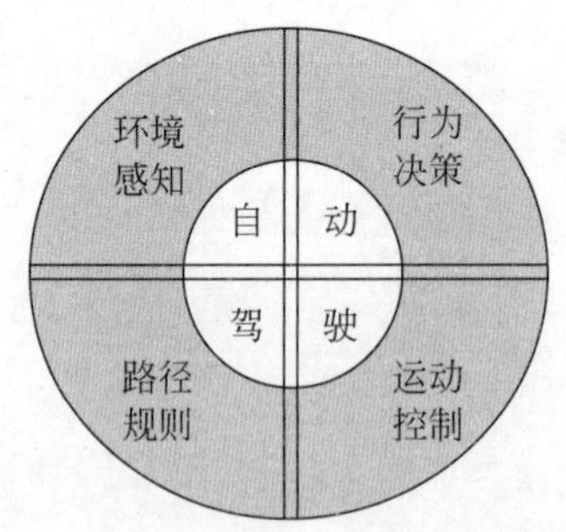

图 16-1 自动驾驶关键技术示意图

16.2 环境感知

自动驾驶面临的首要问题就是如何对周边的环境数据及车辆的内部数据进行有效采集和快速处理，这也是自动驾驶的基础数据支撑，具有重要的意义。自动驾驶一般通过传感器进行，常见的有摄像头、激光雷达、车载测距仪、智能加速度传感器等，涉及视频图像获取、车道线检测、车辆检测、行人检测、高性能计算等技术。

实际上，由于不同的传感器在设计和功能上的差别，单类型的传感器在数据采集和处理上也具有一定的局限性，难以实现对环境的感知和处理。因此，自动驾驶的环境感知技术不仅能通过增加摄像头、雷达等传感器设备来实现，还涉及对多类型传感器的融合处理技术。目前，国内外的不同厂商在自动驾驶环境感知技术模块方面的主要差距集中在多传感器的融合上。

16.3 行为决策

自动驾驶在获取到环境感知数据后，需要进一步对驾驶行为进行分析和计算，这就涉及行为决策模块。所谓行为决策，是指自动驾驶汽车根据已知的路网数据、交通规则数据、采集的周边环境及车辆的内部数据，通过一系列判断计算获得合理驾驶决策的过程。这在本质上是通过一定的感知计算选择合理的工作模型，获得合理的控制逻辑，并下发指令给车辆进行相应的动作。

在自动驾驶过程中往往会涉及前后车距保持、车道线偏离预警、路障告警、斑马线穿越等实际问题，这就需要行为决策模块对本车与其他车辆、车道、路障、行人等在未来一段时间内的状态进行计算并预测，获得合理的行为控制。常见的决策理论有模糊推理、强化学习、神经网络和贝叶斯预测等。

16.4 路径规则

自动驾驶通过环境感知和行为决策，获取了车辆的周边环境数据、车辆状态数据、车辆位置及路线数据，基于最优化搜索算法进行路径规则，进而实现自动驾驶的智能导航功能。

自动驾驶的路径规划模块基于数据获取的实际情况可以分为全局和局部两种类别，即基于已获取的完整环境信息的全局路径规则方法和基于动态传感器实时获取环境信息的局部路径规则方法。全局路径规则主要基于已获取的完整数据，从全局来计算出推荐的路径，例如，通过计算从北京到南京的路径规则得到的推荐路线；局部路径规则主要基于实时获取的环境数据，从局部根据对路上遇到的车辆、路障等情况计算如何避开或调整车道等。

16.5 运动控制

自动驾驶经过环境感知、行为决策、路径规则后，通过对行驶轨迹和速度的计算并结合当前位置和状态，得到对汽车方向盘、油门、制动和挡位的控制指令，这就是运动控制模块的主要内容。根据控制目标的不同，运动控制可以分为横向控制和纵向控制两个类别。横向控制是指设定一个速度并通过方向盘控制来使车辆基于预定轨迹的行驶；纵向控制是指在配合横向控制达到正常行驶的同时，满足人们对于安全、稳定和舒适的要求。

自动驾驶涉及特别复杂的控制逻辑，存在横向、纵向及横纵向的耦合关系，这让人们提出了车辆的协同控制要求，也是控制技术的难点所在。其中，横向控制作为基本的控制需求，是研究热点之一，常用的方法包括模糊控制、神经网络控制、最优控制、自适应控制等。

16.6 A_star 算法规划自动驾驶运动

16.6.1 自动驾驶运动规则问题

1. 从人开车的角度思考自动驾驶运动规则问题

首先想象一下汽车的运动规则是一个什么样的问题，如图 16-2 所示，坐在汽车的驾驶位上，想要从A点开车前往B点，那么会怎样进行开车呢？

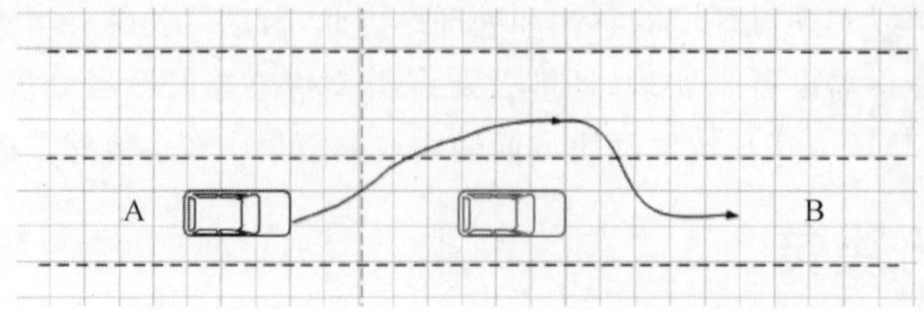

图16-2 AB两点的路径

首先，在一条长长的马路上以一定的速度进行行驶（"定位传感器"，车现在所在的位置为A点，速度为Xm/s）；然后，眼睛（类比摄像头、激光雷达等）看到前方有一个静态车辆；还要继续往前开到B点（"规则目的地"）；这时大脑做出了需要向左换道的避障逻辑（"行为决策"）；然后手开始打方向盘，脚开始控制油门，规划出来一条路线（"运动规划"）；接着根据与障碍车辆的实时距离调整方向盘转角和油门开度（"动态规划和反馈控制"）；最后平稳地绕过障碍车辆，开往B点。

2. 自动驾驶运动规划问题抽象

对于人来说，这么一个场景再简单不过，但是对于机器来说，怎么从A点开始，绕过静态障碍车辆，行驶到B点呢？如何把这样一个问题进行抽象，抽象成计算机语言能够识别的问题呢？其实这个问题可以抽象成为一个搜索问题，搜索从A点到B点的最优路径问题（如图16-3，从A点到B点的路径寻找问题，将空间离散化成一个个的小方格，想办法绕过障碍，从A点顺利通往B点）。

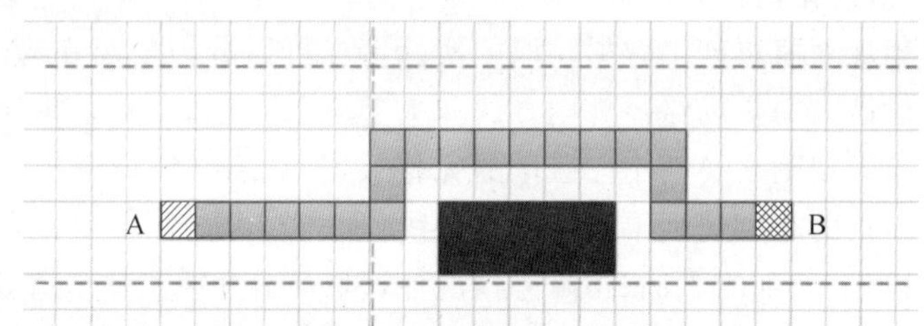

图16-3 从A点顺利通往B点

3. 基本的搜索算法入门

自动驾驶汽车的运动规划问题变成了从A点到B点的路径搜索问题，既然是从A点到B点的搜索问题，那怎么进行搜索呢？最简单的图形搜索算法就是广度优先搜索（BFS）算法和深度优先搜索（DFS）算法。

16.6.2 A_star算法用于自动驾驶运动规划

1. 为什么是A_star算法

但是深度优先搜索算法和广度优先搜索算法都属于no_information search（无信息搜索），这两个算法在进行搜索时，都是没有先验信息的，在搜索时各个方向和节点的权重是相同的，所以搜索起来会向各个方向进行试探，总体下来耗时非常长。特别是在离散节点较多的情况下，无人车对耗时很敏感，没有先验信息的搜索是远远不能满足的。

那么就要考虑如何利用已知的道路信息进行搜索，首先能够想到的就是A_star算法。

2. A_star算法介绍

A_star算法相对于BFS和DFS的最大的优势就是就在起点和终点已知的情况下，可以根据终点的方向和路径的长短制定cost（开销），从而制定每个节点的F值，使搜索能够更快速地趋近于终点。

$$F = H + G$$

H 是从网格上当前方格移动到终点的预估移动开销，G 值是从当前格的上一格移动到当前格的预估移动开销。H 是根据终点的方向制定的预估移动开销，有很多种方法定义 H 值，比如定义 H 值为终点所在行减去当前格所在行的绝对值与终点所在列减去当前格所在列的绝对值之和。如果将 F 值作为一个先验信息，那么越接近终点，得到的奖励值越高，也就是说，在相同情况下，A_star 算法比其他算法会更快地寻找可行路径。

将这个避障问题抽象成数学问题，如图 16-4 所示。

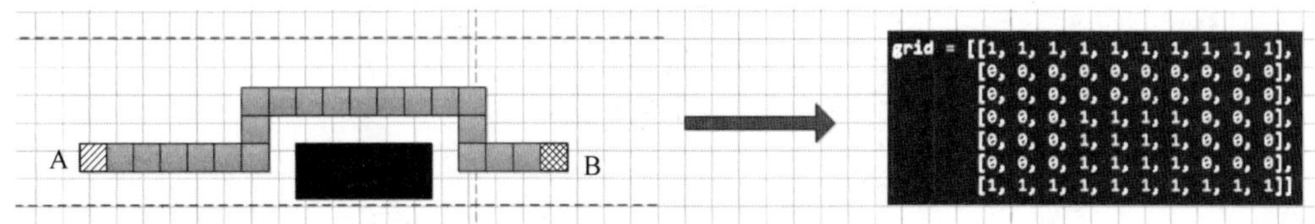

图 16-4 避障问题抽象成数学问题

根据道路的可通行情况，车辆需要在道路上行驶，不能够碰撞路侧的路沿。那么把两侧的路沿设置为 1，数字 1 表示不可通行。静态车辆不能够进行碰撞，那么把静态车辆所在的位置也全都设置为 1，需要绕过车辆进行通行。0 表示可以通行的区域。

3. A_star 算法的代码逻辑

道路场景抽象成的矩阵在程序中表示为 grid，表示道路各处的可通行情况。

(1) 指定启发矩阵。

启发矩阵定义为距离终点的“距离”越近，那么启发矩阵对应的值就越小，具体的方案为终点所在行减去当前格所在行的绝对值与终点所在列减去当前格所在列的绝对值之和。另外，在不可通行区域，启发矩阵对应位置的值被设置成一个很大的值，此处设置为 99。

(2) 指定起点、终点和移动 cost。

指定起点为[4,1]，指定终点为[4,8]，指定每移动一格的常规开销(cost)为 1。

4. 确定所执行的动作

确定从当前格移动到其他格所能执行的动作，定义为 delta。为了简便起见，在每一个方格都可以进行上下左右 4 个方向的移动。向上移动为[−1,0]，也就是 $x-1$ 往上边移动一行；向右移动为[0,1]，也就是 $y+1$ 向右移动一列；依次类推进行定义。

5. 定义搜索的主函数——search 函数

主函数的输入参数有 grid(道路可通行情况矩阵)、init(起点)、goal(目标终点)、cost(每移动一步的耗费)、heuristic(启发矩阵)。

- 定义一个 closed 矩阵，用来存放已经搜索过的点。没有搜索过的点的值记为 0，搜索过的记为 1。然后把起点设置为搜索过的点。
- 定义一个 action 矩阵，用来存放各个节点的动作，action 矩阵的每一个坐标点(x,y)表示的是上一个坐标点到当前点的动作(action)(根据之前 delta 定义，0 代表上，1 代表左，2 代表下，3 代表右)。
- 然后定义(x,y)为当前点的位置，g 为从起点 A 沿着已生成的路径到一个给定方格的移动开销，f 为总开销(f=从起点 A 沿着已生成的路径到一个给定方格的移动开销+从给定方格到目的方格的估计移动开销)。
- 定义结束条件，找到终点结束，找不到可用的路径也结束。

• 开始进行路径搜索：首先搜索当前点所有可能采取的动作，根据采取的动作记录采取这个动作的总开销 f、移动开销 g、下一个点的坐标，存放在 cell 里，然后对 cell 进行从小到大排序然后翻转，比较得出总开销最小的 cell 进行 pop（弹出），作为下一步的行动动作（next）；对于已经搜索过的点，存放到 closed 矩阵中，不进行重复搜索。一直循环搜索，直到找到指定终点或者没有可通行路线就结束。

• 输出搜索得出的结果路径（path）。结果路径是从终点开始，根据到达终点上一步所采取的 action 情况，进行反推，得到上一个路径点，然后依次类推，直到找到起点。然后把路径进行反转，得到正向的路径。

6. A_star 算法的实现

下面用代码实现 A_star 算法。

```
# encoding = utf8
from __future__ import print_function
grid = [[1, 1, 1, 1, 1, 1, 1, 1, 1, 1],
        [0, 0, 0, 0, 0, 0, 0, 0, 0, 0],                  #0 是自由路径,1 是障碍物
        [0, 0, 0, 0, 0, 0, 0, 0, 0, 0],
        [0, 0, 0, 1, 1, 1, 1, 0, 0, 0],
        [0, 0, 0, 1, 1, 1, 1, 0, 0, 0],
        [0, 0, 0, 1, 1, 1, 1, 0, 0, 0],
        [1, 1, 1, 1, 1, 1, 1, 1, 1, 1]]

#heuristic 不考虑不可通行区域的启发矩阵

init = [4, 1]                                           #指定起点[4,1],x 是行,y 是列
goal = [4, 8]                                           #指定终点[4,8]
cost = 1                                                #初始化 cost 函数,每一步的行进 cost

#使路径更接近目标的开销图
heuristic = [[0 for row in range(len(grid[0]))] for col in range(len(grid))]
for i in range(len(grid)):
    for j in range(len(grid[0])):
        heuristic[i][j] = abs(i - goal[0]) + abs(j - goal[1])
        if grid[i][j] == 1:
            heuristic[i][j] = 99                        #如果不通就设置一个很大的 cost

print("启发式")
for i in range(len(heuristic)):
        print(heuristic[i])

#坐标系向上为 x-1,向右为 y+1
delta = [[-1, 0 ],                                      #向上
         [ 0, -1],                                      #向左
         [ 1, 0 ],                                      #向下
         [ 0, 1 ]]                                      #向右

#函数的搜索路径
def search(grid,init,goal,cost,heuristic):
    closed = [[0 for col in range(len(grid[0]))] for row in range(len(grid))]#行 rows,
                                                                             #列 cols
    closed[init[0]][init[1]] = 1      #初始化一个 7 行 10 列的矩阵,closed[0,0] = 1,存储
                                      #已经搜索过的点
    #初始化一个 7 行 10 列的矩阵,action
    action = [[0 for col in range(len(grid[0]))] for row in range(len(grid))]     #行驶网格
    x = init[0]
    y = init[1]
    g = 0                                  #从起点 A 沿着已生成的路径到一个给定方格的移动开销
    f = g + heuristic[init[0]][init[1]]    #从起点 A 沿着已生成的路径到一个给定方格的移
```

```
                                              #动开销 + 从给定方格到目的方格的估计移动开销
    cell = [[f, g, x, y]]                     #总开销、移动开销、x 位置、y 位置

    found = False                             #判断是否找到
    resign = False                            #判断是否有可通行路径

    while not found and not resign:
        if len(cell) == 0:                    #搜索完所有的路点,仍找不到 action,就失败
            resign = True
            return "FAIL"
        else:
            #对所有的开销矩阵进行排序,大小按 cell 的第一个元素排序,第一个元素大小相同
            #就按照第二个元素排序
            cell.sort()                        #选择开销最小的行动,从而更接近目标
            #对排序后的开销矩阵进行翻转
            cell.reverse()                    #从大到小进行排列
            next = cell.pop()   # next 决定下一步动作,next 就是选择开销最小的 cell 矩阵,
                                #把最右侧的也就是最小的 cell 弹出
            x = next[2]
            y = next[3]
            g = next[1]
            f = next[0]

            if x == goal[0] and y == goal[1]:    #判断是否到达终点
                found = True
            else:
                for i in range(len(delta)):       #尝试不同的 action
                    x2 = x + delta[i][0]
                    y2 = y + delta[i][1]
                    #判断条件 1:行列数都在"地图"矩阵范围内
                    if x2 >= 0 and x2 < len(grid) and y2 >= 0 and y2 < len(grid[0]):
                        #判断条件 2:没有经过的路点、无障碍的路点
                        if closed[x2][y2] == 0 and grid[x2][y2] == 0:
                            g2 = g + cost         #每一步的行进 cost
                            f2 = g2 + heuristic[x2][y2]
                            cell.append([f2, g2, x2, y2]) #相应的 action 对应的 cell 矩阵
                            closed[x2][y2] = 1   #把已经搜索过的点放到 closed 矩阵中去
                            action[x2][y2] = i   #把每一步对应所有可能的 action 输出到
                                                 #action 矩阵中去
    """为什么要反向从终点开始输出路径?因为行驶地图上对应的点上的值就是上一个点到这一个点
的 action,只要按照 action 回退回去就能回到起始点,而如果从起点开始搜,那 action 在每个当前点是
不知道下一步动作的,下一步 4 个方向都有可能,没法输出路径"""
    invpath = []
    x = goal[0]
    y = goal[1]
    invpath.append([x, y])                    #从这里得到相反的路径
    while x != init[0] or y != init[1]: #判断是否为搜索起点,如果不是搜索起点,根据 action
                                        #回退到上一个路点
        x2 = x - delta[action[x][y]][0]
        y2 = y - delta[action[x][y]][1]
        x = x2
        y = y2
        invpath.append([x, y])
    path = []
    for i in range(len(invpath)):
        path.append(invpath[len(invpath) - 1 - i])
    print("行驶地图")
    for i in range(len(action)):
        print(action[i])
    return path
a = search(grid,init,goal,cost,heuristic)
print("=========== 路径 ===========")
```

```
for i in range(len(a)):
    print(a[i])
```

运行程序,输出如下:

```
启发式
[99, 99, 99, 99, 99, 99, 99, 99, 99, 99]
[11, 10, 9, 8, 7, 6, 5, 4, 3, 4]
[10, 9, 8, 7, 6, 5, 4, 3, 2, 3]
[9, 8, 7, 99, 99, 99, 99, 2, 1, 2]
[8, 7, 6, 99, 99, 99, 99, 1, 0, 1]
[9, 8, 7, 99, 99, 99, 99, 2, 1, 2]
[99, 99, 99, 99, 99, 99, 99, 99, 99, 99]
行驶地图
[0, 0, 0, 0, 0, 0, 0, 0, 0, 0]
[0, 0, 0, 0, 0, 0, 0, 0, 0, 0]
[1, 0, 0, 3, 3, 3, 3, 3, 3, 3]
[1, 0, 0, 0, 0, 0, 0, 2, 2, 3]
[1, 0, 3, 0, 0, 0, 0, 2, 2, 0]
[2, 2, 2, 0, 0, 0, 0, 2, 0, 0]
[0, 0, 0, 0, 0, 0, 0, 0, 0, 0]
=========== 路径 ===========
[4, 1]
[4, 2]
[3, 2]
[2, 2]
[2, 3]
[2, 4]
[2, 5]
[2, 6]
[2, 7]
[2, 8]
[3, 8]
[4, 8]
```

从结果可以看出,成功搜索通了"车辆"绕行通过"障碍物"的路径。

16.7 自动驾驶案例分析

下面来看一下强化学习领域中的常用学习算法,称为Q-学习(Q-learning)。Q-学习用于在一个给定的有限马尔可夫决策过程中得到最优的动作选择策略。一个马尔可夫决定过程(Markov decision process)由以下几项定义:状态空间S、动作空间A、立即奖励集合R、从当前状态$S^{(t)}$到下一个状态$S^{(t+1)}$的概率、当前的动作$a^{(t)}$、$P(S^{(t+1)}/S^{(t)};r^{(t)})$和一个折扣因子$\gamma$。

深度Q-学习方法的一个问题,目标Q值和预测Q值都是基于相同的网络参数W来估计的,由于预测的Q值和目标Q值两者有很强的相关性,这两者在训练的每个步骤都会发生偏移(shift),从而引起训练振荡(osillation)。

为了解决这个问题,可以在训练过程中,每隔几次迭代才将基本神经网络的参数复制过来作为目标神经网络,用于目标Q值的估计。这种深度Q-学习网络的变种被称为"深度双Q-学习(double deep Q-learning)",一般能让训练过程稳定下来。

现在通过深度Q-学习实现一个无人驾驶车。在这个问题中,驾驶员和车将对应智能体,跑道及四周对应环境。这里直接使用OpenAI Gym CarRacing-v0的数据作为环境,这个环境对智能体返回状态和奖励。在车上安装前置摄像头,拍摄得到的图像作为状态。环境可以接受的动作是一个三维向量$a\in R^3$,3个维度分别对应如何左转、如何向前和如何右转。智能体与环境交互并将交互结果以$(s,a,r,s')_{i=1}^{m}$元组的形式进行保存，作为无人驾驶的训练数据。下面介绍其实现步骤。

1. 深度双 *Q* 值网络实现

由于状态是一系列图像，深度双 Q 网络(Double Deep Q Network，DQN)采用 CNN 架构来处理状态图片并输出所有可能动作的 *Q* 值。实现代码为(DQN.py)：

```
import keras
from keras import optimizers
from keras.layers import Convolution2D
from keras.layers import Dense, Flatten, Input, concatenate, Dropout
from keras.models import Model
from keras.utils import plot_model
from keras import backend as K
import numpy as np
'''深度双Q网络实现'''
learning_rate = 0.0001
BATCH_SIZE = 128
class DQN:
    def __init__(self,num_states,num_actions,model_path):
        self.num_states = num_states
        print(num_states)
        self.num_actions = num_actions
        self.model = self.build_model()      # 基本模型
        self.model_ = self.build_model()     # 目标模型(基本模型的副本)
        self.model_chkpoint_1 = model_path +"CarRacing_DDQN_model_1.h5"
        self.model_chkpoint_2 = model_path +"CarRacing_DDQN_model_2.h5"
        save_best = keras.callbacks.ModelCheckpoint(self.model_chkpoint_1,
                                                 monitor = 'loss',
                                                 verbose = 1,
                                                 save_best_only = True,
                                                 mode = 'min',
                                                 period = 20)
        save_per = keras.callbacks.ModelCheckpoint(self.model_chkpoint_2,
                                                 monitor = 'loss',
                                                 verbose = 1,
                                                 save_best_only = False,
                                                 mode = 'min',
                                                 period = 400)
        self.callbacks_list = [save_best,save_per]
    # 接受状态并输出所有可能动作的Q值的卷积神经网络
    def build_model(self):
        states_in = Input(shape = self.num_states,name = 'states_in')
        x = Convolution2D(32,(8,8),strides = (4,4),activation = 'relu')(states_in)
        x = Convolution2D(64,(4,4), strides = (2,2), activation = 'relu')(x)
        x = Convolution2D(64,(3,3), strides = (1,1), activation = 'relu')(x)
        x = Flatten(name = 'flattened')(x)
        x = Dense(512,activation = 'relu')(x)
        x = Dense(self.num_actions,activation = "linear")(x)
        model = Model(inputs = states_in, outputs = x)
        self.opt = optimizers.Adam(lr = learning_rate, beta_1 = 0.9, beta_2 = 0.999, epsilon =
None,decay = 0.0, amsgrad = False)
        model.compile(loss = keras.losses.mse,optimizer = self.opt)
        plot_model(model,to_file = 'model_architecture.png',show_shapes = True)
        return model
    #训练功能
    def train(self,x,y,epochs = 10,verbose = 0):
        self.model.fit(x, y, batch_size = (BATCH_SIZE), epochs = epochs, verbose = verbose,
callbacks = self.callbacks_list)

    #预测功能
    def predict(self,state,target = False):
```

```
        if target:
            #从目标网络中返回给定状态的动作的 Q 值
            return self.model_.predict(state)
        else:
            # 从原始网络中返回给定状态的动作的 Q 值
            return self.model.predict(state)
    # 预测单态函数
    def predict_single_state(self,state,target = False):
        x = state[np.newaxis,:,:,:]
        return self.predict(x,target)
    #使用基本模型权重更新目标模型
    def target_model_update(self):
        self.model_.set_weights(self.model.get_weights())
```

从上述代码中可以看到,两个模型中的一个模型是另外一个模型的复制。基本网络和目标网络分别被存储为 GarRacing_DDQN_model_1.h5 和 CarRacing_DDQN_model_2.h5。

通过调用 target_model_update 函数来更新目标网络,使其与基本网络拥有相同的权值。

2. 智能体设计

在某个给定状态下,智能体与环境交互的过程中,智能体会尝试采取最佳的动作。这里动作的随机程度由 epsilon 的值来决定。最初,epsilon 的值被设定为 1,动作完全随机化。当有了一定的训练样本后,epsilon 的值逐步减少,动作的随机程度随之降低。这种用 epsilon 的值来控制动作随机化程度的框架被称为 Epsilon 贪婪算法。此处可定义两个智能体。

- Agent——给定一个具体的状态,根据 Q 值来采取动作。
- RandomAgent——执行随机的动作。

智能体有 3 个功能。

- act——智能体基于状态决定采取哪个动作。
- observe——智能体捕捉状态和目标 Q 值。
- replay——智能体基于观察数据训练模型。

实现智能体的代码为(Agents.py):

```
import math
from Memory import Memory
from DQN import DQN
import numpy as np
import random
from helper_functions import sel_action,sel_action_index
#智能体和随机智能体的实现
max_reward = 10
grass_penalty = 0.4
action_repeat_num = 8
max_num_episodes = 1000
memory_size = 10000
max_num_steps = action_repeat_num * 100
gamma = 0.99
max_eps = 0.1
min_eps = 0.02
EXPLORATION_STOP = int(max_num_steps * 10)
_lambda_ = - np.log(0.001) / EXPLORATION_STOP
UPDATE_TARGET_FREQUENCY = int(50)
batch_size = 128
class Agent:
    steps = 0
    epsilon = max_eps
    memory = Memory(memory_size)
    def __init__(self, num_states,num_actions,img_dim,model_path):
        self.num_states = num_states
```

```
        self.num_actions = num_actions
        self.DQN = DQN(num_states,num_actions,model_path)
        self.no_state = np.zeros(num_states)
        self.x = np.zeros((batch_size,) + img_dim)
        self.y = np.zeros([batch_size,num_actions])
        self.errors = np.zeros(batch_size)
        self.rand = False
        self.agent_type = 'Learning'
        self.maxEpsilone = max_eps

    def act(self,s):
        print(self.epsilon)
        if random.random() < self.epsilon:
            best_act = np.random.randint(self.num_actions)
            self.rand = True
            return sel_action(best_act), sel_action(best_act)
        else:
            act_soft = self.DQN.predict_single_state(s)
            best_act = np.argmax(act_soft)
            self.rand = False
            return sel_action(best_act),act_soft

    def compute_targets(self,batch):
        # 0: 当前状态索引
        # 1: 指数的动作
        # 2: 奖励索引
        # 3: 下一状态索引
        states = np.array([rec[1][0] for rec in batch])
        states_ = np.array([(self.no_state if rec[1][3] is None else rec[1][3]) for rec in batch])
        p = self.DQN.predict(states)
        p_ = self.DQN.predict(states_,target = False)
        p_t = self.DQN.predict(states_,target = True)
        act_ctr = np.zeros(self.num_actions)

        for i in range(len(batch)):
            rec = batch[i][1]
            s = rec[0]; a = rec[1]; r = rec[2]; s_ = rec[3]
            a = sel_action_index(a)
            t = p[i]
            act_ctr[a] += 1
            oldVal = t[a]
            if s_ is None:
                t[a] = r
            else:
                t[a] = r + gamma * p_t[i][ np.argmax(p_[i])] # DDQN

            self.x[i] = s
            self.y[i] = t

            if self.steps % 20 == 0 and i == len(batch) - 1:
                print('t',t[a], 'r: %.4f' % r,'mean t',np.mean(t))
                print ('act ctr: ', act_ctr)
            self.errors[i] = abs(oldVal - t[a])
        return (self.x, self.y,self.errors)

    def observe(self,sample): # in (s, a, r, s_) format
        _,_,errors = self.compute_targets([(0,sample)])
        self.memory.add(errors[0], sample)
        if self.steps % UPDATE_TARGET_FREQUENCY == 0:
            self.DQN.target_model_update()
        self.steps += 1
        self.epsilon = min_eps + (self.maxEpsilone - min_eps) * np.exp( - 1 * _lambda_ *
self.steps)
```

```
    def replay(self):
        batch = self.memory.sample(batch_size)
        x, y,errors = self.compute_targets(batch)
        for i in range(len(batch)):
            idx = batch[i][0]
            self.memory.update(idx, errors[i])
        self.DQN.train(x,y)

class RandomAgent:
    memory = Memory(memory_size)
    exp = 0
    steps = 0
    def __init__(self, num_actions):
        self.num_actions = num_actions
        self.agent_type = 'Learning'
        self.rand = True
    def act(self, s):
        best_act = np.random.randint(self.num_actions)
        return sel_action(best_act), sel_action(best_act)
    def observe(self, sample): # (s, a, r, s_)格式
        error = abs(sample[2]) #奖励
        self.memory.add(error, sample)
        self.exp += 1
        self.steps += 1
    def replay(self):
        pass
```

3. 自动驾驶车的环境

自动驾驶的环境采用 OpenAI Gym 中的 GarRacing-v0 数据集，因此智能体从环境得到的状态是 CarRacing-v0 中的车前窗图像。在给定状态下，环境能根据智能体采取的动作返回一个奖励。为了让训练过程更加稳定，所有奖励值被归一化到(−1,1)。实现环境的代码为(environment.py)：

```
import gym
from gym import envs
import numpy as np
from helper_functions import rgb2gray,action_list,sel_action,sel_action_index
from keras import backend as K

seed_gym = 3
action_repeat_num = 8
patience_count = 200
epsilon_greedy = True
max_reward = 10
grass_penalty = 0.8
max_num_steps = 200
max_num_episodes = action_repeat_num * 100
'''智能体交互环境'''
class environment:
    def __init__(self, environment_name,img_dim,num_stack,num_actions,render,lr):
        self.environment_name = environment_name
        print(self.environment_name)
        self.env = gym.make(self.environment_name)
        envs.box2d.car_racing.WINDOW_H = 500
        envs.box2d.car_racing.WINDOW_W = 600
        self.episode = 0
        self.reward = []
        self.step = 0
        self.stuck_at_local_minima = 0
        self.img_dim = img_dim
        self.num_stack = num_stack
        self.num_actions = num_actions
```

```
        self.render = render
        self.lr = lr
        if self.render == True:
            print("显示 proeprly 数据集")
        else:
            print("显示问题")

    # 执行任务的智能体
    def run(self,agent):
        self.env.seed(seed_gym)
        img = self.env.reset()
        img = rgb2gray(img, True)
        s = np.zeros(self.img_dim)
        #收集状态
        for i in range(self.num_stack):
            s[:,:,i] = img
        s_ = s
        R = 0
        self.step = 0
        a_soft = a_old = np.zeros(self.num_actions)
        a = action_list[0]
        while True:
            if agent.agent_type == 'Learning' :
                if self.render == True :
                    self.env.render("human")

            if self.step % action_repeat_num == 0:
                if agent.rand == False:
                    a_old = a_soft
                #智能体的输出指令
                a,a_soft = agent.act(s)
                # 智能体的局部最小值
                if epsilon_greedy:
                    if agent.rand == False:
                        if a_soft.argmax() == a_old.argmax():
                            self.stuck_at_local_minima += 1
                            if self.stuck_at_local_minima >= patience_count:
                                print('陷入局部最小值,重置学习速率')
                                agent.steps = 0
                                K.set_value(agent.DQN.opt.lr,self.lr * 10)
                                self.stuck_at_local_minima = 0
                        else:
                            self.stuck_at_local_minima = max(self.stuck_at_local_minima -2, 0)
                            K.set_value(agent.DQN.opt.lr,self.lr)
                #对环境执行操作
                img_rgb, r,done,info = self.env.step(a)
                if not done:
                    # 创建下一状态
                    img = rgb2gray(img_rgb, True)
                    for i in range(self.num_stack-1):
                        s_[:,:,i] = s_[:,:,i+1]
                    s_[:,:,self.num_stack-1] = img
                else:
                   s_ = None
                # 累积奖励跟踪
                R += r
                # 对奖励值进行归一化处理
                r = (r/max_reward)
                if np.mean(img_rgb[:,:,1]) > 185.0:
                # 如果汽车在草地上,就要处罚
                    r -= grass_penalty
                #保持智能体值的范围在[-1,1]
                r = np.clip(r, -1 ,1)
```

```
                #Agent 有一个完整的状态、动作、奖励和下一个状态可供学习
                agent.observe( (s, a, r, s_) )
                agent.replay()
                s = s_
            else:
                img_rgb, r, done, info = self.env.step(a)
                if not done:

                    img = rgb2gray(img_rgb, True)
                    for i in range(self.num_stack - 1):
                        s_[:,:,i] = s_[:,:,i+1]
                    s_[:,:,self.num_stack - 1] = img
                else:
                    s_ = None
                R += r
                s = s_
            if (self.step % (action_repeat_num * 5) == 0) and (agent.agent_type == 'Learning'):
                print('step:', self.step, 'R: %.1f' % R, a, 'rand:', agent.rand)

            self.step += 1

            if done or (R < -5) or (self.step > max_num_steps) or np.mean(img_rgb[:,:,1]) > 185.1:
                self.episode += 1
                self.reward.append(R)
                print('Done:', done, 'R<-5:', (R<-5), 'Green > 185.1:',np.mean(img_rgb[:,:,1]))
                break
        print("集 ",self.episode,"/", max_num_episodes,agent.agent_type)
        print("平均集奖励:", R/self.step, "总奖励:", sum(self.reward))

    def test(self,agent):
        self.env.seed(seed_gym)
        img= self.env.reset()
        img = rgb2gray(img, True)
        s = np.zeros(self.img_dim)
        for i in range(self.num_stack):
            s[:,:,i] = img
        R = 0
        self.step = 0
        done = False
        while True :
            self.env.render('human')
            if self.step % action_repeat_num == 0:
                if(agent.agent_type == 'Learning'):
                    act1 = agent.DQN.predict_single_state(s)
                    act = sel_action(np.argmax(act1))
                else:
                    act = agent.act(s)
                if self.step <= 8:
                    act = sel_action(3)
                img_rgb, r, done,info = self.env.step(act)
                img = rgb2gray(img_rgb, True)
                R += r
                for i in range(self.num_stack - 1):
                    s[:,:,i] = s[:,:,i+1]
                s[:,:,self.num_stack - 1] = img
            if(self.step % 10) == 0:
                print('Step:', self.step, 'action:',act, 'R: %.1f' % R)
                print(np.mean(img_rgb[:,:,0]), np.mean(img_rgb[:,:,1]), np.mean(img_rgb[:,:,2]))
            self.step += 1

            if done or (R< -5) or (agent.steps > max_num_steps) or np.mean(img_rgb[:,:,1]) > 185.1:
```

```
                R = 0
                self.step = 0
                print('Done:', done, 'R<-5:', (R<-5), 'Green>185.1:',np.mean(img_rgb[:,:,1]))
                break
```

上述代码中,函数 run()实现了智能体在环境中的所有行为。

4. 连接所有代码

脚本 main.py 将环境、深度双 Q 网络和智能体的代码按照逻辑整合在一起,实现基本增强学习的无人驾驶。代码为:

```
import sys
from gym import envs
from Agents import Agent,RandomAgent
from helper_functions import action_list,model_save
from environment import environment
import argparse
import numpy as np
import random
from sum_tree import sum_tree
from sklearn.externals import joblib
'''这是训练和测试赛车应用的主要模块'''
if __name__ == "__main__":
    #定义用于训练模型的参数
    parser = argparse.ArgumentParser(description='arguments')
    parser.add_argument('--environment_name',default='CarRacing-v0')
    parser.add_argument('--model_path',help='model_path')
    parser.add_argument('--train_mode',type=bool,default=True)
    parser.add_argument('--test_mode',type=bool,default=False)
    parser.add_argument('--epsilon_greedy',default=True)
    parser.add_argument('--render',type=bool,default=True)
    parser.add_argument('--width',type=int,default=96)
    parser.add_argument('--height',type=int,default=96)
    parser.add_argument('--num_stack',type=int,default=4)
    parser.add_argument('--lr',type=float,default=1e-3)
    parser.add_argument('--huber_loss_thresh',type=float,default=1.)
    parser.add_argument('--dropout',type=float,default=1.)
    parser.add_argument('--memory_size',type=int,default=10000)
    parser.add_argument('--batch_size',type=int,default=128)
    parser.add_argument('--max_num_episodes',type=int,default=500)
    args = parser.parse_args()
    environment_name = args.environment_name
    model_path = args.model_path
    test_mode = args.test_mode
    train_mode = args.train_mode
    epsilon_greedy = args.epsilon_greedy
    render = args.render
    width = args.width
    height = args.height
    num_stack = args.num_stack
    lr = args.lr
    huber_loss_thresh = args.huber_loss_thresh
    dropout = args.dropout
    memory_size = args.memory_size
    dropout = args.dropout
    batch_size = args.batch_size
    max_num_episodes = args.max_num_episodes
    max_eps = 1
    min_eps = 0.02
    seed_gym = 2                              #随机状态
    img_dim = (width,height,num_stack)
    num_actions = len(action_list)
```

```
if __name__ == '__main__':
    environment_name = 'CarRacing - v0'  #应用 CarRacing - v0 环境数据
    env = environment(environment_name,img_dim,num_stack,num_actions,render,lr)
    num_states = img_dim
    print(env.env.action_space.shape)
    action_dim = env.env.action_space.shape[0]
    assert action_list.shape[1] == action_dim,"length of Env action space does not match action
buffer"
    num_actions = action_list.shape[0]
    #设置 Python 和 numpy 内置的随机种子
    random.seed(901)
    np.random.seed(1)
    agent = Agent(num_states, num_actions,img_dim,model_path)
    randomAgent = RandomAgent(num_actions)
    print(test_mode,train_mode)

    try:
        #训练智能体
        if test_mode:
            if train_mode:
                print("初始化随机智能体,填满记忆")
                while randomAgent.exp < memory_size:
                    env.run(randomAgent)
                    print(randomAgent.exp, "/", memory_size)
                agent.memory = randomAgent.memory
                randomAgent = None
                print("开始学习")
                while env.episode < max_num_episodes:
                    env.run(agent)
                model_save(model_path, "DDQN_model.h5", agent, env.reward)

            else:
                # 载入训练模型
                print('载入预先训练好的智能体并学习')
                agent.DQN.model.load_weights(model_path + "DDQN_model.h5")
                agent.DQN.target_model_update()
                try :
                    agent.memory = joblib.load(model_path + "DDQN_model.h5" + "Memory")
                    Params = joblib.load(model_path + "DDQN_model.h5" + "agent_param")
                    agent.epsilon = Params[0]
                    agent.steps = Params[1]
                    opt = Params[2]
                    agent.DQN.opt.decay.set_value(opt['decay'])
                    agent.DQN.opt.epsilon = opt['epsilon']
                    agent.DQN.opt.lr.set_value(opt['lr'])
                    agent.DQN.opt.rho.set_value(opt['rho'])
                    env.reward = joblib.load(model_path + "DDQN_model.h5" + "Rewards")
                    del Params, opt
                except:
                    print("加载无效 DDQL_Memory_.csv")
                    print("初始化随机智能体,填满记忆")
                    while randomAgent.exp < memory_size:
                        env.run(randomAgent)
                        print(randomAgent.exp, "/", memory_size)
                    agent.memory = randomAgent.memory
                    randomAgent = None
                    agent.maxEpsilone = max_eps/5
                print("开始学习")
                while env.episode < max_num_episodes:
                    env.run(agent)
                model_save(model_path, "DDQN_model.h5", agent, env.reward)
        else:
            print('载入和播放智能体')
```

```
        agent.DQN.model.load_weights(model_path + "DDQN_model.h5")
        done_ctr = 0
        while done_ctr < 5 :
            env.test(agent)
            done_ctr += 1
        env.env.close()
    #退出
    except KeyboardInterrupt:
        print('用户中断,gracefule 退出')
        env.env.close()
        if test_mode == False:
            # Prompt for Model save
            print('保存模型: Y or N?')
            save = input()
            if save.lower() == 'y':
                model_save(model_path, "DDQN_model.h5", agent, env.reward)
            else:
                print('不保存模型')
```

5. 帮助函数

下面是一些增强学习用到的帮助函数,用于训练过程中的动作选择、观察数据存储、状态图像的处理以及训练模型的权重保存(helper_functions.py):

```
from keras import backend as K
import numpy as np
import shutil, os
import numpy as np
import pandas as pd
from scipy import misc
import pickle
import matplotlib.pyplot as plt
from sklearn.externals import joblib
huber_loss_thresh = 1
action_list = np.array([
                    [0.0, 0.0, 0.0],      #制动
                    [-0.6, 0.05, 0.0],  #左急转
                    [0.6, 0.05, 0.0],     #右急转
                    [0.0, 0.3, 0.0]] )    #直行
rgb_mode = True
num_actions = action_list.shape[0]
def sel_action(action_index):
    return action_list[action_index]
def sel_action_index(action):
    for i in range(num_actions):
        if np.all(action == action_list[i]):
            return i
    raise ValueError('选择的动作不在列表中')
def huber_loss(y_true,y_pred):
    error = (y_true - y_pred)
    cond = K.abs(error) <= huber_loss_thresh
    if cond == True:
        loss = 0.5 * K.square(error)
    else:
        loss = 0.5 * huber_loss_thresh ** 2 + huber_loss_thresh * (K.abs(error) - huber_loss_
thresh)
    return K.mean(loss)
def rgb2gray(rgb,norm = True):
    gray = np.dot(rgb[...,:3], [0.299, 0.587, 0.114])
    if norm:
        # 归一化
        gray = gray.astype('float32') / 128 - 1
    return gray
def data_store(path,action,reward,state):
```

```
    if not os.path.exists(path):
        os.makedirs(path)
    else:
        shutil.rmtree(path)
        os.makedirs(path)
    df = pd.DataFrame(action, columns = ["Steering", "Throttle", "Brake"])
    df["Reward"] = reward
    df.to_csv(path + 'car_racing_actions_rewards.csv', index = False)
    for i in range(len(state)):
        if rgb_mode == False:
            image = rgb2gray(state[i])
        else:
            image = state[i]
    misc.imsave( path + "img" + str(i) + ".png", image)
def model_save(path,name,agent,R):
    '''在数据路径中保存动作、奖励和状态(影像)'''
    if not os.path.exists(path):
        os.makedirs(path)
    agent.DQN.model.save(path + name)
    print(name, "saved")
    print('...')
    joblib.dump(agent.memory,path + name + 'Memory')
    joblib.dump([agent.epsilon,agent.steps,agent.DQN.opt.get_config()], path + name +
'AgentParam')
    joblib.dump(R,path + name + 'Rewards')
    print('Memory pickle dumped')
```

6. 训练结果

初始阶段,无人驾驶车常会出错,一段时间后,无人驾驶车通过训练不断从实践中学习,自动驾驶的能力越来越好。图 16-5 和图 16-6 分别展示了在训练初及训练后的行为。

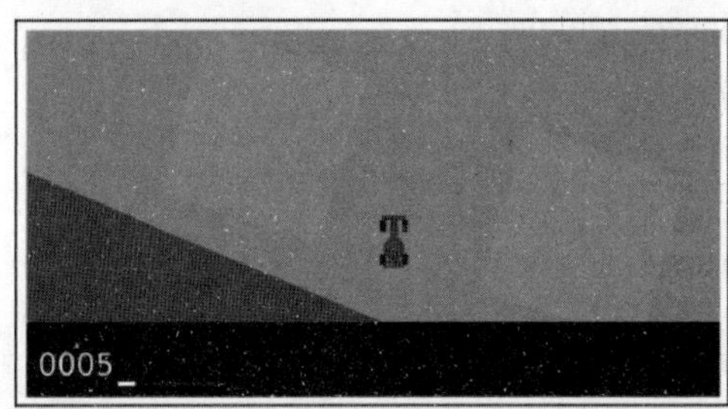

图 16-5 初始阶段的无人驾驶行为(跑到草地上)

图 16-6 训练后的无人驾驶行为

第17章 目标检测

CHAPTER 17

分类识别用于判断输入图像的类别，一般通过对类别建立概率向量并计算最大概率索引号对应的类别标签作为输出，在形式上具有单输入、单输出的特点。

目标检测用于定位输入图像中人们感兴趣的目标，一般通过输出候选区域坐标的方式确定目标的位置和大小，特别是在面临多目标定位时会输出区域列表，具有较高的复杂度，也是计算机视觉的重要应用之一。但是，在自然条件下拍摄的物体往往受光照、遮挡等因素的影响，且在不同的视角下，同类别的目标在外观、形状上可能存在较大的区别，这也是难点所在。

传统的目标检测方法一般是通过多种形式的图像分割、特征提取、分类判别等来实现的，对图像的精细化分割和特征提取的技巧提出了很高的要求，计算复杂度较高，生成的检测模型一般要求在相近的场景下才能应用，难以实现通用。随着大数据及深度神经网络的不断发展，人们采用图像大数据和深度网络联合训练的方法，使得目标检测算法不断优化，实现了多个场景下的落地与应用。目前主流的目标检测算法主要包括以RCNN为代表的Two-Stage算法及以YOLO为代表的One-Stage算法，通过对目标区域的回归计算进行目标定位。此外，也出现了很多其他算法框架，部分算法框架通过与传统分割算法融合、提速等来提高检测性能，共同推动了目标检测算法的落地与应用。

17.1 RCNN系列

17.1.1 RCNN算法概述

RCNN算法是基于区域滑动+分类识别的流程。首先，对图像建立子区域搜索策略；其次，采用深度神经网络提取子区域的特征向量；然后，利用分类器判断目标类别，将所处区域的信息存储到该类别所对应的候选框列表中；最后，对得到的候选框列表进行非极大抑制分析，通过回归计算进行位置修正，输出目标位置。

1. 区域搜索

对输入图像采用子区域搜索策略生成数千个候选框，将这些候选框作为目标的潜在位置，得到一系列子图。

2. 特征提取

遍历得到的子图列表，利用深度神经网络分别计算其特征向量，得到统一维度的特征向量集合。

3. 分类判别

对应到目标类别建立多个SVM分类器，将特征向量集合分别调用SVM分类器进行分类判断，确定对应的子区域是否存在目标，进而得到候选框列表。

4. 位置修正

对候选框列表进行非极大抑制分析，并通过回归分析进行位置修正，输出目标位置。

由此可见，通过对图像进行子区域的 CNN 特征提取和 SVM 分类判别，能够得到基于深度特征的目标判断方法，进而充分融合深度神经网络强大的特征抽象能力，从整体的结构表征来提高目标检测的准确度，如图 17-1 所示。

但是，这种方法采用滑动窗口策略生成了数千个候选区域，带来了大量的矩阵计算消耗，中间过程采用的特征提取及分类判别需要耗费较大的存储空间，因此在提高目标检测效果的同时带来了更多的时间复杂度和空间复杂度。

RCNN 通过子区域进行搜索判断、大小变换等流程，为了解决其资源消耗严重和精度损失较多的问题，Fast-RCNN 应运而生。Fast-RCNN 对资源进行了池化操作，通过对子区域进行多尺度的池化，得到固定的输出维度，解决了特征图在不同维度下的空间尺度变化问题。

但是，Fast-RCNN 在本质上依然需要设置多个候选区域，并对其分别进行特征提取和分类判别，具有一定的局限性。Fast-RCNN 将区域提取方法引入深度神经网络中，采用 RNN 来产生候选区域，通过与目标检测网络共享参数来减少计算量。通过深度神经网络进行候选区域的计算并抽象出图像的结构化特征，实现了端到端的目标检测过程，提高了目标定位的准确率。

可以看出，RCNN 系列融合了深度神经网络优秀的特征提取能力和分类器的判别能力，实现了端到端的目标检测框架，但整体上依然采用了"区域＋检测"的二阶段过程，属于 Two-Stage 算法，难以达到对目标进行实时检测的要求。另外，以 YOLO 为代表的 One-Stage 算法不需要设置候选区域，可直接输出定位结果，下面对它进行介绍。

17.1.2 RCNN 的数据集实现

下面利用 Python 实现大数据集的训练。其实现步骤如下。

(1) 大训练集预训练。

```
#建立 'AlexNet'网络
def create_alexnet(num_classes):
    network = input_data(shape = [None, config.IMAGE_SIZE, config.IMAGE_SIZE, 3])
    # 四维输入张量,卷积核个数,卷积核尺寸,步长
    network = conv_2d(network, 96, 11, strides = 4, activation = 'relu')
    network = max_pool_2d(network, 3, strides = 2)
    # 数据归一化
    network = local_response_normalization(network)
    network = conv_2d(network, 256, 5, activation = 'relu')
    network = max_pool_2d(network, 3, strides = 2)
    network = local_response_normalization(network)
    network = conv_2d(network, 384, 3, activation = 'relu')
    network = conv_2d(network, 384, 3, activation = 'relu')
    network = conv_2d(network, 256, 3, activation = 'relu')
    network = max_pool_2d(network, 3, strides = 2)
    network = local_response_normalization(network)
    network = fully_connected(network, 4096, activation = 'tanh')
    network = dropout(network, 0.5)
    network = fully_connected(network, 4096, activation = 'tanh')
    network = dropout(network, 0.5)
    network = fully_connected(network, num_classes, activation = 'softmax')
    momentum = tflearn.Momentum(learning_rate = 0.001, lr_decay = 0.95, decay_step = 200)
    network = regression(network, optimizer = momentum,
                         loss = 'categorical_crossentropy')
    return network
```

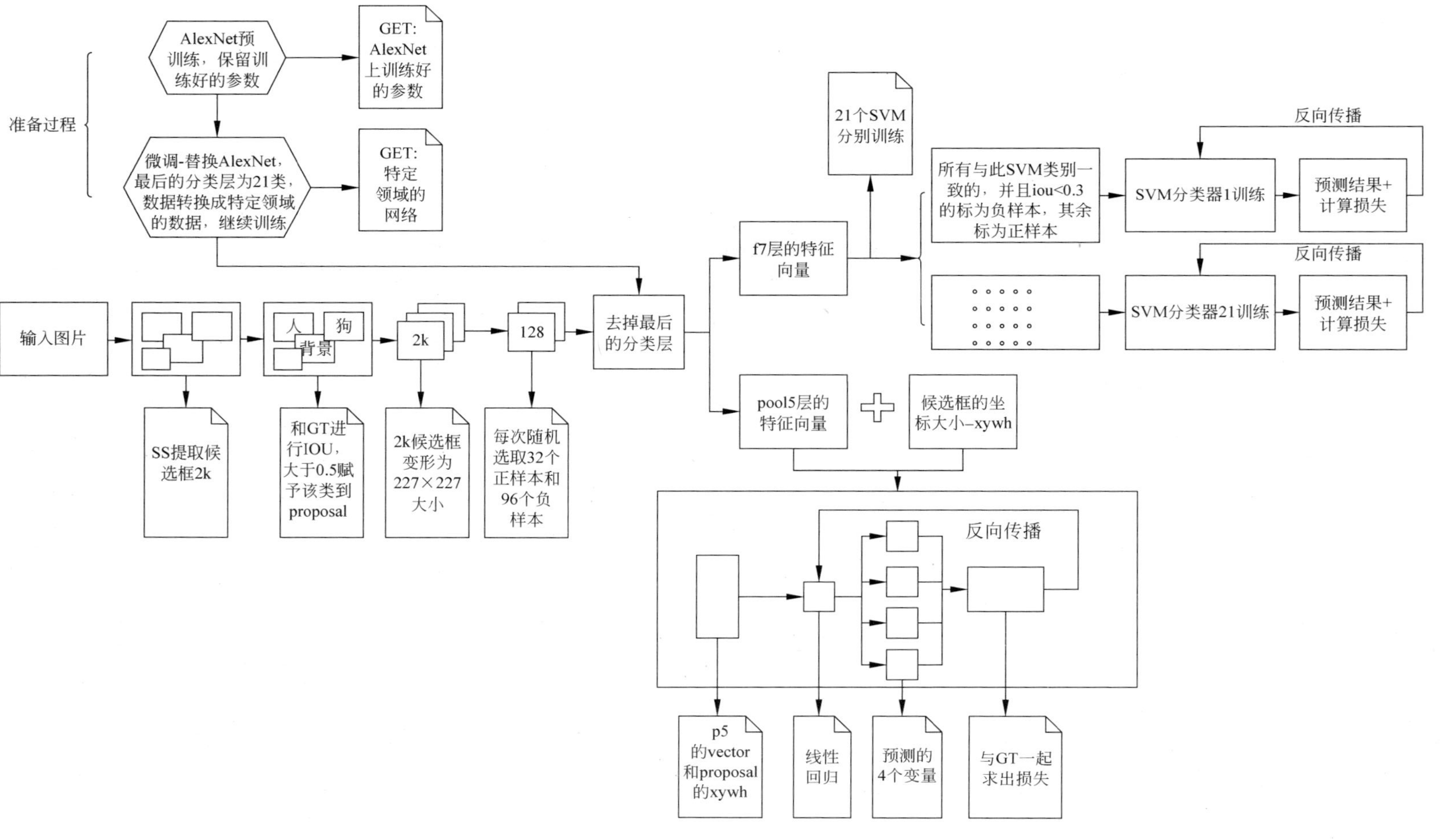

图 17-1　RCNN 的详细算法流程图

```
"""定义 alexnet 网络,这里 num_classes 是大训练集对应的分类数量"""
def load_data(datafile, num_class, save = False, save_path = 'dataset.pkl'):
    fr = codecs.open(datafile, 'r', 'utf-8')
    train_list = fr.readlines()
    labels = []
    images = []
    #对每一个训练样本
    for line in train_list:
        tmp = line.strip().split(' ')
        fpath = tmp[0]
        img = cv2.imread(fpath)
        #样本 resize 到 227×227,转为矩阵保存
        img = prep.resize_image(img, config.IMAGE_SIZE, config.IMAGE_SIZE)
        np_img = np.asarray(img, dtype = "float32")
        images.append(np_img)

        index = int(tmp[1])
        label = np.zeros(num_class)
        label[index] = 1
        labels.append(label)
    if save:
        #序列化保存
        pickle.dump((images, labels), open(save_path, 'wb'))
    fr.close()
    return images, labels

"""样本预处理,所有样本 resize 后转矩阵保存"""
def train(network, X, Y, save_model_path):
    #训练
    model = tflearn.DNN(network, checkpoint_path = 'model_alexnet',
                        max_checkpoints = 1, tensorboard_verbose = 2, tensorboard_dir = 'output')
    if os.path.isfile(save_model_path + '.index'):
        model.load(save_model_path)
        print('load model...')

    model.fit(X, Y, n_epoch = 200, validation_set = 0.1, shuffle = True,
              show_metric = True, batch_size = 64, snapshot_step = 200,
              snapshot_epoch = False, run_id = 'alexnet_oxflowers17') #epoch = 1000
    #保存模型
    model.save(save_model_path)
    print('save model...')
```

训练模型,X、Y 为样本,迭代次数为 200,训练集中取出 10%作为验证集(用来计算模型预测正确率),每次迭代训练 64 个样本。

(2) 小数据集微调。

```
#使用一个已经训练过的 alexnet 与最后一层重新设计
def create_alexnet(num_classes, restore = False):
    #创建'AlexNet'
    network = input_data(shape = [None, config.IMAGE_SIZE, config.IMAGE_SIZE, 3])
    network = conv_2d(network, 96, 11, strides = 4, activation = 'relu')
    network = max_pool_2d(network, 3, strides = 2)
    network = local_response_normalization(network)
    network = conv_2d(network, 256, 5, activation = 'relu')
    network = max_pool_2d(network, 3, strides = 2)
    network = local_response_normalization(network)
    network = conv_2d(network, 384, 3, activation = 'relu')
    network = conv_2d(network, 384, 3, activation = 'relu')
    network = conv_2d(network, 256, 3, activation = 'relu')
    network = max_pool_2d(network, 3, strides = 2)
    network = local_response_normalization(network)
    network = fully_connected(network, 4096, activation = 'tanh')
```

```
    network = dropout(network, 0.5)
    network = fully_connected(network, 4096, activation='tanh')
    network = dropout(network, 0.5)
    #不还原此层
    network = fully_connected(network, num_classes, activation='softmax', restore=restore)
    network = regression(network, optimizer='momentum',
                         loss='categorical_crossentropy',
                         learning_rate=0.001)
    return network

"""定义新的 alexnet,这里的 num_classes 改为小训练集的分类数量"""
def fine_tune_Alexnet(network, X, Y, save_model_path, fine_tune_model_path):
    #训练
    model = tflearn.DNN(network, checkpoint_path='rcnn_model_alexnet',
                        max_checkpoints = 1, tensorboard_verbose = 2, tensorboard_dir =
'output_RCNN')
    if os.path.isfile(fine_tune_model_path + '.index'):
        print("加载微调模型")
        model.load(fine_tune_model_path)
        # 加载预训练好的模型参数
    elif os.path.isfile(save_model_path + '.index'):
        print("加载 alexnet")
        model.load(save_model_path)
    else:
        print("没有文件加载,错误")
        return False

    model.fit(X, Y, n_epoch=3, validation_set=0.1, shuffle=True,
              show_metric=True, batch_size=64, snapshot_step=200,
              snapshot_epoch=False, run_id='alexnet_rcnnflowers2')
    #保存模型
    model.save(fine_tune_model_path)
```

先加载大数据集中预训练好的网络参数,再用小训练集的样本训练新的 alexnet,进行数据微调。

(3) 训练 svm 分类器和 boundingbox 回归。

```
"""读取数据并为 Alexnet 保存数据"""
def load_train_proposals(datafile, num_clss, save_path, threshold=0.5, is_svm=False, save=False):
    fr = open(datafile, 'r')
    train_list = fr.readlines()
    for num, line in enumerate(train_list):
        labels = []
        images = []
        rects = []
        tmp = line.strip().split(' ')
        img_path = tmp[0]
        img = cv2.imread(tmp[0])
        #选择搜索得到候选框
        img_lbl, regions = selective_search(img_path, neighbor = 8, scale = 500, sigma = 0.9,
min_size=20)
        candidates = set()
        ref_rect = tmp[2].split(',')
        ref_rect_int = [int(i) for i in ref_rect]
        Gx = ref_rect_int[0]
        Gy = ref_rect_int[1]
        Gw = ref_rect_int[2]
        Gh = ref_rect_int[3]
        for r in regions:
            #不包括相同的矩形(包含不同的段)
            if r['rect'] in candidates:
                continue
            #不包括小区域
```

```
            if r['size'] < 220:
                continue
            if (r['rect'][2] * r['rect'][3]) < 500:
                continue
            #截取目标区域
            proposal_img, proposal_vertice = clip_pic(img, r['rect'])
            #删除空数组
            if len(proposal_img) == 0:
                continue
            #忽略包含 0 或非 C 连续数组的内容
            x, y, w, h = r['rect']
            if w == 0 or h == 0:
                continue
            #检查是否存在任何 0 维数组
            [a, b, c] = np.shape(proposal_img)
            if a == 0 or b == 0 or c == 0:
                continue
            # resize 到 227 * 227
            resized_proposal_img = resize_image(proposal_img, config.IMAGE_SIZE, config.
IMAGE_SIZE)
            candidates.add(r['rect'])
            img_float = np.asarray(resized_proposal_img, dtype = "float32")
            images.append(img_float)

            iou_val = IOU(ref_rect_int, proposal_vertice)
            # x,y,w,h 作差,用于 boundingbox 回归
            rects.append([(Gx - x)/w, (Gy - y)/h, math.log(Gw/w), math.log(Gh/h)])
            index = int(tmp[1])
            if is_svm:
                # iou 小于阈值,为背景,0
                if iou_val < threshold:
                    labels.append(0)
                elif iou_val > 0.6: # 0.85
                    labels.append(index)
                else:
                    labels.append( - 1)
            else:
                label = np.zeros(num_clss + 1)
                if iou_val < threshold:
                    label[0] = 1
                else:
                    label[index] = 1
                labels.append(label)
        if is_svm:
            ref_img, ref_vertice = clip_pic(img, ref_rect_int)
            resized_ref_img = resize_image(ref_img, config.IMAGE_SIZE, config.IMAGE_SIZE)
            img_float = np.asarray(resized_ref_img, dtype = "float32")
            images.append(img_float)
            rects.append([0, 0, 0, 0])
            labels.append(index)
        tools.view_bar("processing image of %s" % datafile.split('\')[ - 1].strip(), num + 1, len
(train_list))

        if save:
            if is_svm:
                # strip()去除首位空格
                np.save((os.path.join(save_path, tmp[0].split('/')[ - 1].split('.')[0].strip
()) + '_data.npy'), [images, labels, rects])
            else:
                # strip()去除首位空格
                np.save((os.path.join(save_path, tmp[0].split('/')[ - 1].split('.')[0].strip
()) + '_data.npy'),
                        [images, labels])
```

```
    print('')
    fr.close()

# 减去 softmax 输出层,获得图片的特征
def create_alexnet():
    # Building 'AlexNet'
    network = input_data(shape=[None, config.IMAGE_SIZE, config.IMAGE_SIZE, 3])
    network = conv_2d(network, 96, 11, strides=4, activation='relu')
    network = max_pool_2d(network, 3, strides=2)
    network = local_response_normalization(network)
    network = conv_2d(network, 256, 5, activation='relu')
    network = max_pool_2d(network, 3, strides=2)
    network = local_response_normalization(network)
    network = conv_2d(network, 384, 3, activation='relu')
    network = conv_2d(network, 384, 3, activation='relu')
    network = conv_2d(network, 256, 3, activation='relu')
    network = max_pool_2d(network, 3, strides=2)
    network = local_response_normalization(network)
    network = fully_connected(network, 4096, activation='tanh')
    network = dropout(network, 0.5)
    network = fully_connected(network, 4096, activation='tanh')
    network = regression(network, optimizer='momentum',
                         loss='categorical_crossentropy',
                         learning_rate=0.001)
    return network
```

样本处理函数不是用于 svm 和 boundingbox 回归,而是根据 groundtruth 的 iou < threshold 来进行标注和保存;当用于 svm 和 boundingbox 回归时,iou > 0.6 的为正样本,iou < threshold 的为负样本(背景),并且把 groundtruth 也作为正样本加入训练集。

```
"""减去 softmax 输出层,获得图片的特征"""
def create_alexnet():
    # 创建 'AlexNet'
    network = input_data(shape=[None, config.IMAGE_SIZE, config.IMAGE_SIZE, 3])
    network = conv_2d(network, 96, 11, strides=4, activation='relu')
    network = max_pool_2d(network, 3, strides=2)
    network = local_response_normalization(network)
    network = conv_2d(network, 256, 5, activation='relu')
    network = max_pool_2d(network, 3, strides=2)
    network = local_response_normalization(network)
    network = conv_2d(network, 384, 3, activation='relu')
    network = conv_2d(network, 384, 3, activation='relu')
    network = conv_2d(network, 256, 3, activation='relu')
    network = max_pool_2d(network, 3, strides=2)
    network = local_response_normalization(network)
    network = fully_connected(network, 4096, activation='tanh')
    network = dropout(network, 0.5)
    network = fully_connected(network, 4096, activation='tanh')
    network = regression(network, optimizer='momentum',
                         loss='categorical_crossentropy',
                         learning_rate=0.001)
    return network
```

定义新的 alexnet,这里去掉之前完整的 alexnet 的 softmax 层,用来提取图片的 4096 维特征向量。

```
"""构建级联支持向量机"""
def train_svms(train_file_folder, model):
    files = os.listdir(train_file_folder)
    svms = []
    train_features = []
    bbox_train_features = []
    rects = []
```

```
    for train_file in files:
        if train_file.split('.')[-1] == 'txt':
            pred_last = -1
            pred_now = 0
            X, Y, R = generate_single_svm_train(os.path.join(train_file_folder, train_file))
            Y1 = []
            features1 = []
            Y_hard = []
            features_hard = []
            for ind, i in enumerate(X):
                # extract features 提取特征
                feats = model.predict([i])
                train_features.append(feats[0])
                #所有正负样本加入 feature1,Y1
                if Y[ind]>=0:
                    Y1.append(Y[ind])
                    features1.append(feats[0])
                    #对与 groundtruth 的 iou>0.6 的加入 boundingbox 训练集
                    if Y[ind]>0:
                        bbox_train_features.append(feats[0])
                        rects.append(R[ind])
                #剩下作为测试集
                else:
                    Y_hard.append(Y[ind])
                    features_hard.append(feats[0])
                tools.view_bar("extract features of %s" % train_file, ind + 1, len(X))

            #难负样本挖掘
            clf = SVC(probability=True)
            #训练,直到准确率不再提高
            while pred_now > pred_last:
                clf.fit(features1, Y1)
                features_new_hard = []
                Y_new_hard = []
                index_new_hard = []
                #统计测试正确数量
                count = 0
                for ind, i in enumerate(features_hard):
                    if clf.predict([i.tolist()])[0] == 0:
                        count += 1
                    #如果被误判为正样本,加入难负样本集合
                    elif clf.predict([i.tolist()])[0] > 0:
                        # 找到被误判的难负样本
                        features_new_hard.append(i)
                        Y_new_hard.append(clf.predict_proba([i.tolist()])[0][1])
                        index_new_hard.append(ind)
                #如果难负样本过少,则停止迭代
                if len(features_new_hard)/10<1:
                    break
                pred_last = pred_now
                #计算新的测试正确率
                pred_now = count / len(features_hard)
                # 对难负样本根据分类概率排序,取前 10% 作为负样本加入训练集
                sorted_index = np.argsort(-np.array(Y_new_hard)).tolist()[0:int(len
(features_new_hard)/10)]
                for idx in sorted_index:
                    index = index_new_hard[idx]
                    features1.append(features_new_hard[idx])
                    Y1.append(0)
                    # 在测试集中删除这些作为负样本加入训练集的样本
                    features_hard.pop(index)
                    Y_hard.pop(index)
```

```
            print(' ')
            print("特征维数")
            print(np.shape(features1))
            svms.append(clf)
            # 将 clf 序列化,保存 svm 分类器
            joblib.dump(clf, os.path.join(train_file_folder, str(train_file.split('.')[0]) +
'_svm.pkl'))
    # 保存 boundingbox 回归训练集
    np.save((os.path.join(train_file_folder, 'bbox_train.npy')),
            [bbox_train_features, rects])
    return svms
```

在以上代码中,需要注意两点:

- 对于选择搜索得到的所有候选框,resize 为 227×227,将 groundtruth 的 iou＞0.6 和 iou＜0.1 的样本加入训练集,通过新的 alexnet 提取特征向量,训练 svm 分类器。剩下的加入测试集。将 iou＞0.6 的样本加入 boundingbox 训练集,并保存。
- 在 svm 测试集中进行难负样本挖掘,把误判为正的测试样本中得分前 10%的作为负样本加入训练集,迭代训练 svm 分类器,直到在测试集中的分类正确率不再提升为止。

```
# 训练 boundingbox 回归
def train_bbox(npy_path):
    features, rects = np.load((os.path.join(npy_path, 'bbox_train.npy')))
    # 不能直接用 np.array(),应该把元素全部取出放入空列表中.因为 features 和 rects 建立时
    # 用的是 append,导致其中元素结构不能直接转换成矩阵
    X = []
    Y = []
    for ind, i in enumerate(features):
        X.append(i)
    X_train = np.array(X)

    for ind, i in enumerate(rects):
        Y.append(i)
    Y_train = np.array(Y)

    # 线性回归模型训练
    clf = Ridge(alpha = 1.0)
    clf.fit(X_train, Y_train)
    # 序列化,保存 bbox 回归
    joblib.dump(clf, os.path.join(npy_path,'bbox_train.pkl'))
    return clf
```

训练 boundingbox 线性回归模型。输入为样本对应的特征向量,输出为经过处理的[tx,ty,tw,th]。

(4) 实现主函数。

```
if __name__ == '__main__':
    train_file_folder = config.TRAIN_SVM
    img_path = '123.jpg'
    image = cv2.imread(img_path)
    im_width = image.shape[1]
    im_height = image.shape[0]
    # 提取 region proposal
    imgs, verts = image_proposal(img_path)
    tools.show_rect(img_path, verts)

    # 建立模型,网络
    net = create_alexnet()
    model = tflearn.DNN(net)
    # 加载微调后的 alexnet 网络参数
```

```
    model.load(config.FINE_TUNE_MODEL_PATH)
    # 加载/训练 svm 分类器 和 boundingbox 回归器
    svms = []
    bbox_fit = []
    # boundingbox 回归器是否有存档
    bbox_fit_exit = 0
    # 加载 svm 分类器和 boundingbox 回归器
    for file in os.listdir(train_file_folder):
        if file.split('_')[-1] == 'svm.pkl':
            svms.append(joblib.load(os.path.join(train_file_folder, file)))
        if file == 'bbox_train.pkl':
            bbox_fit = joblib.load(os.path.join(train_file_folder, file))
            bbox_fit_exit = 1
    if len(svms) == 0:
        svms = train_svms(train_file_folder, model)
    if bbox_fit_exit == 0:
        bbox_fit = train_bbox(train_file_folder)

    print("做合适的支持向量机")
    features = model.predict(imgs)
    print("预测影像:")
    results = []
    results_label = []
    results_score = []
    count = 0
    for f in features:
        for svm in svms:
            pred = svm.predict([f.tolist()])
            # 没有背景
            if pred[0] != 0:
                # boundingbox 回归
                bbox = bbox_fit.predict([f.tolist()])
                tx, ty, tw, th = bbox[0][0], bbox[0][1], bbox[0][2], bbox[0][3]
                px, py, pw, ph = verts[count]
                gx = tx * pw + px
                gy = ty * ph + py
                gw = math.exp(tw) * pw
                gh = math.exp(th) * ph
                if gx<0:
                    gw = gw - (0 - gx)
                    gx = 0
                if gx+gw>im_width:
                    gw = im_width - gx
                if gy<0:
                    gh = gh - (0-gh)
                    gy = 0
                if gy+gh>im_height:
                    gh = im_height - gy
                results.append([gx,gy,gw,gh])
                results_label.append(pred[0])
                results_score.append(svm.predict_proba([f.tolist()])[0][1])
        count += 1

    results_final = []
    results_final_label = []
    # 非极大抑制
    # 删除得分小于 0.5 的候选框
    delete_index1 = []
    for ind in range(len(results_score)):
```

```
        if results_score[ind]< 0.5:
            delete_index1.append(ind)
    num1 = 0
    for idx in delete_index1:
        results.pop(idx - num1)
        results_score.pop(idx - num1)
        results_label.pop(idx - num1)
        num1 += 1

    while len(results) > 0:
        # 找到列表中得分最高的
        max_index = results_score.index(max(results_score))
        max_x, max_y, max_w, max_h = results[max_index]
        max_vertice = [max_x, max_y, max_x + max_w, max_y + max_h, max_w, max_h]
        # 该候选框加入最终结果
        results_final.append(results[max_index])
        results_final_label.append(results_label[max_index])
        # 从 results 中删除该候选框
        results.pop(max_index)
        results_label.pop(max_index)
        results_score.pop(max_index)
        # 删除得分最高且 iou_val > 0.5 的其他候选框
        delete_index = []
        for ind, i in enumerate(results):
            iou_val = IOU(i, max_vertice)
            if iou_val > 0.5:
                delete_index.append(ind)
        num = 0
        for idx in delete_index:
            results.pop(idx - num)
            results_score.pop(idx - num)
            results_label.pop(idx - num)
            num += 1
    print("结果:")
    print(results_final)
    print("结果标签:")
    print(results_final_label)
    tools.show_rect(img_path, results_final)
```

以上代码实现了如下功能。

(1) 测试图片选择搜索得到候选框进行筛选，并且 resize 为 227×227。

(2) 所有候选框经过 alexnet，提取全连接层输出的 4096 维特征向量。

(3) 特征向量通过 svm 分类，保留其中包含目标的。

(4) 包含目标的特征向量，boundingbox 回归后范围处理得到精确位置。

(5) 剩下的特征向量进行非极大抑制，得到最终结果。

17.2 YOLO 检测

YOLO(You Only Look Once)基于单一的目标检测网络，通过多网格划分、多目标包围框预测等方法进行快速目标检测。YOLO 是真正意义上的端到端的网络，检测速度近乎实时，且具有良好的鲁棒性，因此应用广泛。

17.2.1 概述

人瞥了一眼图像，立即就能知道图像中的各主体——它们在哪里以及它们如何相互作用。人的视觉系统快速而准确，使我们能够执行复杂的任务，比如驾驶汽车。

传统的目标检测系统利用分类器来执行检测。为了检测对象，这些系统在测试图片的不同位置采用不同尺寸大小的分类器对其进行评估。如目标检测系统采用可变形的组件模型(Deformable Parts Model，DPM)方法，通过滑动框方法提出目标区域，然后采用分类器来实现识别。近期的 RCNN 类方法采用候选区域处理，首先生成潜在的边界框，然后采用分类器识别这些边界框区域。最后通过候选区域法(Region Proposal Method，RPM)来去除重复边界框来进行优化。这类方法流程复杂，存在速度慢和训练困难的问题。

我们将目标检测问题转换为直接从图像中提取边界框和类别概率的单个回归问题，YOLO 即可检测目标类别和位置。

YOLO 算法采用单个卷积神经网络来预测多个边界框和类别概率。与传统的物体检测方法相比，这种统一模型具有以下优点。

- 非常快。YOLO 预测流程简单，速度很快。基础版在 Titan X GPU 上可以达到 45 帧/秒；快速版可以达到 150 帧/秒。因此，YOLO 可以实现实时检测。
- YOLO 采用全图信息来进行预测。与滑动窗口方法和基于候选区域的方法不同，YOLO 在训练和预测过程中可以利用全图信息。Fast RCNN 检测方法会错误地将背景中的斑块检测为目标，原因在于 Fast RCNN 在检测中无法看到全局图像。相对于 Fast RCNN，YOLO 背景预测错误率是其 1/2。
- YOLO 可以学习到目标的概括信息(Generalizable Representation)，具有一定的普适性。我们采用自然图片训练 YOLO，然后采用艺术图像来预测。
- YOLO 比其他目标检测方法(DPM 和 RCNN)的准确率高很多。

在准确性上，YOLO 算法仍然落后于最先进的检测系统。虽然它可以快速识别图像中的对象，但它很难精确定位某些对象，特别是小对象。

17.2.2 统一检测

我们将目标检测统一到一个神经网络，网络使用整个图像中的特征来预测每个边界框，也是同时预测图像的所有类的所有边界框。这意味着我们的网络学习到的是完整图像和图中所有的对象。YOLO 设计可实现端到端训练和实时的速度，同时保持较高的平均精度。

- YOLO 首先将图像分为 $S \times S$ 的网格。如果一个目标的中心落入网格，该网格就负责检测该目标。在每一个网格中预测 B 个边界和置信度(Confidence Score)。这些置信度分数反映了该模型对盒子是否包含目标的信心，以及它预测盒子的准确程度。我们定义置信度为：

$$P_r(\text{Object}) * \text{IOU}_{\text{pred}}^{\text{truth}}$$

如果没有目标，那么置信度为零。另外，我们希望置信度分数等于预测框与真实值之间联合部分的交集(IOU)。

- 每一个边界框包含 5 个值：x、y、w、h 和 confidence。(x, y)坐标表示边界框相对于网格单元边界框的中心。宽度和高度是相对于整张图像预测的。confidence 表示预测的边界框与实际的边界框之间的 IOU。每个网格单元还预测 C 个条件类别概率：

$$P_r(\text{Class}_i \mid \text{Object})$$

- 在测试时，乘以条件类概率和单个边界框的置信度预测：

$$P_r(\text{Class}_i \mid \text{Object}) * P_r(\text{Object}) * \text{IOU}_{\text{pred}}^{\text{truth}} = P_r(\text{Class}_i) * \text{IOU}_{\text{pred}}^{\text{truth}}$$

这些数编码了该类出现在框中的概率并预测了框与目标的拟合程度。在 Pascal VOC 数据集上评价时，采用 $S=7$，$B=2$，$C=20$（该数据集包含 20 个类别），最终预测结果为 $7\times7\times30(B\times5+C)$ 的张量。

1. 网络模型

使用卷积神经网络来实现 YOLO 算法，并在 Pascal VOC 检测数据集上进行评估。网络的初始卷积层(Conv Layer)从图像中提取特征，而全连接层用来预测输出概率和坐标。

网络架构受到 GoogLeNet 图像分类模型的启发。网络有 24 个卷积层，后面是 2 个全连接层。使用 1×1 降维层，后面是 3×3 卷积层。我们在 ImageNet 分类任务上以一半的分辨率（224×224 像素的输入图像）预训练卷积层，然后将分辨率加倍来进行检测。完整的网络如图 17-2 所示。

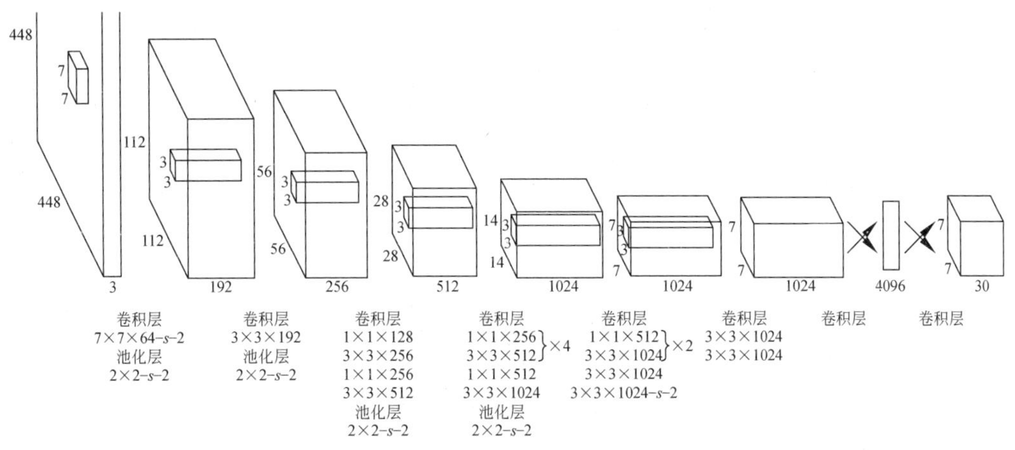

图 17-2 YOLO 的网络结构

2. 训练

在 ImageNet 1000 类竞赛数据集上预训练卷积层。对于预训练，使用图 17-2 中的前 20 个卷积层，外加平均池化层和全连接层。对这个网络进行了大约一周的训练，并且在 ImageNet 2012 验证集上获得了单一裁剪图像 88% 的排名前 5 的准确率，与 Caffe 模型池中的 GoogLeNet 模型相当。使用 Darknet 框架进行所有的训练和推断，然后我们转换模型来执行检测。在预训练网络中增加卷积层和连接层可以提高性能。

最后一层用于预测类概率和边界框坐标。通过图像宽度和高度来规范边界框的宽度和高度，使它们落在 0 和 1 之间。将边界框 x 和 y 坐标参数化为特定网格单元位置的偏移量，所以它们的边界也在 0 和 1 之间。

对最后一层使用线性激活函数，所有其他层使用下面的式子修正线性激活函数：

$$\phi(x)=\begin{cases}x, & x>0\\ 0.1x, & \text{其他}\end{cases}$$

分类误差与定位误差的权重是一样的，这可能并不理想。另外，在每张图像中，许多网格单元不包含任何对象。这将这些单元格的“置信度”分数推向零，通常压倒了包含目标的单元格的梯度。这可能导致模型不稳定，从而导致训练早期发散。

为了改善这一点，增加了边界框坐标预测损失，并减少了不包含目标边界框的置信度预测损失。

YOLO 每个网格单元预测多个边界框。在训练时，每个目标只需要一个边界框预测器来负责。我们指定一个预测器“负责”，根据哪个预测与真实值之间具有当前最高的 IOU 来预测目标。这导致边界框预测器的专业化。每个预测器都可以更好地预测特定大小、方向角或目标的类别,从而改善整体召回率。

3. 预测

就像在训练中一样,预测测试图像的检测只需要一次网络评估。在 Pascal VOC 上,对每张图像预测 98 个边界框和每个框的类别概率。YOLO 在测试时非常快,因为它只需要一次网络评估,这一点不像基于分类器的方法。

网格设计强化了边界框预测中的空间多样性。通常一个目标落在哪一个网格单元中是很明显的,而网络只能为每个目标预测一个边界框。然而,一些大的目标或靠近多个网格单元边界的目标可以被多个网格单元很好地定位。非极大值抑制可以用来修正这些多重检测。对于 RCNN 或 DPM 而言,性能不是最关键的。

4. YOLO 的限制

YOLO 的每一个网格只预测两个边界框和一种类别。这导致模型对相邻目标的预测准确率下降。因此,YOLO 对成队列的目标识别准确率较低。

由于我们的模型学习从数据中预测边界框,因此它很难泛化到新的、不常见角度的目标。我们的模型使用相对较粗糙的特征来预测边界框,因为我们的模型具有来自输入图像的多个下采样层。

YOLO 的损失函数会同样对待小边界框与大边界框的误差。大边界框的小误差通常是良性的,但小边界框的小误差对 IOU 的影响要大得多。主要的错误来源是不正确的定位。

17.2.3 基于 OpenCV 实现自动检测案例分析

下面将使用在 COCO 数据集上预训练好的 YOLOv3 模型。COCO 数据集包含 80 类,有 people(人)、bicycle(自行车)、car(汽车)等。

下面利用 OpenCV 来快速实现 YOLO 目标检测,在此将其封装成一个叫 yolo_detect()的函数,其使用说明可参考函数内部的注释。

```
# -*- coding: utf-8 -*-
# 载入所需库
import cv2
import numpy as np
import os
import time

def yolo_detect(pathIn = '',
                pathOut = None,
                label_path = './cfg/coco.names',
                config_path = './cfg/yolov3_coco.cfg',
                weights_path = './cfg/yolov3_coco.weights',
                confidence_thre = 0.5,
                nms_thre = 0.3,
                jpg_quality = 80):
    '''
    pathIn: 原始图片的路径
    pathOut: 结果图片的路径
    label_path: 类别标签文件的路径
    config_path: 模型配置文件的路径
    weights_path: 模型权重文件的路径
    confidence_thre: 0-1,置信度(概率/打分)阈值,即保留概率大于这个值的边界框,默认为 0.5
    nms_thre: 非极大值抑制的阈值,默认为 0.3
    jpg_quality: 设定输出图片的质量,范围为 0 到 100,默认为 80,越大质量越好
    '''
```

```
# 加载类别标签文件
LABELS = open(label_path).read().strip().split("\n")
nclass = len(LABELS)

# 为每个类别的边界框随机匹配相应颜色
np.random.seed(42)
COLORS = np.random.randint(0, 255, size = (nclass, 3), dtype = 'uint8')
# 载入图片并获取其维度
base_path = os.path.basename(pathIn)
img = cv2.imread(pathIn)
(H, W) = img.shape[:2]
# 加载模型配置和权重文件
print('从硬盘加载 YOLO.....')
net = cv2.dnn.readNetFromDarknet(config_path, weights_path)
# 获取 YOLO 输出层的名字
ln = net.getLayerNames()
ln = [ln[i[0] - 1] for i in net.getUnconnectedOutLayers()]
# 将图片构建成一个 blob,设置图片尺寸,然后执行一次
# YOLO 前馈网络计算,最终获取边界框和相应概率
blob = cv2.dnn.blobFromImage(img, 1 / 255.0, (416, 416), swapRB = True, crop = False)
net.setInput(blob)
start = time.time()
layerOutputs = net.forward(ln)
end = time.time()
# 显示预测所花费时间
print('YOLO 模型花费 {:.2f}秒来预测一张图片'.format(end - start))
# 初始化边界框,置信度(概率)以及类别
boxes = []
confidences = []
classIDs = []
# 迭代每个输出层,总共 3 个
for output in layerOutputs:
    # 迭代每个检测
    for detection in output:
        # 提取类别 ID 和置信度
        scores = detection[5:]
        classID = np.argmax(scores)
        confidence = scores[classID]
        # 只保留置信度大于某值的边界框
        if confidence > confidence_thre:
            # 将边界框的坐标还原至与原图片相匹配,记住 YOLO 返回的是
            # 边界框的中心坐标以及边界框的宽度和高度
            box = detection[0:4] * np.array([W, H, W, H])
            (centerX, centerY, width, height) = box.astype("int")
            # 计算边界框的左上角位置
            x = int(centerX - (width / 2))
            y = int(centerY - (height / 2))

            # 更新边界框,置信度(概率)以及类别
            boxes.append([x, y, int(width), int(height)])
            confidences.append(float(confidence))
            classIDs.append(classID)
# 使用非极大值抑制方法抑制弱、重叠边界框
idxs = cv2.dnn.NMSBoxes(boxes, confidences, confidence_thre, nms_thre)
# 确保至少一个边界框
if len(idxs) > 0:
    # 迭代每个边界框
    for i in idxs.flatten():
        # 提取边界框的坐标
        (x, y) = (boxes[i][0], boxes[i][1])
        (w, h) = (boxes[i][2], boxes[i][3])
        # 绘制边界框以及在左上角添加类别标签和置信度
        color = [int(c) for c in COLORS[classIDs[i]]]
```

```
                cv2.rectangle(img, (x, y), (x + w, y + h), color, 2)
                text = '{}: {:.3f}'.format(LABELS[classIDs[i]], confidences[i])
                (text_w, text_h), baseline = cv2.getTextSize(text, cv2.FONT_HERSHEY_SIMPLEX, 0.5, 2)
                cv2.rectangle(img, (x, y - text_h - baseline), (x + text_w, y), color, -1)
                cv2.putText(img, text, (x, y - 5), cv2.FONT_HERSHEY_SIMPLEX, 0.5, (0, 0, 0), 2)
        #输出结果图片
        if pathOut is None:
            cv2.imwrite('with_box_' + base_path, img, [int(cv2.IMWRITE_JPEG_QUALITY), jpg_quality])
        else:
            cv2.imwrite(pathOut, img, [int(cv2.IMWRITE_JPEG_QUALITY), jpg_quality])
```

将函数封装好后进行测试：

```
pathIn = './test_imgs/test1.jpg'
pathOut = './result_imgs/test1.jpg'
yolo_detect(pathIn,pathOut)
>>> 从硬盘加载 YOLO...
>>> YOLO 模型花费 3.63 秒来预测一张图片
```

测试效果如图 17-3 所示。

图 17-3 YOLO 目标检测效果

从运行结果可知，CPU 检测一张图片所花的时间为 3～4s。如果使用 GPU，完全可以实时对视频/摄像头进行目标检测。

第18章 人机交互

CHAPTER 18

前面介绍了利用Python实现各种视觉效果，本章将介绍怎样利用Python实现人机交互。

18.1 Tkinter GUI 编程组件

本节介绍的GUI库是Tkinter，它是Python自带的GUI库，无须进行额外的下载安装，只要导入tkinter包即可使用。

使用Tkinter进行GUI编程与其他语言的GUI编程基本相似，都是使用不同的“积木块”来堆出各种各样的界面。因此，学习GUI编程的总体步骤大致为3步。

(1) 了解GUI库大致包含哪些组件，相当于熟悉每个积木块到底干什么。

(2) 掌握容器及窗口对组件进行布局的方法，相当于掌握拼图的“母板”，以及母板固定积木块的方法。

(3) 逐个掌握各组件的用法，相当于深入掌握每个积木块的功能和用法。

下面通过一个简单的例子来创建一个窗口。

```
from tkinter import *
#创建Tk对象,Tk代表窗口
root = Tk()
#设置窗口标题
root.title('窗口标题')
#创建Label对象,第一个参数指定该Label放入root
w = Label(root, text = "Hello Tkinter!")
#调用pack进行布局
w.pack()
#启动主窗口的消息循环
root.mainloop()
```

程序中主要创建了两个对象：Tk和Label。其中Tk代表顶级窗口，Label代表一个简单的文本标签，因此需要指定将该Label放在哪个容器内。上面的程序在创建Label时第一个参数指定了root，表明该Label要放入root窗口内。

运行程序，效果如图18-1所示。

此外，还有一种方式是不直接使用Tk，只要创建Frame的子类，它的子类就会自动创建Tk对象作为窗口。例如：

```
from tkinter import *
#定义继承Frame的Application类
class Application(Frame):
    def __init__(self, master = None):
        Frame.__init__(self, master)
        self.pack()
```

图18-1 简单窗口

```
        #调用 initWidgets()方法初始化界面
        self.initWidgets()
    def initWidgets(self):
        #创建 Label 对象,第一个参数指定该 Label 放入 root
        w = Label(self)
        #创建一个位图
        bm = PhotoImage(file = 'images/a.png')
        #必须用一个不会被释放的变量引用该图片,否则该图片会被回收
        w.x = bm
        # 设置显示的图片是 bm
        w['image'] = bm
        w.pack()
        #创建 Button 对象,第一个参数指定该 Button 放入 root
        okButton = Button(self, text = "确定")
        okButton.configure(background = 'red')
        okButton.pack()
#创建 Application 对象
app = Application()
#Frame 有个默认的 master 属性,该属性值是 Tk 对象(窗口)
print(type(app.master))
#通过 master 属性来设置窗口标题
app.master.title('窗口标题')
#启动主窗口的消息循环
app.mainloop()
```

程序中创建了 Frame 的子类：Application，并在该类的构造方法中调用了 initWidgets()方法——这个方法可以有任意方法名，程序在 initWidgets()方法中创建了两个组件，即 Label 和 Button。

在程序中只创建了 Application 的实例(Frame 容器的子类)，并未创建 Tk 对象(窗口)，那么这个程序有窗口吗？答案是肯定的。如果程序在创建任意 Widget 组件(甚至 Button)时没有指定 master 属性(即创建 Widget 组件时第一个参数传入 None)，那么程序会自动为该 Widget 组件创建一个 Tk 窗口，因此 Python 会自动为 Application 实例创建 Tk 对象来作为它的 master。

该程序与上一个程序的差别在于：程序在创建 Label 和 Button 后，对 Label 进行了配置，设置了 Label 显示的背景图片；也对 Button 进行了配置，设置了 Button 的背景色。

下面的代码：

```
w.x = bm
```

实现了为 w 的 x 属性赋值。这行代码有什么作用呢？因为程序在 initWidgets()方法中创建了 PhotoImage 对象，所以这是一个图片对象。当该方法结束时，如果该对象没有被其他变量引用，那么这个图片可能会被系统回收，此处由于 w(Label 对象)需要使用该图片，因此程序就让 w 的 x 属性引用该 PhotoImage 对象，阻止系统回收 PhotoImage 的图片。

运行程序，得到如图 18-2 所示的效果图。

体会上面程序代码中的 initWidgets()方法的代码，虽然看上去代码量大，但实际上只有 3 行代码。

- 创建 GUI 组件。相当于创建“积木块”。
- 添加 GUI 组件，此处使用 pack()方法添加。相当于把“积木块”添加进去。
- 配置 GUI 组件。

其中创建 GUI 组件的代码很简单，与创建其他 Python 对象并没有任何区别，但通常至少要指定一个参数，用于设置该 GUI 组件属于哪个容器(Tk 组合例外，因为该组件代表顶级窗口)。

图 18-2 配置 Label 和 Button 效果图

配置 GUI 组件有两个时机。

- 在创建 GUI 组件时去关键字参数的方式配置。例如，Button(self, text＝"确定")，其中“text＝"确定"”就指定了该按钮上的文本是“确定”。
- 在创建完成后，以字典语法进行配置。例如，okButton['background']＝ 'red'，这种语法使得 okButton 看上去就像一个字典，它用于配置 okButton 的 background 属性，从而改变该按钮的颜色。

上面两种方式完全可以切换。比如可以在创建按钮之后配置该按钮上的文本，例如：

```
okButton['text'] = '确定'
```

这行代码其实是调用 configure()方法的简化写法。也就是说，此代码等同于：

```
okButton.configure(text = '确定')
```

也可以在创建按钮时就配置它的文本和背景色，例如：

```
# 创建 Button 对象，在创建时就配置它的文本和背景色
okButton = Button(self, text = '确定', background = 'red')
```

这里又产生了一个疑问：除可配置 background、image 等选项外，GUI 组件还可配置哪些选项呢？可以通过该组件的构造方法的帮助文档来查看。例如，查看 Button 的构造方法的帮助文档，可以看到如下输出结果。

```
>>> import tkinter
>>> help(tkinter.Button.__init__)
Help on function __init__ in module tkinter:

__init__(self, master = None, cnf = {}, **kw)
    Construct a button widget with the parent MASTER.

    STANDARD OPTIONS

        activebackground, activeforeground, anchor,
        background, bitmap, borderwidth, cursor,
        disabledforeground, font, foreground
        highlightbackground, highlightcolor,
        highlightthickness, image, justify,
        padx, pady, relief, repeatdelay,
        repeatinterval, takefocus, text,
        textvariable, underline, wraplength

    WIDGET - SPECIFIC OPTIONS
```

```
        command, compound, default, height,
        overrelief, state, width
```

上面的帮助文档指出,Button 支持两组选项：标准选项(STANDARD OPTIONS)和组件特定选项(WIDGET-SPECIFIC OPTIONS)。至于这些选项的含义,基本上通过它们的名字就可猜出来。

18.2 布局管理器

GUI 编程就相当于搭积木块,每个积木块应该放在哪里,每个积木块显示为多大,也就是对大小和位置都需要进行管理,而布局管理器正是负责管理各组件的大小和位置的。

18.2.1 Pack 布局管理器

如果使用 Pack 布局,那么当程序向容器中添加组件时,这些组件会依次向后排列,排列方向既可以是水平的,也可以是垂直的。

下面程序生成一个 Listbox 组件并将它填充到 root 窗口中：

```
import tkinter as tk
#创建窗口并设置窗口标题
root = tk.Tk()
root.title('Pack 布局')
listbox = tk.Listbox(root)
listbox.pack(fill = "both", expand = True)

for i in range(10):
        listbox.insert("end", str(i))
root.mainloop()
```

运行程序,效果如图 18-3 所示。

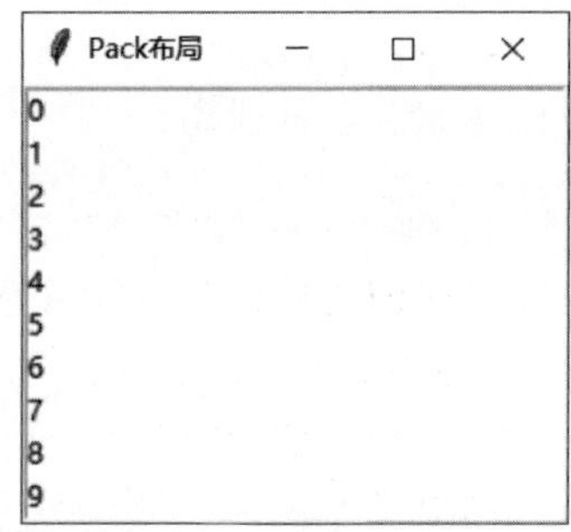

图 18-3 Listbox 组件

在上面的代码中,fill 选项是告诉窗口管理器该组件将填充整个分配给它的空间,"both" 表示同时横向和纵向扩展,"x" 表示横向,"y" 表示纵向；expand 选项是告诉窗口管理器将父组件的额外空间也填满。

默认情况下,pack 是将添加的组件依次纵向排列：

```
import tkinter as tk

root = tk.Tk()
root.title('Pack 布局')
tk.Label(root, text = "Red", bg = "red", fg = "white").pack(fill = "x")
tk.Label(root, text = "Green", bg = "green", fg = "black").pack(fill = "x")
tk.Label(root, text = "Blue", bg = "blue", fg = "white").pack(fill = "x")
root.mainloop()
```

运行程序,效果如图 18-4 所示。

如果想要组件横向排列,可以使用 side 选项：

```
import tkinter as tk
root = tk.Tk()
root.title('Pack 布局')
tk.Label(root, text = "Red", bg = "red", fg = "white").pack(side = "left")
tk.Label(root, text = "Green", bg = "green", fg = "black").pack(side = "left")
tk.Label(root, text = "Blue", bg = "blue", fg = "white").pack(side = "left")

root.mainloop()
```

运行程序,效果如图 18-5 所示。

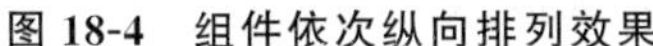

图 18-4　组件依次纵向排列效果

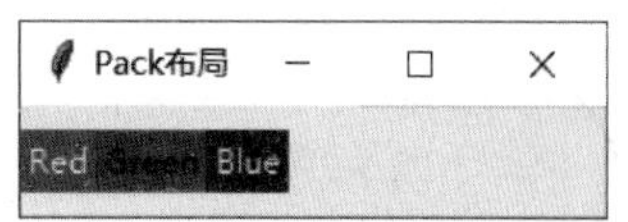

图 18-5　组件依次横向排列效果

实际上，调用 pack()方法时可传入多个选项。例如，通过 help(tkinter. Label. pack)命令来查看 pack()方法支持的选项，可以看到如下输出结果。

```
>>> help(tkinter.Label.pack)
Help on function pack_configure in module tkinter:

pack_configure(self, cnf = {}, ** kw)
    Pack a widget in the parent widget. Use as options:
    after = widget - pack it after you have packed widget
    anchor = NSEW (or subset) - position widget according to
                                given direction
    before = widget - pack it before you will pack widget
    expand = bool - expand widget if parent size grows
    fill = NONE or X or Y or BOTH - fill widget if widget grows
    in = master - use master to contain this widget
    in_ = master - see 'in' option description
    ipadx = amount - add internal padding in x direction
    ipady = amount - add internal padding in y direction
    padx = amount - add padding in x direction
    pady = amount - add padding in y direction
    side = TOP or BOTTOM or LEFT or RIGHT - where to add this widget.
```

从上面的显示信息可以看出，pack()方法通常可支持如下选项。

- anchor：当可用空间大于组件所需求的大小时，该选项决定组件被放置在容器的何处。该选项支持 N(北，代表上)、E(东，代表右)、S(南，代表下)、W(西，代表左)、NW(西北，代表左上)、NE(东北，代表右上)、SW(西南，代表左下)、SE(东南，代表右下)、CENTER(中，默认值)这些值。
- expand：bool 值的指定用于当父容器增大时是否拉伸组件。
- fill：设置组件是否沿水平或垂直方向填充。该选项支持 NONE、X、Y、BOTH 共 4 个值，其中 NONE 表示不填充，BOTH 表示沿着两个方向填充。
- ipadx：指定组件在 x 方向(水平)上的内部留白(padding)。
- ipady：指定组件在 y 方向(垂直)上的内部留白(padding)。
- padx：指定组件在 x 方向(水平)上与其他组件的间距。
- pady：指定组件在 y 方向(垂直)上与其他组件的间距。
- side：设置组件的添加位置，可以设置为 TOP、BOTTOM、LEFT 或 RIGHT 这 4 个值的其中之一。

当程序界面比较复杂时，就需要使用多个容器(Frame)分开布局，然后将 Frame 添加到窗口中。示例程序如下所示。

```
from tkinter import *
class App:
    def __init__(self, master):
        self.master = master
        self.initWidgets()
    def initWidgets(self):
```

```
        # 创建第一个容器
        fm1 = Frame(self.master)
        # 该容器放在左边排列
        fm1.pack(side = LEFT, fill = BOTH, expand = YES)
        # 向 fm1 中添加 3 个按钮
        # 设置按钮从顶部开始排列,且按钮只能在垂直(Y)方向填充
        Button(fm1, text = '第一个').pack(side = TOP, fill = X, expand = YES)
        Button(fm1, text = '第二个').pack(side = TOP, fill = X, expand = YES)
        Button(fm1, text = '第三个').pack(side = TOP, fill = X, expand = YES)
        # 创建第二个容器
        fm2 = Frame(self.master)
        # 该容器放在左边排列,就会挨着 fm1
        fm2.pack(side = LEFT, padx = 10, fill = BOTH, expand = YES)
        # 向 fm2 中添加 3 个按钮
        # 设置按钮从右边开始排列
        Button(fm2, text = '第一个').pack(side = RIGHT, fill = Y, expand = YES)
        Button(fm2, text = '第二个').pack(side = RIGHT, fill = Y, expand = YES)
        Button(fm2, text = '第三个').pack(side = RIGHT, fill = Y, expand = YES)
        # 创建第三个容器
        fm3 = Frame(self.master)
        # 该容器放在右边排列,就会挨着 fm1
        fm3.pack(side = RIGHT, padx = 10, fill = BOTH, expand = YES)
        # 向 fm3 中添加 3 个按钮
        # 设置按钮从底部开始排列,且按钮只能在垂直(Y)方向填充
        Button(fm3, text = '第一个').pack(side = BOTTOM, fill = Y, expand = YES)
        Button(fm3, text = '第二个').pack(side = BOTTOM, fill = Y, expand = YES)
        Button(fm3, text = '第三个').pack(side = BOTTOM, fill = Y, expand = YES)
root = Tk()
root.title("Pack 布局")
display = App(root)
root.mainloop()
```

在程序中,创建了 3 个 Frame 容器,其中第一个容器内包含 3 个从顶部(Top)开始排列的按钮,这意味着这 3 个按钮会从上到下依次排列,且这 3 个按钮能在水平(x)方向上填充；第二个 Frame 容器内包含 3 个从右边(Right)开始排列的按钮,这意味着这 3 个按钮会从右向左依次排列；第 3 个 Frame 容器内包含 3 个从底部(Bottom)开始排列的按钮,这意味着这 3 个按钮会从下到上依次排列,且这 3 个按钮能在垂直(y)方向上填充。

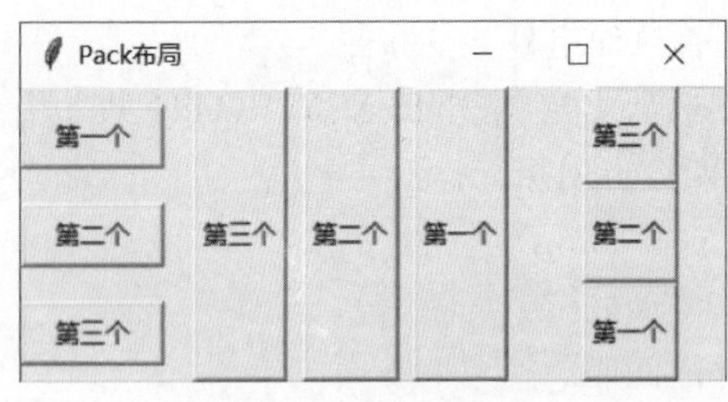

图 18-6　多个 Pack 布局

运行程序,效果如图 18-6 所示。

从图 18-6 中可以看到,为程序效果添加了 3 个框,分别代表 fm1、fm2 和 fm3(实际上容器是看不到的),此时可以看到 fm1 内的 3 个按钮从上到下排列,并且可以在水平上填充；fm3 内的 3 个按钮从下到上排列,并且可以在垂直方向上填充。

有的读者会有疑问：fm2 内的 3 个按钮也都设置了 fill＝Y,expand＝YES,这说明它们也能在垂直方向上填充,为什么看不到呢？仔细发现 fm2. pack(side＝LEFT,padx＝10,expand＝YES)这行代码这说明了 fm2 本身不在任何方向上填充,因此 fm2 内的 3 个按钮都不能填充。

如果希望看到 fm2 内的 3 个按钮也能在垂直方向上填充,则可将 fm2 的 pack()方法修改如下：

```
fm2.pack(side = LEFT,padx = 10,fill = BOTH,expand = YES)
```

对于打算使用 Pack 布局的开发者来说,首先要做的事情是将程序界面进行分解,分解成水平排列的容器和垂直排列的容器——有时候甚至要容器嵌套容器,然后使用多个 Pack 布局

的容器将它们组合在一起。

【例 18-1】 利用 Pack 布局，制作钢琴按键布局。

```
from tkinter import *
root = Tk();root.geometry("700×220")
root.title('制作钢琴按键布局')
#Frame 是一个矩形区域，用来防止其他子组件
f1 = Frame(root)
f1.pack()
f2 = Frame(root);f2.pack()
btnText = ("流行风","中国风","伦敦风","古典风","轻音乐")
for txt in btnText:
    Button(f1,text = txt).pack(side = "left",padx = "10")
    for i in range(1,20):
        Button(f2,width = 5,height = 10,bg = "black" if i % 2 == 0 else "white").pack(side = "left")
root.mainloop()
```

运行程序，效果如图 18-7 所示。

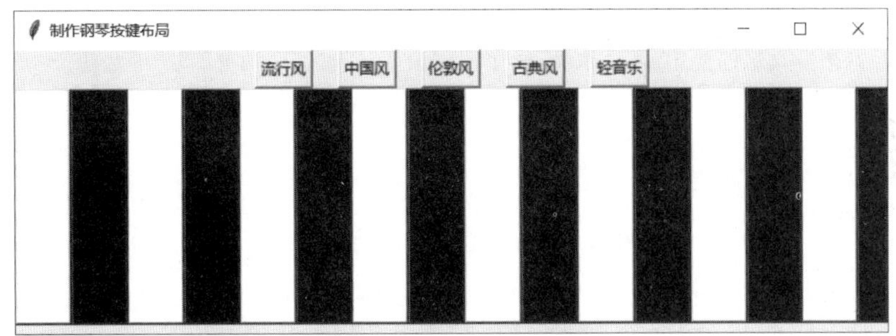

图 18-7 制作钢琴按钮

18.2.2 Grid 布局管理器

Tkinter 界面编程很多时候会优先考虑使用 Pack 布局，但实际上 Tkinter 后来引入的 Grid 布局不仅简单易用，而且管理组件也非常方便。

Grid 把组件空间分解成一个网格进行维护，即按照行、列的方式排列组件，组件位置由其所在的行号和列号决定：行号相同而列号不同的几个组件会被依次上下排列，列号相同而行号不同的几个组件会被依次左右排列。

可见，在很多场景下，Grid 是最好用的布局方式，相比之下，Pack 布局在控制细节方面反而显得有些力不从心。

使用 Grid 布局就是为各个组件指定行号和列号的过程，不需要为每个网格都指定大小，Grid 布局会自动为它们设置合适的大小。

程序调用组件的 grid()方法就进行 Grid 布局，在调用 grid()方法时可传入多个选项，该方法提供的选项如表 18-1 所示。

表 18-1 grid()方法提供的选项

选　项	说　明	取值范围
column	单元格的列号	从 0 开始的正整数
columnspan	跨列，跨越的列数	正整数
row	单元格的行号	从 0 开始的正整数
rowspan	跨行，跨越的行数	正整数
ipadx,ipady	设置子组件之间的间隔，x 方向或者 y 方向，默认单位为像素	非负浮点数，默认 0.0

续表

选　项	说　明	取值范围
padx,pady	与之并列的组件之间的间隔,x 方向或者 y 方向,默认单位是像素	非负浮点数,默认为 0.0
sticky	组件紧贴所在单元格的某一角,对应于东南西北中以及 4 个角	"n","s","w","e","nw","sw","se","ne","center"(默认)

【例 18-2】 使用 Grid 布局来实现一个计算器界面。

```
from tkinter import *

class App:
    def __init__(self, master):
        self.master = master
        self.initWidgets()
    def initWidgets(self):
        #创建一个输入组件
        e = Entry(relief = SUNKEN, font = ('Courier New', 24), width = 25)
        #对该输入组件使用 Pack 布局,放在容器顶部
        e.pack(side = TOP, pady = 10)
        p = Frame(self.master)
        p.pack(side = TOP)
        #定义字符串的元组
        names = ("0" , "1" , "2" , "3" ,
            "4" , "5" , "6" , "7" , "8" , "9",
            "+" , "-" , "*" , "/", ".", "=")
        #遍历字符串元组
        for i in range(len(names)):
            #创建 Button,将 Button 放入 p 组件中
            b = Button(p, text = names[i], font = ('Verdana', 20), width = 6)
            b.grid(row = i // 4, column = i % 4)
root = Tk()
root.title("Grid 布局")
App(root)
root.mainloop()
```

运行程序,效果如图 18-8 所示。

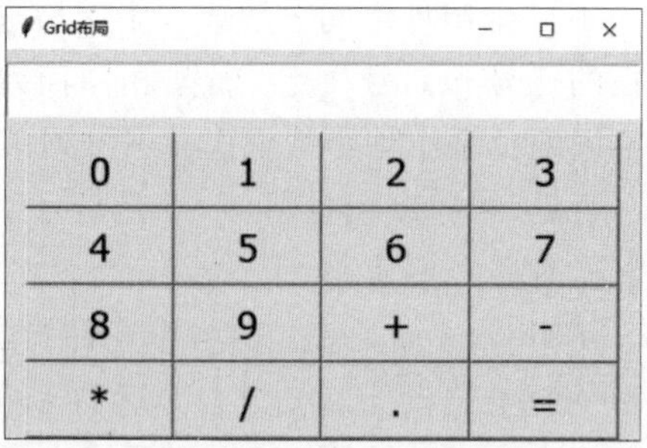

图 18-8　计算器界面

【例 18-3】 利用 Grid 布局实现一个登录界面。

```
from tkinter import *
from tkinter import messagebox
import random
class Application(Frame):
    def __init__(self, master = None):
        super().__init__(master) # super()代表的是父类的定义,而不是父类对象
        self.master = master
        self.pack()
        self.createWidget()

    def createWidget(self):
        """通过 grid 布局实现登录界面"""
        self.label01 = Label(self,text = "用户名")
        self.label01.grid(row = 0,column = 0)
        self.entry01 = Entry(self)
        self.entry01.grid(row = 0,column = 1)
        Label(self,text = "用户名为手机号").grid(row = 0,column = 2)
        Label(self, text = "密码").grid(row = 1, column = 0)
        Entry(self, show = "*").grid(row = 1, column = 1)
        Button(self, text = "登录").grid(row = 2, column = 1, sticky = EW)
```

```
        Button(self, text = "取消").grid(row = 2, column = 2, sticky = E)

if __name__ == '__main__':
    root = Tk()
    root.geometry("400x90 + 200 + 300")
    app = Application(master = root)
root.title("Grid 布局")
root.mainloop()
```

运行程序，效果如图 18-9 所示。

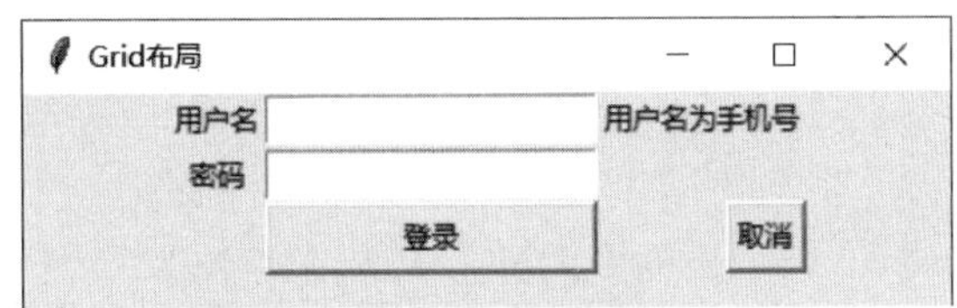

图 18-9 登录界面

18.2.3 Place 布局管理器

Place 布局就是其他 GUI 编程中的“绝对布局”，这种布局方式要求程序显式指定每个组件的绝对位置或相对于其他组件的位置。

要使用 Place 布局，调用相应组件的 place()方法即可。在使用该方法时同样支持一些详细的选项，如表 18-2 所示。

表 18-2 place()方法的选项

选 项	说 明	取值范围
x，y	组件左上角的绝对坐标(相对于窗口)	非负整数 x 和 y 选项用于设置偏移(像素)，如果同时设置 relx(rely)和 x(y)，那么 place()方法将优先计算 relx 和 rely，然后再实现 x 和 y 指定的偏移值
relx rely	组件左上角的坐标(相对于父组件)	relx 是相对父组件的位置。0 是最左边，0.5 是正中间，1 是最右边 rely 是相对父组件的位置。0 是最上边，0.5 是正中间，1 是最下边
width，height	组件的宽度和高度	非负整数
relwidth，relhei	组件的宽度和高度(相对于父组件)	与 relx、rely 取值类似，但是相对于父组件的尺寸

当使用 Place 布局管理器中的组件时，需要设置组件的 x、y 或 relx、rely 选项，Tkinter 容器内的坐标系统的原点(0，0)在左上角，其中 X 轴向右延伸，Y 轴向下延伸，如图 18-10 所示。

图 18-10 Tkinter 容器坐标系

如果通过 x、y 指定坐标，单位就是 pixel(像素)；如果通过 relx、rely 指定坐标，则以整个父组件的宽度、高度为 1。不管通过哪种方式指定坐标，通过图 18-10 不难发现，通过 x 指定的坐标值越大，该组件就越靠右；通过 y 指定的坐标值越大，该组件就越靠下。

【例 18-4】 使用 Place 布局实现动态计算各 Label 的大小和位置，并通过 place()方法设置各 Label 的大小和位置。

```
from tkinter import *
import random
class App:
    def __init__(self, master):
        self.master = master
        self.initWidgets()
    def initWidgets(self):
        #定义字符串元组
        books = ('Tkinter 库', '三大布局','Pack 布局', 'Grid 布局',\
            'Place 布局')
        for i in range(len(books)):
            # 生成 3 个随机数
            ct = [random.randrange(256) for x in range(3)]
            grayness = int(round(0.299 * ct[0] + 0.587 * ct[1] + 0.114 * ct[2]))
            # 将元组中 3 个随机数格式化成 16 进制数,转成颜色格式
            bg_color = "#%02x%02x%02x" % tuple(ct)
            # 创建 Label,设置背景色和前景色
            lb = Label(root,
                text = books[i],
                fg = 'White' if grayness < 120 else 'Black',
                bg = bg_color)
            # 使用 place()设置该 Label 的大小和位置
            lb.place(x = 20, y = 36 + i * 36, width = 180, height = 30)
root = Tk()
root.title("Place 布局")
# 设置窗口的大小和位置
# width x height + x_offset + y_offset
root.geometry("250×250+30+30")
App(root)
root.mainloop()
```

运行程序，效果如图 18-11 所示。

图 18-11 使用 Place 布局

为了增加一些趣味性，上面程序使用随机数计算了 Label 组件的背景色，并根据背景色的灰度值来计算 Label 组件的前景色；如果 grayness 小于 125，则说明背景较深，前景色使用白色；否则说明背景色较浅，前景色使用黑色。

18.3 事件处理

前面介绍了如何放置各种组件，从而得到了丰富多彩的图形界面，但这些界面还不能响应用户的任何操作。比如单击窗口上的按钮，该按钮并不会提供任何响应。这是因为程序没有为这些组件绑定任何事件处理方法。

18.3.1 简单的事件处理

简单的事件处理可通过 command 选项来绑定，该选项绑定为一个函数或方法，当用户单击指定按钮时，通过该 command 选项绑定的函数或方法就会被触发。

【例 18-5】 演示为按钮的 command 绑定事件处理方法。

```
#coding = utf-8
import tkinter
def handler(event, a, b, c):
    '''事件处理函数'''
    print(event)
    print ("handler", a, b, c)
```

```
def handlerAdaptor(fun, **kwds):
    '''事件处理函数的适配器,相当于中介,那个 event 是从哪里来的呢,我也纳闷,这也许就是 python
的伟大之处吧'''
    return lambda event,fun=fun,kwds=kwds: fun(event, **kwds)
if __name__=='__main__':
    root = tkinter.Tk()
    btn = tkinter.Button(text=u'按钮')
    # 通过中介函数 handlerAdaptor 进行事件绑定
    btn.bind("<Button-1>", handlerAdaptor(handler, a=1, b=2, c=3))
    btn.pack()
    root.mainloop()
```

运行程序,效果如图 18-12 所示,单击界面中的"按钮" 即在命令窗口中输出对应的内容,如下所示。

图 18-12 command 绑定事件

```
<ButtonPress event state=Mod1 num=1 x=21 y=14>
handler 1 2 3
<ButtonPress event state=Mod1 num=1 x=4 y=10>
handler 1 2 3
```

18.3.2 事件绑定

上面这种简单的事件绑定方式虽然简单,但它存在较大的局限性。

- 程序无法为具体事件(比如鼠标移动、按键事件)绑定事件处理方法。
- 程序无法获取事件相关信息。

为了弥补这种不足,Python 提供了更灵活的事件绑定方式,所有 Widget 组件都提供了一个 bind()方法,该方法可以为"任意"事件绑定事件处理方法。

【例 18-6】 演示按 Esc 键绑定事件处理方法。

```
import tkinter as tk
# 事件
def sys_out(even):
    from tkinter import messagebox
    if messagebox.askokcancel('Exit','Confirm to exit?'):
        root.destroy()
root = tk.Tk()
root.geometry('300×200')
#绑定事件到 Esc 键,当按下 Esc 键就会调用 sys_out()函数,弹出对话框
root.bind('<Escape>',sys_out)
root.mainloop()
```

运行程序,当按 Esc 键时,弹出对应的对话框,如图 18-13 所示。

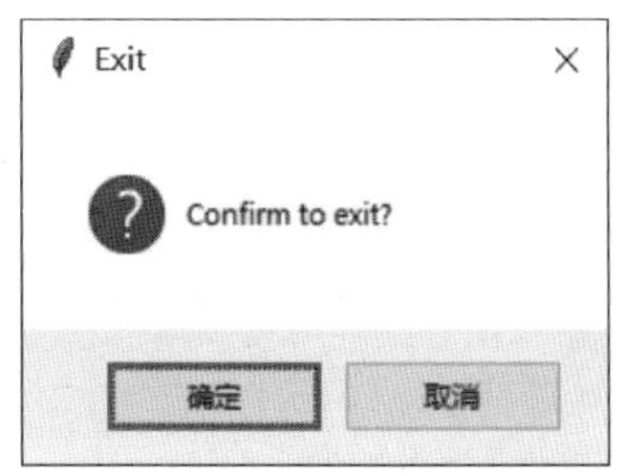

图 18-13 Esc 键绑定事件处理

Tkinter 事件的字符串大致遵循如下格式:

```
<modifier-type-detai>
```

其中 type 是事件字符串的关键部分,用于描述事件的种类,比如鼠标事件、键盘事件等;modifer 则代表事件的修饰部分,比如单击、双击等;detail 用于指定事件的详情,比如指定鼠标左键、右键、滚轮等。

【例 18-7】 演示圆圈随鼠标而移动,并根据按键位置改变,输出键盘键值。

```
from tkinter import *
"""自定义函数"""
def init(data):
    # 数据从 run 函数中预置宽度和高度
    data.circleSize = min(data.width, data.height)/10
    data.circleX = data.width/2
```

```
    data.circleY = data.height/2
    data.charText = ""
    data.keysymText = ""
"""跟踪并响应鼠标单击"""
def mousePressed(event, data):
    data.circleX = event.x
    data.circleY = event.y
"""跟踪和响应按键"""
def keyPressed(event, data):
    data.charText = event.char
    data.keysymText = event.keysym
"""通常使用 redrawAll 绘制图形"""
def redrawAll(canvas, data):
    canvas.create_oval(data.circleX - data.circleSize,
                       data.circleY - data.circleSize,
                       data.circleX + data.circleSize,
                       data.circleY + data.circleSize)
    if data.charText != "":
        canvas.create_text(data.width/10, data.height/3,
                           text = "char: " + data.charText)
    if data.keysymText != "":
        canvas.create_text(data.width/10, data.height * 2/3,
                           text = "keysym: " + data.keysymText)
"""按原样使用 run 函数"""
def run(width = 300, height = 300):
    def redrawAllWrapper(canvas, data):
        canvas.delete(ALL)
        canvas.create_rectangle(0, 0, data.width, data.height,
                                fill = 'white', width = 0)
        redrawAll(canvas, data)
        canvas.update()
    def mousePressedWrapper(event, canvas, data):
        mousePressed(event, data)
        redrawAllWrapper(canvas, data)
    def keyPressedWrapper(event, canvas, data):
        keyPressed(event, data)
        redrawAllWrapper(canvas, data)
    #设置数据并调用 init
    class Struct(object): pass
    data = Struct()
    data.width = width
    data.height = height
    root = Tk()
    init(data)
    #创建根和画布
    canvas = Canvas(root, width = data.width, height = data.height)
    canvas.pack()
    #设置事件
    root.bind("<Button-1>", lambda event:
                            mousePressedWrapper(event, canvas, data))
    root.bind("<Key>", lambda event:
                            keyPressedWrapper(event, canvas, data))
    redrawAll(canvas, data)
    #然后启动应用程序
    root.mainloop()
    print("bye!")
run(400, 200)
```

运行程序,效果如图 18-14 所示。

至此,回顾前面的例 18-2,那个计算器还无法实现计算功能,下面的程序将会为该计算器的按钮绑定事件处理方法,从而使它们真正可运行的计算器。

【例 18-8】 为计算器绑定事件。

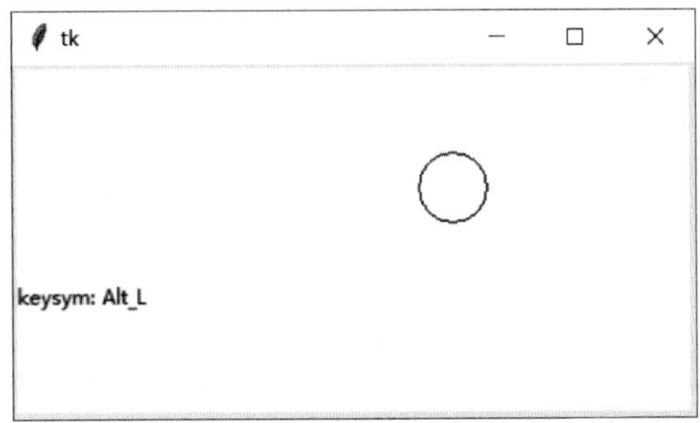

图 18-14 鼠标、键盘绑定事件

```
from tkinter import *

class App:
    def __init__(self, master):
        self.master = master
        self.initWidgets()
        self.expr = None
    def initWidgets(self):
        #创建一个输入组件
        self.show = Label(relief = SUNKEN, font = ('Courier New', 24),\
            width = 25, bg = 'white', anchor = E)
        #对该输入组件使用 Pack 布局,放在容器顶部
        self.show.pack(side = TOP, pady = 10)
        p = Frame(self.master)
        p.pack(side = TOP)
        #定义字符串的元组
        names = ("0" , "1" , "2" , "3" ,
            "4" , "5" , "6" , "7" , "8" , "9",
            "+" , "-" , "*" , "/" , ".", "=")
        #遍历字符串元组
        for i in range(len(names)):
            #创建 Button,将 Button 放入 p 组件中
            b = Button(p, text = names[i], font = ('Verdana', 20), width = 6)
            b.grid(row = i // 4, column = i % 4)
            #为鼠标左键的单击事件绑定事件处理方法
            b.bind('<Button-1>', self.click)
            #为鼠标左键的双击事件绑定事件处理方法
            if b['text'] == '=': b.bind('<Double-1>', self.clean)
    def click(self, event):
        #如果用户按下的是数字键或点号键
        if(event.widget['text'] in ('0', '1', '2', '3',\
            '4', '5', '6', '7', '8', '9', '.')):
            self.show['text'] = self.show['text'] + event.widget['text']
        #如果用户单击了运算符
        elif(event.widget['text'] in ('+', '-', '*', '/')):
            #如果当前表达式为 None,直接用 show 组件的内容和运算符进行连接
            if self.expr is None:
                self.expr = self.show['text'] + event.widget['text']
            #如果当前表达式不为 None,用表达式、show 组件的内容和运算符进行连接
            else:
                self.expr = self.expr + self.show['text'] + event.widget['text']
            self.show['text'] = ''
        elif(event.widget['text'] == '=' and self.expr is not None):
            self.expr = self.expr + self.show['text']
            print(self.expr)
            #使用 eval()函数计算表达式的值
            self.show['text'] = str(eval(self.expr))
            self.expr = None
```

```
    #双击"="按钮时,程序清空计算结果、将表达式设为None
    def clean(self, event):
        self.expr = None
        self.show['text'] = ''
root = Tk()
root.title("计算器")
App(root)
root.mainloop()
```

运行程序,效果如图 18-15 所示。

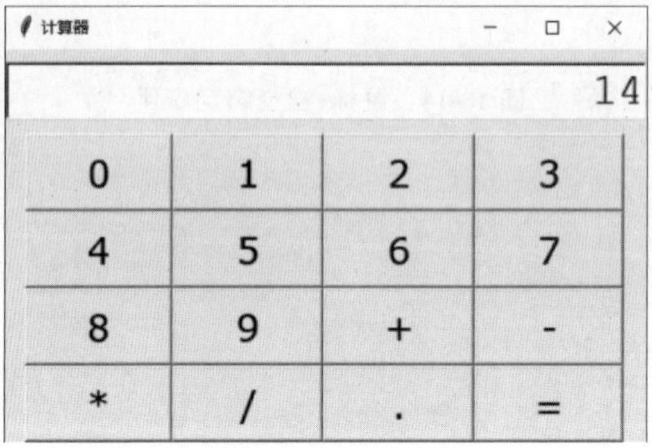

图 18-15 计算器

在以上代码中,为"="号按钮的双击事件绑定了处理方法,当用户双击该按钮时,程序会清空计算结果,重新开始计算。

18.4 Tkinter 常用组件

掌握了如何管理 GUI 组件的大小、位置后,接下来就需要进一步掌握其详细用法。下面对各个常用组件进行详细介绍。

18.4.1 ttk 组件

前面使用的都是 tkinter 模块下的 GUI 组件,这些组件看上去不美观,为了弥补不足,Tkinter 后来引入了一个 ttk 组件作为补充,并使用功能更强大的 Combobox 取代了原来的 listbox,且新增了 LabeledScale(带标签的 Scale)、Notebook(多文档窗口)、Progressbar(进度条)、Treeview(树)等组件。

ttk 作为一个模块被放在 tkinter 包下,使用 ttk 组件与使用普通的 Tkinter 组件并没有太多的区别,只要导入 ttk 组件即可。

【例 18-9】 演示如何使用 ttk 组件。

```
import tkinter as tk
from tkinter import ttk

win = tk.Tk()
win.title("Python 图形界面")              #添加标题
label1 = ttk.Label(win, text = "选择数字")
label1.grid(column = 1, row = 0)         #添加一个标签,并将其列设置为 1,行设置为 0

#button 被单击之后会被执行
def clickMe():                           #当 action 被单击时,该函数则生效(显示当前选择的数)

    print(numberChosen.current())        #输出下所选的索引
```

```
    if numberChosen.current() == 0 : # 判断列表当前所选
        label1.config(text = "选了 1") # 注意,上面的 label1 如果直接.grid 会出错
    if numberChosen.current() == 1 :
        label1.config(text = "选了 6")
    if numberChosen.current() == 2 :
        label1.config(text = "选了第" + str(numberChosen.current() + 1) + "个")
# 按钮
action = ttk.Button(win, text = "单击我", command = clickMe) # 创建一个按钮, text: 显示按钮
# 上面显示的文字, command: 当这个按钮被单击之后会调用 command 函数
action.grid(column = 2, row = 1) # 设置其在界面中出现的位置,column 代表列,row 代表行
# 创建一个下拉列表
number = tk.StringVar()
numberChosen = ttk.Combobox(win, width = 12, textvariable = number)
numberChosen['values'] = (1, 6, 3)    # 设置下拉列表的值
numberChosen.grid(column = 1, row = 1)
# 设置下拉列表默认显示的值,0 为 numberChosen['values']的下标值
numberChosen.current(0)
win.mainloop()                      # 当调用 mainloop()时,窗口才会显示出来
```

运行程序,效果如图 18-16 所示。

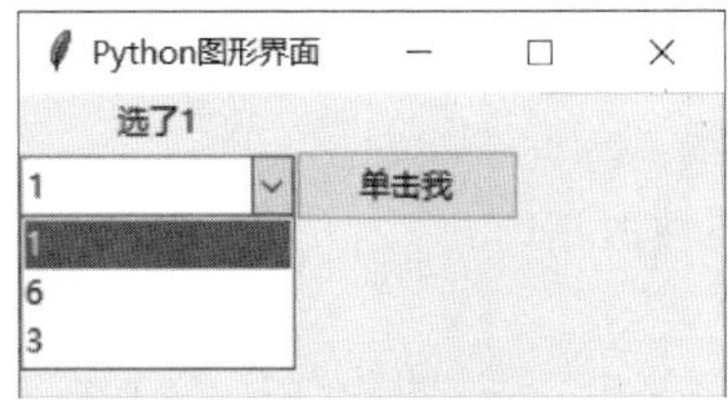

图 18-16 ttk 组件运行界面

18.4.2 Variable 类

Tkinter 支持将很多 GUI 组件与变量进行双向绑定,执行这种双向绑定后编程非常方便。

- 如果程序改变变量的值,那么 GUI 组件的显示内容或值会随之改变。
- 当 GUI 组件的内容发生改变时(比如用户输入),变量的值也会随之改变。

为了让 Tkinter 组件与变量进行双向绑定,只要为这些组件指定 variable 属性即可。但这种双向绑定有一个限制,就是 Tkinter 不允许将组件和普通变量进行绑定,只能和 tkinter 包下 Variable 类的子类进行绑定。该类包含如下几个子类:

- StringVar()——用于包装 str 值的变量。
- IntVar()——用于包装整型值的变量。
- DoubleVar()——用于包装浮点值的变量。
- BooleanVar()——用于包装布尔值的变量。

对于 Variable 类的变量而言,如果要设置其保存的变量值,则使用它的 set()方法;如果要得到其保存的变量值,则使用它的 get()方法。

【例 18-10】 实现在 GUI 界面中有一个 Entry 输入框和一个按钮,每当用户单击按钮时都会将输入框中的值通过 messagebox.showinfo 消息框显示出来。

```
from tkinter import Tk, Variable, Entry, Button
from tkinter.messagebox import showinfo
tk = Tk()
a = Variable(tk, value = '123')
e = Entry(tk, textvariable = a)
b = Button(tk, command = lambda * args: showinfo(message = a.get()),
            text = "获取")
e.pack()
```

```
b.pack()
tk.mainloop()
```

运行程序,效果如图 18-17 所示。

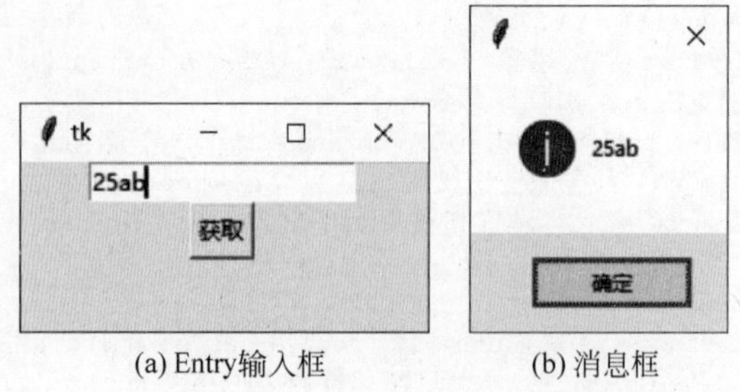

(a) Entry输入框　　(b) 消息框

图 18-17　组件与变量绑定效果

18.4.3　compound 选项

程序可以为按钮或 Label 等组件同时指定 text 和 image 两个选项,其中 text 用于指定该组件上的文本;image 用于显示该组件上的图片,当同时指定两个选项时,通常 image 会覆盖 text。但在某些时候,程序希望该组件能同时显示文本和图片,此时就需要通过 compound 选项进行控制。

compound 选项支持如下属性值。

- None——图片覆盖文字。
- LEFT 常量(值为'left'字符串)——图片在左、文本在右。
- RIGHT 常量(值为'right'字符串)——图片在右,文本在左。
- TOP 常量(值为'top'字符串)——图片在上,文本在下。
- BOTTOM 常量(值为'bottom'字符串)——图片在底,文本在上。
- CENTER 常量(值为'center'字符串)——文本在图片上方。

【例 18-11】　实现在图片上显示文字,fg 为字体颜色,font 为字体大小。

```
from tkinter import *
def main():
    root = Tk()                                     # 注意 Tk 的大小写
    photo = PhotoImage(file = 'house.png')
    the_label = Label(root,
                      text = '古典建筑',
                      justify = LEFT,               #字符串进行左对齐
                      image = photo,
                      compound = CENTER,            #混合模式,文字在图片的正上方显示
                      font = ("方正粗黑宋简体", 24), #字体和大小
                      fg = 'red'                    # 前景颜色,就是字体颜色
                      )

    the_label.pack()                                #这句不可少呀
    mainloop()
if __name__ == '__main__':
    main()
```

运行程序,效果如图 18-18 所示。

18.4.4　Entry 和 Text 组件

Entry 和 Text 组件都是可接收用户输入的输入框组件,区别在于:Entry 是单行输入框组件,Text 是多行输入框组件,而且 Text 可以为不同的部分添加不同格式,甚至响应事件。

不管是 Entry 还是 Text 组件,程序都提供了 get()方法来获取文本框中的内容;但如果

图 18-18 compound 选项效果图

程序要改变文本框中的内容，则需要调用两者的 insert()方法来实现。

如果要删除 Entry 或 Text 组件中的部分内容，则可通过 delete(self,first,last=None)方法实现，该方法指定删除从 first 到 last 之间的内容。

关于 Entry 和 Text 支持的索引需要说明一下，由于 Entry 是单行文本框组件，因此它的索引很简单，比如要指定第 5 个字符到第 8 个字符，索引指定为(4,7)即可。但 Text 是多行文本框组件，因此它的索引需要同时指定行号和列号，比如 1.0 代表第 1 行、第 1 列(行号从 1 开始，列号从 0 开始)，如果要指定第 2 行第 3 个字符到第 3 行第 7 个字符，索引应指定为(2.2, 3.6)。

此外，Entry 支持双向绑定，程序可以将 Entry 与变量绑定在一起，这样程序就可以通过该变量来改变、获取 Entry 组件中的内容，如例 18-12 所示。

【例 18-12】 实现密码框的用星号代替实际内容，可以通过 Entry 的 show 参数来实现。

```
from tkinter import *
root = Tk()
Label(root, text = '账号: ').grid(row = 0, column = 0)
Label(root, text = '密码: ').grid(row = 1, column = 0)
v1 = StringVar() #输入框里是字符串类型,因此用 Tkinter 的 StringVar 类型来存放
v2 = StringVar() #需要两个变量来存放账号和密码
e1 = Entry(root, textvariable = v1)
e2 = Entry(root, textvariable = v2, show = '*') #想要显示什么就输入什么
e1.grid(row = 0, column = 1, padx = 10, pady = 5)
e2.grid(row = 1, column = 1, padx = 10, pady = 5)
def show():
    print("账号: %s" % e1.get())
    print("密码: %s" % e2.get())
Button(root, text = '获取信息', width = 10, command = show)\
               .grid(row = 3, column = 0, sticky = W, padx = 10, pady = 5)
Button(root, text = '退出', width = 10, command = root.quit)\
               .grid(row = 3, column = 1, sticky = E, padx = 10, pady = 5)
mainloop()
```

运行程序，效果如图 18-19 所示。

Text 实际上是一个功能强大的“富文本”编辑组件，这意味着使用 Text 不仅可以插入文本内容，还可以插入图片，可通过 image_create(self,index,cnf={}, **kw)方法来插入。

Text 也可以设置被插入文本内容的格式，此时就需要为 insert(self,index,chars, *args)方法

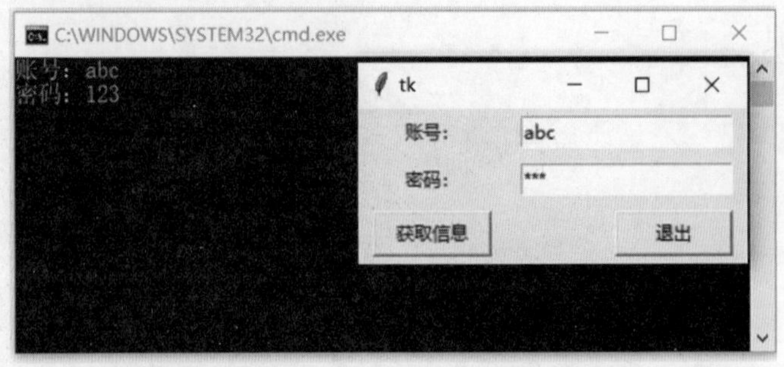

图 18-19 Entry 组件显示信息效果

的最后一个参数传入多个 tag 进行控制，这样就可以使用 Text 组件实现图文并茂的效果。

此外，当 Text 内容较多时就需要对该组件使用滚动条，以便该 Text 能实现滚动显示。为了让滚动条控制 Text 组件内容的滚动，实际上就是将它们进行双向关联。这里需要两步操作。

(1) 将 Scrollbar 的 command 设为目标组件的 xview 或 yview，其中 xview 用于水平滚动条控制目标组件水平滚动；yview 用于垂直滚动条控制目标组件垂直滚动。

(2) 将目标组件的 xscrollcommand 或 yscrollcommand 属性设为 Scrollbar 的 set()方法。

【例 18-13】 下面实现在 Text 插入图像。

```
from tkinter import *
root = Tk()
text1 = Text(root,width = 100,height = 30)
text1.pack()
photo = PhotoImage(file = 'bg1.gif')
def show():
    #添加图片用 image_create
    text1.image_create(END,image = photo)
b1 = Button(text1,text = '点我点我',command = show)
    #添加插件用 window_create
text1.window_create(INSERT,window = b1)
mainloop()
```

运行程序，效果如图 18-20 所示。

图 18-20 文本框中插入图像

18.4.5 Radiobutton 和 Checkbutton 组件

Radiobutton 组件代表单选按钮，该组件可以绑定一个方法或函数，当单选按钮被选择时，将会触发对应的方法或函数。

为了将多个 Radiobutton 编为一组，程序需要将多个 Radiobutton 绑定到同一个变量，当这组 Radiobutton 的其中一个单选按钮被选中时，该变量会随之改变；反过来，当该变量发生改变时，这组 Radiobutton 也会自动选中该变量值所对应的单选按钮。

单选按钮除了可以显示文本，也可以显示图片，只要为其指定 image 选项即可。如果希望图片和文字同时显示也是可以的，通过 command 选项进行控制即可（如果不指定 command 选项，该选项默认为 None，这意味着只显示图片）。

【例 18-14】 创建单选按钮，单选按钮的内容是 text，内容对应的值是 value。

```
from tkinter import *
root = Tk()
radio1 = Radiobutton(root,text = "选择 1",value = True)
radio1.grid()
radio2 = Radiobutton(root,text = "选择 2",value = False)
radio2.grid()
radio3 = Radiobutton(root,text = "选择 3",value = False)
radio3.grid()
root.mainloop()
```

运行程序，效果如图 18-21 所示。

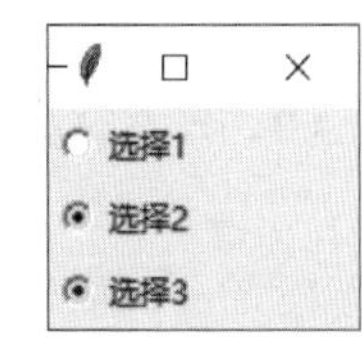

图 18-21　创建单选按钮

Checkbutton 与 Radiobutton 很相似，只是 Checkbutton 允许选择多项，而每组 Radiobutton 只能选择一项。其他功能基本相似，同样可以显示文字和图片，同样可以绑定变量，同样可以为选中事件绑定处理函数和处理方法。但由于 Checkbutton 可以同时选中多项，因此程序需要为每个 Checkbutton 都绑定一个变量。

Checkbutton 就像开关一样，它支持两个值：开关打开的值和开关关闭的值。因此，在创建 Checkbutton 时可同时设置 onvalue 和 offvalue 选项，为打开和关闭分别指定值。如果不指定 onvalue 和 offvalue，则 onvalue 默认为 1，offvalue 默认为 0。

【例 18-15】 使用 Checkbutton 来实现选项的选择，并传入回调函数，使用普通按键 Button 的控件属性。

```
from tkinter import *
#创建容器
tk = Tk()
tk.title("我的 GUI 界面学习")
#主界面容器
mainfarm = Frame()
mainfarm.pack()

lab1 = Label(mainfarm,text = "你好,这是 Checkbutton 操作界面")
lab1.pack()
def button1back_handle():
    print("button1 down")
button2val = IntVar()
button2 = Checkbutton(mainfarm,
                      text = 'BUTTON2',
                      variable = button2val, #variable 为按键的状态值
                      anchor = "n", #按键文本位置为 n
                      bd = 5, #将 borderwidth(边框宽度)设置为 5
                      command = button1back_handle, #传入回调函数
                      justify = "left", #按键文本为左对齐
                      cursor = "right_ptr", #将光标移动至按键时的显示修改为
                      #设置按键的字体、大小、加粗、斜体
                      font = ("宋体", 15, "bold", "italic"),
                      padx = 5, pady = 5, #指定按键文本或影像距离边框的距离
                      relief = RAISED, #指定按键的样式
                      state = ACTIVE, #指定按键的状态
                      width = 10, height = 5, # 指定按键的宽、高
```

```
    )
button2.pack()
#为了看到按键值使用Lable控件显示下按键的值
Label(mainfarm,textvariable = button2val).pack()
mainloop()
```

运行程序,效果如图 18-22 所示。

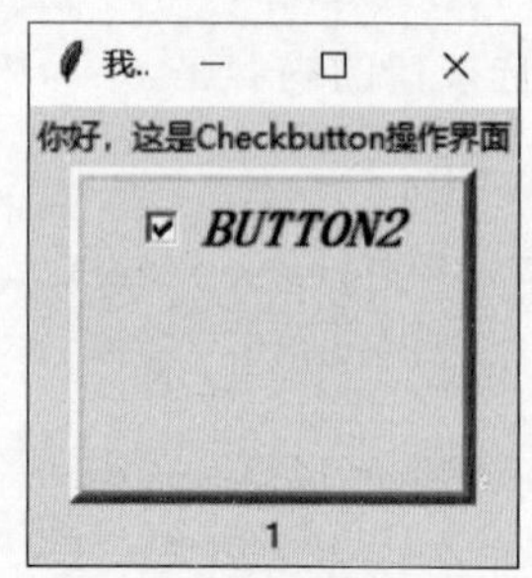

图 18-22 Checkbutton 组件界面

18.4.6 Listbox 和 Combobox 组件

Listbox 代表一个列表框,用户可通过列表框来选择一个列表项。ttk 模块下的 Combobox 则是 Listbox 的改进版,它既提供了单行文本框让用户直接输入(像 Entry 一样),也提供了下拉列表框供用户选择(像 Listbox 一样),因此它被称为复合框。

创建 Listbox 需要两步。

(1) 创建 Listbox 对象,并为之指定各种选项。

(2) 调用 Listbox 的 insert(self,index, * elements)方法来添加选项。从最后一个参数可以看出,该方法既可每次添加一个选项,也可传入多个参数,每次添加多个选项。index 参数指定选项的插入位置,它支持 END(结尾处)、ANCHOR(当前位置)和 ACTIVE(选中处)等特殊索引。

Listbox 的 selectmode 支持的选项模式有如下几种。

- 'browse'——单选模式,支持按住鼠标键并拖动来改变选择。
- 'multiple'——多选模式。
- 'single'——单选模式,必须通过单击鼠标键来改变选择。
- 'extended'——扩展的多选模式,必须通过 Ctrl 或 Shift 键辅助实现多选。

【例 18-16】 演示 Listbox 的基本用法。

```
from tkinter import *
root = Tk()
#单选
LB1 = Listbox(root)
Label(root,text = '单选：选择你的课程').pack()
for item in ['Chinese','English','Math']:
    LB1.insert(END,item)
LB1.pack()
#多选
LB2 = Listbox(root,selectmode = EXTENDED)
Label(root,text = '多选：你会几种编程语言').pack()
for item in ['python','C++','C','Java','Php']:
    LB2.insert(END,item)
LB2.insert(1,'JS','Go','R')
LB2.delete(5,6)
LB2.select_set(0,3)
LB2.select_clear(0,1)
```

```
print (LB2.size())
print (LB2.get(3))
print(LB2.select_includes(3))
LB2.pack()
root.mainloop()
```

运行程序,效果如图 18-23 所示。

图 18-23 Listbox 组件界面

Combobox 的用法更加简单,程序可通过 values 选项直接为它设置多个选项。该组件的 state 选项支持'readonly'状态,该状态代表 Combobox 的文本框不允许编辑,只能通过下拉列表框的列表项来改变。

Combobox 同样可通过 textvariable 选项将它与指定变量绑定,这样程序可通过该变量来获取或修改 Combobox 组件的值。

Combobox 还可通过 postcommand 选项指定事件处理函数或方法：当用户单击 Combobox 的下拉箭头时，程序就会触发 postcommand 选项指定的事件处理函数或方法。

【例 18-17】 演示 Combobox 组件的用法。

```
import tkinter as tk
#创建窗体
from tkinter import ttk
window = tk.Tk()
window.title('Tk 界面')
#设置窗体大小
window.geometry('250×300')
#用来显示下拉框值的 Label
var = tk.StringVar()
la = tk.Label(window, textvariable=var)
la.grid(column=1, row=1)
def click():
    var.set(number.get())
number = tk.StringVar()
numberChosen = ttk.Combobox(window, width=12, textvariable
=number)
numberChosen['values'] = (1, 2, 4, 42, 100) #设置下拉列表
的值
numberChosen.grid(column=1, row=1) #设置其在界面中出现
的位置,column 代表列,row 代表行
numberChosen.current(0) #置下拉列表默认显示的值,0 为
numberChosen['values'] 的下标值
b1 = tk.Button(window, text='单击', command=click)
b1.place(x=150, y=150, anchor=tk.NW)
window.mainloop()
```

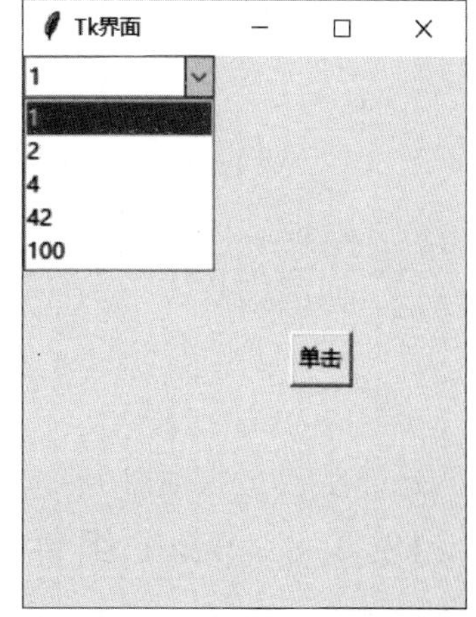

运行程序,效果如图 18-24 所示。

图 18-24 Combobox 组件界面

18.4.7 Spinbox 组件

Spinbox 组件是一个带有两个小箭头的文本框,用户既可以通过两个小箭头上下调整该组件内的值,也可以直接在文本框内输入内容作为该组件的值。

Spinbox 本质上也相当于持有一个列表框,这一点类似于 Combobox,但 Spinbox 不会展开下拉列表供用户选择。Spinbox 只能通过向上、向下箭头来选择不同的选项。

在使用 Spinbox 组件时,既可通过 from(由于 from 是关键字,实际使用时写成 from_)、to、increment 选项来指定选项列表,也可通过 values 选项来指定多个列表项,该选项的值可以是 list 或 tuple。

Spinbox 同样可通过 textvariable 选项将它与指定变量绑定，这样程序就可通过该变量来获取或修改 Spinbox 组件的值。

Spinbox 还可通过 command 选项指定事件处理函数或方法；当用户单击 Spinbox 的向上、向下箭头时，程序就会触发 command 选项指定的事件处理函数或方法。

【例 18-18】 演示 Spinbox 组件的用法。

```
from tkinter import *
#导入 ttk
from tkinter import ttk
class App:
    def __init__(self, master):
        self.master = master
        self.initWidgets()
    def initWidgets(self):
        ttk.Label(self.master, text = '指定 from、to、increment').pack()
        #通过指定 from_、to、increament 选项创建 Spinbox
        sb1 = Spinbox(self.master, from_ = 18,
            to = 50,
            increment = 5)
        sb1.pack(fill = X, expand = YES)
        ttk.Label(self.master, text = '指定 values').pack()
        #通过指定 values 选项创建 Spinbox
        self.sb2 = Spinbox(self.master,
            values = ('Python', 'C++', 'Java', 'PHY'),
            command = self.press)                # 通过 command 绑定事件处理方法
        self.sb2.pack(fill = X, expand = YES)
        ttk.Label(self.master, text = '绑定变量').pack()
        self.intVar = IntVar()
        #通过指定 values 选项创建 Spinbox,并为之绑定变量
        sb3 = Spinbox(self.master,
            values = list(range(18, 50, - 4)),
            textvariable = self.intVar,          # 绑定变量
            command = self.press)
        sb3.pack(fill = X, expand = YES)
        self.intVar.set(33)   # 通过变量改变 Spinbox 的值
    def press(self):
        print(self.sb2.get())
root = Tk()
root.title("Spinbox 测试")
App(root)
root.mainloop()
```

运行程序，效果如图 18-25 所示。

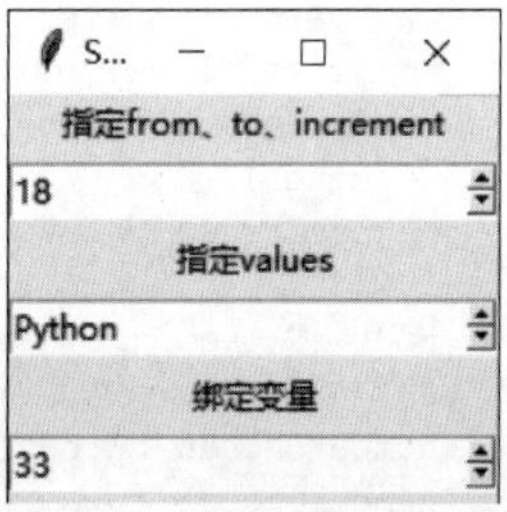

图 18-25　Spinbox 组件界面

18.4.8　Scale 组件

Scale 组件代表滑动条，可以为该滑动条设置最小值和最大值，也可以设置滑动条每次调节的步长。Scale 组件支持如下选项。

- from：设置该 Scale 的最小值。
- to：设置该 Scale 的最大值。
- resolution：设置该 Scale 滑动时的步长。
- label：为 Scale 组件设置标签内容。
- length：设置轨道的长度。
- width：设置轨道的宽度。
- troughcolor：设置轨道的背景色。
- sliderlength：设置滑块的长度。

- sliderrelief：设置滑块的立体样式。
- showvalue：设置是否显示当前值。
- orient：设置方向。该选项支持 VERTICAL 和 HORIZONTAL 两个值。
- digits：设置有效数字至少要有几位。
- variable：用于与变量进行绑定。
- command：用于为该 Scale 组件绑定事件处理函数。

【例 18-19】 演示 Scale 组件的选项的功能和用法。

```
import tkinter as tk
window = tk.Tk()                                    #实例化一个窗口
window.title('Scale 组件')                          #定义窗口标题
window.geometry('400×600')                          #定义窗口大小
l = tk.Label(window,bg = 'yellow',width = 20,height = 2,text = '未选择')
l.pack()
def print_selection(V):
    l.config(text = '你已选择' + V)
s = tk.Scale(window, label = '进行选择', from_ = 5, to = 11, orient = tk.HORIZONTAL, length = 200,
showvalue = 1,tickinterval = 3,resolution = 0.01,command = print_selection)
s.pack() #显示名字,条方向;长度(像素),是否直接显示值,标签的单位长度,保留精度,定义功能
window.mainloop()
```

运行程序,效果如图 18-26 所示。

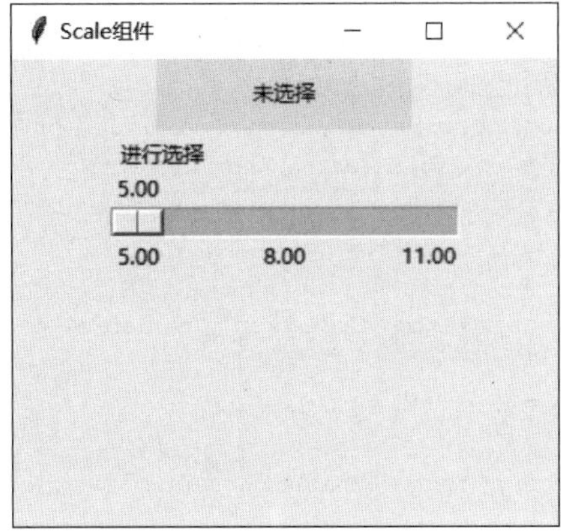

图 18-26 滑动条

18.4.9 Labelframe 组件

Labelframe 是 Frame 容器的改进版,它允许为容器添加一个标签,该标签既可以是普通的文字标签,也可以将任意 GUI 组件作为标签。

要给 Labelframe 设置文字标签,只需为它指定 text 选项。

【例 18-20】 创建一个容器 monty,将其他部件的父容器改为 monty。

```
import tkinter as tk
from tkinter import ttk
from tkinter import scrolledtext                    #导入滚动文本框的模块
win = tk.Tk()
win.title("Python GUI")                             # 加标题
#创建一个容器,
monty = ttk.LabelFrame(win, text = " Monty Python ") #创建一个容器,其父容器为 win
monty.grid(column = 0, row = 0, padx = 10, pady = 10) #该容器外围需要留出的空余空间
aLabel = ttk.Label(monty, text = "A Label")
ttk.Label(monty, text = "Chooes a number").grid(column = 1, row = 0) #添加一个标签,并将其列
                                                                      #设置为 1,行设置为 0
ttk.Label(monty, text = "Enter a name:").grid(column = 0, row = 0, sticky = 'W')
```

```
                                                #设置其在界面中出现的位置,column代表列,row代表行
#button被单击之后会被执行
def clickMe(): #当action被单击时,该函数则生效
  action.configure(text = 'Hello ' + name.get() + '' + numberChosen.get()) #设置button显
                                                                            #示的内容
  print('check3 is %s %s' % (type(chvarEn.get()), chvarEn.get()))
#创建一个按钮, text: 显示按钮上面的文字, command: 当这个按钮被单击之后会调用command()函数
action = ttk.Button(monty, text = "Click Me!", command = clickMe)
action.grid(column = 2, row = 1)#设置其在界面中出现的位置,column代表列,row代表行
#文本框
name = tk.StringVar()#StringVar是Tk库内部定义的字符串变量类型
nameEntered = ttk.Entry(monty, width = 12, textvariable = name) #创建一个文本框,定义长度为
                                                                 #12个字符
nameEntered.grid(column = 0, row = 1, sticky = tk.W) #设置其在界面中出现的位置,column代表
                                                     #列,row代表行
nameEntered.focus() #当程序运行时,光标默认会出现在该文本框中
#创建一个下拉列表
number = tk.StringVar()
numberChosen = ttk.Combobox(monty, width = 12, textvariable = number, state = 'readonly')
numberChosen['values'] = (1, 2, 4, 42, 100)     #设置下拉列表的值
numberChosen.grid(column = 1, row = 1) #设置其在界面中出现的位置,column代表列,row代表行
numberChosen.current(0)#设置下拉列表默认显示的值,0为numberChosen['values']的下标值
                         #复选框
chVarDis = tk.IntVar()#用来获取复选框是否被勾选,其状态值为int类型,勾选为1,未勾选为0
#text为该复选框后面显示的名称, variable将该复选框的状态赋值给一个变量,当state =
#'disabled'时,该复选框为灰色,即不能操作的状态
check1 = tk.Checkbutton(monty, text = "Disabled", variable = chVarDis, state = 'disabled')
check1.select() #该复选框是否勾选,select为勾选, deselect为不勾选
check1.grid(column = 0, row = 4, sticky = tk.W) #sticky = tk.W(N: 北/上对齐,S: 南/下对齐,W:
                                                #西/左对齐,E: 东/右对齐)
chvarUn = tk.IntVar()
check2 = tk.Checkbutton(monty, text = "UnChecked", variable = chvarUn)
check2.deselect()
check2.grid(column = 1, row = 4, sticky = tk.W)
chvarEn = tk.IntVar()
check3 = tk.Checkbutton(monty, text = "Enabled", variable = chvarEn)
check3.select()
check3.grid(column = 2, row = 4, sticky = tk.W)
#单选按钮
#定义几个颜色的全局变量
colors = ["Blue", "Gold", "Red"]
#单选按钮回调函数,就是当单选按钮被单击时会执行该函数
def radCall():
    radSel = radVar.get()
    if radSel == 0:
        win.configure(background = colors[0])  #设置整个界面的背景颜色
        print(radVar.get())
    elif radSel == 1:
        win.configure(background = colors[1])
    elif radSel == 2:
        win.configure(background = colors[2])
radVar = tk.IntVar() #通过tk.IntVar(),获取单选按钮value参数对应的值
radVar.set(99)
for col in range(3):
  #当该单选按钮被单击时,会触发参数command对应的函数
  curRad = tk.Radiobutton(monty, text = colors[col], variable = radVar, value = col, command =
radCall)
```

```
  curRad.grid(column = col, row = 5, sticky = tk.W) # 参数 sticky 对应的值参考复选框的解释
                                              # 滚动文本框
scrolW = 30                                   # 设置文本框的长度
scrolH = 3                                    # 设置文本框的高度
# wrap = tk.WORD 这个值表示在行的末尾如果有一个单词跨行,会将该单词放到下一行显示
scr = scrolledtext.ScrolledText(monty, width = scrolW, height = scrolH, wrap = tk.WORD)
scr.grid(column = 0, columnspan = 3)
win.mainloop()                                # 当调用 mainloop()时,窗口才会显示出来
```

运行程序,效果如图 18-27 所示。

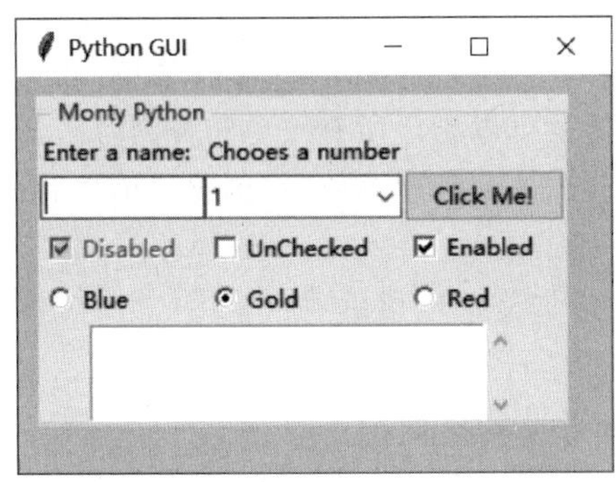

图 18-27 Labelframe 组件界面

18.4.10 OptionMenu 组件

OptionMenu 组件用于构建一个带菜单的按钮,该菜单可以在按钮的 4 个方向上展开,展开方向可通过 direction 选项控制。

使用 OptionMenu 比较简单,直接调用它的如下构造函数即可。

```
__init__(self,master,variable,value, * values, ** kwargs)
```

其中,master 参数的作用与所有的 Tkinter 组件一样,指定将该组件放入哪个容器中。其他参数的含义如下。

- variable: 指定该按钮上的菜单与哪个变量绑定。
- value: 指定默认选择菜单中的哪一项。
- values: Tkinter 将收集为此参数传入的多个值,为每个值创建一个菜单项。
- kwargs: 用于为 OptionMenu 配置选项。除前面介绍的常规选项外,还可通过 direction 选项控制菜单的展开方向。

【例 18-21】 利用 OptionMenu 创建下拉列表,并在文本中显示。

```
"""
测试 OptionMenu(选择项)
用来做多选一,选中的项在顶部显示
"""
import tkinter
def show():
    varLabel.set(var.get())
root = tkinter.Tk()
tupleVar = ('python', 'java', 'C', 'C++', 'C#')
var = tkinter.StringVar()
var.set(tupleVar[0])
optionMenu = tkinter.OptionMenu(root, var, * tupleVar)
optionMenu.pack()
varLabel = tkinter.StringVar()
```

```
label = tkinter.Label(root, textvariable = varLabel, width = 20,
height = 3, bg = 'lightblue', fg = 'red')
label.pack()
button = tkinter.Button(root, text = '打印', command = show)
button.pack()
root.mainloop()
```

运行程序,效果如图 18-28 所示。

图 18-28　下拉式列表

18.5　菜单

Tkinter 为菜单提供了 Menu 类,该类既可以代表菜单,还可以代表右键菜单(上下文菜单)。简单来说,使用 Menu 类就可以指定所有菜单相关内容。

程序可调用 Menu 的构造方法来创建菜单,在创建菜单之后可通过如下方法添加菜单项。

- add_command():添加菜单项。
- add_checkbutton():添加复选框菜单项。
- add_radiobutton:添加单选按钮菜单项。
- add_sparator():添加菜单分隔条。

上面的前 3 个方法都用于添加菜单项,因此都支持如下常用选项。

- label:指定菜单项的文本。
- command:指定为菜单项绑定的事件处理方法。
- image:指定菜单项的图标。
- compound:指定在菜单项中图标位于文字的哪个方位。

有了菜单项,接下来就是如何使用菜单了。菜单有两种用法。

- 在窗口上方通过菜单栏管理菜单。
- 通过右击触发右键菜单(上下文菜单)。

18.5.1　窗口菜单

在创建菜单之后,如果要将菜单设置为窗口的菜单栏(Menu 对象可被当成菜单栏使用),则只要将该菜单设为窗口的 menu 选项即可。例如:

```
self.master['menu'] = menubar
```

如果要将菜单添加到菜单栏中,或者添加为子菜单,则调用 Menu 的 add_cascade()方法。

【例 18-22】　利用 Menu 创建窗口菜单。

```
import tkinter as tk
window = tk.Tk()
window.title('窗口菜单')
window.geometry('200×200')
l = tk.Label(window, text = '', bg = 'blue')
l.pack()
counter = 0
def do_job():
    global counter
    l.config(text = 'do ' + str(counter))
    counter += 1

#创建一个菜单栏,这里可以把它理解成一个容器,在窗口的上方
menubar = tk.Menu(window)
#定义一个空菜单单元
filemenu = tk.Menu(menubar, tearoff = 0)
#将上面定义的空菜单命名为'File',放在菜单栏中,也就是放入那个容器中
```

```
menubar.add_cascade(label = '文件', menu = filemenu)
#在'File'中加入'New'的小菜单,即我们平时看到的下拉菜单,每一个小菜单都对应一个命令操作
#如果单击这些单元，就会触发'do_job'的功能
filemenu.add_command(label = '新建', command = do_job)
#同样在'文件'中加入'打开'小菜单
filemenu.add_command(label = '打开', command = do_job)
#同样在'文件'中加入'保存'小菜单
filemenu.add_command(label = '保存', command = do_job)
filemenu.add_separator()#这里就是一条分隔线
#同样在'文件'中加入'编辑'小菜单,此处对应命令为'window.quit'
filemenu.add_command(label = '编辑', command = window.quit)

editmenu = tk.Menu(menubar, tearoff = 0)
menubar.add_cascade(label = '编辑', menu = editmenu)
editmenu.add_command(label = '剪切', command = do_job)
editmenu.add_command(label = '复制', command = do_job)
editmenu.add_command(label = '粘贴', command = do_job)
#和上面定义的菜单一样,不过此处是在'文件'中创建一个空的菜单
submenu = tk.Menu(filemenu)
#给放入的菜单'子菜单'命名为'导入'
filemenu.add_cascade(label = '导入', menu = submenu, underline = 0)
#这里和上面也一样,在'导入'中加入一个小菜单命令'子菜单 1'
submenu.add_command(label = "子菜单 1", command = do_job)
window.config(menu = menubar)
window.mainloop()
```

运行程序,效果如图 18-29 所示。

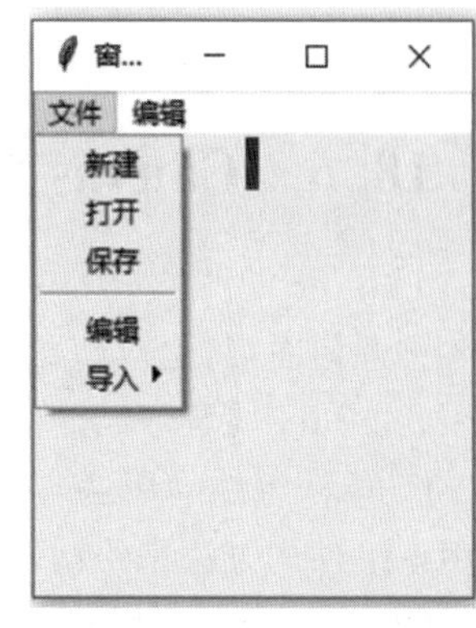

图 18-29 窗口菜单

18.5.2 右键菜单

实现右键菜单很简单,在程序中只要先创建菜单,然后为目标组件的右键单击事件绑定处理函数,当用户单击鼠标右键时,调用菜单的 post()方法即可在指定位置弹出右键菜单。

【例 18-23】 创建右键菜单,实现将文字等内容的复制、粘贴、剪切操作。

```
from tkinter import *
abc = Tk()
abc.title('创建文本框右键菜单')
abc.resizable(False, False)
abc.geometry("300×100 + 200 + 20")
Label(abc, text = '被生成的文本框').pack(side = "top")
Label(abc).pack(side = "top")
show = StringVar()
Entry = Entry(abc, textvariable = show, width = "30")
Entry.pack()
class section:
    def onPaste(self):
        try:
            self.text = abc.clipboard_get()
        except TclError:
            pass
        show.set(str(self.text))

    def onCopy(self):
        self.text = Entry.get()
        abc.clipboard_append(self.text)

    def onCut(self):
        self.onCopy()
        try:
            Entry.delete('sel.first', 'sel.last')
        except TclError:
            pass
section = section()
```

```
menu = Menu(abc, tearoff = 0)
menu.add_command(label = "复制", command = section.onCopy)
menu.add_separator()
menu.add_command(label = "粘贴", command = section.
onPaste)
menu.add_separator()
menu.add_command(label = "剪切", command = section.
onCut)

def popupmenu(event):
    menu.post(event.x_root, event.y_root)
Entry.bind("<Button-3>", popupmenu)
abc.mainloop()
```

运行程序,效果如图 18-30 所示。

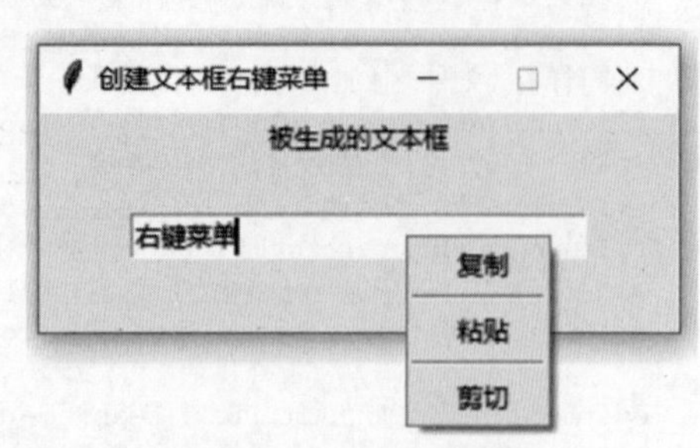

图 18-30 创建右键菜单

18.6 Canvas 绘图

Tkinter 提供了 Canvas 组件来实现绘图。程序既可在 Canvas 中绘制直线、矩形、椭圆形等各种几何图形,也可以绘制图片、文字、UI 组件(Button)等。Canvas 允许重新改变这些图形项(Tkinter 将程序绘制的所有对象称为 item)的属性,比如改变其坐标、外观等。

Canvas 组件的用法与其他 GUI 组件一样简单,程序只要创建并添加 Canvas 组件,然后调用该组件的方法来绘制图形即可。

【例 18-24】 利用 Canvas 实现几何图形的绘图。

```
import tkinter
class mybutton:                                  #定义按钮类
    #类初始化 canvas1,label1 是 MyCanvals、mylabel 的实例,因此可以使用类中的方法
    def __init__(self,root,canvas1,label1,type):
        self.root = root                         #保存引用值
        self.canvas1 = canvas1
        self.label1 = label1
        if type == 0:                            #根据类型创建按钮
            button = tkinter.Button(root,text = '画线',command = self.DrawLine)
        elif type == 1:
            button = tkinter.Button(root,text = '画扇形',command = self.DrawArc)
        elif type == 2:
            button = tkinter.Button(root,text = '画矩形',command = self.DrawRec)
        else:
            button = tkinter.Button(root,text = '画椭圆',command = self.DrawOval)
        button.pack(side = 'left')
    def DrawLine(self):#DrawLine 按钮事件处理函数
        self.label1.text.set('画直线')
        self.canvas1.SetStatus(0)#为 status 赋值,便于根据 status 的值进行画图
    def DrawArc(self):
        self.label1.text.set('画弧')
        self.canvas1.SetStatus(1)
    def DrawRec(self):
        self.label1.text.set('画矩形')
        self.canvas1.SetStatus(2)
    def DrawOval(self):
        self.label1.text.set('画椭圆')
        self.canvas1.SetStatus(3)
class MyCanvals:
    def __init__(self,root):
        self.status = 0
        self.draw = 0
        self.root = root
        #生成 canvas 组件
        self.canvas = tkinter.Canvas(root,bg = 'yellow',width = 600,height = 480)
```

```
        self.canvas.pack()
        self.canvas.bind('<ButtonRelease-1>',self.Draw) #绑定事件到左键
        self.canvas.bind('<Button-2>',self.Exit)        #绑定事件到中键
        self.canvas.bind('<Button-3>',self.Del)         #绑定事件到右键
        self.canvas.bind_all('<Delete>',self.Del)       #绑定事件到 Delete 键
        self.canvas.bind_all('<KeyPress-d>',self.Del)   #绑定事件到 d 键
        self.canvas.bind_all('<KeyPress-e>',self.Exit)  #绑定事件到 e 键
    def Draw(self,event):                               #绘图事件处理函数
        if self.draw == 0:                              #判断是否绘图,先记录起始位置
            self.x = event.x
            self.y = event.y
            self.draw = 1
        else:#根据 self.status 绘制不同的图形
            if self.status == 0:
                self.canvas.create_line(self.x,self.y,event.x,event.y)
                self.draw = 0
            elif self.status == 1:
                self.canvas.create_arc(self.x,self.y,event.x,event.y)
                self.draw = 0
            elif self.status == 2:
                self.canvas.create_rectangle(self.x,self.y,event.x,event.y)
                self.draw = 0
            else:
                self.canvas.create_oval(self.x,self.y,event.x,event.y)
                self.draw = 0
    def Del(self,event):#按下右键或者 d 键删除图形
        items = self.canvas.find_all()
        for i in items:
            self.canvas.delete(i)
    def Exit(self,event):#按下中键或者 e 键退出
        self.root.quit()
    def SetStatus(self,status):#设置绘制的图形
        self.status = status
class mylabel:#定义标签类
    def __init__(self,root):
        self.root = root
        self.canvas1 = canvas1
        self.text = tkinter.StringVar()                 #生成标签引用变量
        self.text.set('画线')
        self.label = tkinter.Label(root,textvariable = self.text,fg = 'blue',width = 50)
                                                        #生成标签
        self.label.pack(side = 'left')
root = tkinter.Tk()                                     #生成主窗口
canvas1 = MyCanvals(root)                               #生成实例
label1 = mylabel(root)                                  #生成实例
mybutton(root,canvas1,label1,0)
mybutton(root,canvas1,label1,1)
mybutton(root,canvas1,label1,2)
mybutton(root,canvas1,label1,3)
root.mainloop()                                         #进入消息循环
```

运行程序,进行绘图,效果如图 18-31 所示。

此外,还可以利用 Canvas 来绘制动画。下面以一个简单的桌面弹球游戏来介绍使用 Canvas 绘制动画。在游戏界面上会有一个小球,该小球会在界面上滚动,遇到边界或用户挡板就会反弹。该程序涉及两个动画。

- 小球转动:小球转动是一个“逐帧动画”。程序会循环显示多张转动的小球图片,这样用户就会看到小球转动的效果。
- 小球移动:只要改变小球的坐标程序就可以控制小球移动。

为了让用户控制挡板移动,程序还为 Canvas 的向左箭头、向右箭头绑定了事件处理函数。

图 18-31　绘制几何图

下面是桌面弹球游戏的程序。

```
from tkinter import *
from tkinter import messagebox
import threading
import random
GAME_WIDTH = 450
GAME_HEIGHT = 650
BOARD_X = 220
BOARD_Y = 600
BOARD_WIDTH = 80
BALL_RADIUS = 9

class App:
    def __init__(self, master):
        self.master = master
        #记录小球动画的第几帧
        self.ball_index = 0
        #记录游戏是否失败的旗标
        self.is_lose = False
        #初始化记录小球位置的变量
        self.curx = 260
        self.cury = 30
        self.boardx = BOARD_X
        self.init_widgets()
        self.vx = random.randint(3, 6)                              #x 方向的速度
        self.vy = random.randint(5, 10)                             #y 方向的速度
        #通过定时器指定 0.1 秒之后执行 moveball()函数
        self.t = threading.Timer(0.1, self.moveball)
        self.t.start()
    #创建界面组件
    def init_widgets(self):
        self.cv = Canvas(root, background = 'white',
            width = GAME_WIDTH, height = GAME_HEIGHT)
        self.cv.pack()
        #让画布得到焦点,从而可以响应按键事件
        self.cv.focus_set()
        self.cv.bms = []
        #初始化小球的动画帧
        for i in range(8):
```

```
            self.cv.bms.append(PhotoImage(file = 'images/ball_' + str(i+1) + '.gif'))
        # 绘制小球
        self.ball = self.cv.create_image(self.curx, self.cury,
            image = self.cv.bms[self.ball_index])
        self.board = self.cv.create_rectangle(BOARD_X, BOARD_Y,
            BOARD_X + BOARD_WIDTH, BOARD_Y + 20, width = 0, fill = 'lightblue')
        # 为向左箭头按键绑定事件,挡板左移
        self.cv.bind('<Left>', self.move_left)
        # 为向右箭头按键绑定事件,挡板右移
        self.cv.bind('<Right>', self.move_right)
    def move_left(self, event):
        if self.boardx <= 0:
            return
        self.boardx -= 5
        self.cv.coords(self.board, self.boardx, BOARD_Y,
            self.boardx + BOARD_WIDTH, BOARD_Y + 20)
    def move_right(self, event):
        if self.boardx + BOARD_WIDTH >= GAME_WIDTH:
            return
        self.boardx += 5
        self.cv.coords(self.board, self.boardx, BOARD_Y,
            self.boardx + BOARD_WIDTH, BOARD_Y + 20)
    def moveball(self):
        self.curx += self.vx
        self.cury += self.vy
        # 小球到了右边墙壁,转向
        if self.curx + BALL_RADIUS >= GAME_WIDTH:
            self.vx = - self.vx
        # 小球到了左边墙壁,转向
        if self.curx - BALL_RADIUS <= 0:
            self.vx = - self.vx
        # 小球到了上边墙壁,转向
        if self.cury - BALL_RADIUS <= 0:
            self.vy = - self.vy
        # 小球到了挡板处
        if self.cury + BALL_RADIUS >= BOARD_Y:
            # 如果在挡板范围内
            if self.boardx <= self.curx <= (self.boardx + BOARD_WIDTH):
                self.vy = - self.vy
            else:
                messagebox.showinfo(title = '失败', message =
'您已经输了')
                self.is_lose = True
        self.cv.coords(self.ball, self.curx, self.cury)
        self.ball_index += 1
        self.cv.itemconfig(self.ball, image = self.cv.bms
[self.ball_index % 8])
        # 如果游戏还未失败,让定时器继续执行
        if not self.is_lose:
            # 通过定时器指定 0.1 秒之后执行 moveball()函数
            self.t = threading.Timer(0.1, self.moveball)
            self.t.start()
root = Tk()
root.title("弹球游戏")
root.geometry('%dx%d' % (GAME_WIDTH, GAME_HEIGHT))
# 禁止改变窗口大小
root.resizable(width = False, height = False)
App(root)
root.mainloop()
```

运行程序,效果如图 18-32 所示。

图 18-32　弹球游戏界面

第 19 章 深度学习的应用

CHAPTER 19

传统的机器学习一般依赖特征工程来构建模式识别框架，这要求工程具有较强的理论和工程经验，并对特征提取器进行细粒度的算法分析，通过将源数据抽象到特征图或特征向量等进行特征量化，最后将向量化的特征输入经典的识别器（SVM、NeutralNet 等）中进行检测、分类并输出结果。这种方式对特征设计、提取、训练等都提出了较高的精细化要求，在处理原始的自然数据方面有很大的局限性，也难以在现实生活中得到广泛应用。深度学习通过对大量数据进行特征抽象化学习来构建共享权值的深度神经网络，形成一个能够记忆复杂、多层次特征的机器学习算法应用，在其训练过程中，海量的神经元会进行自适应调整，在不同的维度上抽象特征，具有智能应用的普适性。

CNN 最早被应用于图像分类中，是经典的机器学习模型之一。近年来，随着计算机硬件的发展，以及物联网和大数据技术的广泛应用，CNN 得以用更深的网络去训练更多的数据。著名学者 Alex Krizhevsky 提出了深度卷积神经网络架构（AlexNet），利用图像大数据（ImageNet）成功进行了训练并大幅度提升了识别率。

计算机视觉应用一般包括图像分类、目标检测、图像分割 3 个方向，CNN 作为基础的深度特征提取分类器，已经成为各项应用的基础支撑，通过将图像抽象为不同层级的特征表示，并引入多种处理策略来实现不同的应用研究。

(1) 图像分类是经典的计算机视觉应用。常见的方式是给定一幅图像，经过一系列的预处理、特征提取等过程，结合模式识别判别器来输出其所属类别。

(2) 目标检测是计算机视觉分析的基础，常见的目标检测形式是在图像中通过区域边界框（Bounding Box）对图像进行标记。

(3) 图像分割是计算机视觉分析的细粒度应用，常见的图像分割形式是在图像中通过蒙版进行区域标记（Mark），从分割的目标属性上可以分为语义分割和实例分割。

19.1 理论部分

19.1.1 分类识别

神经网络一般由输入层、隐藏层、输出层等模块构成，其输入一般是经过处理的数据向量，通过误差传递的方式来训练中间层的神经元。CNN 的输入层可以是图像矩阵，图像矩阵从直观上保持了图像本身的结构约束，能够反映图像的可视化特征。根据颜色通道的不同，CNN 将灰度图像输入设置为二维神经元，将彩色图像输入设置为三维神经元，每个颜色通道都对应一个输入矩阵。CNN 的隐藏层包括卷积层、池化层，可通过多组不同形式的卷积核来扫描和提取图像的结构特征，并逐渐进行下采样，形成不同层次的抽象化特征图，以更直观地反映图像的视觉特征。

19.1.2　目标检测的任务

目标检测的任务是找出图像中所有感兴趣的目标(物体),确定它们的位置和大小,这是机器视觉领域的核心问题之一。由于各类物体有不同的外观、形状、姿态,加上成像时的光照、遮挡等因素的干扰,目标检测一直是机器视觉领域最具有挑战性的问题。

19.2　AlexNet 网络及案例分析

AlexNet 是 Hinton 的学生 Alex Krizhevsky 提出的,主要是在最基本的卷积网络上采用了很多新的技术点,比如首次将 relu()函数激活、Dropout、LRN 等技巧应用到卷积神经网络中,并使用了 GPU 加速计算。

整个 AlexNet 有 8 层,前 5 层为卷积层,后 3 层为全连接层,如图 19-1 所示。最后一层是有 1000 类输出的 softmax 层,用于分类。LRN 层出现在第一个及第二个卷积层后,而最大池化层出现在两个 LRN 层及最后一个卷积层后。relu()激活函数则应用在这 8 层每一层的后面。

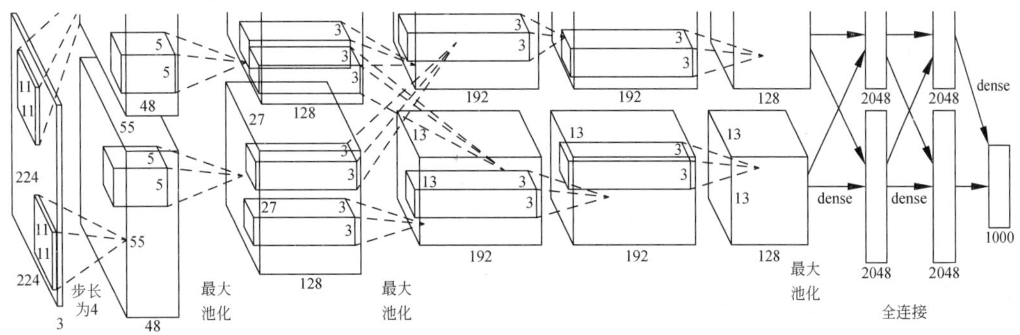

图 19-1　AlexNet 的网络结构

AlexNet 中主要使用如下技巧。

- 使用 relu()作为 CNN 的激活函数,并验证了其效果在较深的网络上超过了 sigmoid,成功解决了 sigmoid 在网络较深时的梯度弥散问题。
- 训练时使用 Dropout 随机忽略一部分神经元,以避免模型过拟合。
- 此前 CNN 中普遍使用平均池化,AlexNet 全部使用最大池化,避免平均池化的模糊化效果。并且 AlexNet 中提出让步长比池化核的尺寸小,这样池化层的输出之间会有重叠和覆盖,提升了特征的丰富性。
- 提出了 LRN 层,对局部神经元的活动创建竞争机制,使得其中响应比较大的值变得相对更大,并抑制了其他反馈较小的神经元,增强了模型的泛化能力。
- 使用 CUDA 加速深度卷积网络的训练,利用 GPU 强大的并行计算能力,处理神经网络训练时大量的矩阵运算。

【例 19-1】　本实例利用 AlexNet 对随机图片数据测试前馈和反馈计算的耗时。

```
import tensorflow as tf
import time
import math
from datetime import datetime
batch_size = 32
num_batch = 100
keep_prob = 0.5
```

```
def print_architecture(t):
    """打印网络的结构信息,包括名称和大小"""
    print(t.op.name," ",t.get_shape().as_list())
def inference(images):
    """ 构建网络: 5 个 conv + 3 个 FC"""
    parameters = []                                    #存储参数
    with tf.name_scope('conv1') as scope:
        """
        images:227 * 227 * 3
        kernel: 11 * 11  * 64
        stride:4 * 4
        padding:name
        #通过 with tf.name_scope('conv1') as scope 可以将 scope 内生成的 Variable 自动命名为
        #conv1/xxx,便于区分不同卷积层的组建
        input: images[227 * 227 * 3]
        middle: conv1[55 * 55 * 96]
        output: pool1 [27 * 27 * 96]

        """
        kernel = tf.Variable(tf.truncated_normal([11,11,3,96],
                              dtype = tf.float32,stddev = 0.1),name = "weights")
        conv = tf.nn.conv2d(images,kernel,[1,4,4,1],padding = 'SAME')
        biases = tf.Variable(tf.constant(0.0, shape = [96], dtype = tf.float32),
                              trainable = True,name = "biases")
        bias = tf.nn.bias_add(conv,biases) #  w * x + b
        conv1 = tf.nn.relu(bias,name = scope) #  reLu
        print_architecture(conv1)
        parameters  += [kernel,biases]
        #添加 LRN 层和 max_pool 层
        """
        LRN 会让前馈、反馈的速度大大降低(下降 1/3),但最终效果不明显,所以只有 ALEXNET 用 LRN,
其他模型都放弃了
        """   lrn1 = tf.nn.lrn(conv1,depth_radius = 4,bias = 1,alpha = 0.001/9,beta = 0.75,name =
"lrn1")
        pool1 = tf.nn.max_pool(lrn1,ksize = [1,3,3,1],strides = [1,2,2,1],
                              padding = "VALID",name = "pool1")
        print_architecture(pool1)
    with tf.name_scope('conv2') as scope:
        kernel  =  tf.Variable(tf.truncated_normal([5, 5, 96, 256],
                                                  dtype = tf.float32,  stddev = 0.1),
name = "weights")
        conv  =  tf.nn.conv2d(pool1,  kernel,  [1, 1, 1, 1],  padding = 'SAME')
        biases  =  tf.Variable(tf.constant(0.0,  shape = [256],  dtype = tf.float32),
                              trainable = True,  name = "biases")
        bias  =  tf.nn.bias_add(conv,  biases)  #  w * x + b
        conv2  =  tf.nn.relu(bias,  name = scope)  #  reLu
        parameters  +=  [kernel,  biases]
        #  添加 LRN 层和 max_pool 层
        """
        LRN 会让前馈、反馈的速度大大降低(下降 1/3),但最终效果不明显,所以只有 ALEXNET 用 LRN,
其他模型都放弃了
        """
        lrn2  =  tf.nn.lrn(conv2,  depth_radius = 4,  bias = 1,  alpha = 0.001  /  9,  beta = 0.75,  name
= "lrn1")
        pool2  =  tf.nn.max_pool(lrn2,  ksize = [1,  3,  3,  1],  strides = [1,  2,  2,  1],
                                padding = "VALID",  name = "pool2")
        print_architecture(pool2)
    with tf.name_scope('conv3') as scope:
        kernel  =  tf.Variable(tf.truncated_normal([3,  3,  256,  384],
                                                  dtype = tf.float32,  stddev = 0.1),
name = "weights")
        conv  =  tf.nn.conv2d(pool2,  kernel,  [1,  1,  1,  1],  padding = 'SAME')
        biases  =  tf.Variable(tf.constant(0.0,  shape = [384],  dtype = tf.float32),
```

```
                                trainable = True, name = "biases")
        bias = tf.nn.bias_add(conv, biases) # w * x + b
        conv3 = tf.nn.relu(bias, name = scope) # reLu
        parameters += [kernel, biases]
        print_architecture(conv3)

    with tf.name_scope('conv4') as scope:
        kernel = tf.Variable(tf.truncated_normal([3, 3, 384, 384],
                                                     dtype = tf.float32, stddev = 0.1),
name = "weights")
        conv = tf.nn.conv2d(conv3, kernel, [1, 1, 1, 1], padding = 'SAME')
        biases = tf.Variable(tf.constant(0.0, shape = [384], dtype = tf.float32),
                                trainable = True, name = "biases")
        bias = tf.nn.bias_add(conv, biases) # w * x + b
        conv4 = tf.nn.relu(bias, name = scope) # reLu
        parameters += [kernel, biases]
        print_architecture(conv4)

    with tf.name_scope('conv5') as scope:
        kernel = tf.Variable(tf.truncated_normal([3, 3, 384, 256],
                                                     dtype = tf.float32, stddev = 0.1),
name = "weights")
        conv = tf.nn.conv2d(conv4, kernel, [1, 1, 1, 1], padding = 'SAME')
        biases = tf.Variable(tf.constant(0.0, shape = [256], dtype = tf.float32),
                                trainable = True, name = "biases")
        bias = tf.nn.bias_add(conv, biases)           # w * x + b
        conv5 = tf.nn.relu(bias, name = scope)        # reLu
        pool5 = tf.nn.max_pool(conv5, ksize = [1, 3, 3, 1], strides = [1, 2, 2, 1],
                                  padding = "VALID", name = "pool5")
        parameters += [kernel, biases]
        print_architecture(pool5)
    #全连接层 6
    with tf.name_scope('fc6') as scope:
        kernel = tf.Variable(tf.truncated_normal([6 * 6 * 256,4096],
                                                     dtype = tf.float32, stddev = 0.1),
name = "weights")
        biases = tf.Variable(tf.constant(0.0, shape = [4096], dtype = tf.float32),
                                trainable = True, name = "biases")
        # 输入数据变换
        flat = tf.reshape(pool5, [ - 1, 6 * 6 * 256] )    # 整形成 m * n,列 n 为 7 * 7 * 64
        # 进行全连接操作
        fc = tf.nn.relu(tf.matmul(flat, kernel) + biases,name = 'fc6')
        # 防止过拟合 nn.dropout
        fc6 = tf.nn.dropout(fc, keep_prob)
        parameters += [kernel, biases]
        print_architecture(fc6)
    #全连接层 7
    with tf.name_scope('fc7') as scope:
        kernel = tf.Variable(tf.truncated_normal([4096, 4096],
                                                   dtype = tf.float32, stddev = 0.1),
name = "weights")
        biases = tf.Variable(tf.constant(0.0, shape = [4096], dtype = tf.float32),
                                trainable = True, name = "biases")
        #进行全连接操作
        fc = tf.nn.relu(tf.matmul(fc6, kernel) + biases, name = 'fc7')
        #防止过拟合 nn.dropout
        fc7 = tf.nn.dropout(fc, keep_prob)
        parameters += [kernel, biases]
        print_architecture(fc7)
    #全连接层 8
    with tf.name_scope('fc8') as scope:
        kernel = tf.Variable(tf.truncated_normal([4096, 1000],
                                                     dtype = tf.float32, stddev = 0.1),
```

```
name = "weights")
        biases = tf.Variable(tf.constant(0.0, shape = [1000], dtype = tf.float32),
                             trainable = True, name = "biases")
        #进行全连接操作
        fc8 = tf.nn.xw_plus_b(fc7, kernel, biases, name = 'fc8')
        parameters += [kernel, biases]
        print_architecture(fc8)
    return fc8,parameters
def time_compute(session,target,info_string):
    num_step_burn_in = 10 #预热轮数,头几轮迭代的显存加载、cache 命中等问题可以因此跳过
    total_duration = 0.0  #总时间
    total_duration_squared = 0.0
    for i in range(num_batch + num_step_burn_in):
        start_time = time.time()
        _ = session.run(target)
        duration =  time.time() - start_time
        if i >= num_step_burn_in:
            if i % 10 == 0: #每迭代 10 次显示一次 duration
                print(" %s: step %d,duration = %.5f " % (datetime.now(),i - num_step_burn_
in,duration))
            total_duration += duration
            total_duration_squared += duration * duration
    time_mean = total_duration /num_batch
    time_variance = total_duration_squared / num_batch - time_mean * time_mean
    time_stddev = math.sqrt(time_variance)
    #迭代完成,输出
    print(" %s: %s across %d steps, %.3f +/- %.3f sec per batch " %
            (datetime.now(),info_string,num_batch,time_mean,time_stddev))
def main():
    with tf.Graph().as_default():
        """仅使用随机图片数据测试前馈和反馈计算的耗时"""
        image_size = 224
        images = tf.Variable(tf.random_normal([batch_size,image_size,image_size,3],
                                    dtype = tf.float32,stddev = 0.1 ) )
        fc8,parameters = inference(images)
        init = tf.global_variables_initializer()
        sess = tf.Session()
        sess.run(init)
        """
        AlexNet forward 计算的测评
        传入的 target:fc8(即最后一层的输出)
        优化目标: loss
        使用 tf.gradients 求相对于 loss 的所有模型参数的梯度
        AlexNet Backward 计算的测评
        """
        time_compute(sess,target = fc8,info_string = "Forward")
        obj = tf.nn.l2_loss(fc8)
        grad = tf.gradients(obj,parameters)
        time_compute(sess,grad,"Forward - backward")
if __name__ == "__main__":
    main()
```

运行程序,输出如下:

```
conv1  [32, 56, 56, 96]
conv1/pool1  [32, 27, 27, 96]
conv2/pool2  [32, 13, 13, 256]
conv3  [32, 13, 13, 384]
conv4  [32, 13, 13, 384]
conv5/pool5  [32, 6, 6, 256]
fc6/dropout/mul  [32, 4096]
fc7/dropout/mul  [32, 4096]
fc8/fc8  [32, 1000]
2020 - 06 - 09 09:45:35.200777: I T:\src\github\tensorflow\tensorflow\core\platform\cpu_
```

```
feature_guard.cc:140] Your CPU supports instructions that this TensorFlow binary was not compiled
to use: AVX2
2020-06-09 09:45:48.237714: step 0,duration = 1.03326
2020-06-09 09:45:58.676795: step 10,duration = 1.06914
2020-06-09 09:46:09.487905: step 20,duration = 1.15990
2020-06-09 09:46:20.276077: step 30,duration = 1.10505
2020-06-09 09:46:30.945567: step 40,duration = 1.07212
2020-06-09 09:46:41.571177: step 50,duration = 1.06815
2020-06-09 09:46:52.406644: step 60,duration = 1.05960
2020-06-09 09:47:02.727125: step 70,duration = 0.99817
2020-06-09 09:47:13.065155: step 80,duration = 1.02276
2020-06-09 09:47:23.472045: step 90,duration = 0.98894
2020-06-09 09:47:32.708940: Forward across 100 steps,1.055 +/- 0.043 sec per batch
2020-06-09 09:48:38.239018: step 0,duration = 6.07377
2020-06-09 09:49:33.950146: step 10,duration = 5.49033
2020-06-09 09:50:29.876700: step 20,duration = 5.52324
2020-06-09 09:51:26.380708: step 30,duration = 5.50928
2020-06-09 09:52:23.873077: step 40,duration = 5.43149
2020-06-09 09:53:18.550966: step 50,duration = 5.44744
2020-06-09 09:54:15.137753: step 60,duration = 5.41553
2020-06-09 09:55:09.695962: step 70,duration = 5.41653
2020-06-09 09:56:04.232229: step 80,duration = 5.45742
2020-06-09 09:56:59.148482: step 90,duration = 5.46240
2020-06-09 09:57:48.486639: Forward-backward across 100 steps,5.563 +/- 0.186 sec
per batch
```

19.3 CNN 拆分数据集案例分析

本节在 TensorFlow 框架下采用基础的方法来演示如何对数据集进行拆分、CNN 设计、训练、测试等。

下面给出其实现步骤。

(1) 按比例生成训练集、测试集,核心代码为:

```
def gen_db_folder(input_db):
    #训练集比例
    sub_db_list = os.listdir(input_db)
    rate = 0.8
    #路径检查
    train_db = './train'
    test_db = './test'
    init_folder(train_db)
    init_folder(test_db)
    #子文件夹
    for sub_db in sub_db_list:
        input_dbi = input_db + '/' + sub_db + '/'
        #目标
        train_dbi = train_db + '/' + sub_db + '/'
        test_dbi = test_db + '/' + sub_db + '/'
        mk_folder(train_dbi)
        mk_folder(test_dbi)
        #遍历
        fs = os.listdir(input_dbi)
        random.shuffle(fs)
        le = int(len(fs) * rate)
        #复制
        for f in fs[:le]:
            shutil.copy(input_dbi + f, train_dbi)
        for f in fs[le:]:
            shutil.copy(input_dbi + f, test_dbi)
```

运行程序后,将生成 train、test 文件夹。

(2) 编写 Python 函数 make_cnn()进行网络定义,主要包括:

- tf. layers. conv2d——定义卷积层;
- tf. layers. max_pooling2d——定义池化层;
- tf. layers. relu——定义激活层;
- tf. layers. dense——定义全连接层。

实现的核心代码如下:

```
#定义 CNN
def make_cnn(self):
    input_x = tf.reshape(self.X, shape = [-1, self.IMAGE_HEIGHT, self.IMAGE_WIDTH, 1])

    #第 1 层结构,使用 conv2d
    conv1 = tf.layers.conv2d(
        inputs = input_x,
        filters = 32,
        kernel_size = [5, 5],
        strides = 1,
        padding = 'same',
        activation = tf.nn.relu
    )
    #使用 max_pooling2d
    pool1 = tf.layers.max_pooling2d(
        inputs = conv1,
        pool_size = [2, 2],
        strides = 2
    )
    #第 2 层结构,使用 conv2d
    conv2 = tf.layers.conv2d(
        inputs = pool1,
        filters = 32,
        kernel_size = [5, 5],
        strides = 1,
        padding = 'same',
        activation = tf.nn.relu
    )
    #使用 max_pooling2d
    pool2 = tf.layers.max_pooling2d(
        inputs = conv2,
        pool_size = [2, 2],
        strides = 2
    )
    #全连接层
    flat = tf.reshape(pool2, [-1, 7 * 7 * 32])
    dense = tf.layers.dense(
        inputs = flat,
        units = 1024,
        activation = tf.nn.relu
    )
    #使用 dropout
    dropout = tf.layers.dropout(
        inputs = dense,
        rate = 0.5
    )
    #输出层
    output_y = tf.layers.dense(
        inputs = dropout,
        units = self.MAX_VEC_LENGHT
    )
    return output_y
```

这里设置两个卷积、一个全连接来基于 Python 定义一个简单 CNN,设置训练并进行模型保存。关键代码为：

```
with tf.Session(config = config) as sess:
    sess.run(tf.global_variables_initializer())
    step = 0
    while step < max_step:
        batch_x, batch_y = get_next_batch(64)
        _, loss_ = sess.run([optimizer, loss], feed_dict = {X: batch_x, Y: batch_y})
        # 每 100 步计算一次准确率
        if step % 100 == 0:
            batch_x_test, batch_y_test = get_next_batch(100, all_test_files)
            acc = sess.run(accuracy, feed_dict = {X: batch_x_test, Y: batch_y_test})
            print('第' + str(step) + '步,准确率为', acc)
        step += 1
    # 保存
    split_data.mk_folder('./models')
    saver.save(sess, './models/cnn_tf.ckpt')
```

程序运行的速度较快，大概半分钟即可运行完毕。在运行后，models 文件夹下自动保存当前的网络参数，方便加载和测试。

（3）网络测试。在训练完毕后，通过文件选择、模型加载、字符识别的方式进行网络测试，这里依然从基础的函数出发进行评测。关键代码为：

```
# 加载模型
def sess_ocr(self, im):
    output = self.make_cnn()
    saver = tf.train.Saver()
    print(os.getcwd())
    with tf.Session() as sess:
        # 复原模型
        saver.restore(sess, tf.train.latest_checkpoint('./models'))
        predict = tf.argmax(tf.reshape(output, [-1, 1, self.MAX_VEC_LENGHT]), 2)
        text_list = sess.run(predict, feed_dict = {self.X: [im]})
        text = text_list[0]
    return text

# 入口函数
def ocr_handle(self, filename):
    X = tf.placeholder(tf.float32, [None, 28 * 28])
    image = self.get_image(filename)
    image = image.flatten() / 255
    predict_text = self.sess_ocr(image)
    return predict_text
```

这里提供了对网络模型进行加载及对输入的文件名进行识别的入口函数，下面进行 Python 的 GUI 搭建，方便进行验证和识别。

（4）GUI 界面封装。

为了方便验证，这是基于 Python 的 tkinter 可视化工具包设计简单的 GUI 界面进行交互式操作，关键代码为：

```
# 加载文件
def choosepic():
    path_ = askopenfilename()
    if len(path_) < 1:
        return
    path.set(path_)
    global now_img
    now_img = file_entry.get()
    # 读取并显示
    img_open = Image.open(file_entry.get())
```

```
    img_open = img_open.resize((360, 270))
    img = ImageTk.PhotoImage(img_open)
    image_label.config(image = img)
    image_label.image = img
#按钮回调函数
def btn():
    global now_img
    res = ocr_handle(now_img)
    tkinter.messagebox.showinfo('提示', '识别结果是: %s'% res)
    exit(0)
```

运行程序,将弹出 GUI 界面,其中提供了"选择图片""CNN 识别"按钮,如图 19-2 所示。

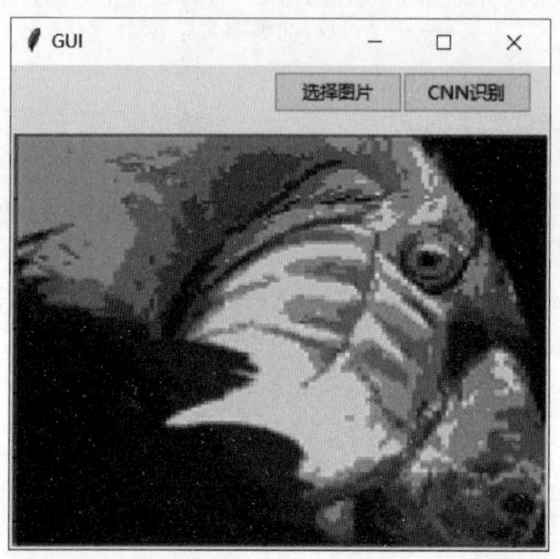

图 19-2　GUI 界面

我们选择某幅测试图像进行 CNN 识别。如图 19-3 所示,可选择手写数字并进行识别,程序会自动加载已保存的模型参数进行字符识别并以弹窗显示结果。

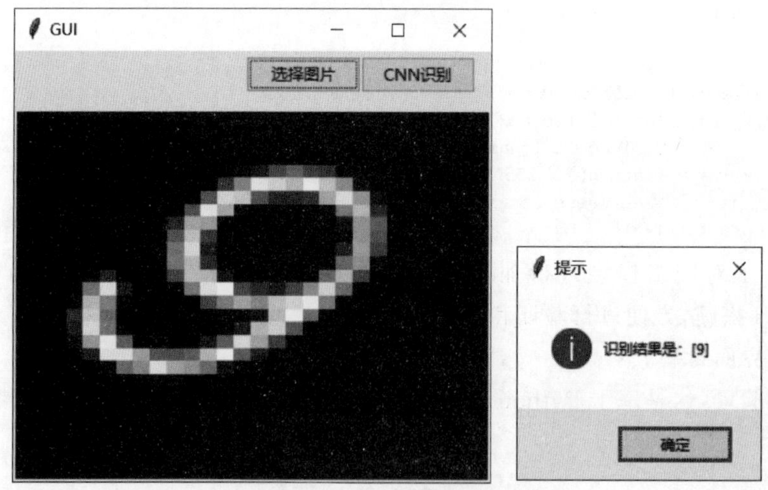

图 19-3　选择数字并识别

19.4　MTCNN 人脸检测算法实现

多任务卷积神经网络(Multi-Task Convolutional Neural Network,MTCNN)是多任务级联 CNN 的人脸检测深度学习模型,该模型不仅考虑了人脸检测概率,还综合训练了人脸边框回归和面部关键点检测，同时建立 loss function(损失函数)进行训练，因此为 MTCNN。MTCNN 主要由 3 个子网络组成：P-Net、R-Net 和 O-Net。

19.4.1 P-Net 的结构

P-Net 的结构如图 19-4 所示。

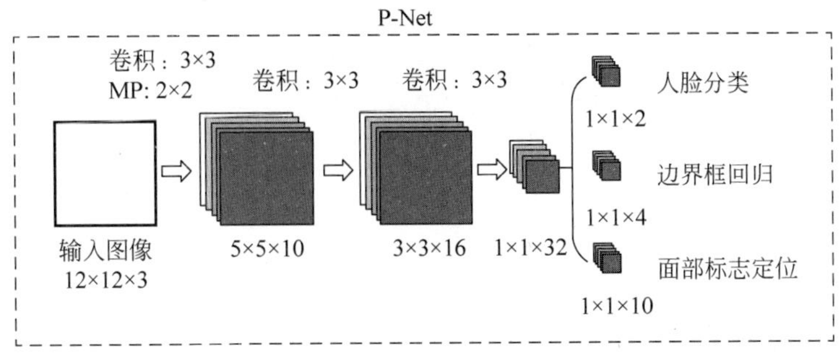

图 19-4 P-Net 的结构

从图 19-4 可以看出，P-Net 接收大小为 12×12×3 的输入图像，输出 3 种结构图，也就是说最终得到的特征图的每一点对应着一个大小为 12×12 的感受野。三种输出如下。

- 人脸分类(cls)：图像是否包含人脸，输出大小为 1×1×2，也就是两个值，即图像不是人脸的概率和图像是人脸的概率。这两个值加起来严格等于 1，之所以使用两个值来表示，是为了方便定义交叉熵损失函数。
- 边界框回归(bounding_box)：当前框位置相对完美的人脸框位置的偏移。这个偏移大小为 1×1×4，即表示框左上角和右下角的坐标的偏移量。网络结构中的输出叫作 bounding_boxes，如果按代码来说应该是 offsets。
- 面部标志定位(landmark)：5 个关键点相对于人脸框的偏移量。分别对应着左眼的位置、右眼的位置、鼻子的位置、左嘴角的位置、右嘴角的位置。每个关键点需要用两维来表示，因此输出向量大小为 1×1×10。

19.4.2 R-Net 的结构

由于 P-Net 对输出特征图的每像素进行预测，因此结果十分冗杂，本小节使用 R-Net 进一步优化。R-Net 和 P-Net 类似，不过这一步的输入是前面 P-Net 生成的边界框，不管实际边界框的大小，在输入 R-Net 前，都需要缩放到 24×24×3。输出和 P-Net 是一样的。将边界框缩放的目的主要是去除大量的非人脸框。R-Net 的结构如图 19-5 所示。

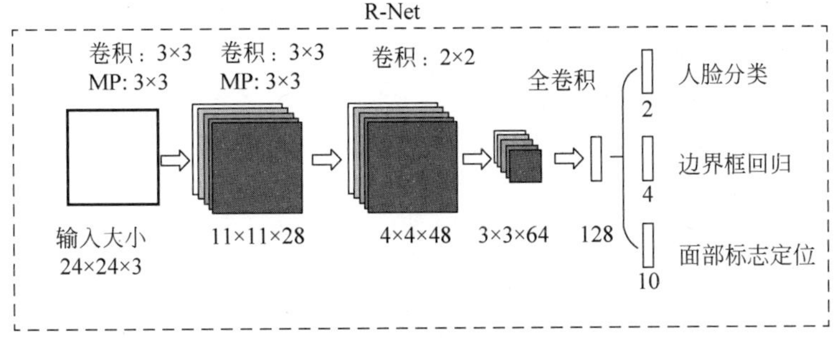

图 19-5 R-Net 的结构

19.4.3 O-Net 的结构

进一步将 R-Net 所得到的区域缩放到 48×48×3，输入最后的 O-Net，O-Net 的结构与 P-

Net 类似，只不过在测试输出时多了关键点位置的输出。输入大小为 48×48×3 的图像，输出包含 n 个人脸概率、边界框的偏移量和关键点的偏移量。O-Net 的结构如图 19-6 所示。

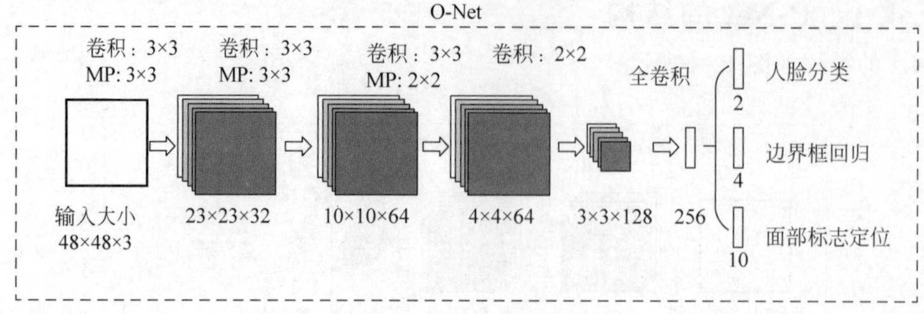

图 19-6 O-Net 的结构

19.4.4 图像金字塔

MTCNN 基于卷积神经网络，通常只适用于检测一定尺寸范围内的人脸，比如其中的 P-Net，用于判断 12×12 大小范围内是否含有人脸，但是输入图像中人脸的尺寸未知，需要构建图像金字塔获得不同尺寸的图像，缩放图像是为了将图像中的人脸缩放到网络能检测的适宜尺寸，只要某个人脸尺寸被缩放到 12×12 左右，就可以被检测出来，图 19-7 为图像金字塔效果。

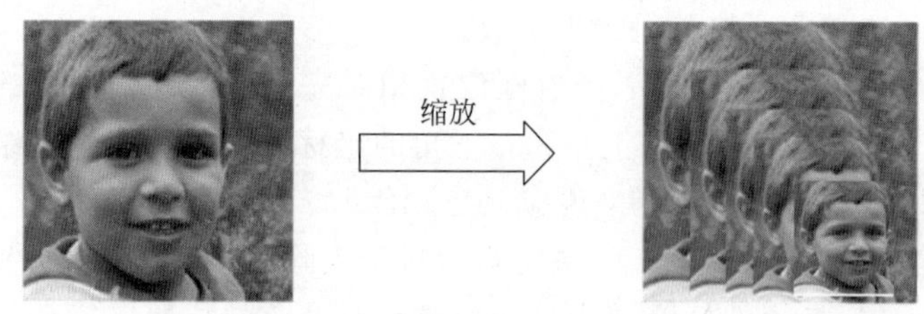

图 19-7 图像金字塔效果

在人脸检测中，通常设置原图中要检测的最小人脸尺寸，原图中小于这个尺寸的人脸可以忽略，MTCNN 代码中该尺寸为 minsize=20，P-Net 用于检测 12×12 大小的人脸，这需要将不同的人脸大小都要缩放到 12×12。在 P-Net 中可以对输出特征图中的每像素方格进行预测，是因为原图中的人脸都被缩放到 12×12，而且输出特征图的感受野正是 12×12。

19.4.5 MTCNN 实现人脸检测

前面已对 MTCNN 算法的 3 个子模型的结构进行了介绍，同时还介绍了图像金字塔等内容，下面通过实例来演示 MTCNN 实现人脸检测。

【例 19-2】 MTCNN 实现图像人脸检测。

```
from mtcnn.mtcnn import MTCNN
import cv2

img = cv2.imread("gril.jpg")
detector = MTCNN()
face = detector.detect_faces(img)
print(face)

face = face[0]
#画框
box = face["box"]
I = cv2.rectangle(img, (box[0],box[1]),(box[0] + box[2], box[1] + box[3]), (255, 0, 0), 2)
```

```
#画关键点
left_eye = face["keypoints"]["left_eye"]
right_eye = face["keypoints"]["right_eye"]
nose = face["keypoints"]["nose"]
mouth_left = face["keypoints"]["mouth_left"]
mouth_right = face["keypoints"]["mouth_right"]

points_list = [(left_eye[0], left_eye[1]),
               (right_eye[0], right_eye[1]),
               (nose[0], nose[1]),
               (mouth_left[0], mouth_left[1]),
               (mouth_right[0], mouth_right[1])]
for point in points_list:
    cv2.circle(I, point, 1, (255, 0, 0), 4)
#保存
cv2.imwrite('result.jpg',I,[int(cv2.IMWRITE_JPEG_QUALITY),70])
```

运行程序，输出如下，效果如图 19-8 所示。

```
[{'box': [158, 61, 167, 215], 'confidence': 0.9992122650146484, 'keypoints': {'left_eye': (207, 145), 'right_eye': (280, 145), 'nose': (243, 180), 'mouth_left': (207, 220), 'mouth_right': (276, 221)}}]
```

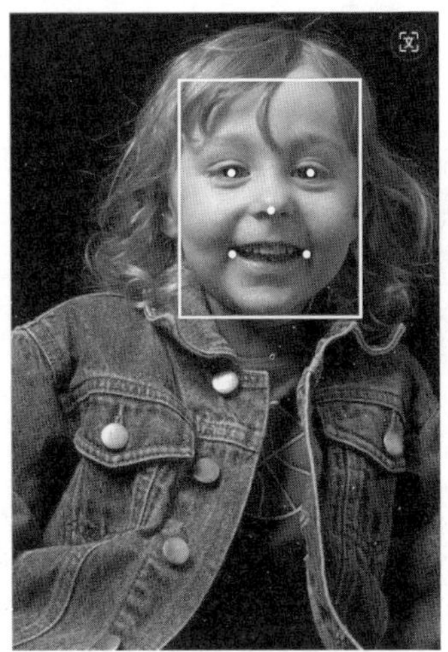

图 19-8　图像人脸识别

第 20 章

CHAPTER 20

视觉分析综合应用案例

前面章节内容介绍了在 Python 平台上，利用各种方法对计算机视觉进行研究，本章通过几个综合应用案例来演示计算机视觉的综合应用。

20.1 合金弹头游戏

合金弹头是一款早期风靡一时的射击类游戏，这款游戏的节奏感非常强，图 20-1 显示了合金弹头游戏界面。

图 20-1 合金弹头游戏界面

这款游戏的玩法很简单，玩家控制角色不断向右前进，角色可通过跳跃来躲避敌人（也可统称为怪物）发射的子弹和地上的炸弹，玩家也可控制角色发射子弹来打死右边的敌人。完整的合金弹头游戏会包含很多“关卡”，每个关卡对应一张地图，每个关卡都包含了大量不同的怪物。由于篇幅限制，本节只做一种地图，而且这种地图是无限循环的——也就是说，玩家只能一直向前消灭不同的怪物，无法实现“通关”。

20.1.1 游戏界面组件

在开发游戏前，首先需要来分析游戏界面，并逐步实现游戏界面上的各种组件。

1. 游戏界面分析

对于图 20-1 所示的游戏界面，从普通玩家的角度来看，游戏界面上有受玩家控制移动、跳跃、发射子弹的角色，还有不断发射子弹的敌人，地上有炸弹，天空中有正在爆炸的飞机……乍看上去给人一种眼花缭乱的感觉。

如果从程序员的角度来看，游戏界面大致可包含如下组件。

- 游戏背景——只是一张静止图片。

- 角色——可以站立、走动、跳跃、射击。
- 怪物——代表游戏界面上所有的敌人，包括拿枪的敌人、地上的炸弹、天空中的飞机……虽然这些怪物的图片不同、发射的子弹不同，攻击力也可能不同，但这些只是实例与实例之间的差异，因此程序只要为怪物定义一个类即可。
- 子弹——不管是角色发射的子弹还是怪物发射的子弹，都可归纳为子弹类。虽然不同子弹的图片不同，攻击力不同，但这些只是实例与实例之间的差异，因此程序只要为子弹定义一个类即可。

从上面的介绍可以看出，开发这款游戏，主要就是实现上面的角色、怪物和子弹 3 个类。

2. 实现“怪物”类

由于不同怪物之间会存在如下差异，因此需要为怪物类定义相应的实例变量来记录这些差异。

- 怪物的类型。
- 代表怪物位置的 X、Y 坐标。
- 标识怪物是否已经死亡的旗标。
- 绘制怪物图片左上角的 X、Y 坐标。
- 绘制怪物图处右上角的 X、Y 坐标。
- 怪物发射的所有子弹(有的怪物不会发射子弹)。
- 怪物未死亡时所有的动画帧图片和怪物死亡时所有的动画帧图片。

为了让游戏界面上的角色、怪物都能“动起来”，程序的实现思路是这样的：通过 pygame 的定时器控制角色、怪物不断地更换新的动画帧图片。因此，程序需要为怪物增加一个成员变量来记录当前游戏界面正在绘制怪物动画的第几帧，而 pygame 只要不断地调用怪物的绘制方法即可。实际上，该绘制方法每次只绘制一张静态图片(这张静态图片是怪物动画的其中一帧)。

接着构造怪物类的构造器，该构造器代码(monster.py)负责初始化怪物类的成员变量。

```
import pygame
import sys
from random import randint
from pygame.sprite import Sprite
from pygame.sprite import Group
from bullet import *
#控制怪物动画的速度
COMMON_SPEED_THRESHOLD = 10
MAN_SPEED_THRESHOLD = 8
#定义代表怪物类型的常量(如果程序还需要增加更多怪物,只需在此处添加常量即可)
TYPE_BOMB = 1
TYPE_FLY = 2
TYPE_MAN = 3

class Monster(Sprite):
    def __init__(self, view_manager, tp = TYPE_BOMB):
        super().__init__()
        #定义怪物的种类
        self.type = tp
        #定义怪物 X、Y 坐标的属性
        self.x = 0
        self.y = 0
        #定义怪物是否已经死亡的旗标
        self.is_die = False
        #绘制怪物图片的左上角的 X 坐标
        self.start_x = 0
```

```
        #绘制怪物图片的左上角的 Y 坐标
        self.start_y = 0
        #绘制怪物图片的右下角的 X 坐标
        self.end_x = 0
        #绘制怪物图片的右下角的 Y 坐标
        self.end_y = 0
        #该变量控制用于控制动画刷新的速度
        self.draw_count = 0
        #定义当前正在绘制怪物动画的第几帧的变量
        self.draw_index = 0
        #用于记录死亡动画只绘制一次,不需要重复绘制
        #每当怪物死亡时,该变量会被初始化为等于死亡动画的总帧数
        #当怪物的死亡动画帧播放完成时,该变量的值变为 0
        self.die_max_draw_count = sys.maxsize
        #定义怪物射出的子弹
        self.bullet_list = Group()
        """下面代码根据怪物类型来初始化怪物 X、Y 坐标"""
        #如果怪物是炸弹(TYPE_BOMB)或敌人(TYPE_MAN)
        #怪物的 Y 坐标与玩家控制的角色的 Y 坐标相同
        if self.type == TYPE_BOMB or self.type == TYPE_MAN:
            self.y = view_manager.Y_DEFALUT
        #如果怪物是飞机,根据屏幕高度随机生成怪物的 Y 坐标
        elif self.type == TYPE_FLY:
            self.y = view_manager.screen_height * 50 / 100 - randint(0, 99)
        #随机计算怪物的 X 坐标。
        self.x = view_manager.screen_width + randint(0,
            view_manager.screen_width >> 1) - (view_manager.screen_width >> 2)
...
```

上面的成员变量可记录该怪物实例的各种状态。实际上,如果以后程序要升级,比如为怪物增加更多的特征,如怪物可以拿不同的武器,怪物可以穿不同的衣服,怪物可以具有不同的攻击力……则都可以考虑将这些定义成怪物的成员变量。

由以上代码可看到,怪物类的构造器可传入一个 tp 参数,该参数用于告诉系统,该怪物是哪种类型。当前程序支持定义 3 种怪物,这 3 种怪物由代码中的 3 个常量来代表。

- TYPE_BOMB 代表炸弹的怪物。
- TYPE_FLY 代表飞机的怪物。
- TYPE_MAN 代表人的怪物。

可以看出,程序在创建怪物实例时,不仅负责初始化怪物的 type 成员变量,而且还会根据怪物类型来设置怪物的 X、Y 坐标。

- 如果怪物是炸弹和拿枪的敌人(都在地面上),那么它们的 Y 坐标与角色默认的 Y 坐标(在地面上)相同。如果怪物是飞机,那么怪物的 Y 坐标是随机计算的。
- 不管什么怪物,它的 X 坐标都是随机计算的。

程序将由 pygame 控制不断地绘制怪物动画的下一帧,但实际上每次绘制的只是怪物动画的某一帧。下面是绘制怪物的方法(monster.py):

```
#画怪物的方法
def draw(self, screen, view_manager):
    #如果怪物类型是炸弹,绘制炸弹
    if self.type == TYPE_BOMB:
        #死亡的怪物用死亡图片,活着的怪物用活着的图片
        self.draw_anim(screen, view_manager, view_manager.bomb2_images
            if self.is_die else view_manager.bomb_images)
    #如果怪物类型是飞机,绘制飞机
    elif self.type == TYPE_FLY:
        self.draw_anim(screen, view_manager, view_manager.fly_die_images
            if self.is_die else view_manager.fly_images)
```

```
        # 如果怪物类型是人,绘制人
        elif self.type == TYPE_MAN:
            self.draw_anim(screen, view_manager, view_manager.man_die_images
                if self.is_die else view_manager.man_images)
        else:
            pass

    # 根据怪物的动画帧图片来绘制怪物动画
    def draw_anim(self, screen, view_manager, bitmap_arr):
        # 如果怪物已经死,且没有播放过死亡动画
        #(self.die_max_draw_count 等于初始值表明未播放过死亡动画)
        if self.is_die and self.die_max_draw_count == sys.maxsize:
            # 将 die_max_draw_count 设置与死亡动画的总帧数相等
            self.die_max_draw_count = len(bitmap_arr)
        self.draw_index % = len(bitmap_arr)
        # 获取当前绘制的动画帧对应的位图
        bitmap = bitmap_arr[self.draw_index]
        if bitmap == None:
            return
        draw_x = self.x
        # 对绘制怪物动画帧位图的 X 坐标进行微调
        if self.is_die:
            if type == TYPE_BOMB:
                draw_x = self.x - 50
            elif type == TYPE_MAN:
                draw_x = self.x + 50
        # 对绘制怪物动画帧位图的 Y 坐标进行微调
        draw_y = self.y - bitmap.get_height()
        # 画怪物动画帧的位图
        screen.blit(bitmap, (draw_x, draw_y))
        self.start_x = draw_x
        self.start_y = draw_y
        self.end_x = self.start_x + bitmap.get_width()
        self.end_y = self.start_y + bitmap.get_height()
        self.draw_count += 1
        # 控制人、飞机的发射子弹的速度
        if self.draw_count >= (COMMON_SPEED_THRESHOLD if type == TYPE_MAN
                else MAN_SPEED_THRESHOLD): # ③
            # 如果怪物是人,只在第 3 帧才发射子弹
            if self.type == TYPE_MAN and self.draw_index == 2:
                self.add_bullet()
            # 如果怪物是飞机,只在最后一帧才发射子弹
            if self.type == TYPE_FLY and self.draw_index == len(bitmap_arr) - 1:
                self.add_bullet()
            self.draw_index += 1
            self.draw_count = 0
        # 每播放死亡动画的一帧,self.die_max_draw_count 减 1
        # 当 self.die_max_draw_count 等于 0 时,表明死亡动画播放完成
        if self.is_die:
            self.die_max_draw_count -= 1
        # 绘制子弹
        self.draw_bullets(screen, view_manager)
```

以上代码包含两个方法：draw(self,screen,view_manager)方法只是简单地对怪物类型进行判断,并针对不同类型的怪物使用不同的怪物动画；draw(self,screen,view_manager)方法总是调用 draw_anim(self,screen,view_manager,bitmap_arr)方法来绘制怪物,在调用时会根据怪物类型、怪物是否死亡传入不同的图片数组——每个图片数组就代表一组动画帧的所有图片。

对于上面的代码来说,如果怪物类型是 YTPE_MAN,那么只有当 self.draw_count 的值大于 10 时才会更新一次动画帧,这意味着只有当 pygame 每刷新 10 次时才会更新一次动画

帧；如果是其他类型的怪物，那么只有当 self. draw_count 的值大于 6 时才会更新一次动画帧，这意味着只有当 pygame 每刷新 6 次时才会更新一次动画帧。

提示：如果游戏中还有更多类型的怪物，且这些怪物的动画帧具有不同的更新速度，那么程序还需要进行更细致的判断。

draw_anim()方法还涉及一个 self. die_max_draw_count 变量，这个变量用于控制怪物的死亡动画只会被绘制一次——在怪物临死之前，程序都必须播放怪物的死亡动画，该动画播放完成后，就应该从地图上删除该怪物。当怪物已经死亡(is_die 为真)且还未绘制死亡动画的任何帧时，self. die_max_count 等于初始值。

Monster 还包含了 start_x、start_y、end_x、end_y 4 个变量，这些变量就代表怪物当前帧所覆盖的矩形区域。因此，如果程序需要判断该怪物是否被子弹打中，那么只要子弹出现在该矩形区域内，即可判断出怪物被子弹打中。下面是判断怪物是否被子弹打中的方法(monster. py)。

```
#判断怪物是否被子弹打中的方法
def is_hurt(self, x, y):
    return self.start_x < x < self.end_x and self.start_y < y < self.end_y
```

接着实现怪物发射子弹的方法(monster. py)。

```
#根据怪物类型获取子弹类型,不同怪物发射不同的子弹
# return 0 代表这种怪物不发射子弹
def bullet_type(self):
    if self.type == TYPE_BOMB:
        return 0
    elif self.type == TYPE_FLY:
        return BULLET_TYPE_3
    elif self.type == TYPE_MAN:
        return BULLET_TYPE_2
    else:
        return 0

#定义发射子弹的方法
def add_bullet(self):
    #如果没有子弹
    if self.bullet_type() <= 0:
        return
    #计算子弹的 X、Y 坐标
    draw_x = self.x
    draw_y = self.y - 60
    #如果怪物是飞机,重新计算飞机发射的子弹的 Y 坐标
    if self.type == TYPE_FLY:
        draw_y = self.y - 30
    #创建子弹对象
    bullet = Bullet(self.bullet_type(), draw_x, draw_y, player.DIR_LEFT)
    #将子弹添加到该怪物发射的子弹 Group 中
    self.bullet_list.add(bullet)
```

怪物发射子弹的方法是 add_bullet()，该方法需要调用 bullet_type(self)方法来判断该怪物所发射的子弹类型(不同怪物可能需要发射不同的子弹)。如果 bullet_type(self)方法返回 0，则代表这种怪物不发射子弹。

一旦确定怪物发射子弹的类型，程序就可根据不同怪物计算子弹的初始 X、Y 坐标——基本上保持子弹的 X、Y 坐标与怪物当前的 X、Y 坐标相同，再进行适当微调即可。

当怪物发射子弹后，程序还需要绘制该怪物的所有子弹，下面是绘制怪物发射的所有子弹的方法(monster. py)。

```
  #更新所有子弹的位置：将所有子弹的 X 坐标减少 shift 距离(子弹左移)
  def update_shift(self, shift):
      self.x -= shift
      for bullet in self.bullet_list:
          if bullet != None:
              bullet.x -= shift

  #绘制子弹的方法
  def draw_bullets(self, screen, view_manager) :
      #遍历该怪物发射的所有子弹
      for bullet in self.bullet_list.copy():
          #如果子弹已经越过屏幕
          if bullet.x <= 0 or bullet.x > view_manager.screen_width:
              #删除已经移出屏幕的子弹
              self.bullet_list.remove(bullet)
      #绘制所有子弹
      for bullet in self.bullet_list.sprites():
          #获取子弹对应的位图
          bitmap = bullet.bitmap(view_manager)
          if bitmap == None:
              continue
          #子弹移动
          bullet.move()
          #绘制子弹的位图
          screen.blit(bitmap, (bullet.x, bullet.y))
```

上面程序中的 update_shift(self,shift)方法负责将怪物发射的所有子弹全部左移 shift 距离，这是因为界面上的角色会不断地向右移动，产生一个 shift 偏移，所以程序就需要将怪物(包括其所有子弹)全部左移 shift 距离，这样才会产生逼真的效果。

3. 实现怪物管理

由于游戏界面上会出现很多怪物，因此需要额外定义一个怪物管理程序来专门负责管理怪物的随机产生、死亡等行为。

为了有效地管理游戏界面上所有活着的怪物和已死的怪物(保存已死的怪物是为了绘制死亡动画)，为怪物管理程序定义如下两个变量(monster_manager.py)。

```
#保存所有死掉的怪物，保存它们是为了绘制死亡的动画，绘制完后清除这些怪物
die_monster_list = Group()
#保存所有活着的怪物
monster_list = Group()
```

接着在怪物管理程序中定义一个随机生成怪物的工具函数(monster_manager.py)。

```
#随机生成、并添加怪物的方法
def generate_monster(view_manager):
    if len(monster_list) < 3 + randint(0, 2):
        #创建新怪物
        monster = Monster(view_manager, randint(1, 3))
        monster_list.add(monster)
```

前面指出，当玩家控制游戏界面上的角色不断向右移动时，程序界面上的所有怪物、怪物的子弹都必须不断左移，因此需要在 monster_manager 程序中定义一个控制所有怪物及其子弹不断左移的函数(monster_manager.py)。

```
#更新怪物与子弹的坐标的函数
def update_position(screen, view_manager, shift):
    #定义一个 list 列表，保存所有将要被删除的怪物
    del_list = []
    #遍历怪物 Group
    for monster in monster_list.sprites():
        monster.draw_bullets(screen, view_manager)
```

```
        #更新怪物、怪物所有子弹的位置
        monster.update_shift(shift)
        #如果怪物的X坐标越界,则将怪物添加del_list列表中
        if monster.x < 0:
            del_list.append(monster)
    #删除所有del_list列表中所有怪物
    monster_list.remove(del_list)
    del_list.clear()
    #遍历所有已死的怪物Group
    for monster in die_monster_list.sprites():
        #更新怪物、怪物所有子弹的位置
        monster.update_shift(shift)
        #如果怪物的X坐标越界,将怪物添加del_list列表中
        if monster.x < 0:
            del_list.append(monster)
    #删除所有del_list列表中所有怪物
    die_monster_list.remove(del_list)
```

在代码中,monster_manager还需要定义一个绘制所有怪物的函数。该函数的逻辑也非常简单,只需分别遍历该程序的die_monster_list和monster_list两个Group,并将Group中的所有怪物绘制出来即可。对于die_monster_list中的怪物,它们都是将要死亡的怪物,因此,只要将它们死亡动画帧都绘制一次,接下来就应该清除这些怪物了——当Monster实例的self.die_max_draw_count成员变量为0时,就代表所有的死亡动画帧都绘制了一次。

以下是draw_monster()函数的代码,该函数就负责绘制所有怪物(monster_manager.py)。

```
#绘制所有怪物的函数
def draw_monster(screen, view_manager):
    #遍历所有活着的怪物,绘制活着的怪物
    for monster in monster_list.sprites():
        #画怪物
        monster.draw(screen, view_manager)
    del_list = []
    #遍历所有已死亡的怪物,绘制已死亡的怪物
    for monster in die_monster_list.sprites():
        #画怪物
        monster.draw(screen, view_manager)
        #当怪物的die_max_draw_count返回0时,表明该怪物已经死亡,
        #且该怪物的死亡动画所有帧都播放完成,将它们彻底删除
        if monster.die_max_draw_count <= 0:
            del_list.append(monster)
    die_monster_list.remove(del_list)
```

4. 实现"子弹"类

本游戏中的子弹类比较简单,因此只需要定义以下属性即可。

- 子弹的类型。
- 子弹的 X、Y 坐标。
- 子弹的射击方向(向左或向右)。
- 子弹在垂直方向(Y 方向)上的加速度。

本游戏中的子弹不会产生爆炸效果。对子弹的处理思想是:只要子弹打中目标,子弹就会自动消失。根据需要构造器Bullet类用于初始化子弹的成员变量的值(bullet.py)。

```
import pygame
from pygame.sprite import Sprite
import player
#定义代表子弹类型的常量(如果程序还需要增加更多子弹,只需在此处添加常量即可)
BULLET_TYPE_1 = 1
BULLET_TYPE_2 = 2
BULLET_TYPE_3 = 3
```

```
BULLET_TYPE_4 = 4
#子弹类
class Bullet(Sprite):
    def __init__(self, tipe, x, y, pdir):
        super().__init__()
        #定义子弹的类型
        self.type = tipe
        #子弹的 X、Y 坐标
        self.x = x
        self.y = y
        #定义子弹的射击方向
        self.dir = pdir
        #定义子弹在 Y 方向上的加速度
        self.y_accelerate = 0
        #子弹是否有效
        self.is_effect = True
…
```

上面 Bullet 类构造器用于对子弹的类型，*X*、*Y* 坐标以及方向执行初始化。游戏中不同怪物、角色发射的子弹各不相同，因此对不同类型的子弹将会采用不同的位图。下面是 Bullet 类根据子弹类型来获取对应位图的方法(bullet.py)。

```
#根据子弹类型获取子弹对应的图片
def bitmap(self, view_manager):
    return view_manager.bullet_images[self.type - 1]
```

从上面的程序可以看出，根据子弹类型来获取对应位置的处理方式换了一个小技巧——程序使用 view_manager 的 bullet_images 列表来管理所有子弹的位图，第一种子弹(type 属性值为 BULLET_TYPE_1)的位图正好对应 bullet_images 列表的第一个元素，因此直接通过子弹的 type 属性即可获取 bullet_images 列表中的位图。

下面程序还可以计算子弹在水平方向、垂直方向上的速度。以下的两个方法就是用于实现该功能的(bullet.py)。

```
#根据子弹类型来计算子弹在 X 方向上的速度
def speed_x(self):
        #根据玩家的方向来计算子弹方向和移动方向
        sign = 1 if self.dir == player.DIR_RIGHT else -1
        #对于第 1 种子弹,以 12 为基数来计算它的速度
        if self.type == BULLET_TYPE_1:
            return 12 * sign
        # 对于第 2 种子弹,以 8 为基数来计算它的速度
        elif self.type == BULLET_TYPE_2:
            return 8 * sign
        # 对于第 3 种子弹,以 8 为基数来计算它的速度
        elif self.type == BULLET_TYPE_3:
            return 8 * sign
        # 对于第 4 种子弹,以 8 为基数来计算它的速度
        elif self.type == BULLET_TYPE_4:
            return 8 * sign
        else:
            return 8 * sign

#根据子弹类型来计算子弹在 Y 方向上的速度
def speed_y(self):
    #如果 self.y_accelerate 不为 0,则以 self.y_accelerate 作为 Y 方向上的速度
    if self.y_accelerate != 0:
        return self.y_accelerate
    #此处控制只有第 3 种子弹才有 Y 方向的速度(子弹会斜着向下移动)
```

```
    if self.type == BULLET_TYPE_1 or self.type == BULLET_TYPE_2 \
        or self.type == BULLET_TYPE_4:
        return 0
    elif self.type == BULLET_TYPE_3:
        return 6
…
```

从以上代码可以看出，当程序要计算子弹在 X 方向上的速度时，首先判断该子弹的射击方向是否向右，如果子弹的射击方向是向右的，那么子弹在 X 方向上的速度为正值（保证子弹不断地向右移动）；如果子弹的射击方向是向左的，那么子弹在 X 方向上的速度为负值（保证子弹不断地向左移动）。

程序中应用到的 player.py 代码为

```
import pygame
import sys
from random import randint
from pygame.sprite import Sprite
from pygame.sprite import Group
import pygame.font

from bullet import *
import monster_manager as mm
#定义角色的最高生命值
MAX_HP = 50
#定义角色向右移动的常量
DIR_RIGHT = 1
#定义角色向左移动的常量
DIR_LEFT = 2
```

接下来程序计算子弹在 X 方向上的速度就非常简单了。除了第 1 种子弹以 12 为基数来计算 X 方向上的速度外，其他子弹都是以 8 为基数来计算的，这意味着只有第 1 种子弹的速度是最快的。

在计算 Y 方向上的速度时，程序的计算逻辑也非常简单。如果该子弹的 self.y_accelerate 不为 0（Y 方向上的加速度不为 0），则直接以 self.y_accelerate 作为子弹在 Y 方向上的速度。这是因为程序设定玩家在跳起的过程中发射的子弹应该是斜向上射出的；玩家在降落的过程中发射的子弹应该是斜向下射出的。除此之外，程序还使用 if 语句对子弹的类型进行判断；如果是第 3 种子弹，其将具有 Y 方向上的速度（这意味着子弹会不断地向下移动）——这是因为程序设定飞机发射的是第 3 种子弹，这种子弹会模拟飞机投弹斜向下移动。

程序计算出子弹在 X 方向、Y 方向上的移动速度之后，接着来控制子弹移动就非常简单了——使用 X 坐标加上 X 方向上的速度。Y 坐标加上 Y 方向上的速度来控制。下面是控制子弹移动的方法（bullet.py）。

```
#定义控制子弹移动的方法
def move(self):
    self.x += self.speed_x()
    self.y += self.speed_y()
```

5. 加载、管理游戏图片

为了统一管理游戏中所有的图片、声音资源，本游戏开发了一个 ViewManager 工具类，该工具类主要用于加载、管理游戏的图片资源，这样 Monster、Bullet 类就可以正常地显示出来。ViewManager 类定义了如下构造器来管理游戏涉及的图片资源。

```
import pygame
```

```
#管理图片加载和图片绘制的工具类
class ViewManager:
    #加载所有游戏图片、声音的方法
    def __init__(self):
        self.screen_width = 1200
        self.screen_height = 600
        #保存角色生命值的成员变量
        x = self.screen_width * 15 / 100
        y = self.screen_height * 75 / 100
        #控制角色的默认坐标
        self.X_DEFAULT = x
        self.Y_DEFALUT = y
        self.Y_JUMP_MAX = self.screen_height * 50 / 100

        self.map = pygame.image.load("images/map.jpg")
        self.map_back = pygame.image.load("images/game_back.jpg")
        self.map_back = pygame.transform.scale(self.map_back, (1200, 600))
        #加载角色站立时腿部动画帧的图片
        self.leg_stand_images = []
        self.leg_stand_images.append(pygame.image.load("images/leg_stand.png"))
        #加载角色站立时头部动画帧的图片
        self.head_stand_images = []
    self.head_stand_images.append(pygame.image.load("images/head_stand_1.png"))
self.head_stand_images.append(pygame.image.load("images/head_stand_2.png"))
self.head_stand_images.append(pygame.image.load("images/head_stand_3.png"))
        #加载角色跑动时腿部动画帧的图片
        self.leg_run_images = []
        self.leg_run_images.append(pygame.image.load("images/leg_run_1.png"))
        self.leg_run_images.append(pygame.image.load("images/leg_run_2.png"))
        self.leg_run_images.append(pygame.image.load("images/leg_run_3.png"))
        #加载角色跑动时头部动画帧的图片
        self.head_run_images = []
        self.head_run_images.append(pygame.image.load("images/head_run_1.png"))
        self.head_run_images.append(pygame.image.load("images/head_run_2.png"))
        self.head_run_images.append(pygame.image.load("images/head_run_3.png"))
        #加载角色跳跃时腿部动画帧的图片
        self.leg_jump_images = []
        self.leg_jump_images.append(pygame.image.load("images/leg_jum_1.png"))
        self.leg_jump_images.append(pygame.image.load("images/leg_jum_2.png"))
        self.leg_jump_images.append(pygame.image.load("images/leg_jum_3.png"))
        self.leg_jump_images.append(pygame.image.load("images/leg_jum_4.png"))
        self.leg_jump_images.append(pygame.image.load("images/leg_jum_5.png"))
        #加载角色跳跃时头部动画帧的图片
        self.head_jump_images = []
        self.head_jump_images.append(pygame.image.load("images/head_jump_1.png"))
        self.head_jump_images.append(pygame.image.load("images/head_jump_2.png"))
        self.head_jump_images.append(pygame.image.load("images/head_jump_3.png"))
        self.head_jump_images.append(pygame.image.load("images/head_jump_4.png"))
        self.head_jump_images.append(pygame.image.load("images/head_jump_5.png"))
        #加载角色射击时头部动画帧的图片
        self.head_shoot_images = []
self.head_shoot_images.append(pygame.image.load("images/head_shoot_1.png"))
self.head_shoot_images.append(pygame.image.load("images/head_shoot_2.png"))
self.head_shoot_images.append(pygame.image.load("images/head_shoot_3.png"))
self.head_shoot_images.append(pygame.image.load("images/head_shoot_4.png"))
self.head_shoot_images.append(pygame.image.load("images/head_shoot_5.png"))
self.head_shoot_images.append(pygame.image.load("images/head_shoot_6.png"))
        #加载子弹的图片
        self.bullet_images = []
        self.bullet_images.append(pygame.image.load("images/bullet_1.png"))
        self.bullet_images.append(pygame.image.load("images/bullet_2.png"))
        self.bullet_images.append(pygame.image.load("images/bullet_3.png"))
        self.bullet_images.append(pygame.image.load("images/bullet_4.png"))
```

```
self.head = pygame.image.load("images/head.png")
#加载第一种怪物(炸弹)未爆炸时动画帧的图片
self.bomb_images = []
self.bomb_images.append(pygame.image.load("images/bomb_1.png"))
self.bomb_images.append(pygame.image.load("images/bomb_2.png"))
#加载第一种怪物(炸弹)爆炸时的图片
self.bomb2_images = []
self.bomb2_images.append(pygame.image.load("images/bomb2_1.png"))
self.bomb2_images.append(pygame.image.load("images/bomb2_2.png"))
self.bomb2_images.append(pygame.image.load("images/bomb2_3.png"))
self.bomb2_images.append(pygame.image.load("images/bomb2_4.png"))
self.bomb2_images.append(pygame.image.load("images/bomb2_5.png"))
self.bomb2_images.append(pygame.image.load("images/bomb2_6.png"))
self.bomb2_images.append(pygame.image.load("images/bomb2_7.png"))
self.bomb2_images.append(pygame.image.load("images/bomb2_8.png"))
self.bomb2_images.append(pygame.image.load("images/bomb2_9.png"))
self.bomb2_images.append(pygame.image.load("images/bomb2_10.png"))
self.bomb2_images.append(pygame.image.load("images/bomb2_11.png"))
self.bomb2_images.append(pygame.image.load("images/bomb2_12.png"))
self.bomb2_images.append(pygame.image.load("images/bomb2_13.png"))
#加载第二种怪物(飞机)的动画帧的图片
self.fly_images = []
self.fly_images.append(pygame.image.load("images/fly_1.gif"))
self.fly_images.append(pygame.image.load("images/fly_2.gif"))
self.fly_images.append(pygame.image.load("images/fly_3.gif"))
self.fly_images.append(pygame.image.load("images/fly_4.gif"))
self.fly_images.append(pygame.image.load("images/fly_5.gif"))
self.fly_images.append(pygame.image.load("images/fly_6.gif"))
#加载第二种怪物(飞机)爆炸时的动画帧的图片
self.fly_die_images = []
self.fly_die_images.append(pygame.image.load("images/fly_die_1.png"))
self.fly_die_images.append(pygame.image.load("images/fly_die_2.png"))
self.fly_die_images.append(pygame.image.load("images/fly_die_3.png"))
self.fly_die_images.append(pygame.image.load("images/fly_die_4.png"))
self.fly_die_images.append(pygame.image.load("images/fly_die_5.png"))
self.fly_die_images.append(pygame.image.load("images/fly_die_6.png"))
self.fly_die_images.append(pygame.image.load("images/fly_die_7.png"))
self.fly_die_images.append(pygame.image.load("images/fly_die_8.png"))
self.fly_die_images.append(pygame.image.load("images/fly_die_9.png"))
self.fly_die_images.append(pygame.image.load("images/fly_die_10.png"))
#加载第三种怪物(人)活着时的动画帧的图片
self.man_images = []
self.man_images.append(pygame.image.load("images/man_1.png"))
self.man_images.append(pygame.image.load("images/man_2.png"))
self.man_images.append(pygame.image.load("images/man_3.png"))
#加载第三种怪物(人)死亡时的动画帧的图片
self.man_die_images = []
self.man_die_images.append(pygame.image.load("images/man_die_1.png"))
self.man_die_images.append(pygame.image.load("images/man_die_2.png"))
self.man_die_images.append(pygame.image.load("images/man_die_3.png"))
self.man_die_images.append(pygame.image.load("images/man_die_4.png"))
self.man_die_images.append(pygame.image.load("images/man_die_5.png"))
```

上面的代码比较简单，程序为每组图片创建一个 list 列表，然后使用该 list 列表来管理 pygame.image 加载的图片。

6. 让游戏“运行”起来

至此，已经完成了 Monster 和 monster_manager 程序，将它们组合起来即可在界面上生成绘制怪物；同时也创建了 Bullet 类，这样 Monster 可通过 Bullet 来发射子弹。

下面开始创建游戏界面，并使用 monster_manager 在界面上添加怪物。实现主程序代码(metal_slug.py)为

```
import pygame
import sys
from view_manager import ViewManager
import game_functions as gf
import monster_manager as mm

def run_game():
    # 初始化游戏
    pygame.init()
    # 创建 ViewManager 对象
    view_manager = ViewManager()
    # 设置显示屏幕,返回 Surface 对象
    screen = pygame.display.set_mode((view_manager.screen_width,
        view_manager.screen_height))
    # 设置标题
    pygame.display.set_caption('合金弹头')

    while(True):
        # 处理游戏事件
        gf.check_events(screen, view_manager)
        # 更新游戏屏幕
        gf.update_screen(screen, view_manager, mm)
run_game()
```

上面的主程序定义了一个 run_game()函数,该函数用于初始化 pygame,这是使用 pygame 开发游戏必须做的第一件事；set_mode 函数将会返回代表游戏界面的 Surface 对象。

在初始化游戏界面之后,程序使用一个死循环(while(True))不断地处理游戏的交互事件、屏幕刷新。本游戏使用 game_functions 程序来处理游戏的交互事件、屏幕刷新。下面是 game_functions 程序的代码。

```
import sys
import pygame

def check_events(screen, view_manager):
    '''响应按键和鼠标事件'''
    for event in pygame.event.get():
        # 处理游戏退出
        if event.type == pygame.QUIT:
            sys.exit()

def update_screen(screen, view_manager, mm):
    '''处理更新游戏界面的方法 '''
    # 随机生成怪物
    mm.generate_monster(view_manager)
    # 绘制背景图
    screen.blit(view_manager.map, (0, 0))
    # 画怪物
    mm.draw_monster(screen, view_manager)
    # 更新屏幕显示,放在最后一行
    pygame.display.flip()
```

上面的程序先定义了一个简单的事件处理函数 check_events(),该函数判断如果游戏获得的事件是 pygame.QUIT(程序退出),程序就调用 sys.exit()退出游戏。

至此,已经完成了该游戏最基本的部分、绘制地图,在地图上绘制怪物。运行上面的 metal_slug 程序,将可以看到如图 20-2 所示。

20.1.2 增加"角色"

游戏的角色类(也就是受玩家控制的)和怪物类其实差不多,它们具有很多相似的地方,因此在类实现上有很多相似之处。不过,由于角色需要受玩家控制,其动作比较多,因此程序需

图 20-2 自动生成多个怪物界面

要额外为角色定义一个成员变量，用于记录该角色正在执行的动作，并且需要将角色的头部和腿部分开进行处理。

1. 开发“角色”类

本游戏采用迭代方式进行开发，因此本节将开发 metal_slug_v2 版本。该版本的游戏需要实现角色类，因此程序使用 player.py 文件来定义 Player 类。下面是 Player 类的构造器(player.py)。

```
import pygame
import sys
from random import randint
from pygame.sprite import Sprite
from pygame.sprite import Group
import pygame.font

from bullet import *
import monster_manager as mm

#定义角色的最高生命值
MAX_HP = 50
#定义控制角色动作的常量
#此处只控制该角色包含站立、跑、跳等动作
ACTION_STAND_RIGHT = 1
ACTION_STAND_LEFT = 2
ACTION_RUN_RIGHT = 3
ACTION_RUN_LEFT = 4
ACTION_JUMP_RIGHT = 5
ACTION_JUMP_LEFT = 6
#定义角色向右移动的常量
DIR_RIGHT = 1
#定义角色向左移动的常量
DIR_LEFT = 2
#定义控制角色移动的常量
#此处控制该角色只包含站立、向右移动、向左移动 3 种移动方式
MOVE_STAND = 0
MOVE_RIGHT = 1
MOVE_LEFT = 2
MAX_LEFT_SHOOT_TIME = 6

class Player(Sprite):
    def __init__(self, view_manager, name, hp):
        super().__init__()
        self.name = name                  # 保存角色名字的成员变量
        self.hp = hp                      # 保存角色生命值的成员变量
        self.view_manager = view_manager
        # 保存角色所使用枪的类型(以后可考虑让角色能更换不同的枪)
```

```
        self.gun = 0
        # 保存角色当前动作的成员变量(默认向右站立)
        self.action = ACTION_STAND_RIGHT
        # 代表角色 X 坐标的属性
        self._x = -1
        # 代表角色 Y 坐标的属性
        self.y = -1
        # 保存角色射出的所有子弹
        self.bullet_list = Group()
        # 保存角色移动方式的成员变量
        self.move = MOVE_STAND
        # 控制射击状态的保留计数器
        # 每当用户发射一枪时,left_shoot_time 会被设为 MAX_LEFT_SHOOT_TIME,然后递减
        # 只有当 left_shoot_time 变为 0 时,用户才能发射下一枪
        self.left_shoot_time = 0
        # 保存角色是否跳动的属性
        self._is_jump = False
        # 保存角色是否跳到最高处的成员变量
        self.is_jump_max = False
        # 控制跳到最高处的停留时间
        self.jump_stop_count = 0
        # 当前正在绘制角色脚部动画的第几帧
        self.index_leg = 0
        # 当前正在绘制角色头部动画的第几帧
        self.index_head = 0
        # 当前绘制头部图片的 X 坐标
        self.current_head_draw_x = 0
        # 当前绘制头部图片的 Y 坐标
        self.current_head_draw_y = 0
        # 当前正在画的脚部动画帧的图片
        self.current_leg_bitmap = None
        # 当前正在画的头部动画帧的图片
        self.current_head_bitmap = None
        # 该变量控制用于控制动画刷新的速度
        self.draw_count = 0
        # 加载中文字体
        self.font = pygame.font.Font('images/msyh.ttf', 20)
...
```

上面程序中的粗体字代码成员变量正是角色类与怪物类的差别所在，由于角色有名字、生命值(hp)、动作、移动方式这些特殊的状态，因此程序为角色定义了 name、hp、action、move 等成员变量。

上面程序还为 Player 类定义了一个 self.left_shoot_time 变量，该变量的作用有两个。

- 当角色的 self.left_shoot_time 不为 0 时，表明角色当前正处于射击状态，因此，此时角色的头部动画必须使用射击的动画帧。
- 当角色的 self.left_shoot_time 不为 0 时，表明角色当前正处于射击状态，因此，角色不能立即发射下一枪——必须等到 self.left_shoot_time 为 0 时，角色才能发射下一枪。这意味着即使玩家按下“射击”按钮，也必须等到角色发射完上一枪后才能发射下一枪。

为了计算角色的方向(程序需要根据角色的方向来绘制角色)，程序为 Player 类提供了如下方法(player.py)。

```
#计算该角色当前方向：action 成员变量为奇数代表向右
def get_dir(self):
    return DIR_RIGHT if self.action % 2 == 1 else DIR_LEFT
```

程序可以根据角色的 self. action 来计算其方向，只要 self. action 变量值为奇数，即可判断出该角色的方向为向右。

由于程序对 Player 的 self. _x 变量赋值时需要进行逻辑控制，因此应该提供 setter()方法来控制对 self. _x 的赋值，提供 getter()方法来访问 self. _x 的值，并使用 property 为 self. _x 定义 x 属性。在 Player 类中增加如下代码(player. py)：

```
def get_x(self):
    return self._x
def set_x(self, x_val):
        self._x = x_val % (self.view_manager.map.get_width() +
            self.view_manager.X_DEFAULT)
        #如果角色移动到屏幕最左边
        if self._x < self.view_manager.X_DEFAULT:
            self._x = self.view_manager.X_DEFAULT
x = property(get_x, set_x)
```

Player 的 self. _is_jump 在赋值时也需要进行额外的控制，因此程序也需要按以上方式为 self. _is_jump 定义 is_jump 属性。在 Player 类中增加如下代码(player. py)：

```
def get_is_jump(self):
    return self._is_jump
def set_is_jump(self, jump_val):
    self._is_jump = jump_val
    self.jump_stop_count = 6
is_jump = property(get_is_jump, set_is_jump)
```

在介绍 Monster 类时提到，为了更好地在屏幕上绘制 Monster 对象以及所有子弹，程序需要根据角色在游戏界面上的位移来控制 Monster 及所有子弹的偏移，因此需要为 Player 方法计算角色在游戏界面上的位移。下面是 Player 类中计算位移的方法(player. py)。

```
# 返回该角色在游戏界面上的位移
def shift(self):
    if self.x <= 0 or self.y <= 0:
        self.init_position()
    return self.view_manager.X_DEFAULT - self.x
```

从上面的代码可看出，程序计算角色位移的方法很简单，只要用角色的初始 X 坐标减去其当前 X 坐标即可。

该游戏绘制角色和角色动画的方法，与绘制怪物和怪物动画的方法基本相似，只是程序需要分开绘制角色头部和腿部。

为了在游戏界面的左上角绘制角色的名字、头像、生命值，Player 类提供了如下方法。

```
# 绘制左上角的角色、名字、生命值的方法
def draw_head(self, screen):
    if self.view_manager.head == None:
        return
    #对图片执行镜像(第二个参数控制水平镜像,第三个参数控制垂直镜像)
    head_mirror = pygame.transform.flip(self.view_manager.head, True, False)
    #画头像
    screen.blit(head_mirror, (0, 0))
    #将名字渲染成影像
    name_image = self.font.render(self.name, True, (230, 23, 23))
    #画名字
    screen.blit(name_image, (self.view_manager.head.get_width(), 10))
    #将生命值渲染成影像
    hp_image = self.font.render("HP:" + str(self.hp), True, (230, 23, 23))
    #画生命值
    screen.blit(hp_image, (self.view_manager.head.get_width(), 30))
```

上面方法的实现非常简单，首先实现将头像位图进行水平镜像，将变换后的位图绘制在程序界面上；接着将角色的名字渲染成图片，接下来即可将该图片绘制在程序界面上；然后将角色的生命值渲染成图片，接下来即可将该图片绘制在程序界面上。

判断角色是否被子弹打中的方法与怪物是否被子弹打中的方法基本相似，只要判断子弹出现在角色图片覆盖的区域中，即可断定角色被子弹打中了。

与怪物类相似的是，Player 类同样需要提供绘制子弹的方法，该方法负责绘制该角色发射的所有子弹。而且，在绘制子弹之前，应该先判断子弹是否已越过屏幕边界，如果子弹越过屏幕边界，则应该将其清除。由于绘制子弹的方法与在 Monster 类中绘制子弹的方法大致相似，此处不再赘述。

由于角色发射子弹是受玩家单击按钮控制的，但游戏设定角色在发射子弹后，必须等待一定的时间才能发射下一发子弹，因此，程序为 Player 定义了一个 self.left_shoot_time 计数器，只要该计数器不等于 0，角色就处于发射子弹的状态，不能发射下一发子弹。

下面是发射子弹的方法。

```
# 发射子弹的方法
def add_bullet(self, view_manager):
    # 计算子弹的初始 X 坐标
    bullet_x = self.view_manager.X_DEFAULT + 50 if self.get_dir() \
        == DIR_RIGHT else self.view_manager.X_DEFAULT - 50
    # 创建子弹对象
    bullet = Bullet(BULLET_TYPE_1, bullet_x, self.y - 60, self.get_dir())
    # 将子弹添加到用户发射的子弹 Group 中
    self.bullet_list.add(bullet)
    # 发射子弹时，将 self.left_shoot_time 设置为射击状态最大值
    self.left_shoot_time = MAX_LEFT_SHOOT_TIME
# 画子弹
def draw_bullet(self, screen):
    delete_list = []
    # 遍历角色发射的所有子弹
    for bullet in self.bullet_list.sprites():
        # 将所有越界的子弹收集到 delete_list 列表中
        if bullet.x < 0 or bullet.x > self.view_manager.screen_width:
            delete_list.append(bullet)
    # 清除所有越界的子弹
    self.bullet_list.remove(delete_list)
    # 遍历用户发射的所有子弹
    for bullet in self.bullet_list.sprites():
        # 获取子弹对应的位图
        bitmap = bullet.bitmap(self.view_manager)
        # 子弹移动
        bullet.move()
        # 画子弹，根据子弹方向判断是否需要翻转图片
        if bullet.dir == DIR_LEFT:
        # 对图片执行镜像(第二个参数控制水平镜像，第三个参数控制垂直镜像)
            bitmap_mirror = pygame.transform.flip(bitmap, True, False)
            screen.blit(bitmap_mirror, (bullet.x, bullet.y))
        else:
            screen.blit(bitmap, (bullet.x, bullet.y))
```

代码实现每次发射子弹时都会将 self.left_shoot_time 设置为最大值，而 self.left_shoot_time 会随着动画帧的绘制不断自减，只有当 self.left_shoot_time 为 0 时才可判断出角色已结束射击状态。这样后面程序控制角色发射子弹时，也需要先判断 self.left_shoot_time：只有当 self.left_shoot_time 小于或等于 0 时(角色不处于发射状态)，角色才可以发射子弹。

由于玩家还可以控制游戏界面上的角色移动、跳跃，因此，程序还需要实现角色移动以及

角色移动与跳跃之间的关系，程序为 Player 类提供了如下两个方法。

```
#处理角色移动的方法
def move_position(self, screen):
    if self.move == MOVE_RIGHT:
        #更新怪物的位置
        mm.update_position(screen, self.view_manager, self, 6)
        #更新角色位置
        self.x += 6
        if not self.is_jump:
            #不跳的时候,需要设置动作
            self.action = ACTION_RUN_RIGHT
    elif self.move == MOVE_LEFT:
        if self.x - 6 < self.view_manager.X_DEFAULT:
            #更新怪物的位置
            mm.update_position(screen, self.view_manager, self, \
                -(self.x - self.view_manager.X_DEFAULT))
        else:
            #更新怪物的位置
            mm.update_position(screen, self.view_manager, self, -6)
        #更新角色位置
        self.x -= 6
        if not self.is_jump:
            #不跳的时候,需要设置动作
            self.action = ACTION_RUN_LEFT
    elif self.action != ACTION_JUMP_RIGHT and self.action != ACTION_JUMP_LEFT:
        if not self.is_jump:
            #不跳的时候,需要设置动作
            self.action = ACTION_STAND_RIGHT

#处理角色移动与跳的逻辑关系
def logic(self, screen):
    if not self.is_jump:
        self.move_position(screen)
        return
    #如果还没有跳到最高点
    if not self.is_jump_max:
        self.action = ACTION_JUMP_RIGHT if self.get_dir() == \
            DIR_RIGHT else ACTION_JUMP_LEFT
        #更新Y坐标
        self.y -= 8
        #设置子弹在Y方向上具有向上的加速度
        self.set_bullet_y_accelerate(-2)
        #已经达到最高点
        if self.y <= self.view_manager.Y_JUMP_MAX:
            self.is_jump_max = True
    else:
        self.jump_stop_count -= 1
        #如果在最高点停留次数已经使用完
        if self.jump_stop_count <= 0:
            #更新Y坐标
            self.y += 8
            #设置子弹在Y方向上具有向下的加速度
            self.set_bullet_y_accelerate(2)
            #已经掉落到最低点
            if self.y >= self.view_manager.Y_DEFALUT:
                #恢复Y坐标
                self.y = self.view_manager.Y_DEFALUT
                self.is_jump = False
                self.is_jump_max = False
                self.action = ACTION_STAND_RIGHT
            else:
                #未掉落到最低点,继续使用跳的动作
```

```
                self.action = ACTION_JUMP_RIGHT if self.get_dir() == \
                DIR_RIGHT else ACTION_JUMP_LEFT
    #控制角色移动
    self.move_position(screen)
```

Player 类提供了 draw()和 draw_anim()方法，分别用于绘制角色和角色的动画帧。由于这两个方法与 Monster 类的对应方法大致相似，因此在此不再介绍。在 Player 类中还包含了如下简单方法。

- is_die(self)：判断角色是否死亡的方法。
- init_position(self)：初始化角色坐标的方法。
- update_bullet_shift(self,shift)：更新角色所发射子弹位置的方法。
- set_bullet_y_accelerate(self,accelerate)：计算角色所发射子弹在垂直方向上的加速度的方法。

2. 添加角色

为了将角色添加进来，程序先为 Monster 类增加 check_bullet()方法，该方法用于判断怪物的子弹是否打中角色，如果打中角色，则删除该子弹。下面是该方法的代码(monster.py)。

```
#判断子弹是否与玩家控制的角色碰撞(判断子弹是否打中角色)
def check_bullet(self, player):
    #遍历所有子弹
    for bullet in self.bullet_list.copy():
        if bullet == None or not bullet.is_effect:
            continue
        #如果玩家控制的角色被子弹打到
        if player.is_hurt(bullet.x, bullet.x, bullet.y, bullet.y):
            #子弹设为无效
            bullet.isEffect = False
            #将玩家的生命值减 5
            player.hp = player.hp - 5
            #删除已经击中玩家控制的角色的子弹
            self.bullet_list.remove(bullet)
```

接着，需要在 monster_manager 程序的 update_position(screen,view_manager,player,shift)函数的结尾处增加一行代码(需要为原方法增加一个 player 形参)，这行代码用于更新角色的子弹的位置。此外，还需要为 monster_manager 程序额外增加一个 check_monster()函数，该函数用于检测游戏界面上的怪物是否将要死亡，将要死亡的怪物将从 monster_list 中删除，并添加到 die_monster_list 中，然后程序负责绘制它们的死亡动画(monster_manager.py)。

```
# 更新怪物与子弹的坐标的函数
def update_position(screen, view_manager, player, shift):
…
    # 更新玩家控制的角色的子弹坐标
    player.update_bullet_shift(shift)
…

# 检查怪物是否将要死亡的函数
def check_monster(view_manager, player):
    # 获取玩家发射的所有子弹
    bullet_list = player.bullet_list
    # 定义一个 del_list 列表,用于保存将要死亡的怪物
    del_list = []
    # 定义一个 del_bullet_list 列表,用于保存所有将要被删除的子弹
    del_bullet_list = []
    # 遍历所有怪物
    for monster in monster_list.sprites():
```

```
            # 如果怪物是炸弹
            if monster.type == TYPE_BOMB:
                # 角色被炸弹炸到
                if player.is_hurt(monster.x, monster.end_x,
                    monster.start_y, monster.end_y):
                    # 将怪物设置为死亡状态
                    monster.is_die = True
                    # 将怪物(爆炸的炸弹)添加到 del_list 列表中
                    del_list.append(monster)
                    # 玩家控制的角色的生命值减 10
                    player.hp = player.hp - 10
                continue
            # 对于其他类型的怪物,则需要遍历角色发射的所有子弹
            # 只要任何一颗子弹打中怪物,即可判断怪物即将死亡
            for bullet in bullet_list.sprites():
                if not bullet.is_effect:
                    continue
                # 如果怪物被角色的子弹击中
                if monster.is_hurt(bullet.x, bullet.y):
                    # 将子弹设为无效
                    bullet.is_effect = False
                    # 将怪物设为死亡状态
                    monster.is_die = True
                    # 将怪物(被子弹打中的怪物)添加到 del_list 列表中
                    del_list.append(monster)
                    # 将打中怪物的子弹添加到 del_bullet_list 列表中
                    del_bullet_list.append(bullet)
            # 将 del_bullet_list 包含的所有子弹从 bullet_list 中删除
            bullet_list.remove(del_bullet_list)
            # 检查怪物子弹是否打到角色
            monster.check_bullet(player)
        # 将已死亡的怪物(保存在 del_list 列表中)添加到 die_monster_list 列表中
        die_monster_list.add(del_list)
        # 将已死亡的怪物(保存在 del_list 列表中)从 monster_list 中删除
        monster_list.remove(del_list)
```

程序中 check_monster()函数的判断逻辑非常简单,程序把怪物分为两类进行处理。

- 如果怪物是地上的炸弹,只要炸弹炸到角色,炸弹也就消亡了。
- 对于其他类型的怪物,程序则需要遍历角色发射的子弹,只要任意一颗子弹打中了怪物,即可判断怪物即将死亡。

为了将角色添加到游戏中,需要在 metal_slug 主程序中创建 Player 对象,并将 Player 对象传给 check_events()、update_screen()函数。修改后的 metal_slug 程序的 run_game()函数的代码为(metal_slug.py):

```
def run_game():
    # 初始化游戏
    pygame.init()
    # 创建 ViewManager 对象
    view_manager = ViewManager()
    # 设置显示屏幕,返回 Surface 对象
    screen = pygame.display.set_mode((view_manager.screen_width,
        view_manager.screen_height))
    # 设置标题
    pygame.display.set_caption('合金弹头')
    # 创建玩家角色
    player = Player(view_manager, '孙悟空', MAX_HP)
    while(True):
        # 处理游戏事件
        gf.check_events(screen, view_manager, player)
        # 更新游戏屏幕
```

```
        gf.update_screen(screen, view_manager, mm, player)
run_game()
```

此时需要修改 game_functions 程序的 check_events()和 update_screen()两个函数，其中 check_events()函数需要处理更多的按钮事件——程序要根据玩家的按钮操作来激发相应的处理代码：update_screen()函数则需要增加对 Player 对象的处理代码，并在界面上绘制 Player 对象。下面是修改后的 game_functions 程序的代码(game_functions.py)。

```
import sys
import pygame
from player import *

def check_events(screen, view_manager, player):
    '''响应按键和鼠标事件 '''
    for event in pygame.event.get():
        # 处理游戏退出
        if event.type == pygame.QUIT:
            sys.exit()
        # 处理按键被按下的事件
        if event.type == pygame.KEYDOWN:
            if event.key == pygame.K_SPACE:
          # 当角色的 left_shoot_time 为 0 时(上一枪发射结束),角色才能发射下一枪.
                if player.left_shoot_time <= 0:
                    player.add_bullet(view_manager)
            # 用户按下向上键,表示跳起来
            if event.key == pygame.K_UP:
                player.is_jump = True
            # 用户按下向右键,表示向右移动
            if event.key == pygame.K_RIGHT:
                player.move = MOVE_RIGHT
            # 用户按下向左键,表示向左移动
            if event.key == pygame.K_LEFT:
                player.move = MOVE_LEFT
        # 处理按键被松开的事件
        if event.type == pygame.KEYUP:
            # 用户松开向右键,表示向右站立
            if event.key == pygame.K_RIGHT:
                player.move = MOVE_STAND
            # 用户松开向左键,表示向左站立
            if event.key == pygame.K_LEFT:
                player.move = MOVE_STAND

# 处理更新游戏界面的方法
def update_screen(screen, view_manager, mm, player):
    # 随机生成怪物
    mm.generate_monster(view_manager)
    # 处理角色的逻辑
    player.logic(screen)
    # 如果游戏角色已死,判断玩家失败
    if player.is_die():
        print('游戏失败!')
    # 检查所有怪物是否将要死亡
    mm.check_monster(view_manager, player)

    # 绘制背景图
    screen.blit(view_manager.map, (0, 0))
    # 画角色
    player.draw(screen)
    # 画怪物
    mm.draw_monster(screen, view_manager)
```

```
    #更新屏幕显示,放在最后一行
    pygame.display.flip()
```

上面程序中的 check_events()函数增加了大量事件处理代码,用于处理玩家的按键事件,这样玩家即可通过按键来控制游戏角色跑动、跳跃、发射子弹。再次运行 metal_slug 程序,此时将可以在界面上看到玩家控制的游戏角色,玩家可以通过箭头键控制角色跑动、跳跃,通过空格键控制角色射击。加入角色后的游戏界面如图 20-3 所示。

图 20-3 加入角色后的游戏界面

此时游戏中的角色可以接受玩家控制,游戏角色可以跳跃、发射子弹,子弹也能打死怪物,怪物的子弹也能打中角色。但是角色跑动的效果很差,看上去好像只有怪物在移动,角色并没有动,这是接下来要解决的问题。

20.1.3 合理绘制地图

通过前面的开发工作,已经完成了游戏中的各种怪物和角色,只是角色跑动的效果较差。这其实只是一个视觉效果:由于游戏的背景地图是静止的,因此玩家会感觉角色似乎并未跑动。

为了让角色的跑动效果更加真实,游戏需要根据玩家跑动的位移来改变背景地图。当游戏的背景地图动起来后,玩家控制的角色就好像在地图上"跑"起来了。

为了集中处理游戏的界面绘制,程序在 ViewManager 类中定义了一个 draw_game(self, screen,mm,player)方法,该方法负责整个游戏场景。该方法的实现思路是先绘制背景地图,然后绘制游戏角色,最后绘制所有的怪物。下面是 draw_game()方法的代码(view_manager.py)。

```
def draw_game(self, screen, mm, player):
    '''绘制游戏界面的方法,该方法先绘制游戏背景地图,
    然后绘制游戏角色,最后绘制所有的怪物 '''
    #绘制地图
    if self.map != None:
        width = self.map.get_width() + player.shift()
        #绘制 map 图片,也就是绘制地图
        screen.blit(self.map, (0, 0), (-player.shift(), 0, width, self.map.get_height())) #①
        total_width = width
        #采用循环,保证地图前后可以拼接起来
        while total_width < self.screen_width:
            map_width = self.map.get_width()
            draw_width = self.screen_width - total_width
            if map_width < draw_width:
                draw_width = map_width
            screen.blit(self.map, (total_width, 0), (0, 0, draw_width,
                self.map.get_height()))
            total_width += draw_width
    #绘制角色
    player.draw(screen)
    #绘制怪物
```

```
    mm.draw_monster(screen, self)
```

上面的代码使用 screen 的 blit()方法来绘制背景地图；使用 blit()方法来绘制背景地图——这是因为当角色在地图上不断地向右移动时，随着地图不断地向左拖动，地图不能完全覆盖屏幕右边，此时就需要再绘制一张背景地图，拼接成完整的地图——这样就形成了无限循环的游戏地图。

由于 ViewManager 提供了 draw_game()方法来绘制游戏界面，因此 game_functions 程序的 update_screen()方法只要调用 ViewManager 所提供的 draw_game()方法即可。所以，将 game_functions 程序的 update_screen()方法改为如下形式(game_functions. py)。

```
#处理更新游戏界面的方法
def update_screen(screen, view_manager, mm, player):
    #随机生成怪物
    "mm.generate_monster(view_manager)"
    #处理角色的逻辑
    "player.logic(screen)"
    #如果游戏角色已死,判断玩家失败
    if player.is_die():
        print('游戏失败!')
    #检查所有怪物是否将要死亡
    "mm.check_monster(view_manager, player)"
    #更新屏幕显示,放在最后一行
    pygame.display.flip()
```

上面程序中被用" "注释掉的 3 行代码是之前绘制游戏背景图片、角色、怪物的代码。现在把这些代码删除(或注释掉)，改为调用 ViewManager 的 draw_game()方法与绘制游戏界面即可。此时再运行该程序，将会看到非常好的跑动效果。

20.1.4　增加音效

现在游戏已经运行起来，但整个游戏安静无声，这不够好，还应该为游戏增加音效，比如为发射子弹、爆炸、打中目标增加各种音效，这样会使游戏更加逼真。

pygame 提供了 pygame. mixer 模块来播放音效，该模块主要提供两种播放音效的方式。

- 使用 pygame. mixer 的 Sound 类：每个 Sound 类管理一个音效，该对象通常用于播放短暂的音效，比如射击音效、爆炸音效等。
- 使用 pygame. mixer. music 子模块：该子模块通常用于播放游戏的背景音乐。该子模块提供了一个 load()方法用于加载背景音乐，并提供了一个 play()方法用于播放背景音乐。

为了给游戏增加背景音乐，修改 metal_slug 程序，在该程序中加载背景音乐、播放背景音乐即可。将 metal_slug 程序的 run_game()方法改为如下形式(metal_slug. py)。

```
def run_game():
    #初始化游戏
    pygame.init()
    #初始化混音器模块
    pygame.mixer.init()
    #加载背景音乐
    pygame.mixer.music.load('music/background.mp3')
    #创建 ViewManager 对象
    view_manager = ViewManager()
    #设置显示屏幕,返回 Surface 对象
    screen = pygame.display.set_mode((view_manager.screen_width,
        view_manager.screen_height))
    #设置标题
    pygame.display.set_caption('合金弹头')
```

```
    #创建玩家角色
    player = Player(view_manager, '孙悟空', MAX_HP)
    while(True):
        #处理游戏事件
        gf.check_events(screen, view_manager, player)
        #更新游戏屏幕
        gf.update_screen(screen, view_manager, mm, player)
        #播放背景音乐
        if pygame.mixer.music.get_busy() == False:
            pygame.mixer.music.play()
```

上面程序中初始化 pygame 的混音器模块；调用 pygame. mixer. music 子模块的 load()方法来加载背景音乐；调用 pygame. mixer. music 子模块的 play()方法来播放背景音乐。

接着，程序同样使用 ViewManager 来管理游戏的发射、爆炸等各种音效。在 ViewManager 的构造器中增加如下代码(view_manager. py)。

```
#管理图片加载和图片绘制的工具类
class ViewManager:
    #加载所有游戏图片、声音的方法
    def __init__(self):
        …
        self.Y_JUMP_MAX = self.screen_height * 50 / 100
        #使用 list 列表管理所有的音效
        self.sound_effect = []
        # load 方法加载指定音频文件,并将被加载的音频添加到 list 列表中管理
        self.sound_effect.append(pygame.mixer.Sound("music/shot.wav"))
        self.sound_effect.append(pygame.mixer.Sound("music/bomb.wav"))
        self.sound_effect.append(pygame.mixer.Sound("music/oh.wav"))
```

上面的程序创建了一个 list 列表，接下来程序将所有通过 Sound 加载的音效都保存到 list 列表中，以后即可通过该 list 列表来访问这些音效。

接着为 Player 发射子弹添加音效。Player 使用 add_bullet()方法来发射子弹，因此应该在该方法的最后添加如下代码(player. py)。

```
…
    # 发射子弹的方法
    def add_bullet(self, view_manager):
        # 计算子弹的初始 X 坐标
        bullet_x = self.view_manager.X_DEFAULT + 50 if self.get_dir() \
            == DIR_RIGHT else self.view_manager.X_DEFAULT - 50
        # 创建子弹对象
        bullet = Bullet(BULLET_TYPE_1, bullet_x, self.y - 60, self.get_dir())
        # 将子弹添加到用户发射的子弹 Group 中
        self.bullet_list.add(bullet)
        # 发射子弹时,将 self.left_shoot_time 设置为射击状态最大值
        self.left_shoot_time = MAX_LEFT_SHOOT_TIME
        # 播放射击音效
        view_manager.sound_effect[0].play()
…
```

此外，还需要控制怪物在死亡时播放对应的音效。当炸弹和飞机爆炸时，应该播放爆炸音效；当枪兵(人)死亡时，应该播放惨叫音效。因此，需要修改 monster_manager 的 check_monster()函数(该函数用于检测怪物是否将要死亡)，当该函数内的代码检测到怪物将要死亡时，将增加播放音效的代码。

修改后的 check_monster()函数的代码为(monster_manager. py)：

```
…
#检查怪物是否将要死亡的函数
def check_monster(view_manager, player):
```

```
#获取玩家发射的所有子弹
bullet_list = player.bullet_list
#定义一个 del_list 列表,用于保存将要死亡的怪物
del_list = []
#定义一个 del_bullet_list 列表,用于保存所有将要被删除的子弹
del_bullet_list = []
#遍历所有怪物
for monster in monster_list.sprites():
    #如果怪物是炸弹
    if monster.type == TYPE_BOMB:
        #角色被炸弹炸到
        if player.is_hurt(monster.x, monster.end_x,
            monster.start_y, monster.end_y):
            #将怪物设置为死亡状态
            monster.is_die = True
            #播放爆炸音效
            view_manager.sound_effect[1].play()
            #将怪物(爆炸的炸弹)添加到 del_list 列表中
            del_list.append(monster)
            #玩家控制的角色的生命值减 10
            player.hp = player.hp - 10
        continue
    #对于其他类型的怪物,则需要遍历角色发射的所有子弹
    #只要任何一颗子弹打中怪物,即可判断怪物即将死亡
    for bullet in bullet_list.sprites():
        if not bullet.is_effect:
            continue
        #如果怪物被角色的子弹打到
        if monster.is_hurt(bullet.x, bullet.y):
            #将子弹设为无效
            bullet.is_effect = False
            #将怪物设为死亡状态
            monster.is_die = True
            #如果怪物是飞机
            if monster.type == TYPE_FLY:
                #播放爆炸音效
                view_manager.sound_effect[1].play()
            #如果怪物是人
            if monster.type == TYPE_MAN:
                #播放惨叫音效
                view_manager.sound_effect[2].play()
            #将怪物(被子弹打中的怪物)添加到 del_list 列表中
            del_list.append(monster)
            #将打中怪物的子弹添加到 del_bullet_list 列表中
            del_bullet_list.append(bullet)
    #将 del_bullet_list 包含的所有子弹从 bullet_list 中删除
    bullet_list.remove(del_bullet_list)
    #检查怪物子弹是否打到角色
    monster.check_bullet(player)
#将已死亡的怪物(保存在 del_list 列表中)添加到 die_monster_list 列表中
die_monster_list.add(del_list)
#将已死亡的怪物(保存在 del_list 列表中)从 monster_list 中删除
monster_list.remove(del_list)
```

程序将代表炸弹的怪物的 is_die 设为 True,表明炸弹怪物已死,即将爆炸,同样爆炸放在 monster.is_die=True 之后,这意味着程序先将代表飞机或枪兵(人)的怪物设为死亡状态,然后再播放对应的音效。

再次运行游戏,将会听到游戏的背景音乐,并且当角色发射子弹、怪物被打死时都会产生相应的音效,此时游戏效果变得逼真多了。

现在该游戏还有一个小问题:游戏中玩家控制的角色居然是不死的,即使角色的生命值

变成了负数，玩家也依然可以继续玩这个游戏，程序只是在控制台打印出"游戏失败！"的字样，这显然不是我们期望的效果。下面开始解决这个问题。

20.1.5 增加游戏场景

当玩家控制的角色的生命值小于 0 时，此时应该提示游戏失败。本游戏虽然已经判断出游戏失败，但程序只是在控制台打印出来"游戏失败！"的字样。这显然是不够的，此处考虑增加一个代表游戏失败的场景。

此外，在游戏正常开始时，通常会显示游戏登录的场景，而不是直接开始游戏。因此，本节会为游戏增加游戏登录和游戏失败两个场景。

下面先修改 game_functions 程序，在该程序中定义 3 个代表不同场景的常量。

```
#代表登录场景的常量
STAGE_LOGIN = 1
#代表游戏场景的常量
STAGE_GAME = 2
#代表失败场景的常量
STAGE_LOSE = 3
```

接着，该程序需要在 check_events() 函数中针对不同的场景处理不同的事件。对于游戏登录和游戏失败的场景，会在游戏界面上显示按钮，因此程序主要负责处理游戏界面的鼠标单击事件。

在 update_screen() 函数中，程序需要根据不同的场景绘制不同的界面。下面是修改后的 game_functions 程序的代码(game_functions.py)。

```
import sys
import pygame
from player import *

#代表登录场景的常量
STAGE_LOGIN = 1
#代表游戏场景的常量
STAGE_GAME = 2
#代表失败场景的常量
STAGE_LOSE = 3

def check_events(screen, view_manager, player):
    '''响应按键和鼠标事件 '''
    for event in pygame.event.get():
        #处理游戏退出(只有登录界面和失败界面才可退出)
        if event.type == pygame.QUIT and (view_manager.stage == STAGE_LOGIN \
            or view_manager.stage == STAGE_LOSE):
            sys.exit()
        #处理登录场景下的鼠标按下事件
        if event.type == pygame.MOUSEBUTTONDOWN and view_manager.stage == STAGE_LOGIN:
            mouse_x, mouse_y = pygame.mouse.get_pos()
            if on_button(view_manager, mouse_x, mouse_y):
                #开始游戏
                view_manager.stage = STAGE_GAME
        #处理失败场景下的鼠标按下事件
        if event.type == pygame.MOUSEBUTTONDOWN and view_manager.stage == STAGE_LOSE:
            mouse_x, mouse_y = pygame.mouse.get_pos()
            if on_button(view_manager, mouse_x, mouse_y):
                #将角色生命值恢复到最大
                player.hp = MAX_HP
                #进入游戏场景
```

```
                view_manager.stage = STAGE_GAME
        # 处理登录场景下的鼠标移动事件
        if event.type == pygame.MOUSEMOTION and view_manager.stage == STAGE_LOGIN:
            mouse_x, mouse_y = pygame.mouse.get_pos()
            if on_button(view_manager, mouse_x, mouse_y):
                # 如果鼠标在按钮上方移动,控制按钮绘制高亮图片
                view_manager.start_image_index = 1
            else:
                view_manager.start_image_index = 0
            pygame.display.flip()
        # 处理游戏场景下按键被按下的事件
        if event.type == pygame.KEYDOWN and view_manager.stage == STAGE_GAME:
            if event.key == pygame.K_SPACE:
                # 当角色的 left_shoot_time 为 0 时(上一枪发射结束),角色才能发射下一枪
                if player.left_shoot_time <= 0:
                    player.add_bullet(view_manager)
            # 用户按下向上键,表示跳起来
            if event.key == pygame.K_UP:
                player.is_jump = True
            # 用户按下向右键,表示向右移动
            if event.key == pygame.K_RIGHT:
                player.move = MOVE_RIGHT
            # 用户按下向右键,表示向左移动
            if event.key == pygame.K_LEFT:
                player.move = MOVE_LEFT
        # 处理游戏场景下按键被松开的事件
        if event.type == pygame.KEYUP and view_manager.stage == STAGE_GAME:
            # 用户松开向右键,表示向右站立
            if event.key == pygame.K_RIGHT:
                player.move = MOVE_STAND
            # 用户松开向左键,表示向左站立
            if event.key == pygame.K_LEFT:
                player.move = MOVE_STAND

# 判断当前鼠标是否在界面的按钮上
def on_button(view_manager, mouse_x, mouse_y):
    return view_manager.button_start_x < mouse_x < \
        view_manager.button_start_x + view_manager.again_image.get_width()\
        and view_manager.button_start_y < mouse_y < \
        view_manager.button_start_y + view_manager.again_image.get_height()

# 处理更新游戏界面的方法
def update_screen(screen, view_manager, mm, player):
    # 如果处于游戏登录场景
    if view_manager.stage == STAGE_LOGIN:
        view_manager.draw_login(screen)
    # 如果当前处于游戏场景
    elif view_manager.stage == STAGE_GAME:
        # 随机生成怪物
        mm.generate_monster(view_manager)
        # 处理角色的逻辑
        player.logic(screen)
        # 如果游戏角色已死,判断玩家失败
        if player.is_die():
            view_manager.stage = STAGE_LOSE
        # 检查所有怪物是否将要死亡
        mm.check_monster(view_manager, player)
```

```
            #绘制游戏
            view_manager.draw_game(screen, mm, player)
        #如果当前处于失败场景
        elif view_manager.stage == STAGE_LOSE:
            view_manager.draw_lose(screen)

        #更新屏幕显示,放在最后一行
        pygame.display.flip()
```

从 check_events()函数的代码来看,程序在处理事件时对游戏场景进行了判断,这表明该程序会针对不同的场景使用不同的事件处理代码。

程序的 update_screen()函数同样对当前场景进行了判断,在不同的场景下调用 ViewManager 的不同方法来绘制游戏界面。

- 登录场景:调用 draw_login()方法绘制游戏界面。
- 游戏场景:调用 draw_game()方法绘制游戏界面。
- 失败场景:调用 draw_lose()方法绘制游戏界面。

接下来就需要为 ViewManager 增加 draw_login()和 draw_lose()方法,使用这两个方法来绘制登录场景和失败场景。

在增加这两个方法之前,程序应该在 ViewManager 类的构造器中将游戏的初始场景设为登录场景(STAGE_LOGIN),还应该在构造器中加载绘制登录场景和失败场景的图片。修改后的 ViewManager 类的构造器代码为(view_manager.py):

```
#管理图片加载和图片绘制的工具类
class ViewManager:
    #加载所有游戏图片、声音的方法
    def __init__(self):
        self.stage = STAGE_LOGIN
        …
        #加载开始按钮的两张图片
        self.start_bn_images = []
        self.start_bn_images.append(pygame.image.load("images/start_n.gif"))
        self.start_bn_images.append(pygame.image.load("images/start_s.gif"))
        self.start_image_index = 0
        #加载"原地复活"按钮的图片
        self.again_image = pygame.image.load("images/again.gif")
        #计算按钮的绘制位置
        self.button_start_x = (self.screen_width - self.again_image.get_width()) // 2
        self.button_start_y = (self.screen_height - self.again_image.get_height()) // 2
```

上面的构造器代码就是该版本程序新增加的代码,其中增加了一个 self.start_image_index 变量,该变量用于控制开始按钮显示哪张图片(为了给开始按钮增加高亮效果,程序为开始按钮准备了两张图片)。

接下来为 ViewManager 类增加如下两个方法,分别用于绘制登录场景和失败场景(view_manager.py)。

```
#绘制游戏登录界面的方法
def draw_login(self, screen):
    screen.blit(self.map, (0, 0))
    screen.blit(self.start_bn_images[self.start_image_index],
        (self.button_start_x, self.button_start_y))

#绘制游戏失败界面的方法
def draw_lose(self, screen):
```

```
    screen.blit(self.map_back, (0, 0))
    screen.blit(self.again_image, (self.button_start_x, self.button_start_y))
```

从上面的代码可以看出，程序开始时游戏处于登录场景下。当玩家单击登录场景中的“开始”按钮时，程序进入游戏场景；当玩家控制的角色的生命值小于0时，程序进入失败场景。

再次运行 metal_slug 程序，将会看到程序启动时自动进入登录界面，如图 20-4 所示。

图 20-4 游戏登录场景

当玩家控制的角色死亡之后，游戏将会自动进入如图 20-5 所示的失败场景。

图 20-5 游戏失败场景

在如图 20-5 所示的界面中，如果玩家单击“原地复活！”按钮，则程序会将角色的生命值恢复成最大值，并再次进入游戏场景，玩家可以继续玩游戏。

20.2 停车场识别计费系统

停车场系统是通过计算机、网络设备、车道路管理设备共同搭建的一套对停车场车辆出入、费用收取等进行管理的网络系统。该系统可以通过采集车辆出入记录、场内位置、停车时长等信息，实现车辆出入及停车动态、静态的综合管理。本节将使用 Python 语言完成智能停车场车牌识别计费系统。该系统应具备以下功能：

- 显示摄像头图片；
- 识别车牌；
- 记录车辆出入信息；
- 收入统计；
- 满预警提示；
- 超长车提示。

20.2.1 系统设计

停车场车牌识别计费系统的系统功能，除了核心的识别车牌功能，还添加了满预警提示、超长车提示和收入统计功能。其系统功能结构如图20-6所示。

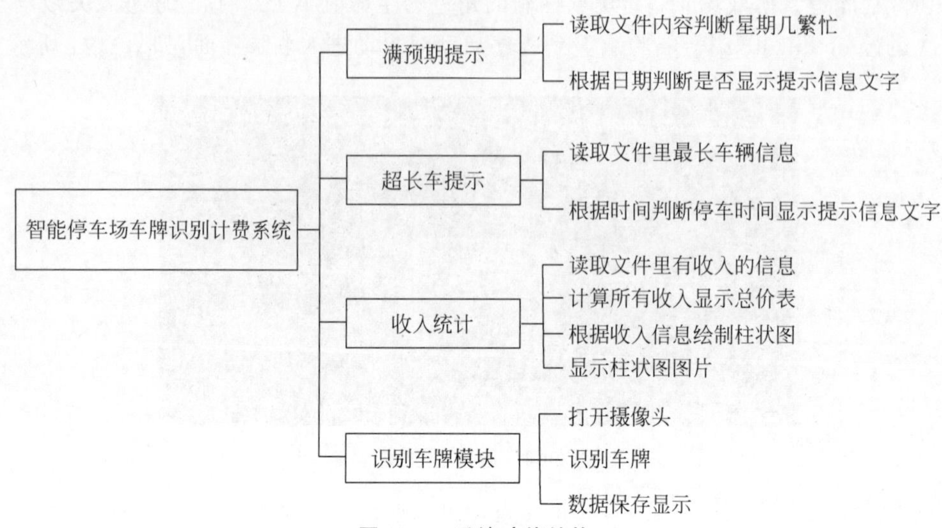

图 20-6 系统功能结构

系统实现功能：当有车辆的车头或车尾对准摄像头后，管理员单击“识别”按钮，系统将识别该车牌，并且根据车牌判断进出，显示不同信息。管理员单击“收入统计”按钮，系统会根据车辆的进出记录汇总一年详细的收入信息，并且通过柱状图显示出来。系统会根据以往的数据自动判断一周中哪一天会出现车位紧张的情况，从而在前一天给出满预警提示，方便管理员提前做好调度。

20.2.2 实现系统

下面通过分步骤来实现整体的智能停车场车牌识别计费系统。

1. 实现系统窗体

具体实现系统窗体的步骤如下。

(1) 首先创建名称为carnumber的项目文件夹；然后在该文件夹中创建文件夹，命名为file，用于保存项目图片资源；最后在项目文件夹内创建main.py文件，在该文件中实现智能停车场车牌识别计费系统代码。

(2) 导入pygame后，定义窗体的宽和高：

```
#将pygame库导入到Python中
import gygame
#窗体大小
size = 1000,484
#设置帧率(帧率就是每秒显示的帧数)
FPS = 60
```

(3) 初始化pygame。主要包括设置窗体的名称图标、创建窗体实例并设置窗体的大小以及背景色，再通过循环实现窗体的显示与刷新：

```
#定义背景颜色
DARKBLUE = (73,119,142)
BG = DARKBLUE #指定背景颜色
#pygame初始化
pygame.init()
#设置窗体名称
```

```
pygame.display.set_caption('智能候车场车牌识别计费系统')
#图标
ic_launcher = pygame.image.load(' ic_launcher.png')
#设置图标
pygame.display.set_icon(ic_launcher)
#设置窗体大小
screen = pygame.display.set_mode(size)
#设置背景颜色
screen.fill(BG)
#游戏循环帧率设置
clock = pygame.time.Clock()
#主线程
Running = True
while Running:
    for event in pygame.event.get():
        #关闭页面游戏退出
        if event.type == pygame.QUIT:
            #退出
            pygame.quit()
            exit()
    #更新界面
    pygame.display.flip()
    #控制游戏最大帧率为 60
    clock.tick(FPS)
```

运行程序，效果如图 20-7 所示。

2. 显示摄像头画面

显示摄像头画面主要是通过捕捉摄像头画面并保存为图片，再通过循环加载图片从而达到显示摄像头画面的目的，具体实现步骤如下。

图 20-7　主窗体的效果图

(1) 导入 openv-python 模块，该模块用于调用摄像头进行拍照：

```
import cv2
```

(2) 导入模块后初始化摄像头，并且创建摄像头实例：

```
try:
    cam = cv2.VideoCapture(0)
except:
    print('请连接摄像头')
```

(3) 通过摄像头实例，在循环中获取图片并保存到 file 文件夹中，将其命名为 test.jpg，然后把图片绘制到窗体上：

```
#从摄像头读取图片
success, img = cam.read()
#保存图片,并退出
cv2.imwrite('file/test.jpg')
#加载影像
image = pygame.image.load('file/test.jpg')
#设置图片大小
image = pygame.transform.scale(image, (640,480))
#绘制视频画面
screen.blit(image, (2,2))
```

3. 保存数据文件

根据项目分析，需要创建两个表：一个用于保存当前停车场里的车辆信息，另一个用于保存所有进入过停车场的车辆进出的信息。具体实现步骤如下。

(1) 导入 pandas 模块。该模块为 Python 的数据处理模块,这里使用该模块中的方法创建需要的文件:

```
from pandas import DataFrame
import os
import pandas as pd
```

(2) 在项目开始时需要判断表是否已经存在,如果不存在,则需要建立表文件:

```
#获取文件的路径
cdir = os.getcwd()
#文件路径
path = cdir + 'datafile/'
#读取路径
if not os.path.exists(path + '停车场车辆表.xlsx'):
    #根据路径建立文件夹
    os.makedirs(path)
    #车牌号、日期、时间、价格、状态
    carnfile = pd.DataFrame(column = ['carnumber','date','price','state'])
    #生成.xlsx文件
    carnfile.to_excel(path + '停车场车辆表.xlsx',sheet_name = 'data')
    carnfile.to_excel(path + '停车场车辆表.xlsx',sheet_name = 'data')
```

项目运行后会在项目文件夹中自动创建文件。

4. 识别车牌

智能停车场车牌识别计费系统的核心功能就是识别车牌,项目中的车牌识别使用了百度的图片识别 AI 接口,主要通过包含车牌的图片返回车牌号的信息。具体实现步骤如下。

(1) 在项目文件夹中创建 ocrutil.py 文件,作为图片识别模块,在其中调百度 AI 接口识别图片,获取车牌号。

```
from aip import AipOcr
import os
#百度识别车牌
"""请将申请的key写到项目根目录下的key.txt文件中,并且按照相应的内容进行填写"""
filename = 'file/key.txt'                          #记录申请的key的文件位置
if os.path.exists(filename):                       #判断文件是否存在
    with open(filename,'r') as file:               #打开文件
        dictkey = eval(file.readlines()[0])        #读取全部内容转换为字典
        #以下获取的3个key是进入百度AI开放平台应用到列表里创建应用得来的
        API_ID = dictkey['APP_ID']                 #获取申请的APIID
        API_KEY = dictkey['API_KEY']               #获取申请的APIKEY
        SECRET_KEY = dictkey['SECRET_KEY']         #获取申请的SECRETKEY
else:
    print("请先在file目录下创建key.txt,并且写入申请的key!格式如下:" "\n{'API_ID',:'申请的
APIID','API_KEY':'申请的APIKEY','SECRET_KEY':'申请的SECRETKEY'}")
#初始化AipOcr对象
client = AipOcr(API_ID,API_KEY,SECRET_KEY)
#读取文件
def get_file_content(filePath):
    with open(filePath,'rb') as fp:
        return fp.read()

#根据图片返回车牌号
def getcn():
    #读取图片
    image = get_file_content('file/test.jpg')
    #调用车牌识别
    results = client.licensePlate(image)["words_result"]['number']
```

```
    #输出车牌号
    print(results)
    return results
```

(2) 由于项目中使用的是免费的百度 AI 接口，它每天限制调用次数，所以在项目中添加了"识别"按钮。当车牌出现在摄像头中的时候单击"识别"按钮，并调用识别车牌接口。创建 btn.py 用于自定义按钮模块。

```
import pygame
#自定义按钮
class Button():
    #msg 为要在按钮中显示的文本
    def __init__(self,screen,centerxy,width,height,button_color,text_color,msg,size):
        """初始化按钮的属性"""
        self.screen = screensize
        #设置按钮的宽和高
        self.width,self.height = width,height
        #设置按钮的 rect 对象颜色为深蓝
        self.button_color = button_color
        #设置文本的颜色为白色
        self.text_color = text_color
        #设置文本为默认字体,字号为 20
        self.font = pygame.font.SysFont('SimHei',size)
        #设置按钮大小
        self.rect = pygame.Rect(0,0,self.width,self.height)
        #创建按钮的 rect 对象,并设置按钮的中心位置
        self.rect.centerx = centerxy[0] - self.width/2 + 2
        self.rect.centery = centerxy[1] - self.height/2 + 2
        #渲染影像
        self.deal_msg(msg)

    def deal_msg(self,msg):
        """将 msg 渲染为影像,并将其在按钮上居中"""
        #应用 render()方法将存储在 msg 的文本转换为影像
        self.msg_img = self.font.render(msg,True,self.text_color,self.button_color)
        #根据文本影像创建一个 rect
        self.msg_img_rect = self.msg_img.get_rect()
        #将该 rect 的 center 属性设置为按钮的 center 属性
        self.msg_img_rect.center = self.rect.center

    def draw_button(self):
        #填充颜色
        self.screen.fill(elf.button_color,self.rect)
        #将该影像绘制到屏幕
        self.screen.blit(self.msg_img,self.msg_img_rect)
```

(3) 在 main.py 项目主文件中调用自定义按钮模块，定义一些按钮及项目中用到的颜色属性：

```
import btn
#定义颜色
BLACK = (0,0,0)
WHITE = (255,255,255)
GREEN = (0,255,0)
BLUE = (72,61,139)
GRAY = (96,96,96)
RED - (220,20,60)
YELLOW = (255,255,0)
```

(4) 在循环中初始化按钮，同时判断单击的位置是否为"识别"按钮的位置，如果是，则调用自定义的车牌识别模块 ocrutil 中的 getcn()方法对车牌进行识别：

```
#创建识别按钮
```

```
button_go = btn.Button(screen,(640,480),150,60,BLUE,WHITE,'识别',25)
#绘制创建的按钮
button_go.draw_button()
for event in pygame.event.get():
    #关闭页面系统退出
    if event.tytpe == pygame.QUIT:
        #退出
        pygame.quit()
        exit()
        #识别按钮
        if 492 <= event.pos[0] and event.pos[0]<= 642 and 422 <= event.pos[1] and event.pos[1]
<= 482:
            print('单击识别')
            try:
                #获取车牌
                carnumber = ocrutil.getcn()
            except:
                print('识别错误')
                continue
            pass
```

即实现了"识别"按钮的添加。

5. 读取与保存车牌信息

在前面创建了保存数据的两个文档,这里主要完成在这两个文档中保存与读取显示想要的内容。具体实现步骤为:

(1) 运行项目时要获取当前停车场的停车数量。

```
#读取文件内容
pi_talbe = pd.read_excel(path + '停车场车辆表.xlsx',sheet_name = 'data')
pi_info_tabel = pd.read_excel(path + '停车场信息表.xlsx',sheet_name = 'data')
#停车场车辆
cars = pi_talbe[['carnumber','data','state']].values
#已进入车辆数量
carn = len(cars)
```

(2) 创建 text3()方法用于读取文件信息,绘制停车场车辆停放情况,显示到界面上。

```
#停车场车辆信息
def text3(screen):
    #使用系统字体
    xtfont = pygame.font.SysFont('SimHei',12)
    #获取文档表信息
    cars = pi_table[['carnumber','data','state']].values
    #页面只绘制 10 辆车的信息
    if len(cars)> 10:
        cars = pd.read_excel(path + '停车场车辆表.xlsx', skiprows = len(cars) - 10, sheet_name =
'data').values
        #动态绘制 y 点变量
        n = 0
        #循环文档信息
        for car in cars:
            n += 1
            #车辆车牌号,车辆进入时间
            textstart = xtfont.render(str(car[0]) +  + str(car[1]),True,WHITE)
            #获取文字影像位置
            text_rect = textstart.get_rect()
            #设置文字影像中心点
            text_rect.centerx = 820
            text_rect.cnteryy = 70 + 20 * n
            #绘制内容
            screen.blit(textstart,text_rect)
        pass
```

(3) 读取文档信息,根据 state 字段判断离现在最近的停车场车辆满预警是星期几,在下个相同的星期几的提前一天进行满预警提示:

```
#满预警
kcar = pi_info_tabel[pi_info_tabel['state'] == 2]
kcars = kcar['data'].values
#周标记,0 代表周一
week_number = 0
for k in kcars:
    week_number = timeutil.get_week_number(k)
#转换当前时间
localtime = time.strftime('%Y-%m-%d %H:%M',time.localtime())
#根据时间返回周标记,0 代表周一
week_localtime = timeutil.get_week_number(localtime)
if week_number == 0:
    if week_localtime == 6:
        text6(screen,'根据数据分析,明天可能出现车位紧张的情况,请提前做好调度!')
    elif week_localtime == 0:
        text6(screen,'根据数据分析,今天可能出现车位紧张的情况,请做好调度!')

else:
    if week_localtime + 1 == week_number:
        text6(screen,'根据数据分析,明天可能出现车位紧张的情况,请提前做好调度!')
    elif week_localtime == week_number:
        text6(screen,'根据数据分析,今天可能出现车位紧张的情况,请做好调度!')
pass
```

(4) 更新保存数据,当识别出车牌后判断是否为停车场车辆,从而对两个表进行数据的更新或添加新的数据。

```
#获取车牌号列数据
carsk = pi_table['carnumber'].values
#判断当前识别的车是否为停车场车辆
if carnumber in carsk:
    txt1 = '车牌号: ' + carnumber
    #时间差
    y = 0
    #获取行数用
    kcar = 0
    #获取文档内容
    cars = pi_talbe[['carnumber','date','state']].values
    #循环数据
    for car in cars:
        #判断当前车辆根据当前车辆获取时间
        if carnumber == car[0]:
            #计算时间差 0,1,2,...
            y = timeutil.DtCalc(car[1],localtime)
            break
        #行数 + 1
        kcar = kcar + 1
    #判断停车时间,如果时间小于 1,让其为 1
    if y == 0:
        y = 1
    txt2 = '停车费: ' + str(3 * y) + "元"
    txt3 = '出停车场时间: ' + localtime
    #删除停车场车辆表信息
    pi_talbe = pi_talbe.drop([kcar],axis = 0)
    #更新停车场信息
    pi_info_tabel = pi_info_tabel.append({'carnumber':carnumber,'date':localtime,'price':3 * y,
'state':1},ignore_index = True)
    #保存信息更新.xlsx 文件
    DataFrame(pi_talbe).to_excel(path + '停车场车辆表' + '.xlsx',sheet_name = 'data',index =
False,header = True)
```

```
    DataFrame(pi_info_tabel).to_excel(path + '停车场信息表' + '.xlsx', sheet_name = 'data', index
= False, header = True)
    #停车场车辆
    carn -= 1
else:
    if carn <= Total:
        #添加到信息到文档['carnumber','date','price','state']
        pi_talbe = pi_talbe.append({'carnumber':carnumber,'date':localtime,'state':0},ignore_index
= True)
        #生成.xlsx文件
        DataFrame(pi_talbe).to_excel(path + '停车场车辆表' + '.xlsx', sheet_name = 'data', index =
False, header = True)
        if carn < Total:
            #state等于0时为停车场有车位的时候
            pi_info_tabel = pi_info_tabel.append({'carnumber':carnumber, 'date':localtime,
'state':0}, ignore_index = True)
            #车辆数量 + 1
            carn += 1
        else:
            #state等于2时为停车场没有车位的时候
            pi_info_tabel = pi_info_tabel.append({'carnumber':carnumber, 'date':localtime,
'state':2}, ignore_index = True)
            DataFrame(pi_info_tabel).to_excel(path + '停车场信息表' + '.xlsx', sheet_name =
'data', index = False, header = True)
```

对文档进行处理完成后，绘制信息到界面。

6. 实现收入统计

在智能停车场车牌识别计费系统中添加了收入统计功能，显示一共赚了多少钱以及绘制月收入的统计图表。实现步骤为：

（1）导入matplotlib模块，使用它绘制柱状图。

```
import matplotlib.pyplot as plt
```

（2）创建“收入统计”按钮，绘制到界面上。

```
#创建"收入统计"按钮
button_go1 = btn.Button(screen,(990,480),100,40,RED,WHITE,"收入统计",18)
#绘制创建的按钮
button_go1.draw_button()
```

（3）判断是否单击了“收入统计”按钮，根据文档内容生成柱状图，并保存到file文件中。

```
import matplotlib.pyplot as plt

#创建"收入统计"按钮
button_go1 = btn.Button(screen,(990,480),100,40,RED,WHITE,"收入统计",18)
#绘制创建的按钮
button_go1.draw_button()

#判断单击
if event.type == pygame.MOUSEBUTTONDOWN:
    #输出鼠标单击位置
    print(str(event.pos[0]) + ':' + str(event.pos[1]))
    #判断是否单击了"识别"按钮位置
    #"收入统计"按钮
    if 890 <= event.pos[0] and event.pos[0]<= 990 and 400 <= event.pos[1] and event.pos[1]<= 480:
        print('收入统计按钮')
        if income_switch:
            income_switch = False
            #设置窗体大小
            size = 1000,484
            screen = pygame.display.set_mode(size)
            screen.fill(BG)
```

```
        else:
            income_switch = True
            # 设置窗体大小
            size = 1500,484
            screen = pygame.display.set_mode(size)
            screen = fill(BG)
            attr = ['1 月','2 月','3 月','4 月','5 月','6 月','7 月','8 月','9 月','10 月','11 月','12 月']
            v1 = []
            # 循环添加数据
            for i in range(1,13):
                k = i
                if i < 10:
                    k = '0' + str(k)
                    # 筛选每月数据
                    kk = pi_info_tabel[pi_info_tabel['date'].str.contains('2020 - ' + str(k))]
                    # 计算价格和
                    kk = kk['price'].sum()
                    v1.append(kk)
                    # 设置字体可以显示中文
                    plt.rcParams['font.sans - serif'] = ['SimHei']
                    # 设置生成柱状图图片大小
                    plt.figure(figsize = (3.9,4.3))
                    # 设置柱状图属性 attr 为 x 轴内容,v1 为 x 轴内容相对的数据
                    plt.bar(attr,v1,0.5,color = 'green')
                    # 设置数字标签
                    for a,b in zip(attr,v1):
                        plt.text(a,b,'%.0f' % b, ha = 'center',va = 'bottom',fontsize = 7.5)
                        # 设置柱状图标题
                        plt.title('每月收入统计')
                        # 设置 y 轴范围
                        plt.ylim((0,max(v1) + 50))
                        # 生成图片
                        plt.savefig('file/ncome.png')
                    pass
```

(4) 创建 text5(),用于在确定单击了“收入统计”按钮后,绘制收入统计柱状图以及总收入:

```
# 收入统计
def text5(screen):
    # 计算 price 列的和
    sum_price = pi_info_tabel['price'].sum()
    # 使用系统字体
    xtfont = pygame.font.SysFont('SimHei',20)
    # 重新开始按钮
    textstart = xtfont.render('共计收入: ' + str(int(sum_price)) + '元',True,WHITE)
    # 获取文字影像位置
    text_rect = textstart.get_rect()
    # 设置文字影像中心点
    text_rect.centerx = 1200
    text_rect.centery = 30
    # 绘制内容
    screen.blit(textstart,text_rect)
    # 加载影像
    image = pygame.image.load('file/income.png')
    # 设置图片大小
    image = pygame.transform.scale(image,(390,430))
    # 绘制月收入图表
    screen.blit(image,(1000,50))
```

单击“收入统计”按钮后即可显示收入统计。

参考文献

[1] 刘衍琦,詹福宇,王德建,等.计算机视觉与深度学习实战[M].北京:电子工业出版社,2019.

[2] 段小手.深入浅出 Python 机器学习[M].北京:清华大学出版社,2010.

[3] HARRINGTON P.机器学习实战[M].李锐,李鹏,曲亚东,等译.北京:人民邮电出版社,2013.

[4] 桑塔努·帕塔纳亚克.Python 人工智能项目实战[M].魏兰,潘婉琼,方舒,译.北京:机械工业出版社,2019.

[5] 李刚.疯狂 Python 讲义[M].北京:电子工业出版社,2019.

[6] 何宇健.Python 与机器学习实战[M].北京:电子工业出版社,2018.

[7] 明日科技.Python 项目开发案例集锦[M].长春:吉林大学出版社,2019.

[8] 弗朗索瓦·肖莱.Python 深度学习[M].张亮,译.北京:人民邮电出版社,2019.

[9] VIJAYVARGIA A.Python 机器学习[M].宋格格,译.北京:人民邮电出版社,2019.